艦爆「彗星」一一型ディテール写真集

取材協力：
靖国神社「遊就館」

▲1980年11月、復元が完了し、千葉県・木更津市の陸上自衛隊・木更津駐屯地の滑走路上で、プロペラを回転させ往時をしのばせる「彗星」一一型、製造番号"愛知4316号"。

▲復元後、靖国神社・遊就館内に保存・展示中の4316号機。本機は、南太平洋のヤップ島に遺棄されていた、残骸同然の機体に、多くの複製パーツを新規に加えて復元した。

▶機首右側のクローズ・アップ。プロペラは、彎曲していたのを、叩き出しで元に戻した、オリジナルである。

▲〔上右〕スピナー、プロペラ付根、および機首下面の水、潤滑油冷却空気取入口付近のクローズ・アップ。スピナー後端と機首先端の直径にズレがあり、段差がついているのは、複製によるもの。プロペラは、日本機に共通の住友/ハミルトン系３翅で、彗星のそれは、KL-18と称する型式だった。

▲〔上左〕機首を正面より見る。下面の冷却器は、上方が水、下方が潤滑油用。一見すると、液冷発動機の利点を相殺しそうな、大きな空気取入口で、空気力学的にマイナスのようにも思えるが、設計主務者の山名正夫技師によれば、双方の冷気流路を別個にしたので、かなりの空気抵抗減少をはかれたということらしい。

▲右下方から見た、水、および潤滑油冷却器フラップ。画面右が機首方向で、手前が水、奥が潤滑油用。両フラップの前縁には、開閉時に生じる隙間を塞ぐために、小さなヒレ状のカバーが付いている。このあたりにも、空気抵抗減少に対するこだわりが感じられる。

▶潤滑油冷却フラップを右側から見る。全開状態に近く、前縁の隙間を塞ぐヒレ状カバーとの関係に注目。ヒレには、接触したときの緩衝用に、切れ込みが入っていることがわかる。

▲機首左側と、傍に別展示されている「熱田（あつた）」二一型発動機（エンジン）。よく知られているように、本発動機は、ドイツのダイムラーベンツ社製DB601液冷倒立Ｖ型12気筒（1,100hp）を、愛知時計電機（のちの愛知航空機）が国産化したものだが、原型が、冷却水としてエチレン・グリコール液を用いたのに対し、ただの水を用いるようにしたのが大きな違い。したがって、液冷ではなく水冷と呼称する場合も多い。

▼発動機前面。シリンダー・ヘッドが下側にくる、倒立Ｖ型の特徴ある形状をしている。

◀発動機後面。左側に見える筒が、過給器からシリンダーに送られる圧縮空気の導管。

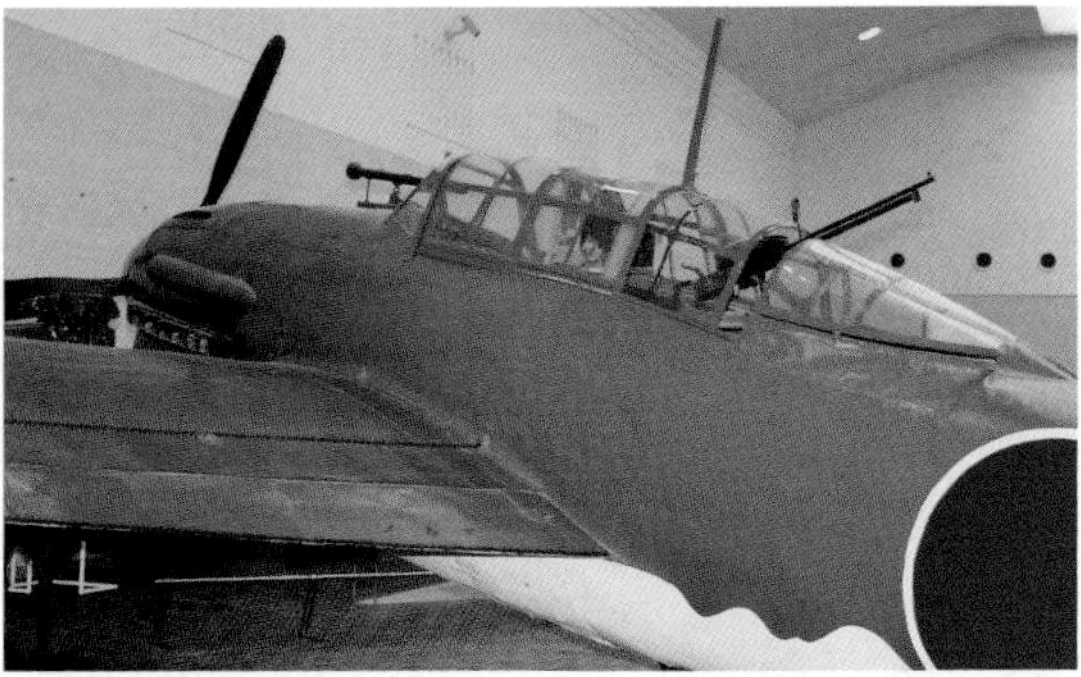

▶〔右2枚〕搭乗員室を含めた、胴体前半部の左、右側。胴体内爆弾倉を有するために、主翼の取付位置が〝中翼配置〟となり、搭乗員室の高さを低く抑えるのに、設計陣は苦労した。従来までの、クッション兼用落下傘（パラシュート）に代え、背負式落下傘を新たに導入したのも、その一例である。

◀搭乗員室を右上方より俯瞰したショット。後席（偵察員席）の風防の隙間から突き出ているのは、防御用九二式七粍七機銃だが、実際には、この状態で射撃はできず、最後方の回転式風防を、後方に向かって左に180度回転させ、射界を確保してから行なう。

▶ほとんど下部計器板しかなかった状態を考えれば、見事と言うほかはない、操縦員席の復元ぶり。左、右に七粍七機銃の銃尾が突き出すため、正面計器板は縦方向に細長い上部と、左、右に広い下部計器板から成る。手前が操縦桿。三角形に突き出る正面風防の中央枠に、二式射爆照準器が貫通して固定される。

▼〔下２枚〕右主脚を内側（右写真）、および正面から見る。中翼配置のせいで、本機の主脚は、全長約1.49mと長めである。出し入れのエネルギーは、言うまでもなく電気モーターで、「上げ」は約15秒、「下げ」は約12秒を要したという。写真の車輪タイヤは、むろんオリジナルではなく、YS-11旅客機のそれを流用している。

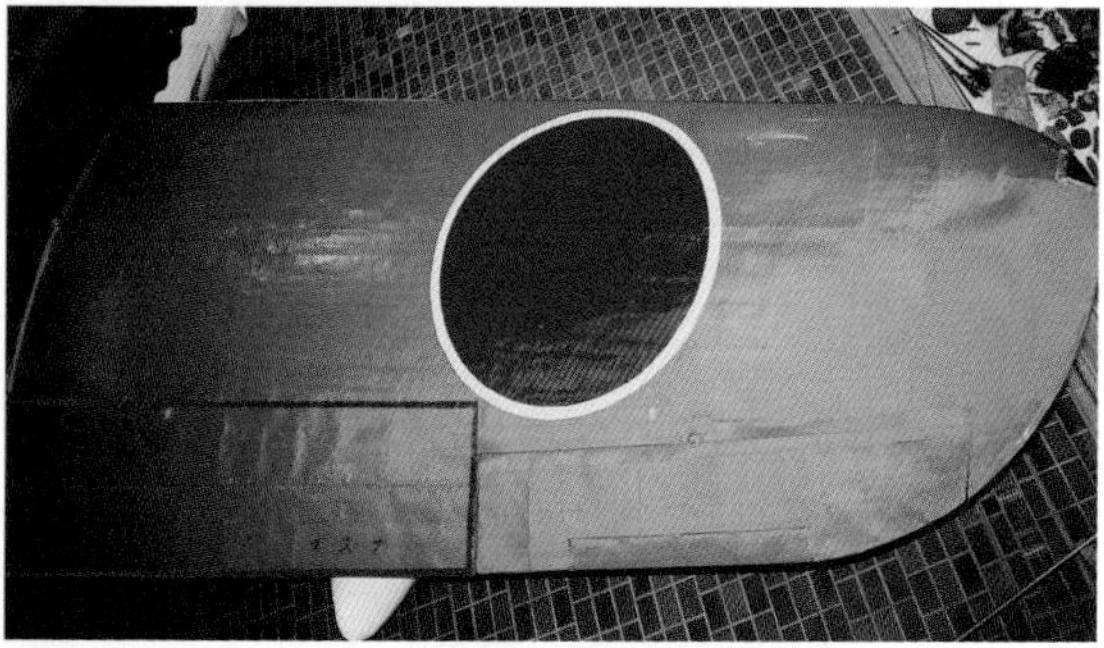

▶右主翼上面。翼幅の60パーセントを占めるフラップと、対照的に小面積（0.75㎡）におさえられた補助翼がよくわかる。赤いラインは、フラップ上面の歩行禁止区域を示す。

◀右主翼下面の３３０ℓ入落下増槽。懸吊架も含めて複製である。この増槽2個を使用すると、機内タンクだけのときに比べて、航続距離は１０００km以上も延びた。懸吊架のすぐ隣にある２つの突起は、小型爆弾懸吊架の取付金具。

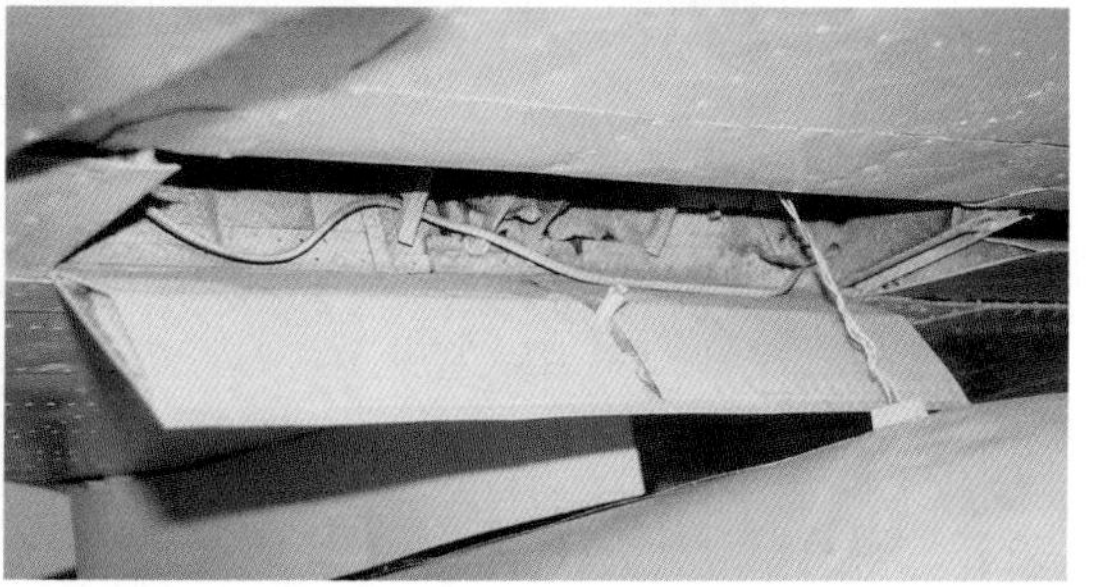

▶左主翼下面の抵抗板3枚のうち、外側のそれが下がった状態を、後方より見る。中央部の操作槓桿は折れて欠落している。この抵抗板の最大下げ角は70度だった。画面上がフラップ。

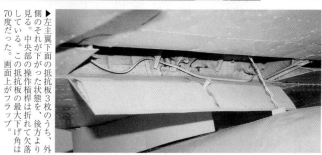

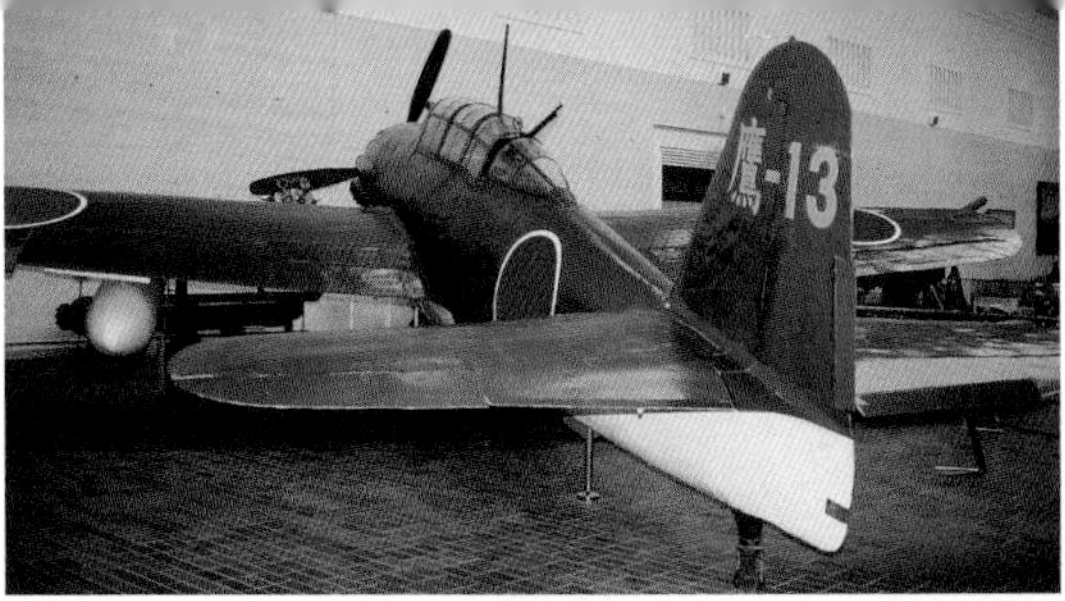

◀尾翼を中心に、左後方から見る。アングルのせいもあるが、コンパクトな主翼と対比して、幅5mの水平尾翼が、不釣合いに大きく感じられる。

▶左側から見た胴体後部、垂直尾翼。第五二三海軍航空隊所属を示す"鷹-13"の符号は、回収時の残骸に残っていたもので、真実のもの。同隊は、昭和19年2月以降マリアナ諸島方面に進出して戦い、兵力を消耗して、同年7月に解隊している。

▼真うしろから見た胴体後端。水平尾翼下方の側面積を広くとった設計法が、実感としてよくわかる。尾翼付根のフィレット処理にも注目。

◀上方から俯瞰した尾翼。水平安定板上面を含む、外鈑の凹凸が、戦闘による被害、長い年月の経過を実感させる。

▲太平洋戦争が終結した昭和20年８月15日の未明、房総半島沖のアメリカ海軍機動部隊に対し、最後の攻撃行動を実施した、第六〇一海軍航空隊攻撃第二五四飛行隊の「天山」一二型をシチュエーションしたイラスト。

NF文庫
ノンフィクション

空母搭載機の打撃力

艦攻、艦爆の運用とメカニズム

野原 茂

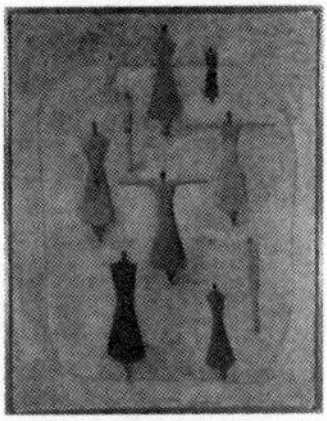

潮書房光人新社

序文

現代のアメリカ海軍原子力航空母を中核とした、いわゆる機動部隊の打撃力は、国家戦略上もっとも重要なファクターのひとつである。

その航空母艦の建造と、搭載する航空機の開発、さらには常備兵力として維持するためには、相応のノウハウと巨額の予算を必要とする。故にどの国でも容易《たやす》く手にすることのできるようなシロモノではない。それは航空母艦が誕生した、およそ100年前から現代に至るまで変わりはない。

欧米航空先進国に比べて後塵を拝したとはいえ、日本陸、海軍も明治時代末期からフランス、イギリス、アメリカ製の航空機材を購入し、飛行術の習得、ならびに兵力としての基盤を固めようと努力した。

しかし、機材の自前調達も含めて、それを独力で成し遂げるのは難しく、陸軍は大正8（1919）年にフランスから、海軍は同10（1921）年にイギリスから大規模な航空教育団を招聘して、一刻も早く実戦兵力を確立しようとした。

海軍の場合は教育団の招聘にあわせて三菱を介し、イギリスの大手航空機メーカーだったソッピース社から総勢9名の設計技師を招き、最初の航空母艦「鳳翔《ほうしょう》」の建造と併行して、その搭載機3種（艦戦、艦偵、艦雷）の自前調達を図ろうと試みた。

結果的に、艦偵は空母への搭載を見送られ、艦雷も改設計を経て艦攻としての配備となったが、海軍は初めての空母艦上機兵力の保有を実現することが出来た。

昭和時代に入り、大型空母「赤城《あかぎ》」「加賀《かが》」が相次いで竣工し、同10年代に入ると、新たな空母打撃力としての艦爆が配備されるに至り、日本海軍はアメリカ、イギリス海軍に伍した艦隊航空兵力を有する、列強国のひとつに数えられるまでになった。

そして、昭和16年12月にみずから太平洋戦争の戦端を開き、アメリカとの全面対決に及んだとき、空母とその艦上機の設計、性能、保有量、そして搭乗員技倆レベルの高さなど、あらゆる面でアメリカ海軍に匹敵するほどに成長していた。

しかし、緒戦期に日本海軍みずからが手本を示した、空母打撃力の重要性を悟ったアメリカ海軍が戦略方針を早急に転換し、日本の10倍と言われた国力にモノをいわせ、その大拡充に乗り出すと形勢は一気に逆転。昭和19（1944）年6月、日・米空母同士による最大決戦「マリアナ沖海戦」は、日本側の大惨敗に終わり、以降の作戦遂行能力を事実上失ってしまう。

戦時対応型の新鋭空母「エセックス」級の1番艦を、太平洋戦争勃発から1年余後の昭和17（1942）年12月末に竣工させたアメリカ海軍が、前記マリアナ沖海戦の頃までのわずか1年半の間に、同型艦が10隻も竣工するという驚異の前に、それに対抗できる新造正規空母の就役が「大鳳《たいほう》」1隻のみという、日本海軍の実情はあまりにも淋しかった。

戦争中期までの空母打撃力を担った九九式艦爆、九七式艦攻の後継機として登場した「彗星」「天山」は、アメリカ海軍のライバル「ヘルダイバー」「アヴェンジャー」に比べ、確かに飛行性能面で凌駕している部分もあったが、空母に配備された数は圧倒的に少なく、戦勢挽回にはまったく寄与できなかった。

奇しくも、戦争末期に日・米海軍が似たような発想で、艦爆と艦攻を一元化した機体、「流星」と「スカイレーダー」を実現したが、前者は就役したのが昭和20（1945）年に入ってからとなり、すでに搭載するべき空母の運用が放棄されていた。一方のスカイレーダーも、就役が本格化したのは戦後のこととなり、両機が相まみえる機会はなかった。

本書は、そうした日本海軍空母打撃力の両輪である、艦爆、艦攻の歴代機を綴ったものだが、単に機体設計、性能のみにとどまらず、敵対したアメリカ海軍の空母打撃力に対していかほどであったか？　という視点も併せ持っていただければ……と願う次第。

空母搭載機の打撃力——目次

空母搭載機の打撃力

艦攻、艦爆の運用とメカニズム

第一章　日本海軍艦上攻撃機

第一節　歴代艦上攻撃機の系譜

●雷撃機としてのスタート

攻撃機という機種名称は、現代のアメリカ海軍艦上攻撃機がそうであるように、イコール対地攻撃機という意味合いが強く、第二次世界大戦当時のそれとは、まるで性格が違ってきている。

したがって、旧日本海軍艦上攻撃機といっても、いまの若い読者の方々には、いまひとつ、その性格、運用目的がピンとこないと思われるので、〝艦攻〟とはそもそも何ぞや？　というイロハから入っていきたい。

20世紀初頭、ぶ厚い装甲に身を固めた戦艦、巡洋艦が海上を支配し、これらの主力艦同士の大砲の撃ち合いによって海上戦闘の勝敗が決し、ひいては戦争そのものの勝敗が決するという思想が、各国海軍の戦略構想の基本になった。

これら主力艦に、水雷艇や潜水艦などの小艦艇が立ち向かう際の、主兵器になったのが魚雷であった。

1910年代に入り、ようやく兵器として使えることがわかった航空機に、この魚雷を搭載し、空中から投下、艦船攻撃に用いるというアイデアが、アメリカ、イタリア、イギリスの海軍内で芽ばえたのは自然の成り行きだった。そして、この搭載機は魚雷攻撃機、略して雷撃機と呼ばれたのである。

3ヵ国のなかで、実際に雷撃機を用いて戦争に参加したのはイギリス海軍が最初で、第一次世界大戦初期の1915年8月12日、ダーダネルス海峡付近で、トルコの補給船を目標に空中投下、魚雷は見事に船腹に命中した。これが、世界で最初の空中発射魚雷による戦果となった。

このとき使用された雷撃機は、ショート社が開発した184型と呼ばれる、複葉複座双フロート水上機で、これまた世界最初の実用雷撃機であった。投下した魚雷は、重量385kgのホワイトヘッド式14inである。

もちろん、当時の水上機の行動範囲はたかが知れており、遠く離れた戦場まで自力で進出することはできず、水上機母艦に搭載されて移動する。そして目標が発見されると、デリックを使って海面に降ろされ、水上滑走して離水、帰投後も母艦の近くに着水、デリックで吊り上げて収容されるという具合だった。

ショート184型は、5日後の8月17日にも、トルコ汽船を攻撃して魚雷を命中させ、大火災をおこさせることに成功した。

2度の実戦使用により、雷撃機は海軍航空戦力の一分野を築くかにみえたが、その後、大戦を通じてイギリスをはじめ、イタリア、アメリカでも雷撃機が実戦に使われることはなかった。

理由はいろいろあったが、最大のネックは、搭載機が水上機である以上、外海では、よほど波静かな日以外は魚雷を搭載して離水できないうえ、エンジン・パワーが低いので、魚雷も軽量のものに限られ、商船などはともかく、装甲の厚い軍艦が相手では、威力不足だったことがあげられる。

●艦上雷撃機の出現

第一次世界大戦初期、ドイツ海軍のツェッペリン飛行船に手を焼いていたイギリス海軍は、戦艦や装甲巡洋艦の甲板に、簡単な滑走台を仮設し、陸上単座戦闘機を発艦させて、その迎撃にあてることを考えていた。もちろん、着艦施設はないから、任務を終えた戦闘機は母艦の近くに着水し、パイロットだけを収容する、いわば使い捨ての運用法だった。しかし、これは成功し、ツェッペリン飛行船のイギリス艦隊への接近は次第に困難になっていったのである。

この使い捨て運用を、なんとかならぬものかと考え、全通の飛行甲板（フラッシュ・デッキ）を設けた専用母艦を造り、着艦させて収容すればよいではないかということになって、誕生したのが、航空母艦であった。

むろん、専用航空母艦を世界に先駆けて建造したのはイギリス海軍で、１９１４年に商船から途中で設計変更された「アーガス」が、１９１８年秋に竣工した。

そして、従来までの水上雷撃機にかわって、この航空母艦を発着基地にして運用する、車輪付きの雷撃機ソッピース〝クックー〟も同時に就役、世界最初の艦上雷撃機隊が発足した。

残念ながら、この艦上雷撃機隊が就役した直後に、第一次世界大戦は終結してしまい、実戦において威力を示すチャンスを逃してしまった。

大戦終結後、イギリス海軍はつぎつぎと新型艦上雷撃機を開発し、航空母艦の増加とあわせて、その戦力を拡大していったが、１９３０年代に入ると、その勢いに陰り

▲ブラックバーン“スイフト”とともに、イギリス海軍航空教育団が携えてきて、教材に使用した、ソッピース“クックー”。日本海軍が初めて接した艦上雷撃機だった。乗員は1名。

▲日本海軍最初の国産艦攻、三菱一〇式艦上雷撃機。ほかに例のない三葉型式を採ったが、性能はともかく、実用上問題があり、制式採用されたものの、わずか20機造ったのみに終わった。

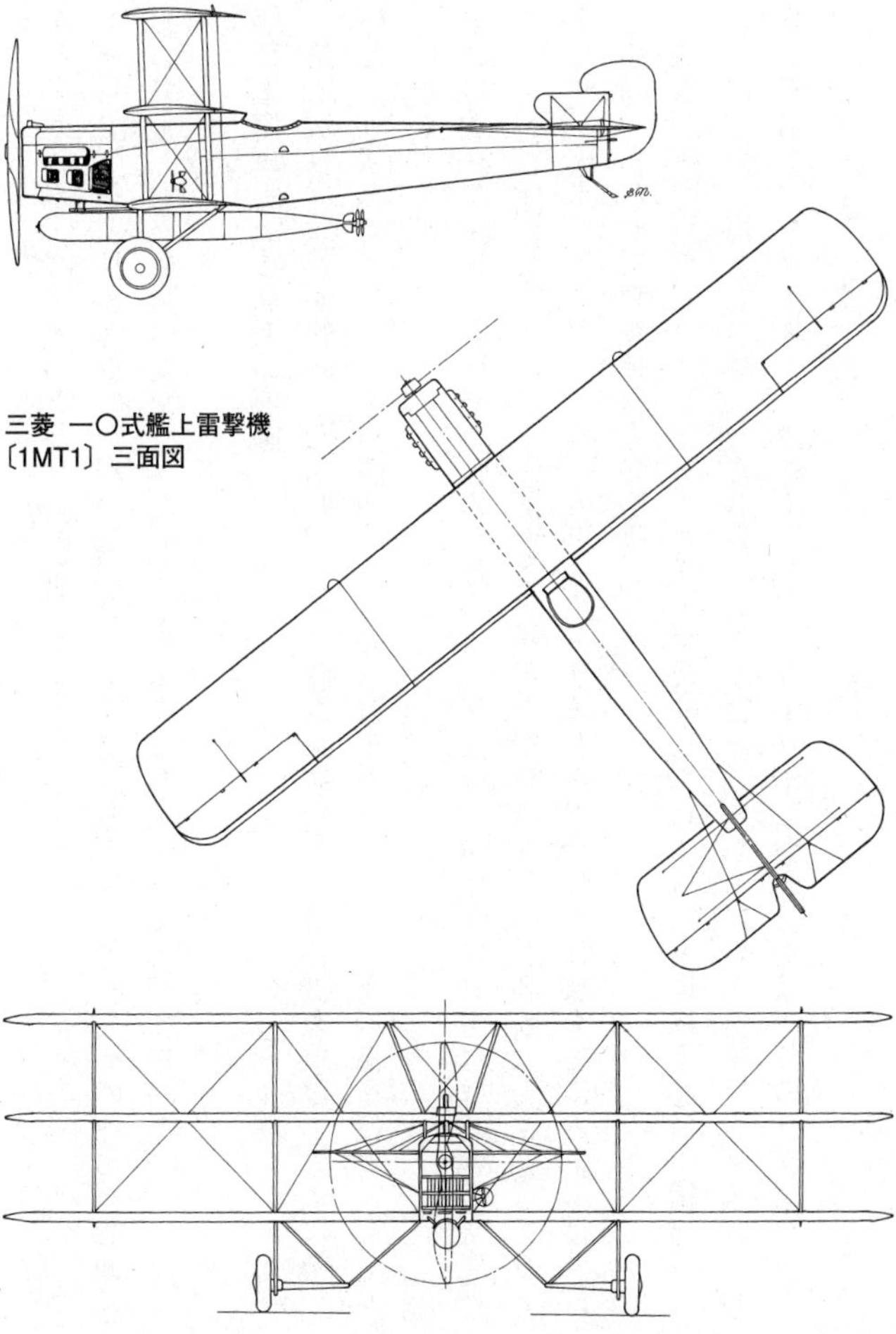

三菱 一〇式艦上雷撃機
〔1MT1〕三面図

がみえはじめ、パイオニアとしての精彩を失っていった。

そして、イギリス海軍にかわって、艦上雷撃機開発をリードし、その運用構想面においても、世界最強の覇を競ったのが、日本海軍とアメリカ海軍であった。

●日本海軍艦上攻撃機の興隆

第一次世界大戦が終結した当時、日本の陸海軍航空は、飛行機を飛ばすことに精一杯という状況で、ヨーロッパ諸国のような、軍事力としての実質価値をほとんどもっていなかった。

このような現状に危機感を強めた陸海軍上層部は、速やかにヨーロッパの航空先進国から教育団を招き、すべての面で指導を仰がねばならぬと判断、大正10（1921）年、陸軍はフランスから、海軍はイギリスから、それぞれ数十名におよぶ指導員を招聘、あわせて教育機材も多数購入した。

海軍が招聘した、ウィリアム・フォーブス・センピル海軍大佐以下30名の指導員とともに、教材用として購入した各種機のなかには、もちろん艦上雷撃機も含まれており、有名なソッピース〝クックー〟と、1919年に完成したばかりのブラックバーン〝スイフト〟があった。

両機とも、木、金属骨組みに羽布張り外皮の、当時としては一般的な構造の複葉機だが、スイフトのほうが新しいだけに、エンジン出力も大きく、操縦、離着陸性能が良かった。

センピル教育団は、この2機を使って、日本海軍航空隊に初めて雷撃機の実態、運用法などを伝授したのである。

教育団の招聘にあわせるように、日本海軍自身も、艦隊航空戦力の実現に向けて具体的な行動をおこしており、横須賀工廠では、最初の航空母艦「鳳翔」が建造されており、本艦に搭載するべき最初の国産艦上機の開発を、三菱内燃機製造（株）——のちの三菱重工（株）の前身——に命じていた。

後年では考えられないが、三菱に対しては、艦上戦闘機、艦上偵察機、艦上雷撃機の3種が同時に発注されたのだが、さすがに全部いちどには無理なので、右記の順に設計が行なわれた。

当時、各メーカーでは、まだ日本人技師だけで軍用機設計を行なえる力がなく、それぞれヨーロッパ各国から設計スタッフを招聘して、設計を依頼していた。

三菱も例外ではなく、大正10年2月に、イギリスのソッピース社から、ハーバート・スミス技師以下9人を招聘し、この艦上機3種の設計を託したのである。センピル教育団の教材〝クックー〟は、スミス技師自身の設計であった。

社内名称1MF1と呼ばれた艦上戦闘機、同2MR1と呼ばれた艦上偵察機は、それぞれ8ヵ月ていどで試作機が完成し、テストの結果、性能、実用性ともに満足すべきものと判定され、一〇式艦上戦闘機、一〇式艦上偵察機の制式名称により、あいついで兵器採用された。経験豊富なスミス技師以下スタッフの面目躍如たるものがある。

前記2機種は、単座と複座、機体サイズの大小の違いがあるだけで、基本設計はほとんど同じだったが、社内名称1MT1と呼ばれた艦上雷撃機は、そういうわけにはいかなかった。

重い魚雷を搭載して、所要の飛行性能を実現するには、出力の大きいエンジンが必要であり、機体も当然、大型化する。しかし、航空母艦で運用するには、昇降機（エレベーター）の寸法制限があって、むやみに大型化できない。

このジレンマを解決するために、スミス技師が考えたのが、かつて第一次世界大戦において、一世を風靡した三葉型式であった。同技師自身、ソッピース社の三葉戦闘機〝トリプレーン〟を、設計スタッフの一員として経験していたと思われ、それがヒントになったのだろう。

三葉型式は、複葉に比べて全幅を小さくでき、かつ上昇性能、運動性が勝るのが長所であった。

　機体構造はとくに前作2機種と変わらず、木製骨組みに羽布張り外皮としたが、外観上、艦上機ということで、離着艦時の安定感を重視し、主車輪間隔を異例に大きくとっているのが目立った。エンジンは、イギリスから購入した、ネピアライオン液冷W型12気筒450hpを搭載、乗員は1名である。

　1MT1の試作もスピーディーに進み、大正11年8月には1号機が完成、9日に、教育指導員の一員として来日していた、ジョルダン大尉の操縦により、初飛行に成功した。

　テストの結果、1MT1の性能、操縦性は予期したとおり好成績で、とくに三葉の威力により、上昇性能が格段に優れ、全備重量で1・2tも軽い一〇式艦偵が、高度3000mまで上昇するのに17分を要していたのに、1MT1は魚雷を搭載しながら、これを3分30秒も上回ったのである。

　だが、性能はともかく、やはり全高4・5m（!）近い機体は、航空母艦の狭い格納庫に収めるには、いかにも高すぎ、また整備にもきわめて不便をきたすことが指摘され、実用機としては不適という意見が大勢を占めた。

　海軍では、いちおう一〇式艦上雷撃機〔1MT1〕の名称で兵器採用はしたが、生産は大正12年までに計20機造ったところで打ち切られ、航空母艦「鳳翔」にも配備されることはなかった。本機は、日本海軍制式機の中で、唯一の三葉型式機として名をとどめただけに終わったのである。

●海軍最初の実用艦上攻撃機

1MT1の三葉型式が、非実用的と判定された直後、スミス技師以下スタッフは、汚名挽回とばかりに、オーソドックスな複葉型式に改設計した、社内名称2MT1の開発に着手した。

エンジンは1MT1と同じネピアライオン450hpで、主翼は思い切りよく全幅14・76m、面積59㎡と大きくし、母艦収容の際は、後方に折りたたむこととした。上翼と胴体との間隔も狭くし、離着艦時の操縦者の視界確保に務めた。

1MT1と根本的に違うのは、乗員が2名となり、魚雷のほかに、爆弾も搭載可能にし、後席には防御用旋回機銃一挺を備えたこと。1MT1は、いってみれば雷撃しかできない、魚雷運搬機だったのが、2MT1では空中戦闘も視野に入れた、汎用機の要素が加味されていた。

したがって、2MT1に対し海軍が規定した機種名も、艦上雷撃機ではなく、艦上

▲四四式45cmと思われる魚雷を投下する、一三式一号艦攻。その側面形からも明らかなように、本機は一〇式艦雷の複葉版である。極く初期の生産機のみ、写真のように一〇式艦雷同様、機首を除く全面を濃緑に塗り、胴体日の丸に白フチを付けていた。

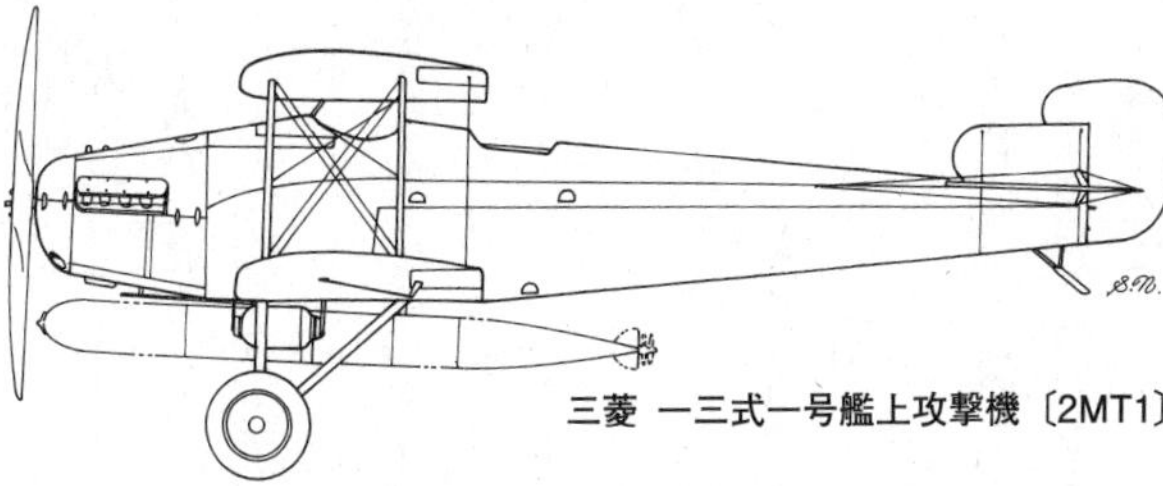

三菱　一三式一号艦上攻撃機〔2MT1〕

▶二号までの複座から、偵察員を追加して三座となった、一三式三号艦攻。操縦席が上翼の真下にくるため、その中央に乗降用切り欠きが設けられていることがわかる。写真は霞ケ浦海軍航空隊所属機。

攻撃機に変わっていた。

2MT1の試作もスピーディーに進み、大正12（1923）年11月末には、早くも1号機が初飛行した。複座、機体の大型化があったにもかかわらず、2MT1の自重は1MT1に比べてわずか70kg増加しただけで、速度、上昇性能などはほとんど同じだった。

1MT1の反省から、細部艤装にも注意が払われ、不時着水時を考慮した浮泛装置（機体沈下を防ぐ〝浮き〟装備のこと）、空母上での運用をふまえた手動式エンジン始動装置の導入などはそのよい例。こんなことで、2MT1の実用性は、1MT1に比べて格段の進歩があった。

テストの結果、海軍は2MT1の制式採用を決定、翌大正13年、一三式艦上攻撃機〔2MT1〕と命名し、三菱に量産を下令した。1MT1がわずか20機の生産で打ち切られ、航空母艦への配備も予定されなかったのは、2MT1の存在があったからである。

一三式艦攻は、昭和時代に入ってすぐに完成した、大型航空母艦「赤城」「加賀」（それぞれ昭和2、3年に竣工）に搭載され、三式艦戦とのコンビにより、日本海軍艦隊航空は、ようやく実質的戦力を備えることができた。

昭和7年2月、折りから発生した上海事変に際し、中国大陸沿岸に派遣された空母「加賀」は、22日に三式艦戦、一三式三号艦攻各3機を出撃させ、蘇州上空で、アメリカ民間人ロバート・ショートの操縦する、ボーイングP－12戦闘機――中華民国空軍の顧問として派遣されていた――と空中戦を交え、これを協同で撃墜、海軍航空隊史上最初の戦果を記録した。ちなみに、この空戦において、一三式三号艦攻の指揮官小谷大尉が、P－12の銃弾を浴びて機上にて壮烈な戦死を遂げ、海軍最初の空中戦闘死亡者となった。

後継機があいついで不評をかこったこともあるが、一三式艦攻の生産は昭和8年まで継続し、合計生産数は440機以上に達した。平時の制式機としては異例の大量生産機である。昭和時代に入って、旧式機と陰口を叩かれながら、これほど長期間にわたって生産、使用されたのは、いかに本機が実用向きの、安心して使える機体だったかの証明だろう。

生産型は3種あり、最初の一号〔2MT1～3〕はネピアライオン450hpエンジン搭載型で計197機、二号〔2MT5〕は三菱がイスパノスイザ・エンジンを国産化した、ヒ式一型液冷V型12気筒450hpを搭載し、主脚柱を簡素化した型で、大正15年以降、計115機、三号〔3MT2〕は二号のヒ式一型を同二型450hpに換装

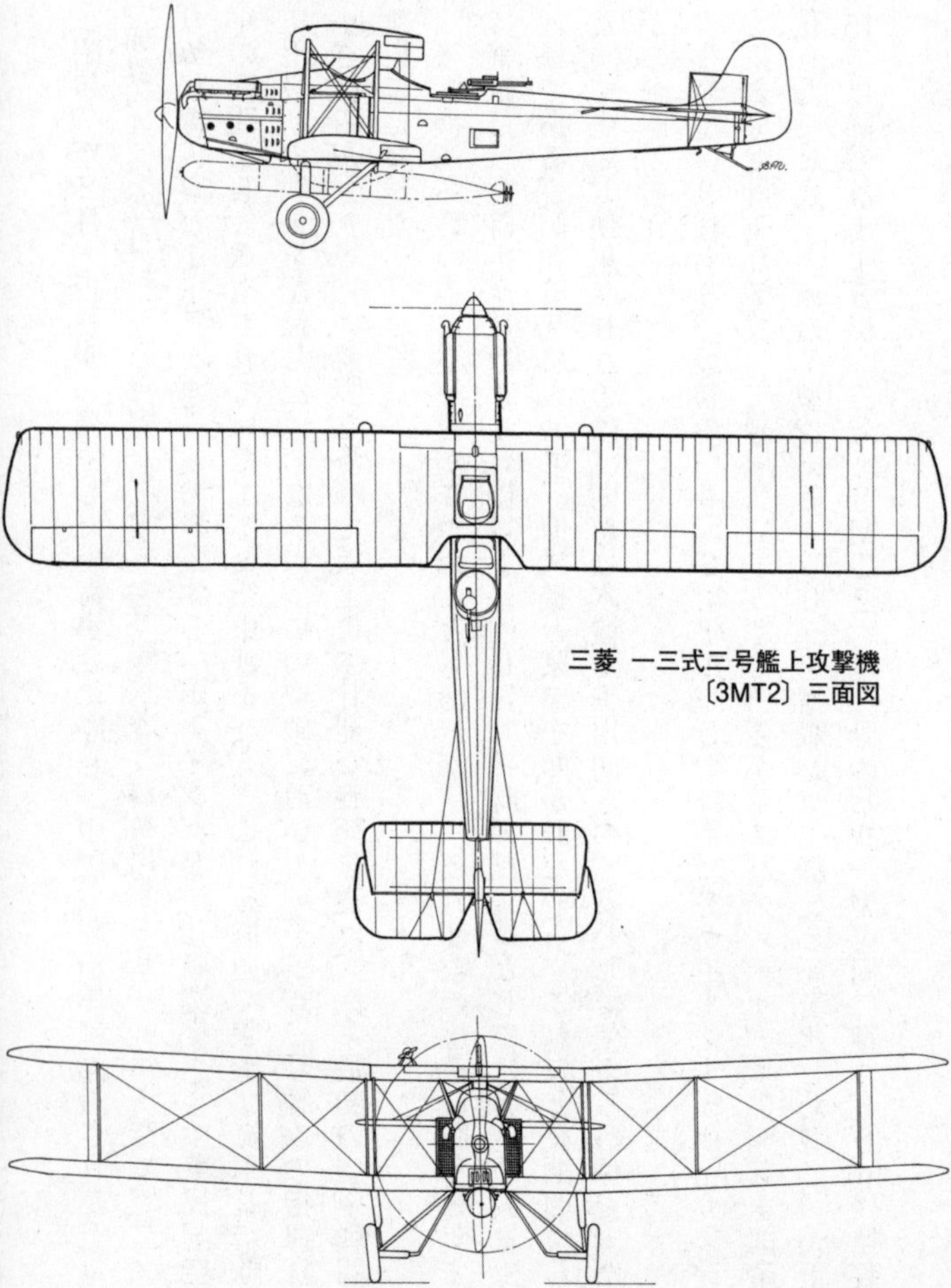

三菱　一三式三号艦上攻撃機
〔3MT2〕三面図

した型で、昭和5年以降、三菱で88機、海軍広工廠で約40機が造られた。

注目すべきは、三号型が従来の複座から三座に変わっていること。これは、昭和6年に海軍が新たに艦上爆撃機の開発に着手、機種整理の都合から艦上偵察機を廃止し、その役目を艦攻が兼務することにしたのと関係がある。

すなわち、三座の中間席は偵察員席とし、常時、雷撃、爆撃、偵察など、多用途に使えるようにしたのである。前方から、操縦、偵察、電信／銃手という、日本海軍艦攻の乗員配置は、この時に確立された。

●後継機不作の時期

一三式艦攻は予想以上の出来だったが、軍用機の進歩は早く、5年もたてば本機とて旧式機に成り下がるのは目に見えていた。

そこで、2MT1の試作から4年が経過した昭和3（1928）年2月、海軍は次期新型艦攻の競争試作を提示し、三菱、中島、川西、愛知の4社に対して、秋頃までに設計案を提出するよう求めた。

一〇式艦上機トリオを送り出し、海軍艦隊航空の基礎を築いたとの自負があった三菱だが、一〇式艦戦の後継機は、中島の三式艦戦に敗れてしまったため、今度の次期艦攻の座は、是が非でも勝ち取らねばならぬとの思いがあった。
その思いは、すでに帰国していたスミス技師のほか、ブラックバーン社、ハンドレーページ社にまで設計を依頼、イギリス3社による豪華な〝下請け〟仕事となったのである。

海軍が次期艦攻に要求した性能スペックのうち、速度、上昇力は一三式艦攻と大差なかったが、航続力は最大8時間と、30パーセント以上増しになっていた。これは、艦偵としての能力を重視したためにほかならない。

各社設計案は秋までには届き、社内検討の結果、ブラックバーン社案が空力、構造面で斬新さがあると判定した三菱は、これを社内名称3MR4として海軍に提出した。当時、国内各メーカーとも、日本人技師だけで機体設計をまとめる力は弱かったから、予算をふんだんに使った三菱方式は、明らかに他の3社を圧倒した。

そして、昭和3年12月、次期艦攻は三菱に発注と決まり、ただちにブラックバーン社に試作1号機の製作が依頼された。

1号機は、翌4年末に完成し、簡単なテストをすませたのち、分解して船積みされ、昭和5年2月に三菱に到着した。この時、主任設計技師G.E.ペティ氏が同時に来日し、1号機の再組み立てと、三菱における2号機以降の製作指導にあたった。

3MR4は、ヒ式600hp発動機（エンジン）を搭載し、機体骨組みは金属製で、低速時の補助翼の効きを向上させるために、上翼前縁にハンドレーページ式自動スラットを取り付けるなど、新技術を随所に採り入れた意欲作であった。

しかし、翌昭和6年に入って本格化した海軍のテストでは、発動機の不調にはじまり、飛行中の安定不良、着陸時の姿勢保持困難などが指摘され、主翼の後退角廃止、尾翼の再設計など大掛かりな改修を命じられた。

これらの改修を施した試作4号機により、どうにか海軍の審査をパスし、昭和7年3月、八九式艦上攻撃機〔B2M1〕として兵器採用され、三菱に量産が下令された。ちなみに、本機は昭和4年度に制定された、皇紀年号に基づく新しい命名法を適用した、海軍最初の制式機となった。

しかし、母艦、基地両部隊に配属されてからも、発動機不調、機体不具合などで事故があいつぎ、乗員、整備員双方ともに、旧式の一三式艦攻を望む声が多く、本機にとっては大いなる屈辱であった。

そこで、三菱は帰国したペティ技師にかわって、自社の大木、松藤両技師を中心に、胴体、主翼、尾翼の寸度、形状を一新する大掛かりな再設計を断行、海軍もこれを評価し、八九式二号艦上攻撃機〔B2M2〕の名称で兵器採用した。

▲昭和８〜９年頃、東京の市街地上空を編隊飛行する、横須賀海軍航空隊所属の八九式一号艦攻。一三式艦攻の後継機として期待されたが、結果的には低い評価に終わった。

▲空母「加賀」に着艦した直後の、八九式二号艦攻“ニ-396”号機。主翼、尾翼形状が、一号に比べてかなり変化していることがわかる。昭和12年５月の撮影。

三菱 八九式一号艦上攻撃機〔B2M1〕

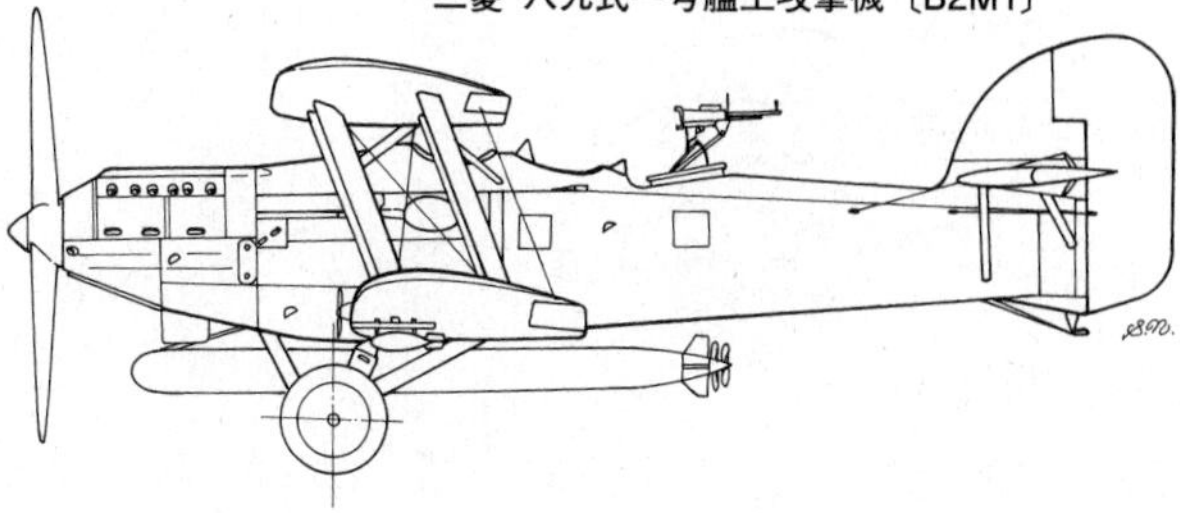

しかし、それでも実用性は一三式艦攻におよばず、部隊の評価を上げることはできなかった。そのため、生産は昭和10年に打ち切られ、それまでに計204機が造られていたが、一三式艦攻の半分にも満たない数であった。三菱の面子は、大いに損われたといってよい。

八九式艦攻が、どうみても成功作とは言い難いことがはっきりした昭和7年4月、海軍は七試艦上攻撃機の名称により、三菱、中島両社に次期新型艦攻の競争試作を指示、原型1機ずつを発注した。八九式艦攻の兵器採用からわずか1ヵ月しか経っておらず、海軍の焦りが察せられよう。

三菱は、松原元技師を設計主務者として3MT10の社内名称で作業着手し、わずか5ヵ月後の昭和7年10月に実機を完成させた。

これほど短期間に、完成にこぎつけられたのには理由があり、3MT10は、早い話が、八九式二号艦攻をベースに、さらなる改修を施した、いわばリメイク版に近かったから

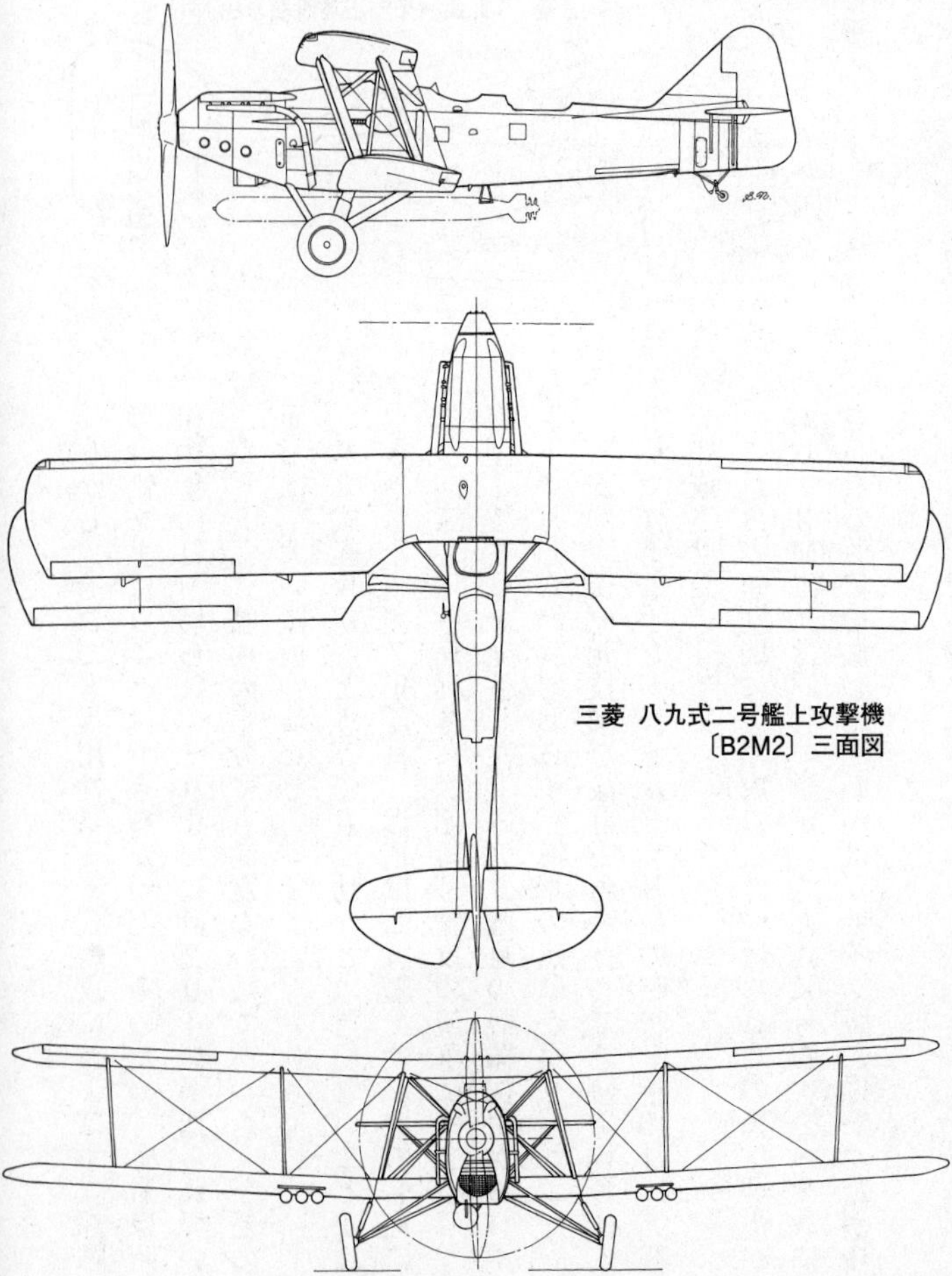

三菱 八九式二号艦上攻撃機
〔B2M2〕三面図

である。これは、併載した両機の三面図を比較すれば、一目瞭然であろう。

　発動機は、大型飛行艇用とされていた、イギリスのロールスロイス〝バザード〟Ⅱ－MS液冷V型12気筒８３５hpを搭載し、八九式二号艦攻に比べて、８００kgも増加した全備重量の機体に、相応の性能アップを期待した。

　しかし、海軍におけるテストでは、速度、上昇性能は八九式二号とほとんど変わらず、航続力がいくらか向上したていどで、とくに新型機として

三菱 七試艦上攻撃機〔3MT10〕三面図

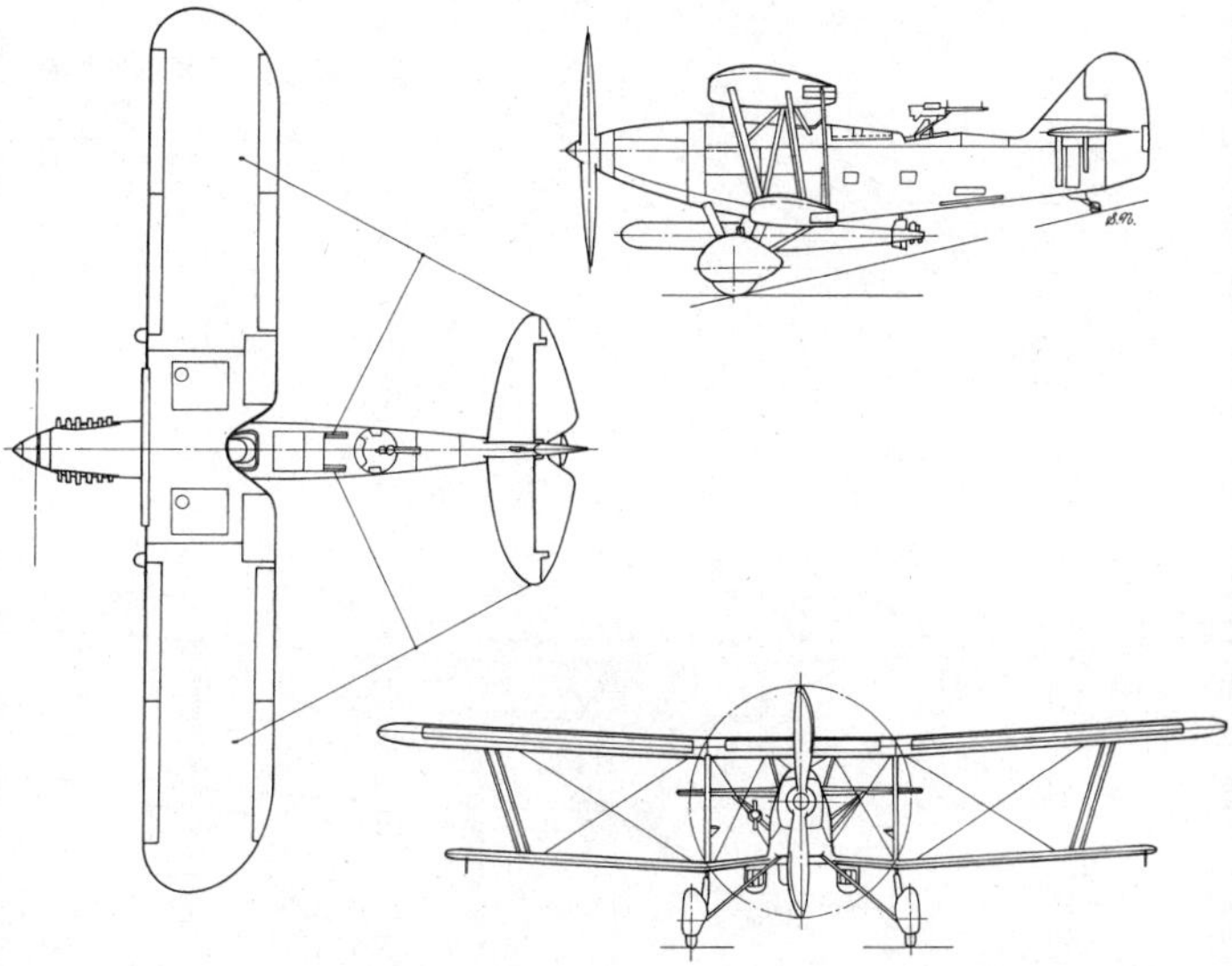

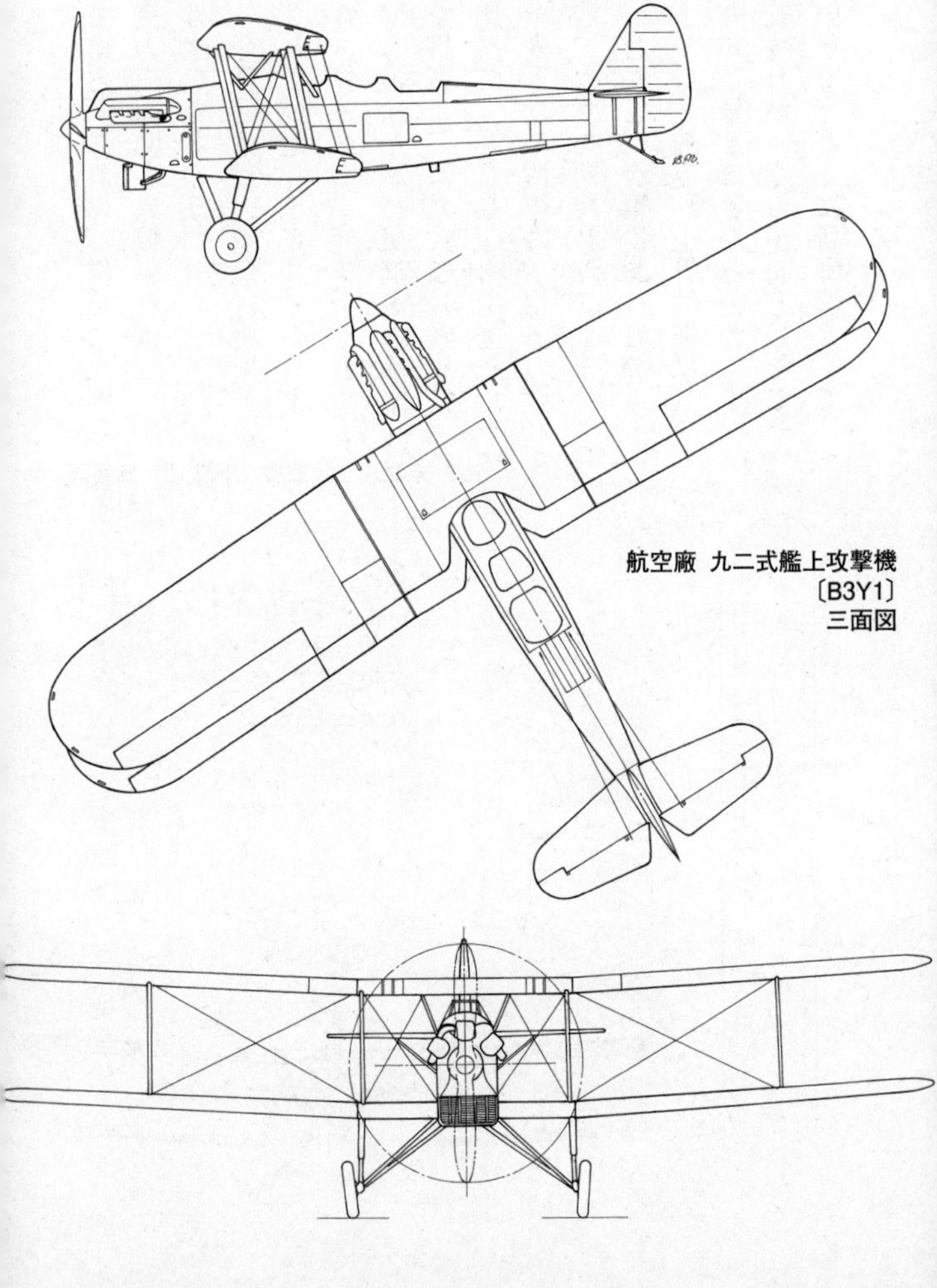

航空廠 九二式艦上攻撃機
〔B3Y1〕
三面図

▲不評の八九式艦攻に代わるべき機体として、三菱が昭和７年10月に完成させた、七試艦攻。重厚なフォルムが頼もしそうだったが、性能は期待外れで、中島機ともども不採用に終わった。

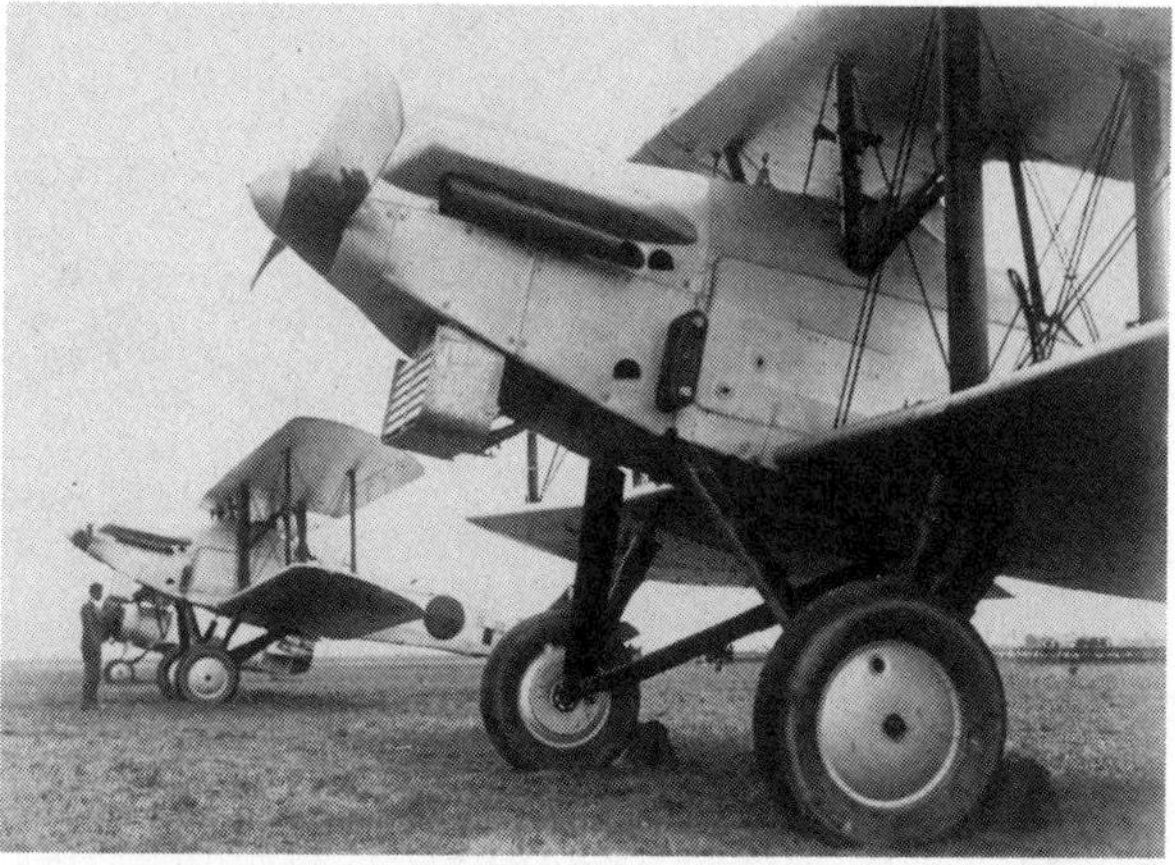

▲九二式艦攻の機首クローズアップ。下面に、取って付けたように突き出しているのはラジエーター。本機が搭載した九一式600hp 発動機は、就役後もしばらくの間不調つづきで、一時は空母搭載機のすべてを降ろすという事態にまでなった。初期生産機は、このように２翅プロペラを付けていたが、途中から４翅に変わった。

▲日中戦争初期、中支方面にて小型爆弾を使った水平爆撃に活躍する、第十二航空隊所属の九二式艦攻。プロペラは4翅。尾翼の“S”が、十二空を示す部隊符号。

▲七試艦攻の失敗を取り戻すべく、三菱技術陣が全力を注いで試作した最後の複葉艦攻、九試艦攻。下翼が軽い逆ガル形になっていることに注目。しかし、本機もまた成功作とはならず、不採用に終わった。

三菱 九試艦上攻撃機〔B4M1〕三面図

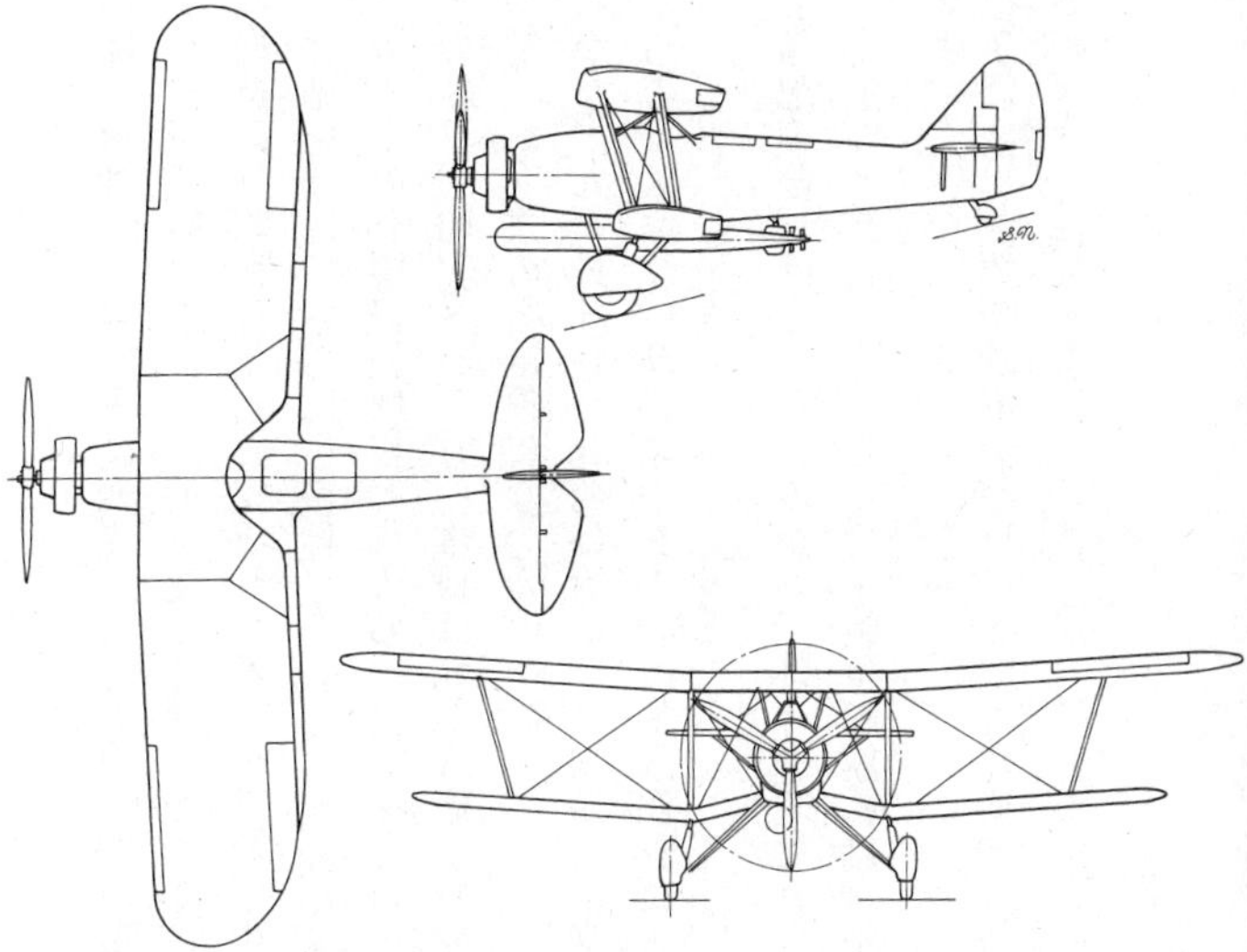

採用するほどのメリットがないと判定され、同様な結果に終わった中島機ともども、あえなく不採用を通告された。

こうした、民間メーカーの不振をあるていど予測していた海軍は、航空廠に対し、一三式艦攻をベースにした〝仮称一三式艦上攻撃機改造型〟の試作を命じていた。

改造設計を担当したのは鈴木為文技師で、発動機はフランスのロレーン系を海軍が国産化した、九一式液冷W型12気筒600hpを搭載、主翼は全幅を1m切り詰めて翼間支柱二張間《はりま》とし、胴体は、鋼管溶接骨組みに変更したことなどが、改造設計の骨子であった。いってみれば、一三式艦攻を小型、簡素化した機体である。

原型機は、昭和7年末に完成し、不評の三菱、中島の七試艦攻を尻目に、まずまずとの評価をうけ、さらに生産性に関して、民間の愛知時計電機（株）——のちの愛知航空機——の五明得一郎技師による手直しをうけて、完成度は高まった。

その結果、昭和8年8月、本機は九二式艦上攻撃機〔B3Y1〕の名称で兵器採用が決定、八九式の後継機になった。

しかし、九一式600hp発動機は、当初から不調気味で、とくにシリンダー・ヘッドからのガス漏れ、ラジエーターの冷却水漏れによる稼働率の低さが問題視されていた。

部隊配備後しばらくたってから、ようやくこれらのトラブルが一応は収まり、操縦性、安定性の良さを発揮し、日中戦争初期には、地上の小目標に対する精密爆撃に活躍した。

生産数は、愛知時計電機が11年までに75機、渡辺鉄工所が23機、広工廠が約30機、合計約130機と意外に少ない。

●最後の複葉艦攻

自らが手掛けた九二式艦攻は、それなりの出来で、当座をしのぐことができたが、本機が真に満足すべき機体ではないことは、海軍自身がよく知っていた。

そのため、九二式艦攻の兵器採用から1年も経たない昭和9年2月、海軍は、前回とまったく同じ顔ぶれの、三菱、中島、それに官側の航空廠に対し、九試艦上攻撃機の名称により、競争試作を指示した。

同時期に試作された他機種、とくに三菱の九試単座戦闘機、九試中型攻撃機は、当時の世界の趨勢に沿い、全金属製単葉型式の、近代的設計を採っており、日本軍用機界の革新の旗手になりつつあった。

だが、艦攻だけは、不作の連続に、発注主である海軍が萎縮してしまい、技術革新よりも、失敗の恐れがない設計を要求したことで、最初から革新にはほど遠い、旧態依然とした複葉機に落ち着いてしまった。

三菱は、七試艦攻をベースに、発動機を自社製A－4空冷星型複列14気筒650hp（のちの「金星」シリーズの原型）に換装、機体設計はほぼそのまま踏襲しつつ、骨組み構造を全面的に改めて軽量化し、性能、実用性の向上を図ることとした。原型機は、七試のときと同様、わずか半年で完成し、9年8月には初飛行する素早さであった。

いっぽう、中島は、やはり自社製「光」一型空冷星型9気筒660hp発動機を搭載、複葉型式のマンネリズムを打破するためか、上翼付け根はガル翼形、下翼付け根は逆ガル翼形にし、正面から見ると〝X〟字状になる、前代未聞の奇抜なスタイルにまとめて、昭和11年に2機完成させた。

しかし、両社機をテストしてみると、三菱機は性能はともかく、軽量化に神経をつかうあまり、主翼の剛性が不足してしまい、補助翼の効きが悪くて操縦性不良と判定された。

中島機は、あまりに奇をてらったことが災いし、性能云々以前に実用上の問題があって早々に見限られ、ここに三菱、中島両社ともに、前回につづいて不採用を通告された。

こうなると、頼みはまたしても航空廠機ということになったが、こちらは、最初から失敗のないよう、石橋を叩くような設計だった。

すなわち、構造設計は、すでに定評のあった川西九四式水偵のそれを踏襲、加えて、従来の民間各社機の成功作から、優れた部分だけを拝借し、発動機も取っ替え引っ替えテストして、最良のものを選ぶという、特権を最大限に駆使した手法である。これでは民間メーカーが太刀打ちできるはずがない。

▲上翼はガル翼形、下翼は逆ガル翼という、前代未聞の奇抜な外観を採った、中島九試艦攻。複葉型式に行き詰まった、断末魔の姿とも言うべきで、もとより性能云々以前に、実用上の見地から即不採用を通告された。この直後に、優秀な十試艦攻を生み出した、同じ会社の作品とはとても思えない、ゲテモノ機であった。

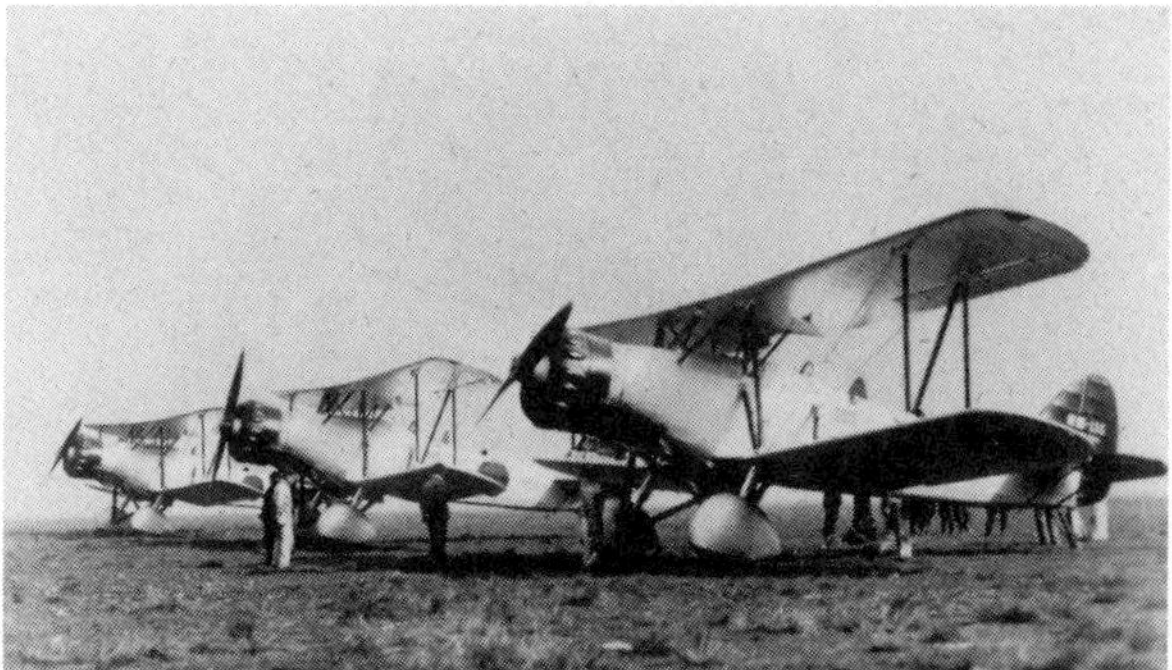

▲七試につづき、九試艦攻も三菱、中島両社機が失敗作となり、海軍航空廠みずからが手堅くまとめて採用した、九六式艦攻。しかし、時代は、全金属製単葉引き込み脚形態へと移っており、本機の先行きは見えていた。

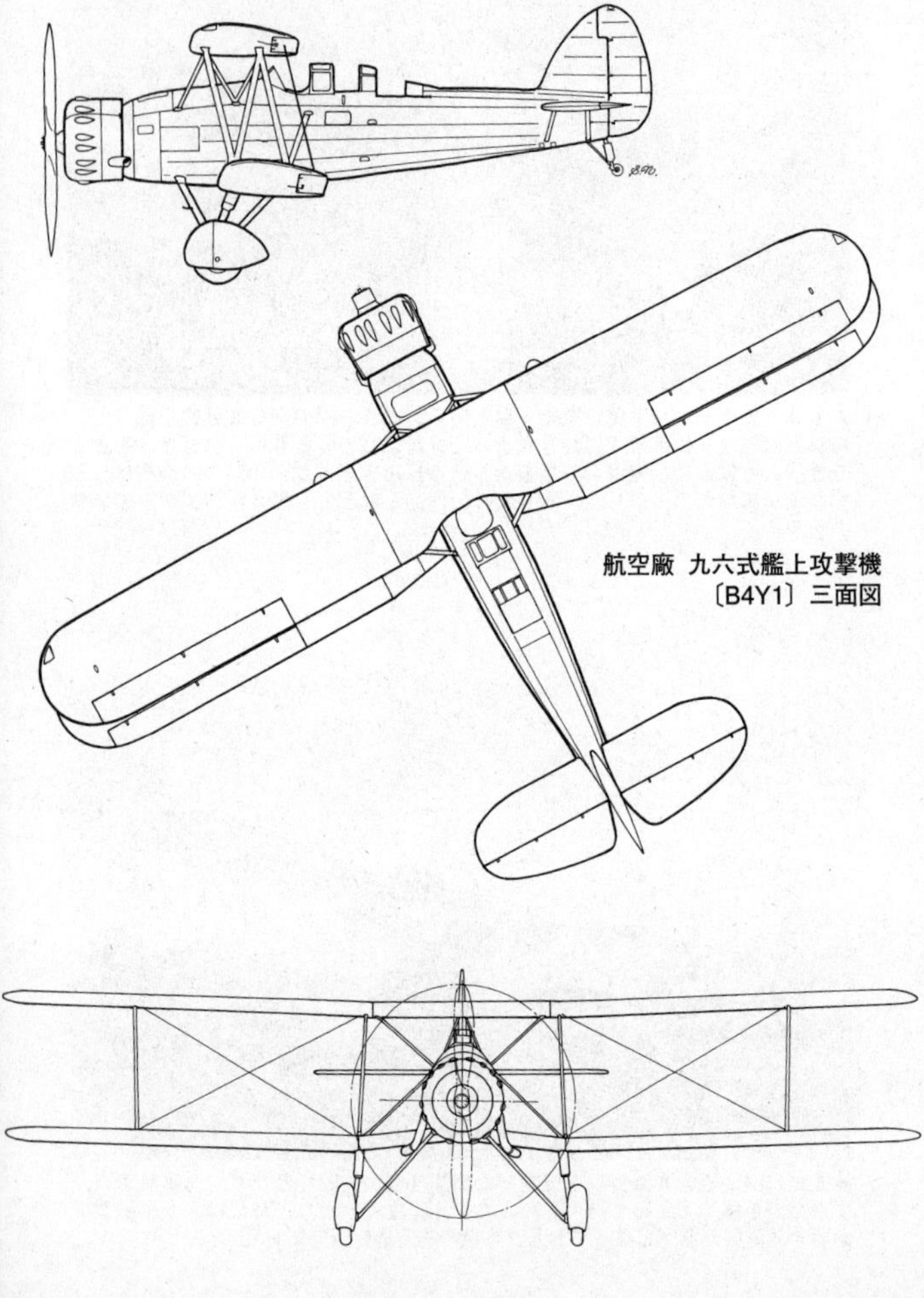

航空廠 九六式艦上攻撃機
〔B4Y1〕三面図

▲胴体下面に六番（60kg）爆弾を懸吊して、地上軍支援のための水平爆撃に向かう、空母「加賀」搭載の九六式艦攻“K-314”号機。昭和13～14年頃、日中戦争におけるひとコマ。

思惑どおり、昭和10年12月以降に完成した試作機5機をテストしたところ、性能はまずまず、操縦、安定性は良好で、実用性は申し分なしと判定され、中島「光」二型発動機搭載型をもって生産機とすることに決まり、昭和11年11月、九六式艦上攻撃機〔B4Y1〕の名称で兵器採用された。

そして、昭和12年に入ると空母、陸上基地隊双方に配備が進み、折りからの日中戦争に際しては、主として小型爆弾による精密爆撃を中心に、対地支援任務に活躍した。

たしかに、九六式艦攻は、日本式複葉三座艦攻として、それなりに完成域に達した機体といえたが、世界軍用機界は、すでに全金属製単葉引き込み脚時代へと移行しつつあり、しょせんは、過渡的な機体にすぎない存在であった。

しかも、仮想敵とされたアメリカ海軍では、世界最初の全金属製単葉引き込み脚艦攻、ダグラスTBDデバステーターが、1935（昭和10）年4月に初飛行しており、九六式艦攻が兵器採用された昭和11年11月には、もう生産に入っており、翌年6月には海軍に1号機が納入されていた。日本海軍は、艦攻近代化でアメリカ海軍に大きく水をあけられた。

なお、九六式艦攻の生産は、中島、三菱、広工廠が分担して行ない、13年までに合計約200機造られた。少ない数だが、これには理由があった。それは次項に述べる。

●艦攻近代化成る

三菱の九試艦攻をテストしてみて、海軍はもはや複葉型式では、どんなに手を尽くしたところで、満足のいく性能の艦攻を得ることができないと悟ったに違いない。

だから、航空廠の九試艦攻（のちの九六式艦攻）1号機がまだ完成していない昭和10（1935）年夏、海軍は艦攻近代化を一気に達成するために、世界軍用機界の趨勢に沿った、全金属製単葉型式を前提にした、十試艦上攻撃機計画を提示、三菱、中島両社に競争試作を命じた。

海軍の要望は、大略すると以下のとおり。

1．型式は単葉、車輪式。

2．寸度は全幅16m、全長10・3m、全高3・8m以内に収めること。また、主翼折りたたみ時の全幅は7・5m以内とする。

3．発動機は、空冷の中島「光」、もしくは三菱「金星」のいずれかとする。

4．搭載兵器は、九一式45cm８００kg魚雷、または８００kg爆弾×1、または２５０kg爆弾×2、または60kg、30kg小型爆弾×2〜6のいずれかを装備できること。

5．性能は、最大速度１８０kt（３３３km／h）以上、航続力7時間以上（２５０kg爆弾2発装備状態で）、高度３０００mまでの上昇時間13分以内、離陸滑走距離１００m以内（合成風速10m／sにて）。

6．その他、空母離着艦が容易なること、緩降下爆撃も可能なること、可変ピッチ・プロペラを採用すること、浮泛装置（〝浮き〟）完備のこと。

この十試艦攻試作に対し、文字どおり全社一丸で取り組んだのが中島であった。先の九試計画で、ライバルの三菱が艦上戦闘機（のちの九六式艦戦）、中型攻撃機（のちの九六式陸攻）の二大革新機をあいついで送り出し、日本軍用機設計技術を、一気に欧米と同水準にまで引きあげたことに、少なからぬ動揺があった。

そのため、こんどの十試艦攻は、大袈裟にいえば、社運を賭けて臨まねばならぬと、設計陣の誰もが感じていた。

この思いは、設計陣の構成を従来と一変させ、機種ごとのチームを組まず、発動機、主翼、胴体、操縦系統、降着装置など、それぞれの部門別に班を編成し、各試作機は1人の主務者が作業を統轄するというシステムに改めたことに、如実に表われている。

しかも、従来の固定概念にとらわれないよう、担当技師は若年層を中心に人選、十試艦攻の主務者は、当時、入社して2年目、若冠23歳の中村勝治技師、各班もほとんど25～28歳という、信じられない若さだった。

こうした若い設計陣の長所が、もっとも顕著な形で表われたのが、当時、日本では前例のなかった引き込み式主脚の導入であろう。

複葉機もそうだが、機体をいかに洗練しても、カサばる大きな主脚が下に突き出していては、空気抵抗が増え、かなりの性能ロスを招いてしまうことは、素人目にもわかる。

この〝大いなる空気抵抗源〟をなくしてしまえば、十試艦攻は従来機に比べて、飛躍的な高性能が期待できると考えたのである。

▲着艦拘捉鉤を下げ、空母「蒼龍」に着艦するべく、第一旋回前の直線飛行に入った、同艦搭載の九七式一号艦攻“W-323”号機。九六式艦攻までの暗い迷彩塗装を施さず、ジュラルミン地肌を輝かせる姿に、近代艦攻の誇らしさが滲みでている。

▲茨城県の百里原海軍航空隊に配備され、艦攻搭乗員の実用機訓練に使われた九七式一号艦攻。百里原空は昭和14年12月1日に開隊し、艦爆搭乗員の実用機訓練も併せて担当した。装備定数は艦爆、艦攻計135機だった。

▲新機軸の固まりのような中島九七式一号艦攻に比べ、堅実性を優先した三菱九七式二号艦攻。主翼、尾翼は面積が大きく、風防は前後に長く、主脚は固定式、万事が大らかだった。それでも、高出力の自社製「金星」発動機のおかげで、飛行性能は中島機とほとんど同じだった。写真は、鈴鹿海軍航空隊所属機。

▼空襲下のハワイ・オアフ島ヒッカム飛行場上空を飛行する、第二次攻撃隊の空母「瑞鶴」搭載、九七式三号艦攻“EII-307”号機。画面右奥のフォード島岸壁からは、第一次攻撃隊の雷撃、水平爆撃をうけて撃沈・破されたアメリカ海軍太平洋艦隊の戦艦群から、もうもうたる黒煙が噴き上がっている。真珠湾攻撃の様子を伝える有名な写真のひとつ。

コラム①　日本海軍艦攻の雷撃法

　そもそも、魚雷による敵艦船攻撃は、走行中の目標を狙うのが前提である。当然ながら、目標の横方向に占位し発射するのだが、目標は動いているし、命中を避けるための回避運動もする。したがって、雷撃機は、目標を発見してから、発射地点（九七式艦攻当時で、目標から約1000mの距離）に辿り着くまでの間に、目標の速度を把握し、自機の魚雷速度（九一式改二型の場合は42kt）を基準に、左図に示したごとく、目標が左、右、直進のいずれの回避運動をとろうとしているかを判断し、発射方向、つまりは目標の未来位置を算出する。

　この発射方向算出には、操縦席正面計器板上に備えた雷撃照準器を使う。もっとも、現代のようなコンピューティング方式などではなく、目標の速度と自機の方位角を合わせると、左図のような発射方向が示されるという、簡単なものだった。

　太平洋戦争開戦当時、九七式艦攻の雷撃法は、「第一射法」と称したもので、目標のおよそ3000m手前から緩降下して近づき、発射地点での機速は160kt（296km/h）、高度20m、機首角0度（水平飛行のこと）と定められていた。

　通常、目標に対する照準は操縦員が行なうが、魚雷投下は、操縦員の伝声管を通して意志疎通をしつつ、〝テッ〟の合図で偵察員が投下レバーを引いて行なった。むろん、咄嗟の場合には操縦員も投下できるよう、レバーは備えてある。

　魚雷を投下したのちは、九七式艦攻は、そのままひたすら超低空を直進して、目標の近くを全速力で退避する。むろん、対空砲火にやられる危険は高いが、下手に旋回などすると、より以上に被弾面積を広く晒し、撃墜されてしまうからである。

　とはいうものの、昭和17（1942）年後半以降は、主敵たる米海軍艦隊の対空防御網は完璧なほどに強化、充実し、日本海軍攻撃機が雷撃地点に辿り着くことさえ至難となり、雷撃そのものの存在価値が低くなった。

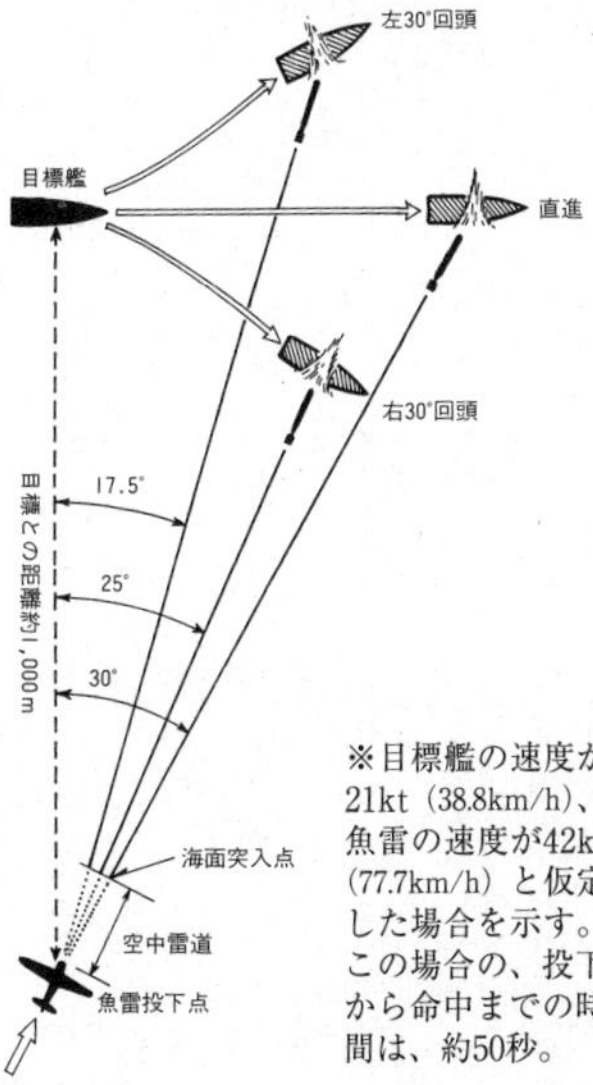

※目標艦の速度が21kt（38.8km/h）、魚雷の速度が42kt（77.7km/h）と仮定した場合を示す。この場合の、投下から命中までの時間は、約50秒。

中島 九七式三号艦上攻撃機〔B5N2〕四面図

正面図

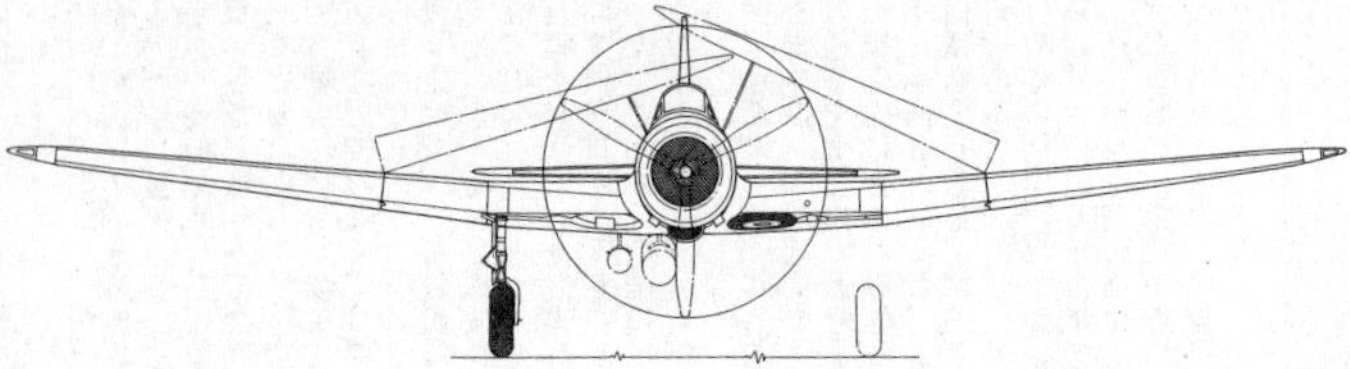

下面図

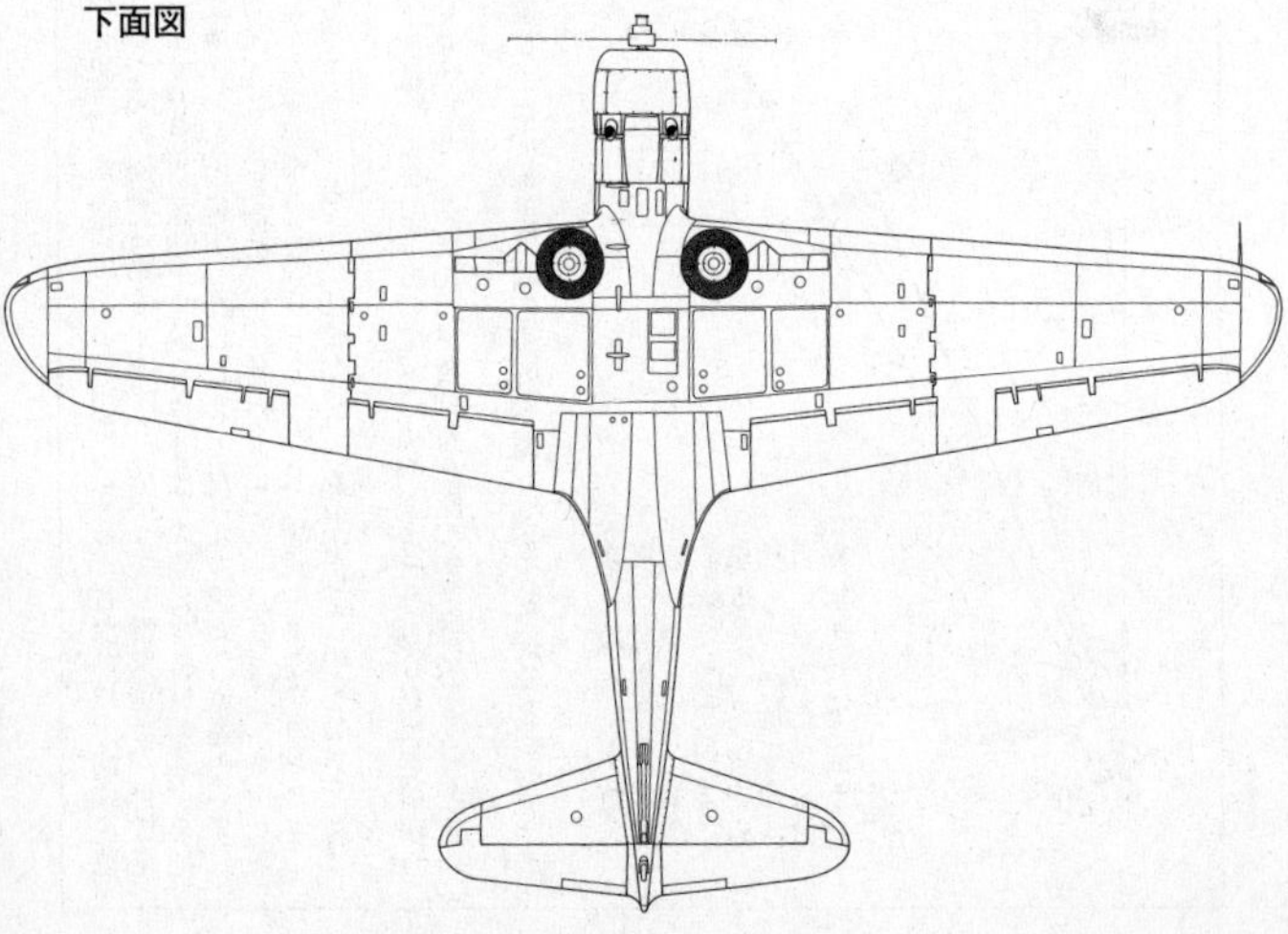

左側面図

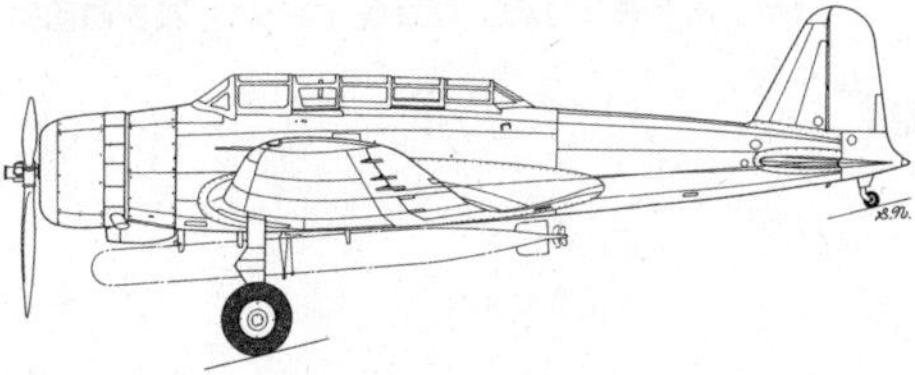

一号左側面図〔B5N1〕

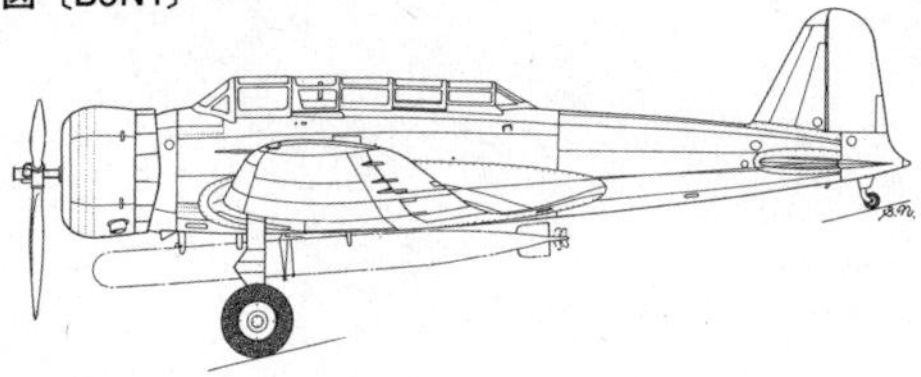

上面図

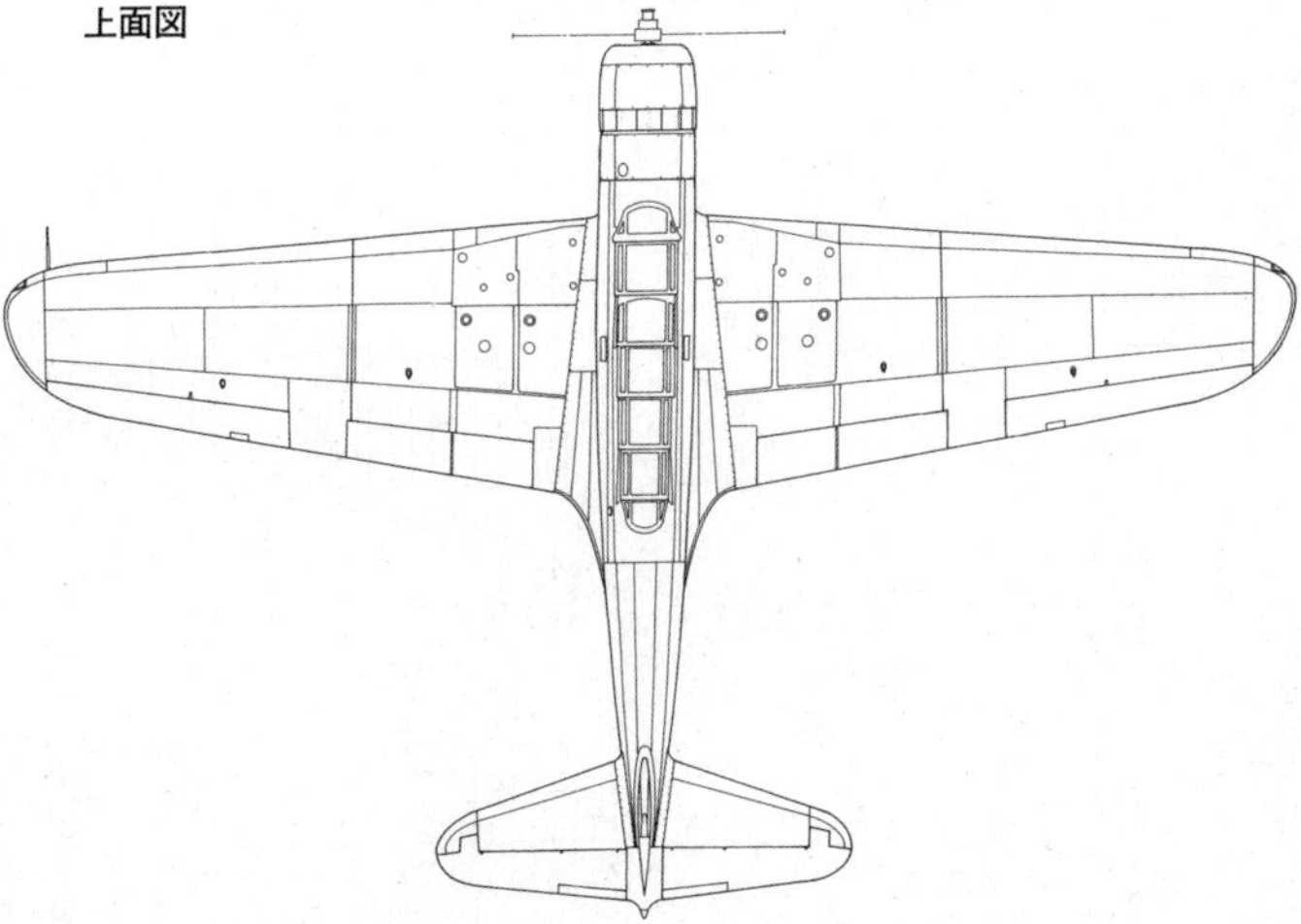

三菱 九七式二号艦上攻撃機〔B5M1〕精密四面図

正面図

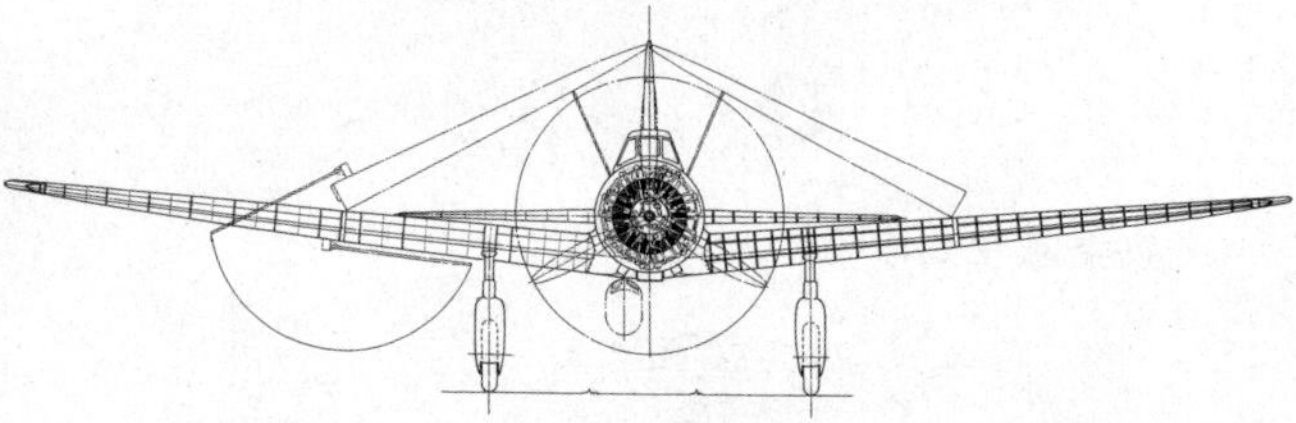

下面図

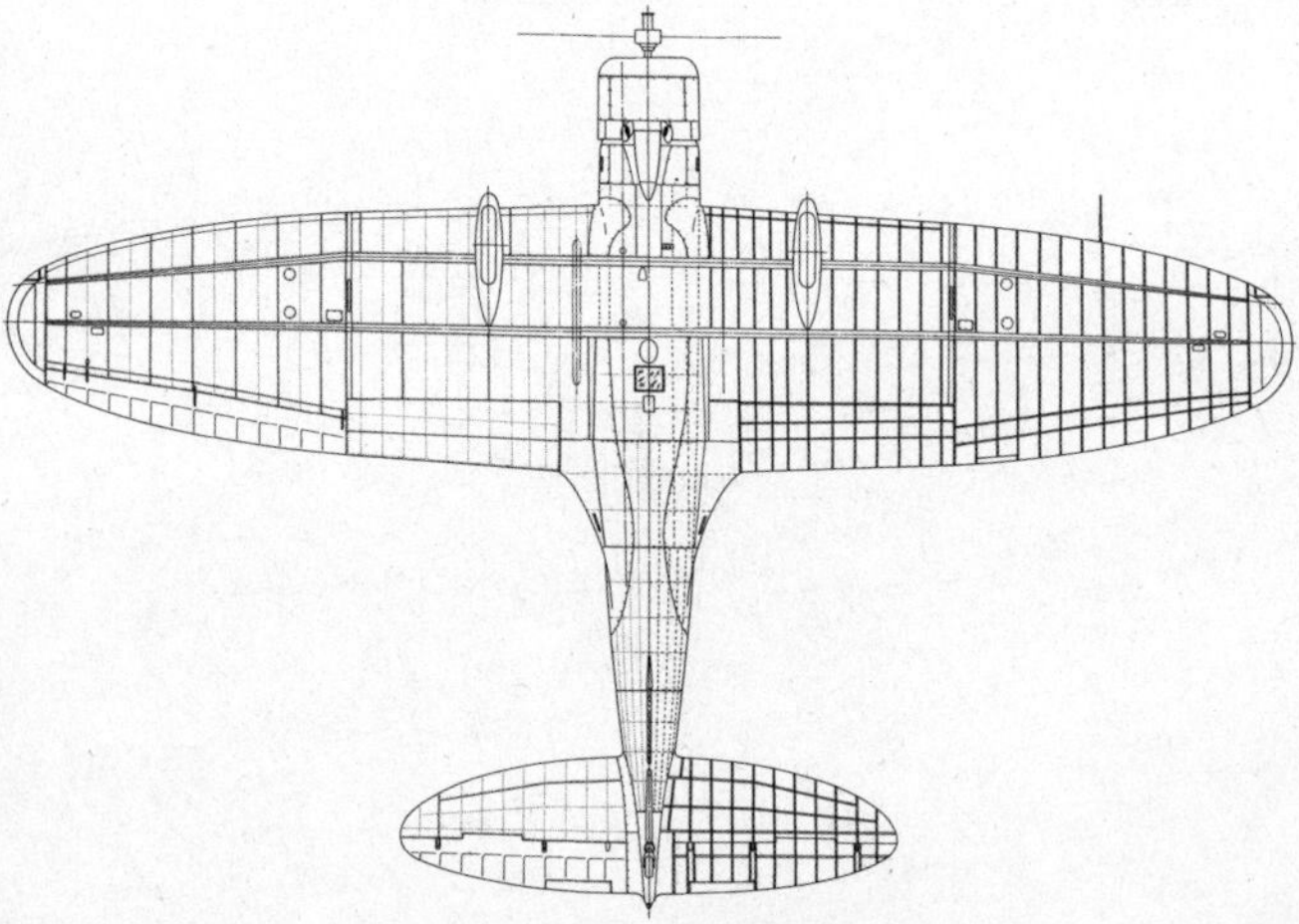

上面図

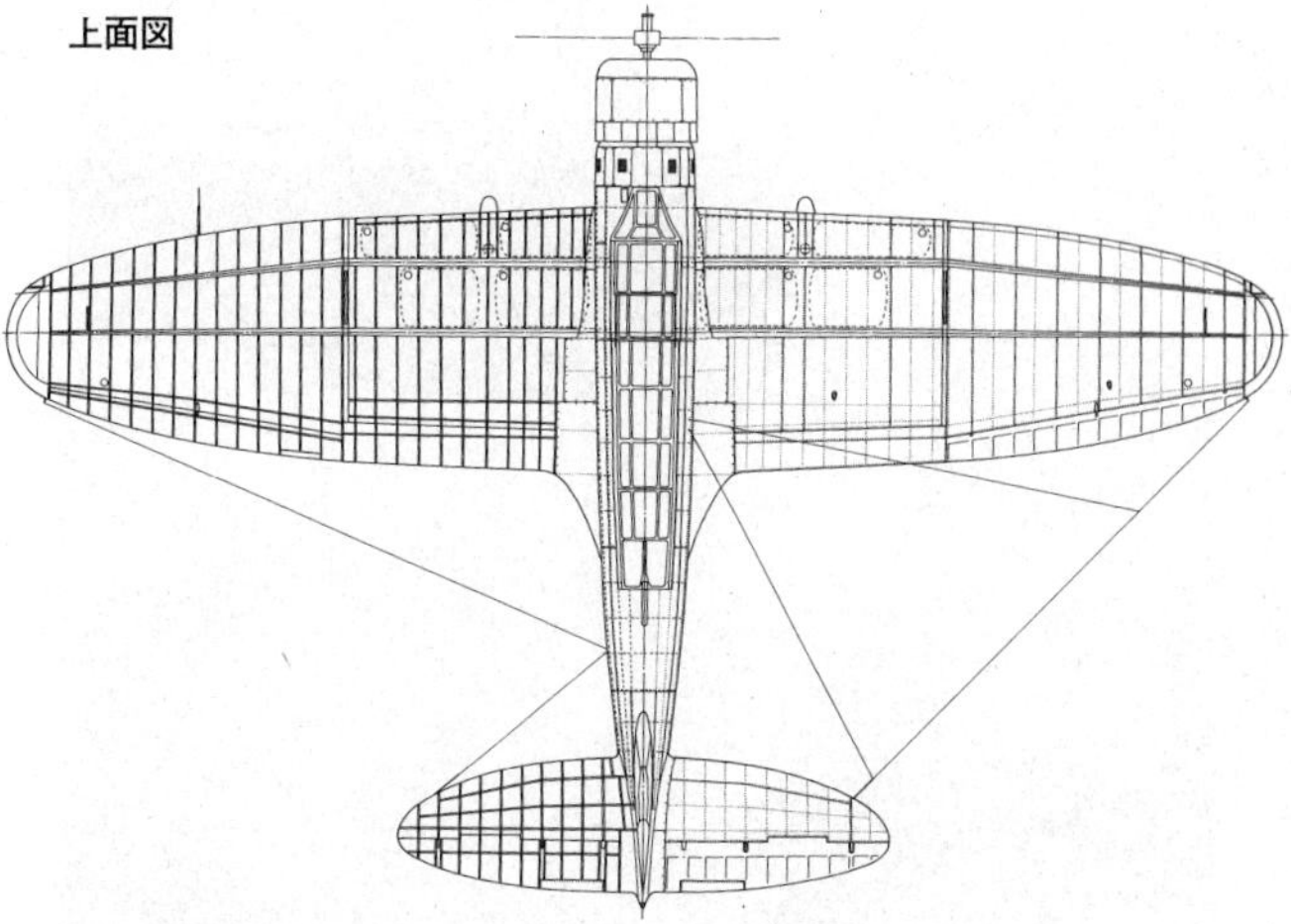

左側面図

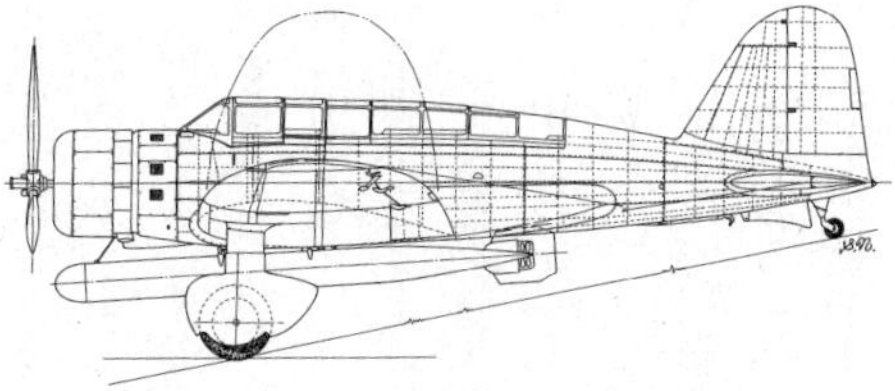

▲昭和17年1月下旬、ソロモン諸島のラバウル攻略作戦を支援した、空母「加賀」搭載の九七式三号艦攻。胴体下面に、八〇番（800kg）陸用爆弾を搭載しており、これから水平爆撃に入るところ。敵戦闘機の出現に備え、後席の旋回機銃はむき出しになっている。

しかし、具体的な見本があるわけではなし、降着装置班はアメリカから輸入したクラークGー43A旅客機など（引き込み方法は全然違うが……）を参考にし、試行錯誤をかさねたすえに、油圧で内側に引き込む、シンプルな単支柱主脚を造り上げた。

つぎに、十試艦攻の基礎設計にあたり、中村技師が大いに悩んだのが主翼。

艦攻は三座なので、胴体内に燃料タンクを収めるスペースはとれない。海軍の要求する航続距離をクリアーするには、1000ℓ近い燃料を必要とする。

これを全部、主翼内タンクでまかなうためには、通常の2本桁構造は採れない。まして、引き込み脚を導入するのであるから、その収納スペースも確保しなければならないのだ。

中村技師は、熟慮のすえ、思い切って単桁構造とすることにし、重量増のハンディは、桁材に押し出し型材を使うことで補うこととした。もっとも、当時の日本には、この押し出し型材を造る機械がなく、当初は、わざわざドイツに注文して造ってもらうしか方法がなかったが……。

しかし、これだけ苦労して単桁構造をまとめたのに、タンク容量を計算してみると、まだ不足してしまう。

そこで考えられたのがセミ・インテグラル式タンク。従来のタンクのように、主翼内に別造りの器を収納するのではなく、早い話が、主翼構造の一部を着脱式にし、この内部をそっくり燃料収容スペースにしてしまおうという方式。したがって、タンクの外板が、そのまま主翼表面になるわけである。

このセミ・インテグラル式タンクは、たしかに従来方式に比べて、格段に容量が稼げて、軽量、コストもかからない、一石二鳥のうまい方法である。のちに、三菱の一式陸攻などにも採用された。

ただし、太平洋戦争がはじまって、激戦のさなかで使ってみると、被弾にモロく、すぐに火を吹いて墜落、損耗が甚大となって、日本航空戦力の衰退に拍車をかける一大弱点になるのだが、十試艦攻の試作当時は、太平洋戦争さえ予想もされなかったので、中島設計陣の判断がどうこう言ってもはじまらない。ともかく、そのセミ・インテグラル式タンクなしに、十試艦攻の成功は考えられなかった。

主翼の設計で、もうひとつの大きな問題は、その折りたたみ法をどうするかであった。フラップがない従来の複葉機では、中央翼と外翼の継ぎ目の後桁を支点にして、後方に折り曲げるのが普通だった。

しかし、弦長が大きいうえに、フラップが邪魔になる単葉機には、この方法は不適当である。

そこで採用されたのが、外翼を上方に折りたたむ方法。当時、アメリカ海軍の新鋭、ダグラスTBDデバステーター艦攻が、いち早くこの方式を採っており、中島が同機の情報を得ていたとすれば、一も二もなく、これに倣ったことは想像にかたくない。

1号機は、この主翼折りたたみを、TBDに倣って油圧作動にしたのだが、当時の日本の油圧システムは、人間が手でポンプを漕いで加圧する手動式の原始的シロモノで、圧力も不均等なうえに、エネルギーとしても弱すぎて、実用になりそうもなかった。

そのため、2号機では、テコの原理を応用し、人力で〝エイヤッ〟と折りたたむ手動式に変更された。

複葉機には必要なかったフラップも、全金属製単葉の十試艦攻では必須装備となり、中村技師らは、当時、もっとも新しいタイプの〝ファウラー式フラップを採用することにした。

このタイプは、フラップがいちど後方にスライドしてから下がるもので、同様な仕組みのスロッテッド式よりも、低速時の揚力をさらに大きく高める効果があった。

この作動は油圧で行なうのだが、前述したように、当時の手動加圧式では均等に作動せず、また構造が複雑になるので非実用的と判断され、試作2号機では、シンプルなスロッテッド式に改められてしまうことになる。

機体の成否を左右する発動機に関しては、海軍から自社製「光」二型、もしくは三菱「金星」が指定されていたが、営業政策上、当然、「光」を選択した。

もっとも「光」は単列9気筒で、出力660hpの割りに直径が大きく、重くて、三菱「金星」に比べると見劣りするのは否めなかった。幸い、このころ中島では、「金星」と同じ複列14気筒の新発動機NAM（のちの「栄」950hp級）を開発中であり、将来これに換装することを考慮し、胴体設計はNAMに合わせて行なわれた。

海軍が、性能向上のポイントとして、とくに導入を要求した2段可変ピッチ式プロペラは、住友金属工業（株）が、アメリカのハミルトン社から製造権を購入して実現したもので、日本最初の装備例となった。

胴体、主、尾翼の全金属製応力外皮構造に関しては、アメリカのダグラス社からライセンス製造権を取得していたDC－2旅客機、それに、ライバル三菱のキ18（九試単戦の陸軍版）などを参考にできたので、比較的すんなりとまとめられた。

こうして、幾多の新技術を駆使した、中島の若い設計陣の努力の結晶、社内名「K」と呼ばれた十試艦攻試作1号機は、昭和11（1936）年12月31日、群馬県の太田市に所在した中島飛行機工場で完成した。

そして、年明け早々の翌12年1月18日に、同社尾島飛行場（利根川沿い）で初飛行し、2月末には海軍に領収された。

いっぽう〝若さの中島〟に対し、老舗の三菱は、どのように取り組んだかといえば、〝堅実こそ至上なり〟という表現がピッタリの姿勢であった。

設計主務者は中堅の高橋己治郎技師で、すでに九試単戦、九試中攻という、このうえない手本があったことから、すべての面で、両機を参考に、無理のない、オーソドックスな機体にまとめた。

それは中島「K」よりひとまわり大きい、全幅16m、主翼面積40㎡、全備重量4000kgというサイズ、重量にもよく表われており、未知の引き込み式主脚などは導入せず、固定式とした。

こうした三菱の姿勢は、「金星」発動機（840hp）が、中島「光」に比べてパワーが20パーセント近く大きいので、性能上は充分に太刀打ちできるとの〝読み〟からきていたのだろう。

主翼は、複葉機ばりの後方折りたたみ式を採ったが、後述するように、これはのちに中島と同じ上方折りたたみ式に変更される。

社内名称「カ－16」と呼ばれた三菱の十試艦攻1号機は、中島「K」より2ヵ月ほど早く、昭和11年11月に初飛行し、社内テストでは計画どおりの性能を出すことが確認され、海軍に領収された。

両社機が揃った昭和12年3月、海軍による比較審査がはじまったが、飛行性能はどちらも要求値を上回って伯仲しており、甲乙つけ難かった。

引き込み脚を採用した中島機は、発動機出力は小さいが、機体がひとまわり小さく、軽いこともあって、最大速度、航続性能でやや勝り、三菱機は、大面積の主翼と発動機出力の大きさが効を奏し、離着陸が容易、固定脚なので整備が楽という具合である。

7月上旬に、鹿児島県志布志沖で連合艦隊の演習が行なわれたのを機会に、三菱、中島それぞれ2機ずつの十試艦攻を派遣し、空母「加賀」を使っての離着艦テストが実施された。

しかし、両社機とも、とくに問題はなく、上々の成績を示したため、採用の可否は決定できなかった。

余談だが、このときのテスト中、空母上で主翼折りたたみ操作も行なわれたのだが、その最中に強い横風をうけ、両社機とも、折りたたみ部の蝶番金具を損傷してしまい、格納庫への収容テストは見送られている。

これを教訓に、蝶番金具の強化が指示されるとともに、三菱機の後方折りたたみ方式は不適当と判定され、中島機と同様の方式に改めるよう通達された。

すでに、比較審査開始から4ヵ月を経過したにもかかわらず、判定が出ない事態に、ついには航空本部が乗り出し、審査主務者である鈴木正一少佐の、〝現状では差はないが、将来性という面において中島機が勝る〟との意見が決め手となり、ようやく決着がついた。

しかし、三菱機も不採用とするには惜しい出来映えだったので、中島機の補助という形で同時に採用されることになった。競争試作において2社が採用された例は過去になく、十試艦攻がいかに伯仲した争いだったかがわかる。

昭和12年11月16日、中島機は九七式一号艦上攻撃機〔B5N1〕、三菱機は九七式二号艦上攻撃機〔B5M1〕の名称で兵器採用、一三式艦攻以降、長いあいだ新型艦攻の不作に泣いてきた日本海軍は、ようやく満足できる機体を得、あわせて艦攻の近代化も達成して、アメリカ海軍に肩を並べることができた。

昭和13（1938）年4月、九七式一号艦攻の生産機が中島工場にて完成しはじめ、折りからの日中戦争で中国大陸に展開している陸上基地部隊、第十二、十四航空隊を優先して部隊配備を開始、順次空母部隊へも充足していった。

日中戦争では、本来の対艦船攻撃とは勝手の違う、地上目標に対する水平、緩降下爆撃に使われたが、高性能と、操縦、安定性の良さが大いに威力を発揮、戦術支援機としても充分通用することを証明した。

昭和13年秋、中島の発動機部門が鋭意開発中だった、複列14気筒NAMが海軍の審査をようやくパスし、「栄」の制式名称を付与されて実用段階に入った。

これをうけて、九七式一号艦攻も当初の予定どおり「栄」に換装されることになり、社内名称「KM」と呼ばれた試作機が、14（1939）年4月までに2機造られ、海軍に領収された。

もともと、「栄」搭載を予定して胴体設計をすすめたので、換装のための改修は最小限ですみ、違和感もまったくなく、むしろ直径の大きい「光」のため〝頭でっかち〟だった一号型に比べ、無理のないスマートな機首形状になった。

海軍におけるテストでは、KMは発動機出力が増したのと、機首の空力洗練が効いて、最大速度は一号型に比べて28㎞／h向上し、高度6000mまでの上昇時間は1分37秒短縮、航続距離も若干延伸し、離着陸（艦）性能もさらに安定するなど、その効果が確認された。

KMは、14年12月に九七式三号艦上攻撃機〔B5N2〕の制式名称により兵器採用され、中島工場のラインは本型に切り替えられた。

九七式三号型の登場により、三菱の九七式二号型の存在意義は事実上なくなったため、同機の生産は、翌15（1940）年にかけて三菱で65機、海軍広工廠で数十機造ったところで打ち切られた。

九七式三号型は、昭和15年末頃から中国大陸の十二空をはじめ、空母部隊にも配備され、日・米開戦が必至となった情勢をうけ、中島工場における生産ピッチは急上昇した。

そして、昭和16（1941）年12月8日、運命の太平洋戦争開戦を迎えたとき、ハワイ・真珠湾攻撃に参加した、正規空母6隻の九七式艦攻はすべて三号型に更新されており、爆弾、魚雷による集中攻撃で、アメリカ太平洋艦隊の戦艦群を壊滅させる大戦果をあげたことは、承知のとおり。もちろん、この攻撃には、零戦、九九式艦爆も参加し、相応の活躍はしたのだが、九七式三号艦攻が主役だったことは言わずもがなである。

ハワイ・真珠湾攻撃の劇的な大戦果で、全世界にその存在を知らしめた九七式三号艦攻は、その後も、海軍機動部隊の打撃力の中心として、太平洋、インド洋を股にかけて大いに活躍、生涯絶頂の時を過ごした。

しかし、昭和17（1942）年6月のミッドウェー海戦における、〝信じられぬ大敗北〟を境に、日本海軍機動部隊のパワーが萎えてしまうのと同時に、九七式三号艦攻の絶頂期も終焉した。わずか半年間、束の間の栄華であった。

九七式三号艦攻の急速な凋落は、本機が、すでに就役4年を経て性能的に旧式化したこともあるが、敵方、すなわち日本とアメリカの、総合的な戦力バランスが逆転したことが最大の要因であった。

それを象徴的に示したのが、昭和17年10月26日に生起した南太平洋海戦である。

この海戦において、日本側はアメリカ海軍空母「ホーネット」を撃沈するなど、戦術的には勝利をおさめた感があるが、攻撃に参加した4隻の空母の搭載機計216機のうち、じつにその42パーセントにあたる92機を失ったのだ。これは、2回戦うと戦力の大部分を失ってしまうことを意味する、きわめて高い損耗率である。

この高い損耗率の原因は、アメリカ海軍機動部隊の、レーダーを駆使した早期警戒網の充実、新型20㎜、40㎜対空機銃の配備、戦艦、巡洋艦を空母の防空砲台として配置した戦術の適切さなどが効を奏したことによる。

南太平洋海戦は、日本の攻撃隊が、アメリカ艦隊に接近することさえ、容易ではなくなってきたことを示す、重い意味をもつ戦いだった。艦載機の性能云々という狭い視野を超えた次元で、日・米に大きな隔差が生じつつあったのだ。

後述する「天山」が思うように活躍できなかったのは、こうした総合力の差が大きな要因になっている。

九七式艦攻は、この南太平洋海戦が、艦攻としての事実上、最後の働き場となった。翌昭和18（1943）年に入り、ソロモン諸島をめぐる攻防戦にも、空母部隊機が陸上基地に派遣されて戦ったものの、機数はわずかで、11月の「ろ」号作戦において、夜間雷撃を行なったのが唯一のめぼしい活動だった。

▲九一式改二、または改三魚雷を懸吊して飛行する、第九三六海軍航空隊所属の九七式艦攻一二型“P4-339”号機。昭和17年末の型式命名法改正により、旧三号型は一二型と改称した。

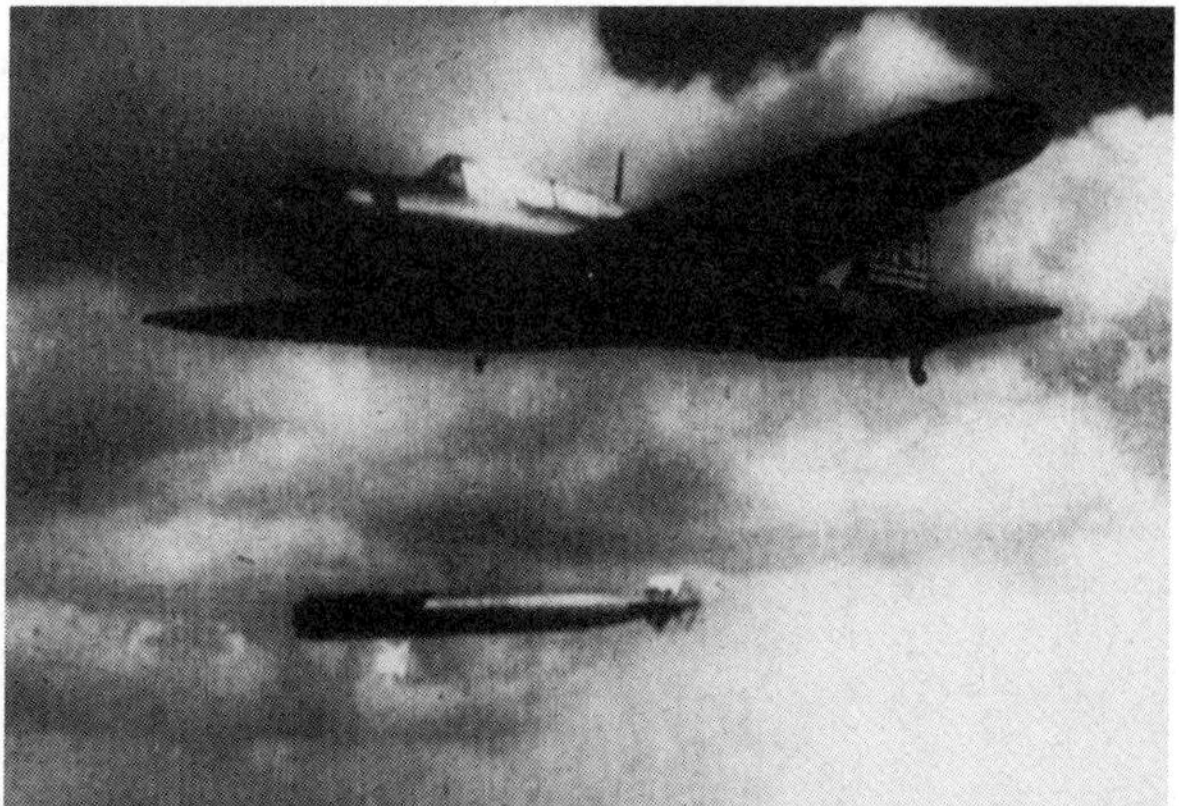

▲マリアナ沖海戦を控えた昭和19年春、魚雷攻撃訓練に励む、空母「瑞鶴」搭載の第六〇一海軍航空隊所属九七式艦攻一二型“312-61”号機。しかし、この当時、すでに「天山」が充足しており、本機の第一線機としての価値はほとんど無くなっていた。

昭和19（1944）年6月のマリアナ沖海戦時には、各空母の艦攻隊は「天山」に更新されており、ごく少数残っていた九七式艦攻は、索敵と攻撃隊の誘導にあたり、攻撃には直接加わらなかった。

第一線を退いたあと、九七式艦攻は海上護衛総隊隷下部隊、練習部隊などに配転され、対潜哨戒、連絡、輸送、訓練などに使用され、敗戦時もかなりの数が稼働状態にあった。

中島における生産数は、昭和16年までに一号、三号合わせて計669機、さらに愛知、海軍広工廠における転換生産分も含めて、合計約1250機に達した。この他、一号型を副操縦装置付に改造した、九七式一号練習攻撃機が30機造られている。

（注：昭和17年末、海軍機の型式呼称基準が改訂され、従来までの一号、二号とかに代わり一一、二一型というような呼称に変更された。1文字目は機体の改修度、2文字目は発動機の換装度を表わしている。この規定に従い、九七式一号艦上攻撃機は、九七式艦上攻撃機一一型、同二号は九七式艦上攻撃機六一型、同三号は九七式艦上攻撃機一二型となったが、本書では、旧名称のほうがとおりがよく、とくに一号、二号の場合は、昭和18年以降は第一線機としての活動場面が少なくなっていたこともあり、文中では原則として旧名称を用いた。

ちなみに、この型式の読み方は、たとえば一一型は〝ジュウイチ〟ではなく、〝イチイチ〟

と読むのが正しい）

●「天山」の不運

九七式艦攻が予想以上の優秀機だったせいもあるが、日本海軍の次期新型艦攻開発着手は遅れ、中島に1社特命で試作指示が出されたのは、昭和14年のことであった。十四試艦上攻撃機〔B6N〕の試作名称で呼ばれた次期艦攻に対し、海軍側が求めたのは、当然のことながら、九七式艦攻の性格をそのまま踏襲し、速度、航続力を引き上げることだった。具体的な要求値は、最大速度260kt（463km／h）以上、航続力は雷装状態で1800浬（3330km）以上とされ、十試艦攻のときに比べ、それぞれ1・4倍、3・3倍の大幅なアップである。

中島は、社内名称「BK」の呼称により、松村健一技師を主務者として設計に着手した。

もっとも重要な発動機については、自社の「護《まもり》」、もしくは三菱の「火星」のいずれかが指示され、海軍側は、出力は低いが実用化の目途がたっていた「火星」を推奨していたが、中島は営業面の配慮もあり、「護」装備に決めた。

「護」は「光」を複列化した14気筒で、離昇出力1870hp、オーバーブーストでは

2000hpを超える、当時の日本の空冷発動機としてはサイズ、パワーともに最大であった。

九七式艦攻に比べて、2倍のパワーを効率よく発揮するには、3翅プロペラでは不適当なため、金属可変ピッチ式としては日本最初の、住友／ハミルトン系の直径3・4m4翅が組み合わされた。アメリカの2000hp級軍用機は、みな直径4m前後のプロペラが標準とされていたのに比べると、3・4mはいかにも小さ過ぎるが、それでも、当時の日本の単発機としては最大のものであった。

この大きく重い発動機を搭載したことで、BKの胴体は、最大幅1450mmにもなり、双発機なみの太さになった。

太くなれば、当然その分だけ長さも必要になるが、空母の昇降機（エレベーター）の関係から、全長11m以内に制限されていたので、垂直尾翼を前傾させ、三点姿勢時に方向舵蝶番ラインが垂直になるようにする苦肉の策で、10・86mに収めた。平面図でみて、主、尾翼の大きさに比べ、胴体が寸詰まりのように感じられるのは、そのせいである。

主翼は、逆に九七式艦攻より全幅が少し小さくなったが、弦長が増したので、面積はほとんど変わらない。

▲「天山」一一型の取扱説明書に添付された、十四試艦攻増加試作機の写真。全面黄色の試作機塗装である。胴体下面に懸吊しているのは、尾部框板付きの九一式改三魚雷。

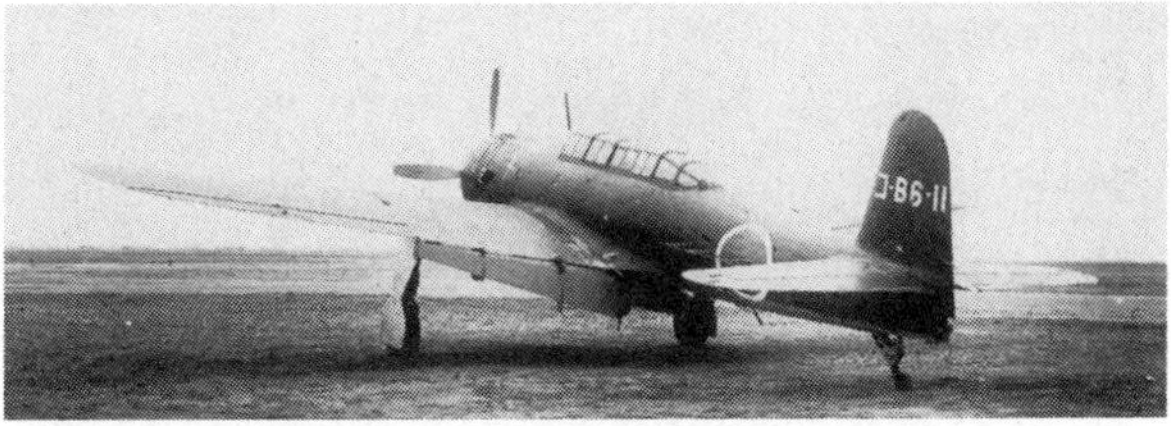

▲海軍航空技術廠に領収され、飛行実験部による各種テストに使われた、「天山」一二型“コ-B6-11”号機。九一式魚雷を懸吊しており、上写真では中島“特製”の蝶型フラップが下げ状態になっていて、その作動要領がわかる。本機は一二型の初期生産機であり、当初は集合排気管を付けていた。写真の時点では単排気管に改修され、「H-6」電探も追加装備し、胴体後部側面、および両翼前縁にそのアンテナが見える。

中島 艦上攻撃機「天山」一二型〔B6N2〕四面図

正面図

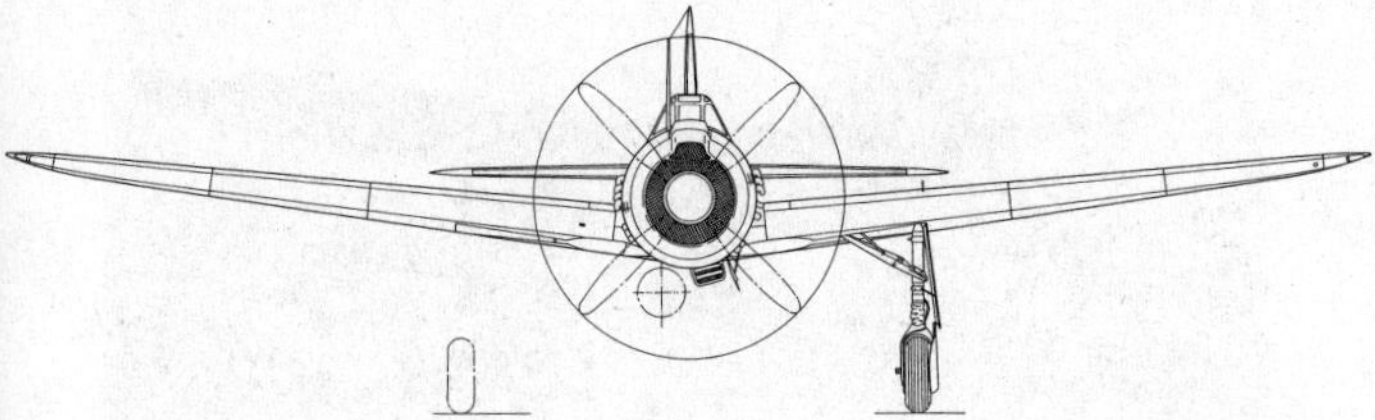

下面図

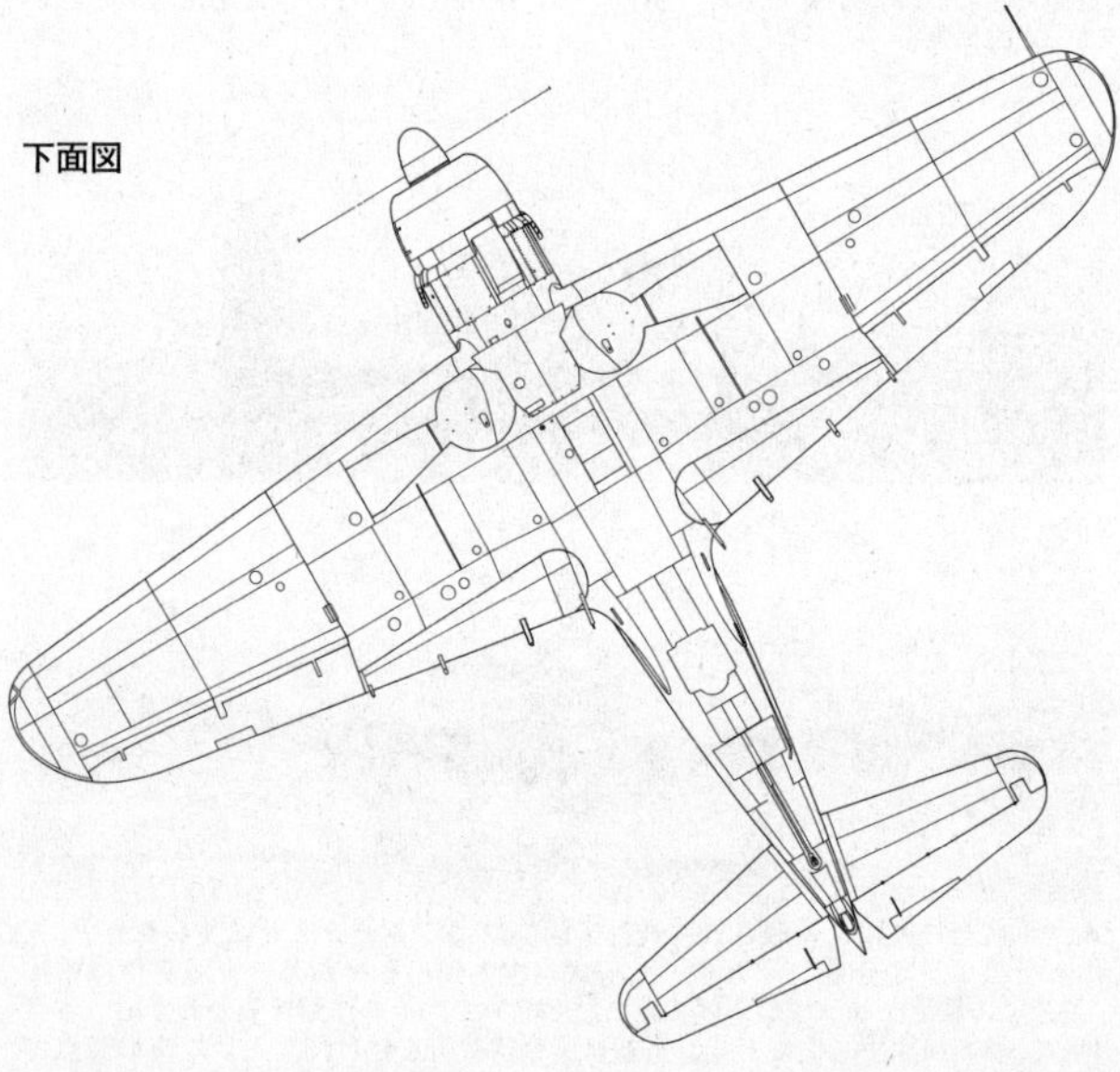

上面図

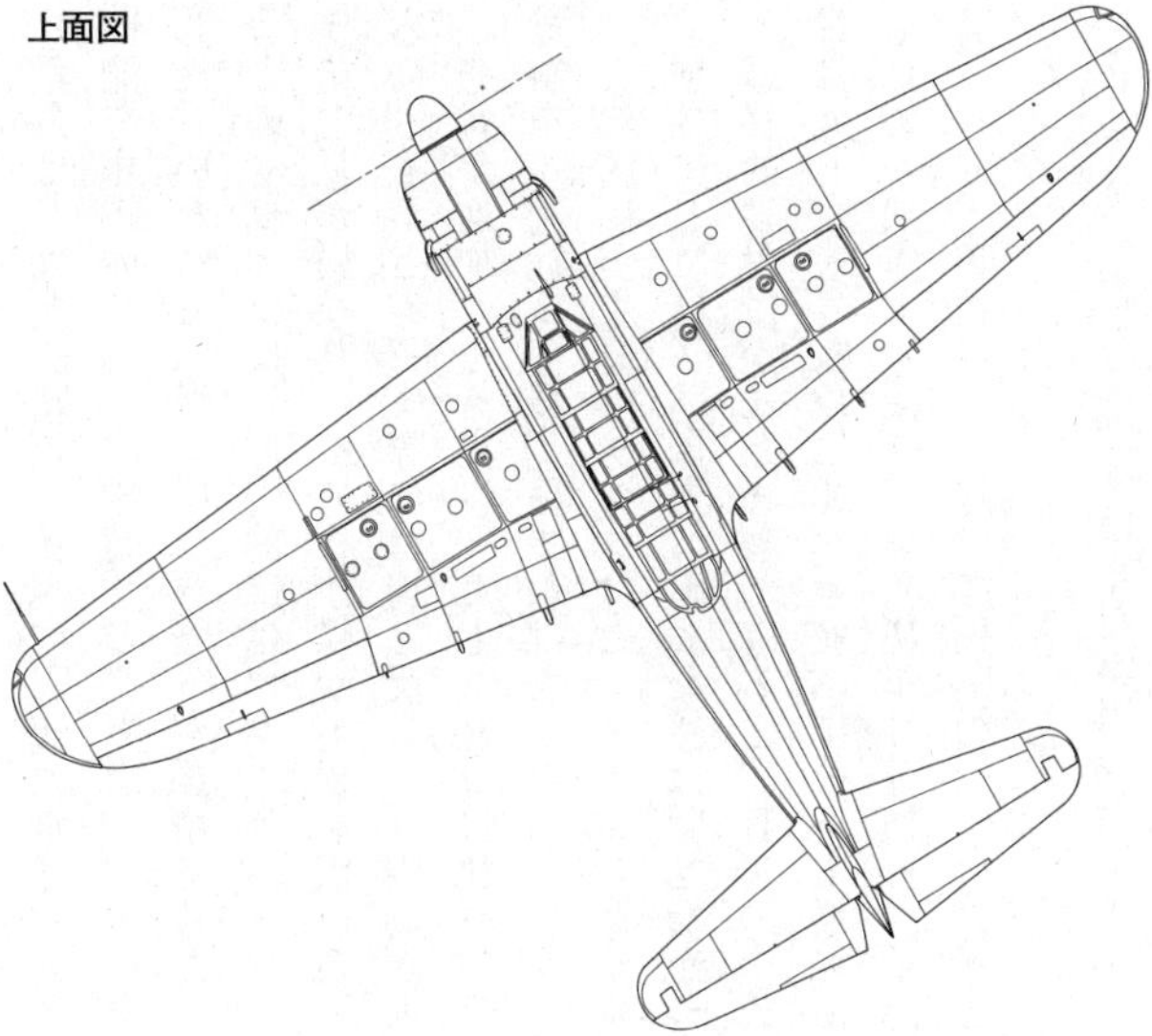

左側面図

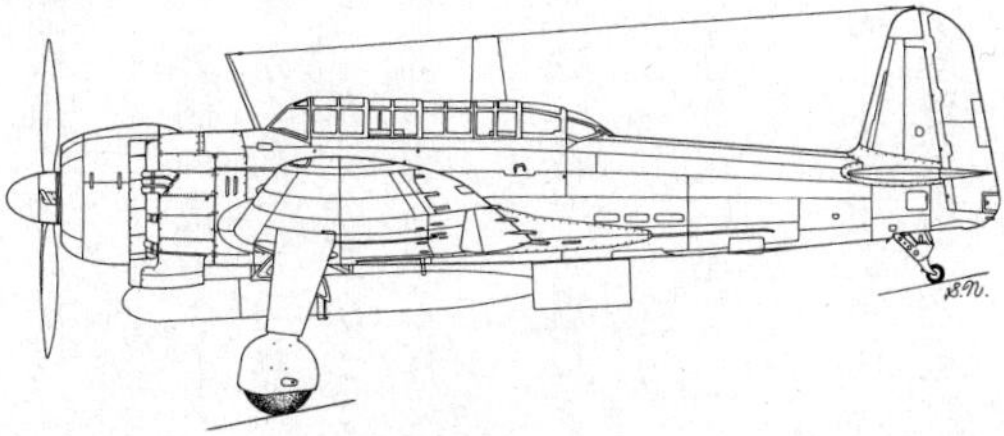

重量は、九七式艦攻に比べて大幅に重くなることが予想されたため、離着陸（艦）性能を相応のレベルに維持する必要上、フラップは陸軍のキ44戦闘機用に中島が開発した、いわゆる〝蝶型フラップ〟が採用された。

このフラップは、原理的にはファウラー・フラップだが、内側と外側の後方へのスライド長が異なり、その様が蝶が羽根を広げるのに似ていたところから名付けられたもの。もっとも、実際には蝶と反対に、内側が大きく、外側が小さく動くのだが……。

燃費が増加したうえに、九七式艦攻に比べ、3倍もの航続距離延伸を実現するには、燃料を4割近くも多く積まねばならない。

必然的に、主翼内タンクはセミ・インテグラル式となり、太平洋戦争後半に就役する機体にしては、防御上、脆弱な感は隠せなかった。

最終的に設計がまとまってみると、BKの全備重量はじつに5200kgに達し、これは九七式三号艦攻に比べ、36パーセント増であった。

BKの試作1号機は、昭和16年3月14日、中島飛行機・小泉工場――海軍機専用工場として、昭和15年4月、群馬県の大川村に新設した――に隣接する飛行場で初飛行した。

しかし、「護」発動機はまだ実用段階に入ってない状況で、油温過昇、ピストンの焼き付きなどのトラブルが多発したうえ、大パワーに起因する機体の振動、離陸滑走中の偏向、フラップ、タンク、排気管の不具合など、問題がつぎからつぎへと出て、テストも思うにまかせない状況がつづいた。

もっとも深刻だったのは、離陸滑走中の偏向、つまり強大なプロペラ・トルク（回転方向と反対のほうに機首を振ること）の問題。何よりも離着陸時に安定を求められる艦上機にとっては、致命傷になりかねない。

中島設計陣は、窮余の策として、垂直尾翼の取り付け角度を左に2°10′偏向させることで、なんとか解決の目途をつけたが、九七式艦攻の試作当時には考えられない問題だった。

諸々の改修にようやくケリをつけ、昭和17年末には、いよいよ空母を使っての離着艦テストがはじまった。

ところが、いままでにない大重量機のため、空母の制動索が耐えられずに切断したり、BK自身の着艦フックも損傷するなど、新しい問題が発生して、これらの改修にまたも日時を費さねばならなかった。

さらに、空母上でのテストでは離艦滑走距離の長いことも指摘され、その対策として、離陸促進用火薬ロケット・ブースター（RATO）の導入が決定したが、これは海軍機として最初の例である。

その他、魚雷懸吊角度修正や、同安定板の改造など細々とした手直しもあったが、このころ、最前線では戦況が日ごとに悪化し、九七式艦攻の旧式化も覆いようがなくなっていたため、ＢＫの早期部隊就役を望む声が高まっていた。

そこで、飛行性能面では、一応、要求値をクリアーしていたこともあり、海軍は実用試験の完了を待たずに、いわば見切り発車の形で、中島に対してＢＫの量産を指示、18（１９４３）年7月から実施部隊への配備がはじまった。最初に本機を受領したのは、千葉県の館山基地に展開していた、陸上基地部隊の第五三一航空隊である。

そして、海軍は同年8月30日付けで、ＢＫを艦上攻撃機「天山」一一型〔Ｂ６Ｎ１〕の名称で兵器採用した。従来と違う固有名称になっているのは、この直前の7月27日付けで、海軍機の命名基準が改訂されたことによる。

これに先立ち、海軍は中島に対して以前より推奨していた、三菱「火星」二五型発動機搭載型の試作を指示、18年6月には本型の生産も併行して開始されていた。

火星二五型は、離昇出力１８５０hpで、護とほぼ同出力だが、サイズ、重量は少し小さく、振動や故障も少ない、実用性の高い発動機だった。

そのため、部隊配備後の稼働率はずっと良く、海軍は護の生産中止を決めると同時に、天山一一型の生産も、7月に計133機をもって打ち切り、以後は火星二五型搭載型1本に絞ることにした。

この火星二五型搭載型は、しばらくの間、制式名称を付与されなかったが、翌昭和19年3月、艦上攻撃機「天山」一二型〔B6N2〕の名称を付与され、ようやく書類上で兵器採用扱いとされた。

五三一空に配属された天山のうち12機は、昭和18年11月、南東方面の五五一空に編入され、翌12月3日の第六次ブーゲンビル島沖海戦に参加、これが天山の実戦デビューとなった。このときは、敵機動部隊に対する夜間雷撃だったのだが、アメリカ側の記録には被害がなく、参加した6機の天山のうち、未帰還機も出ており、最初の戦闘損失も記録した。

翌昭和19（1944）年6月19日、マリアナ諸島攻略作戦に打って出てきたアメリカ軍を迎え撃つべく、日本海軍も連合艦隊の総力をあげて出撃、マリアナ西方海上にて、機動部隊同士の大きな海空戦が生起した。有名なマリアナ沖海戦である。

この日、9隻の空母に搭載された計430機の艦載機のうち、艦攻はわずか95機、うち天山は81機を占め、九七式艦攻からの機種改変をすませていたが、かつての南太平洋海戦当時までと比べると、艦載機の中に占める艦攻の割合が半分近くに減っていた。

この事実こそ、前述したアメリカ海軍艦隊防空態勢の盤石化を示すなによりの証拠である。艦攻の数を減らし、そのぶん護衛戦闘機の数を増やさなければ、攻撃地点まで辿り着けないのである。

さらに、日本空母9隻のうち、大型正規空母は「大鳳」「翔鶴」「瑞鶴」の3隻にすぎず、ほかはみな商船改造空母や小型空母で、大重量の天山を少数しか積めないことも響いていた。

アウトレンジ戦術を採った日本側は、二次に分けて合計345機の攻撃隊を放ったが、グラマンF6F群の迎撃と、正確、かつ激しい対空砲火（VT信管使用の高角砲弾）により、大半が撃墜され、わずかな損害をあたえただけに終わった。

天山隊は、かろうじて敵艦隊まで辿り着いた少数機が、魚雷投下に成功したのだが、1本も命中しなかった。

これは、搭乗員の技量低下もあるが、魚雷そのものにも問題があったらしい。

すなわち、新しく採用した艦底起爆装置の不良で、命中する前に波の衝撃で爆発してしまったものがあり、さらに、速度の速い天山から投下されたことにより、着水の衝撃でジャイロに狂いが生じ、雷跡を不安定にし、目標を外れたものもあったような

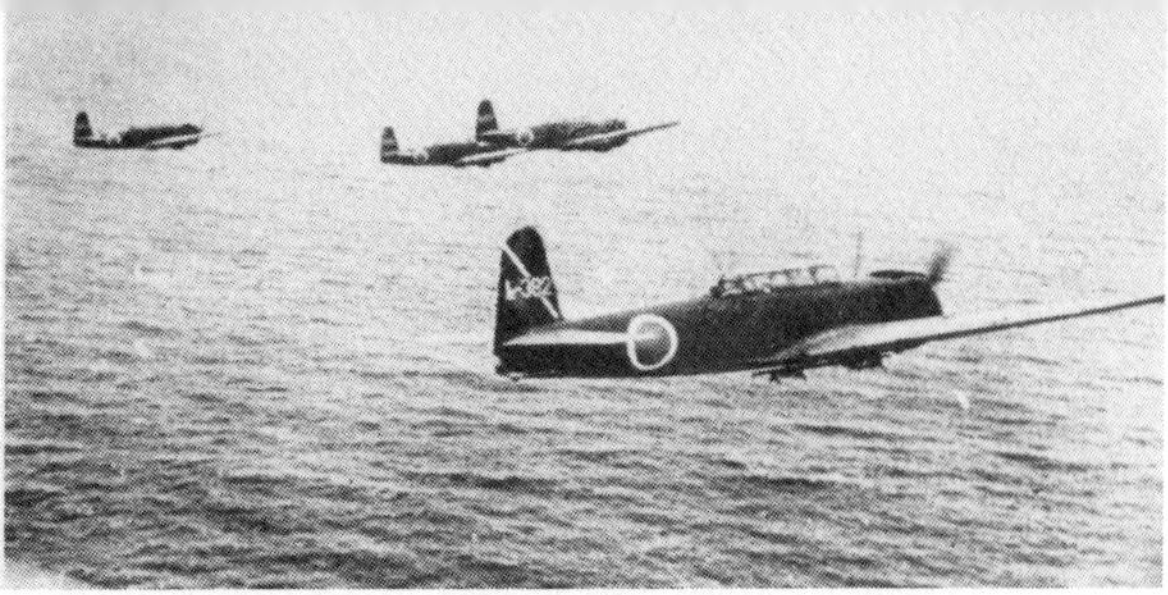

▲来たるべき「あ」号作戦の発動に備え、シンガポール沖の海上で訓練に励む、第六〇一海軍航空隊の天山一一型。その尾翼符号から空母「瑞鶴」への分乗機とわかる。昭和19年春の撮影。

▲日本海軍空母部隊にとって最後の戦いとなった、昭和19年10月の捷一号作戦（比島決戦）を控え、訓練に励む第六五三海軍航空隊の天山一二型が、空母「瑞鶴」から九一式改三魚雷を懸吊して滑走発艦するシーン。

▼昭和20年２月20日朝、硫黄島近海にまで接近してきたアメリカ海軍空母機動部隊を攻撃するため、千葉県の香取（かとり）基地にて出撃準備中の、神風特別攻撃隊第二御楯（みたて）隊の天山一二型。九一式改三魚雷（手前機）と、八〇番（800kg）大型爆弾を懸吊した機体が並んでいる。

のだ。

結局、翌20日の追撃戦も含め、2日間の戦闘が終わったとき、日本側の残存機はわずか61機に激減、艦船の乗組員と搭乗員合わせて計2800名と、空母3隻を失った。これに対し、アメリカ空母群は被害なし、艦載機の喪失はたったの20機、日本側の惨敗であった。

アメリカ側が、このときの空戦のようすを〝マリアナの七面鳥撃ち〟と呼んだのは、グラマンF6F群に、苦もなく叩き落とされる日本機のことを指しており、彼我のハード、ソフト両面における格差が、もはや天と地ほどに開いてしまったことを端的に言い表わしている。もう、天山の性能がどうのという次元を超えた話であった。

マリアナ沖海戦の大敗後、機動部隊は稼働空母4隻、航空隊（六五三空）1隊を持ち、かろうじて戦力を維持していたが、もはや、アメリカ海軍機動部隊に、正面から戦いを挑むようなレベルではなかった。

そのため、昭和19年10月に発動された「捷一号作戦」では、空母部隊は、戦艦「大和」「武蔵」などの第一遊撃部隊によるレイテ島沖突入を助けるための、囮部隊として出撃した。

そして、思惑どおりアメリカ空母部隊を北方におびき寄せることに成功したが、4

隻すべてが撃沈され、艦載機の大半も喪失、ここに、ハワイ・真珠湾以来の日本海軍機動部隊は潰え去ったのである。

載るべき母艦がなくなった天山は、その後、陸上基地部隊に配属され、日本本土の基地から、近海に出現するようになったアメリカ艦隊に対し、攻撃を行なったりしたが、もはや、目ぼしい戦果をあげるのは不可能だった。

昭和20（1945）年に入ると、天山も数は多くないが、神風特攻機として使われ、計36機が突入している。このうち、2月21日に硫黄島近海のアメリカ艦隊に突入した、神風特別攻撃隊第二御楯《みたて》隊の天山6機は、戦闘機、対空砲火の壁をよく突破し、つぎつぎに体当たりに成功、護衛空母1隻撃沈、正規空母1隻大破、その他、損傷3隻の戦果をあげたのが特筆される。

敗戦当時、天山は第一軍需工廠（旧中島飛行機改め）、第三製造廠（旧半田製作所改め）にて、なお生産継続中であり、その生産総数は、一一、一二型合わせて計1268機に達していた。これは、九七式艦攻の生産総数とほぼ同じで、日本軍用機中では決して少ない数ではない。

しかし、日本海軍は知る由もなかったが、ライバルのアメリカ海軍主力艦攻、グラマン／GM、TBF／TBM〝アベンジャー〟は、このときすでに9836機（！）

もの数を造り出し、前線にその姿を溢れさせていたのである。設計、性能がどうのという以前に、これではハナから勝負にならない。

TBF／TBMは、天山より半年以上も設計着手が遅れながら、部隊就役は1年も早く、天山が実戦デビューしたときに、すでに2290機も生産されていた。

これは、たんに彼我の工業力の差というだけではなく、戦時下の兵器に対する根本的な考え方の違いも大きい。

TBF／TBMは、たしかに天山のように緻密な設計ではない。エンジン出力は天山より低い（ライトR－2600－1700hp）うえに、機体はふた回りも大きく、全備重量はじつに7t以上にもなった。

当然、飛行性能は天山より低くなってしまうが、多少の被弾にはビクともしない強靭さ、高精度で充実した艤装品、つねに100パーセント稼働の信頼できるエンジン、そして何より、相手を圧倒する量で、日本海軍連合艦隊を壊滅させたのである。戦艦「大和」「武蔵」をはじめ、多くの主力艦が、みなTBF／TBMの雷撃によって海底に葬られた。

天山とTBF／TBMを対比すると、真のバトル・マシンはいかにあるべきか？その答えがみえてくる。

●最後の艦攻「流星」

十四試艦攻が試作指示された直後の昭和14年6月、海軍は将来の試作機開発を、軍令部主導の〝実用機試製計画〟（略して〝実計〟）に基づいて行なうことに決め、この流れの中で、従来の艦攻と艦爆を統合し、1機種で雷撃、水平爆撃、急降下爆撃をこなせる機体が望ましいという結論に達した。

これは、艦船の装甲が

▲試作機が、構造強度計算の間違いにより失敗作となったあと、全面的に再設計されて登場した、増加試作機「試製流星」〔B7A1〕の1機“コ−B7−7”号機。海軍航空技術廠に領収後の撮影で、全面黄色の試作機塗装を施している。発動機、艤装の違いはあるが、生産型「流星」〔B7A1〕とは、外観上の差はほとんどない。

▲昭和20年4月末、千葉県の香取基地に並び、一斉に発動機を始動した、第七五二海軍航空隊攻撃第五飛行隊の「流星」群。攻撃第五飛行隊は、本機を実戦使用した唯一の部隊として知られるが、その戦闘内容は、事実上、体当り特別攻撃であった。

愛知 艦上攻撃機「試製流星」〔B7A1〕四面図

正面図

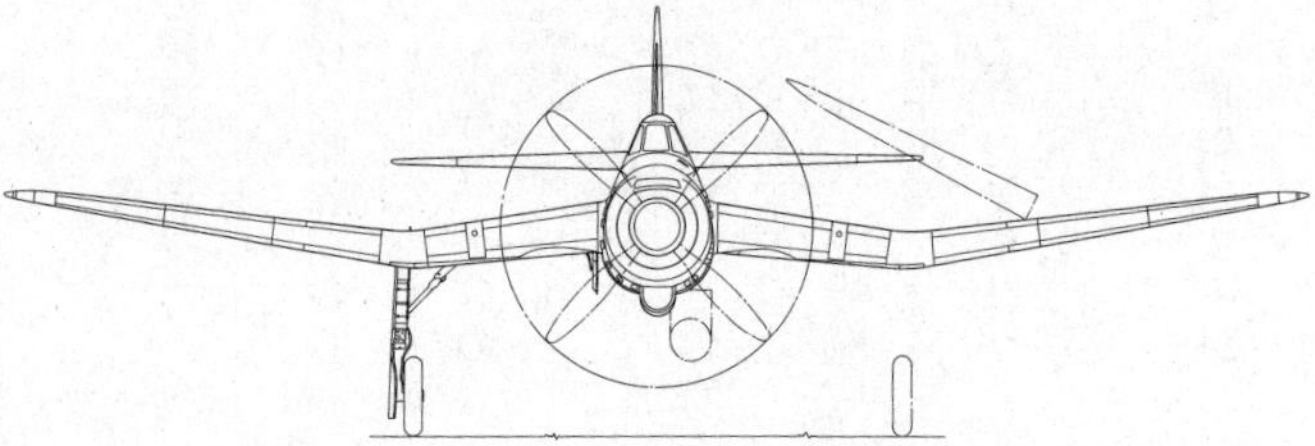

下面図

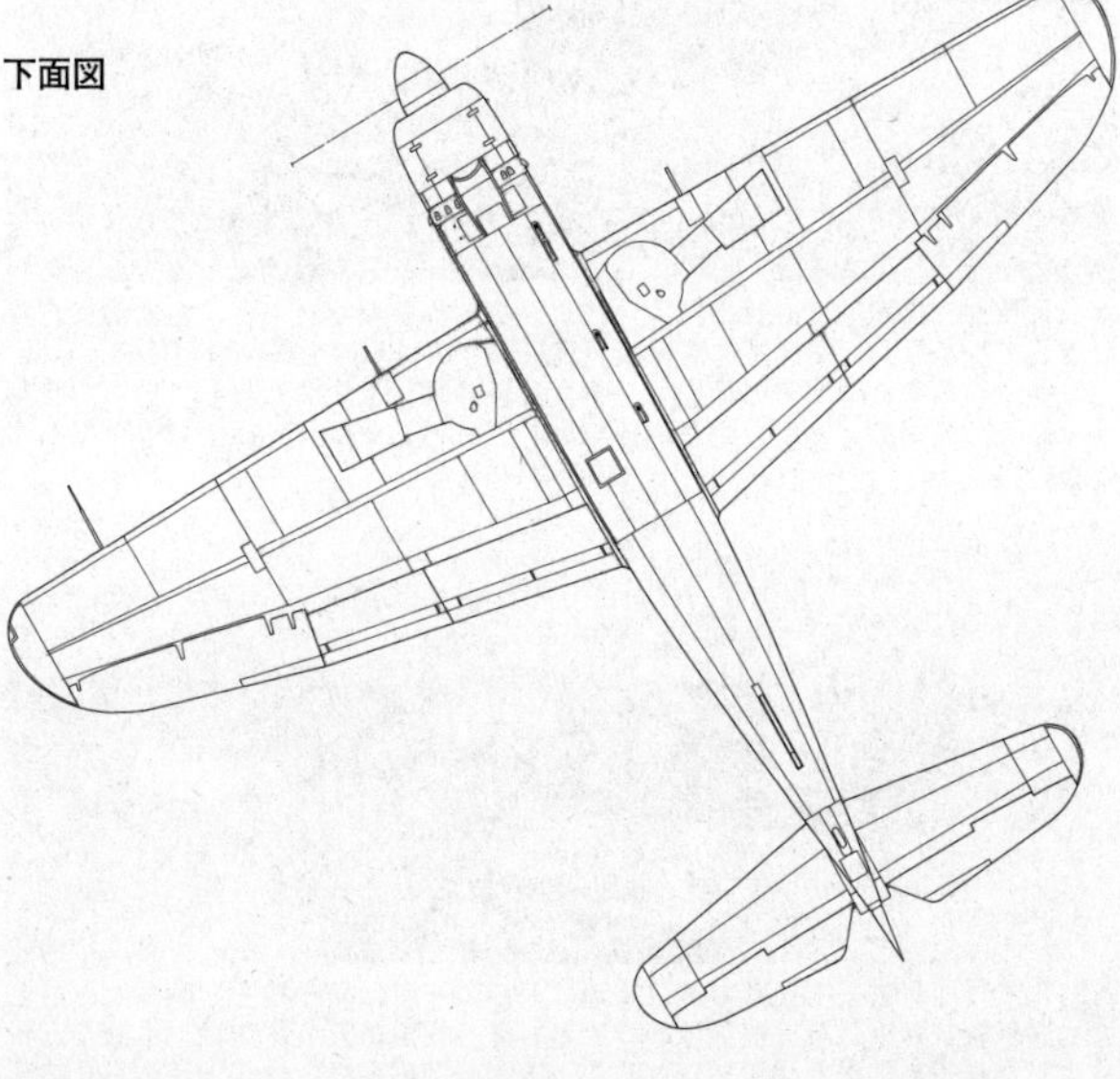

上面図

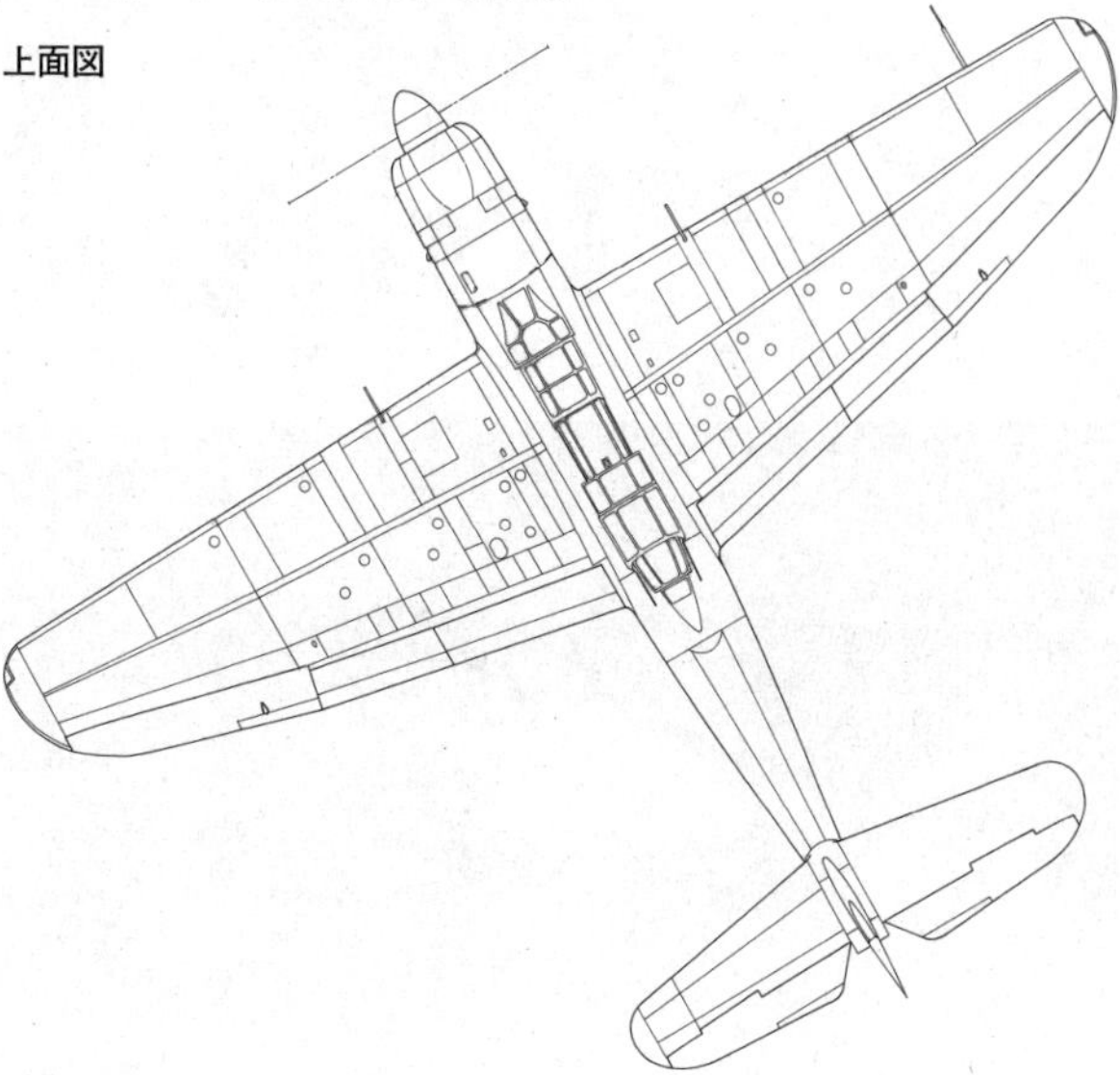

左側面図

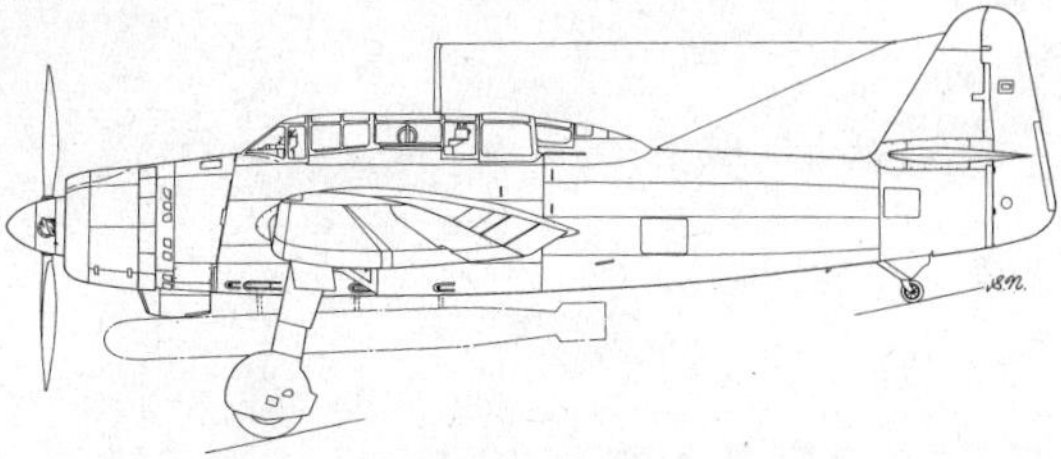

厚くなるにつれ、250kg爆弾までしか搭載しなかった艦爆も、艦攻の水平爆撃用500kg以上の爆弾を積む必要が生じて、機体を大型化せざるを得なくなってきたこと。いっぽう、艦攻のほうも、敵艦船の対空砲火の充実などにより、低空高速性能が

▲日本敗戦当時、千葉県の木更津基地に展開していて、進駐してきたアメリカ軍によって接収された、もと七五二空攻撃第五飛行隊の「流星」“752–57”号機。本機は雷装仕様になっており、胴体下面に魚雷懸吊具が付けられている。

必須とされ、それにともない急激な回避運動に耐える機体強度を持つ必要が生じ、両機種の設計上の違いが少なくなってきたためである。

そして、この実計に基づき、昭和16年夏、愛知時計電機に対し、１社特命で試作指示されたのが、十六試艦上攻撃機〔Ｂ７Ａ１〕であった。

奇しくも、アメリカ海軍も少し遅れて、同様の結論に達し、単座雷撃・急降下爆撃機〝ＢＴ〟クラスの開発に着手、のちに、これが〝Ａ〟（Ａｔｔａｋｅｒ：攻撃機）クラスへと発展したことはじつに興味深い。

十六試艦攻は、機種名は艦上攻撃機だが、複座という点からして、実際には雷撃も可能な水平・急降下爆撃機といったほうが正しい。

愛知時計電機に発注されたのは、三菱、中島の両メーカーが、それぞれ多くの試作、現用生産機を抱えて能力一杯だったこともあるが、愛知が九四式以来、ずっと海軍艦爆の開発、生産を一手に引き受けてきたことから、必然的に決まったといえる。

海軍が十六試艦攻に求めた性能はかなり厳しく、最大速度３００kt（５５６km／h）以上、航続力は１８５０km以上で、これはいずれも爆弾５００kgを搭載した状態にて、ということであった。つまり、全備重量状態で零戦より30km／hも速い艦攻を実現しろといっているのである。

さらに、十四試艦攻より重くなる機体に、零戦並み(!)の運動性、主翼内に20㎜機関銃2挺という戦闘機ばりの固定武装を備えるなど、日本海軍の悪性癖である〝玉虫色〟の要求項目が数多くあった。

愛知では、九九式艦爆のときと同じく、尾崎紀男技師を主務者にして、16年10月から基礎研究に着手した。

これだけ欲張った要求を満たすには、最低限2000hp以上の発動機が必要であったが、当時の日本海軍には、中島が開発中のBA-11 1800hp(のちの「誉」)しかなく、否応なくこれに決まった。

300kt以上の速度を実現するには、爆弾は胴体内に懸吊するしかなく、この爆弾倉を確保するため、主翼は必然的に中翼配置となった。通常の主翼では、主脚が長くなり過ぎ、強度、重量の面からも好ましくないので、主翼はアメリカ海軍F4Uコルセア戦闘機のように、屈折した〝逆ガル翼〟にならざるを得なかった。空母上での格納時は、補助翼を境に、外側を上方に折りたたむ。十六試艦攻の外形は、このように、要求性能に応じて必然的に決まっていった。

空母の昇降機の寸法制限により、機体寸度は天山とほぼ同じサイズにおさめたが、全長は十四試艦攻のときの制限値11mを超え、11・47mになった。これは、十六試艦攻が、大型正規空母以外では運用困難になることを示していた。

苛酷な要求を満たすために、非常な努力を強いられた愛知だが、基礎研究着手から14ヵ月後の昭和17年12月、試作1号機の完成にこぎつけた。

ところが、テストしてみると性能は要求値をはるかに下回り、関係者をガッカリさせた。これは、構造強度計算を間違えて、自重が予定を大幅に超過していたためであった。

愛知は、ただちに全面改設計を行ない、主翼は形状もまったく違うものに変更するなど、増加試作機8機を製作して、問題点の解消に全力を尽くした。

こうして、昭和19年春には性能、実用性ともに、なんとか海軍の審査をパスすることができ、愛知工場には量産が下令された。もちろん、〝零戦並みの運動性〟は望むべくもなかったが……。

しかし、B－29による日本本土空襲がはじまったこと、19年12月の東海大地震で、愛知工場が大きな打撃をうけたことなどが重なり、生産は思うにまかせず、敗戦までに愛知で91機、大村の海軍第二一空廠で約20機、計約111機を造るのが精一杯で、真の戦力とするにはほど遠い数だった。

なお、本機の兵器採用は昭和20年3月とされてきたが、同年4月11日付の海軍航空本部資料中でも実験（試作）機扱いのままで、名称も「試製流星」のままになっている。戦局の悪化もあり、敗戦までに兵器採用の手続きがなされなかった可能性もある。本書では煩雑さを避けるため、文中では「流星」に統一した。

少数生産に終わった流星を配備された実施部隊はごくわずかで、一三一空、七五二空、一〇〇一空くらいのものだった。すでに、本来の配備先である航空母艦はなく、「彩雲」もそうだが、愛知設計陣が心血を注いで実現した離着艦性能は、結果的に徒労に帰した。

このうち、もっとも多くの流星を保有したのは、七五二空の攻撃第五飛行隊で、20年2月以降、約20機が配備され、敗戦直前に本土近海に迫った、アメリカ、イギリス海軍機動部隊に対し、神風特攻隊として都合4回の攻撃を行ない、戦果不明のうちに計15機を失った。流星の実戦参加はこれがすべてである。

8月15日午前、攻撃第五飛行隊の流星1機が、特攻攻撃に出た直後、日本はポツダム宣言を受諾して連合軍に無条件降伏、3年8ヵ月におよんだ太平洋戦争が終結した。同時に、日本海軍航空隊も消滅し、ソッピース〝クックー〟以来、25年におよぶ艦攻の歴史にも終止符が打たれたのである。

九七式艦攻、「天山」、「流星」の生産実績

Courtesy by James F.Lansdale

九七式艦攻（中島飛行機・太田/小泉工場）※製造番号1～852？

年＼月	4	5	6	7	8	9	10	11	12	1	2	3	計
昭和11～12年													1
昭和12～13年													2
昭和13～14年													245
昭和14～15年													301
昭和15～16年													158
昭和16～17年	26	27	24	10	8								95
												総合計	802

九七式艦攻（広工廠――第一一航空廠）※製造番号2001～2180」17年以降の生産分）

年＼月	4	5	6	7	8	9	10	11	12	1	2	3	計
昭和14～15年													50
昭和15～17年													
昭和17～18年	5	5	5	5	10	10	10	10	10	10	10	10	100
昭和18～19年	15	15	15	15	15	15	15	15	15	15	15	15	180
												総合計	330

九七式三号艦攻（愛知航空機・永徳工場）※製造番号3001～3200

年＼月	4	5	6	7	8	9	10	11	12	1	2	3	計
昭和17～18年			2	2	3	8	9	13	18	15	15	17	102
昭和18～19年	16	21	20	18	21	2							98
												総合計	200

艦上攻撃機「天山」（中島飛行機・太田/小泉工場）※製造番号1～1266

年＼月	4	5	6	7	8	9	10	11	12	1	2	3	計
昭和17～18年										1	3	6	10
昭和18～19年	10	14	14	17	26	26	34	39	33	25	18	30	286
												総合計	296

艦上攻撃機「天山」（中島飛行機・半田工場）

年＼月	4	5	6	7	8	9	10	11	12	1	2	3	計
昭和18～19年										4	6	8	18
昭和19～20年	26	53	38	75	87	66	77	71	89	55	51	77	765
昭和20年	70	37	38	33	9								187
												総合計	970

艦上攻撃機「流星」（愛知航空機・船方工場）※製造番号3001～3289

年＼月	4	5	6	7	8	9	10	11	12	1	2	3	計
昭和17～18年									1				1
昭和18～19年	1		1	1	1	1		1		1	1		8
昭和19～20年		1		1	1	2	5	5	9	7	12	11	54
昭和20年	13	8	3	2									26
												総合計	89

艦上攻撃機「流星」（海軍二一空廠）※製造番号1～25

年＼月	4	5	6	7	8	9	10	11	12	1	2	3	計
昭和19～20年	1		1		1	4	1			2	1	3	14
昭和20年	2	4		4	1								11
												総合計	25

諸元、性能一覧表

九七式一号艦攻	九七式二号艦攻	九七式三号艦攻	艦攻「天山」一二型	艦攻『流星』	機名 / 項目
3	3	3	3	2	乗員数
15.518	15.300	15.518	14.894	14.400	全幅 (m)
10.300	10.300	10.300	10.808	11.490	全長 (m)
3.70	3.720	3.700	4.323	4.075	全高 (m)
37.69	39.64	37.69	37.202	35.40	主翼面積 (m²)
2,099	2,342	2,279	3,083	3,614	自重 (kg)
1,601	1.658	1.521	2.117	2.086	搭載量 (kg)
3,700	4,000	3,800	5,200	5,700	全備重量 (kg)
97.0	101	100.8	139.78	161	翼面荷重 (kg/m²)
5.22	3.72	3.92	0.95	3.80	馬力荷重 (kg/hp)
1,150	1,200	1,160	1,625	1,406	燃料容量 (ℓ)
——	——	——	70	65	潤滑油容量 (ℓ)
中島「光」三型 空冷星型9気筒	三菱「金星」四三型 空冷星型複列14気筒	中島「栄」一一型 空冷星型複列14気筒	三菱「火星」二五型 空冷星型複列14気筒	中島「誉」一二型 空冷星型 複列18気筒	発動機名称/型式
650	1,000	1,000	1,680(一速)	1,670(一速)	公称出力 (hp)
710	1,075	970	1,850	1,825	離昇出力 (hp)
住友/ハミルトン 金属可変ピッチ3翅	住友/ハミルトン恒速 金属可変ピッチ3翅	住友/ハミルトン恒速 金属可変ピッチ3翅	住友/ハミルトン恒速 金属可変ピッチ4翅	住友/VDM恒速 金属可変ピッチ4翅	プロペラ型式
3.30	3.30	3.200	3.40	3.45	プロペラ直径 (m)
350	381	378	481	543	最大速度 (km/h)
256	256	259	333	370	巡航速度 (km/h)
111〜115	118	113	133	129	着陸速度 (km/h)
3,000/7′50″	3,000/7′05″	3,000/7′40″	5,000/10′24″	6,000/10′20″	上昇力 (m/分秒)
——	——	——	9,040	8,950	実用上昇限度 (m)
2,148km(過荷)	2,322km	2,280(過荷)	1,744km(正規)	1,850km(正規)	航続時間 (hr)、 または距離 (km)
7.7mm機銃×1	7.7mm機銃×1	7.7mm機銃×1	7.7mm機銃×1	13mm機銃×1 20mm機銃×2	射撃兵装
800kg魚雷、または爆弾×1。または250kg爆弾×2。または30〜60kg爆弾×6	800kg魚雷、または爆弾×1。または250kg爆弾×2。または30〜60kg爆弾×6	800kg魚雷、または爆弾×1。または250kg爆弾×2。または30〜60kg爆弾×6	800kg魚雷、または爆弾×1。または500kg爆弾×1。または250kg爆弾×2。または60kg爆弾×6	800kg魚雷、または爆弾×1。または500kg爆弾×1。または250kg爆弾×2。または60kg爆弾×6	魚雷、爆弾

日本海軍歴代艦上攻撃機

項目＼機名	一〇式艦雷	一三式三号艦攻	八九式二号艦攻	九二式艦攻	九六式艦攻
乗員数	1	3	3	3	3
全幅（m）	13.259	14.780	14.980	13.506	15.000
全長（m）	9.779	10.125	10.180	9.50	10.150
全高（m）	4.457	3.52	3.60	3.73	4.38
主翼面積（m²）	43.00	57.00	49.00	50.00	50.00
自重（kg）	1,370	1,750	2,180	1,850	2,000
搭載量（kg）	1,130	1,150	1,420	1,350	1,600
全備重量（kg）	2,500	2,900	3,600	3,200	3,600
翼面荷重（kg/m²）	36.1	51.0	73.5	64.0	72.0
馬力荷重（kg/hp）	5.56	6.4	4.55	5.0	4.57
燃料容量（ℓ）	329	410＋260	1,350	——	——
潤滑油容量（ℓ）	——	——	——	——	——
発動機名称/型式	ネピア"ライオン"液冷 W型12気筒	三菱ヒ式二型液冷 W型12気筒	三菱ヒ式液冷 W型12気筒	広廠九一式液冷 W型12気筒	中島「光」二型 空冷星型9気筒
公称出力（hp）	450	450	650	640	700
離昇出力（hp）	——	600	790	750	840
プロペラ型式	MT1 木製固定ピッチ2翅	木製固定ピッチ2翅	木製固定ピッチ2翅	木製固定ピッチ2翅 または4翅	木製固定ピッチ2翅
プロペラ直径（m）	3.40	3.50	3.69	3.90（2翅） 3.50（4翅）	3.50
最大速度（km/h）	209	198	227	218	278
巡航速度（km/h）	129	——	——	——	——
着陸速度（km/h）	——	89（二号）	——	——	——
上昇力（m/分秒）	3,050/13′30″	3,000/17′00″	3,000/12′00″	——	3,000/14′00″
実用上昇限度（m）	6,000	4,500（二号）	——	——	6,000
航続時間（hr）、または距離（km）	2.3hr	6hr（二号）	1,757km	4.5hr	1,574km
射撃兵装	——	7.7mm機銃×2	7.7mm機銃×2	7.7mm機銃×2	7.7mm機銃×2
魚雷、爆弾	18″魚雷×1	18″魚雷×1、または240kg爆弾×2	四四式、または九一式800kg魚雷×1、または800kg爆弾×1	800kg魚雷、または爆弾×1。または500kg爆弾×1。または250kg爆弾×2。または30kg爆弾×6	800kg魚雷、または爆弾×1。または500kg爆弾×1。または250kg爆弾×2。または30〜60kg爆弾×6

第二節　歴代機の機体構造

①九七式一号、三号艦上攻撃機〔B5N1、2〕

●一般構造

第一節にも記したように、本機の最大の特徴は、日本海軍最初の全金属製単葉艦攻であることだった。

構造そのものは、当時として一般的な半張殻、および応力外皮式を採っていた。骨組み、外鈑に使用した金属材は、工業規格名称SDCO、SDCH、SDCと呼ばれていた、各ジュラルミンである。

胴体は、前部と後部が楕円断面で、22枚の円框（フレーム）に、24本の縦通材（ストリンガー）を通した骨組み。

空気抵抗減少、視界確保を重視したせいもあり、胴体は三座機としては細く、操縦員席付近の幅1160㎜が最大である。零戦のそれは約1080㎜、雷電は別格の1500㎜だが、九七式艦攻がいかに細く絞っていたかが察せられよう。

発動機取り付け架、および防火壁を兼ねる、第1番円框から同12番までが乗員室区画で占められてしまうため、胴体内燃料タンクのスペースはなかった。

乗員室は、前方より操縦員席、偵察／航法／爆撃手席、電信／銃手席という配置になっており、それぞれの座席は、作業に適するよう、形状、取り付け法が異なっている。

全金属製化による飛行性能の大幅向上にともない、九六式艦攻までのような開放式風防というわけにはいかなくなり、乗員室全体を長い密閉風防で覆ったが、これを導入したのも本機が最初であった。

上方への突出度が大きいと、空気抵抗が増大するので、高さは極力抑えられ、開放式に馴れた搭乗員にとって、最初は少なからず閉塞感を感じたことは事実。

風防は、前、中、後の3ヵ所が後方、および前方にスライドして開くようになっており、乗員はここから乗降する。

後部の防御用7・7㎜旋回機銃は、通常は胴体内部に格納されており、射撃のときだけ、後部可動風防を開けて、機外に突き出す。

なお、中席横の胴体外鈑にのみ、偵察／航法／爆撃操作のための、採光窓が設けてある。

主翼は、中央の基準翼と左右外翼の3部分からなり、外翼部が上方に折りたためるようになっている。これにより、全幅15・5mが7・3mに短縮され、限りある空母内の格納スペースを小さくし、かつ昇降機（エレベーター）積載の便を図った。

内部構造で特徴的なのは、大きな主翼にもかかわらず、1本桁とした点。いうまでもなく、これは引き込み式主脚、および燃料タンクのスペースを確保するために、必然的に決まったことである。

基準翼の主桁の前方は主脚収納部、同後方は燃料タンク収納部になっており、このタンクの直後に補助桁を通して、必要な強度を持たせてあった。

小骨（リブ）と縦通材は、比較的細かく配置してあり、捩れなどに対して充分の強度を持たせてある。

複葉羽布張り構造と違い、主翼の断面形も、それなりに適応したものを考えなければならなかったが、これに関しては、中島における空気力学のオーソリティー、糸川英夫技師の考案による〝NN－5〟型を採用してクリアーした。

外鈑の工作にも注意を払い、前縁部は皿頭鋲（リベット）、その後方主桁までを沈頭鋲、主桁と補助桁間は超低頭鋲、および沈頭鋲、補助桁後方は超低頭鋲をそれぞれ使用し、表面の空気抵抗を少しでも減少させるようにした。このあたりは、のちの零

▲治具上で組み立て中の胴体。円框（フレーム）と縦通材（ストリンガー）、薄厚外鈑からなる、典型的なセミ・モノコック構造である。

◀胴体後部内を後方に向けて見る。断面形と、円框（フレーム）、縦通材（ストリンガー）の組み合わせ要領がよくわかる。左右の外鈑に沿って、尾翼各舵の操作索が通っている。奥の横棒は、整備時に尾部を持ち上げる際に使う、担ぎ棒差し込み筒。

B5N1の胴体骨組み、主要装備品配置図

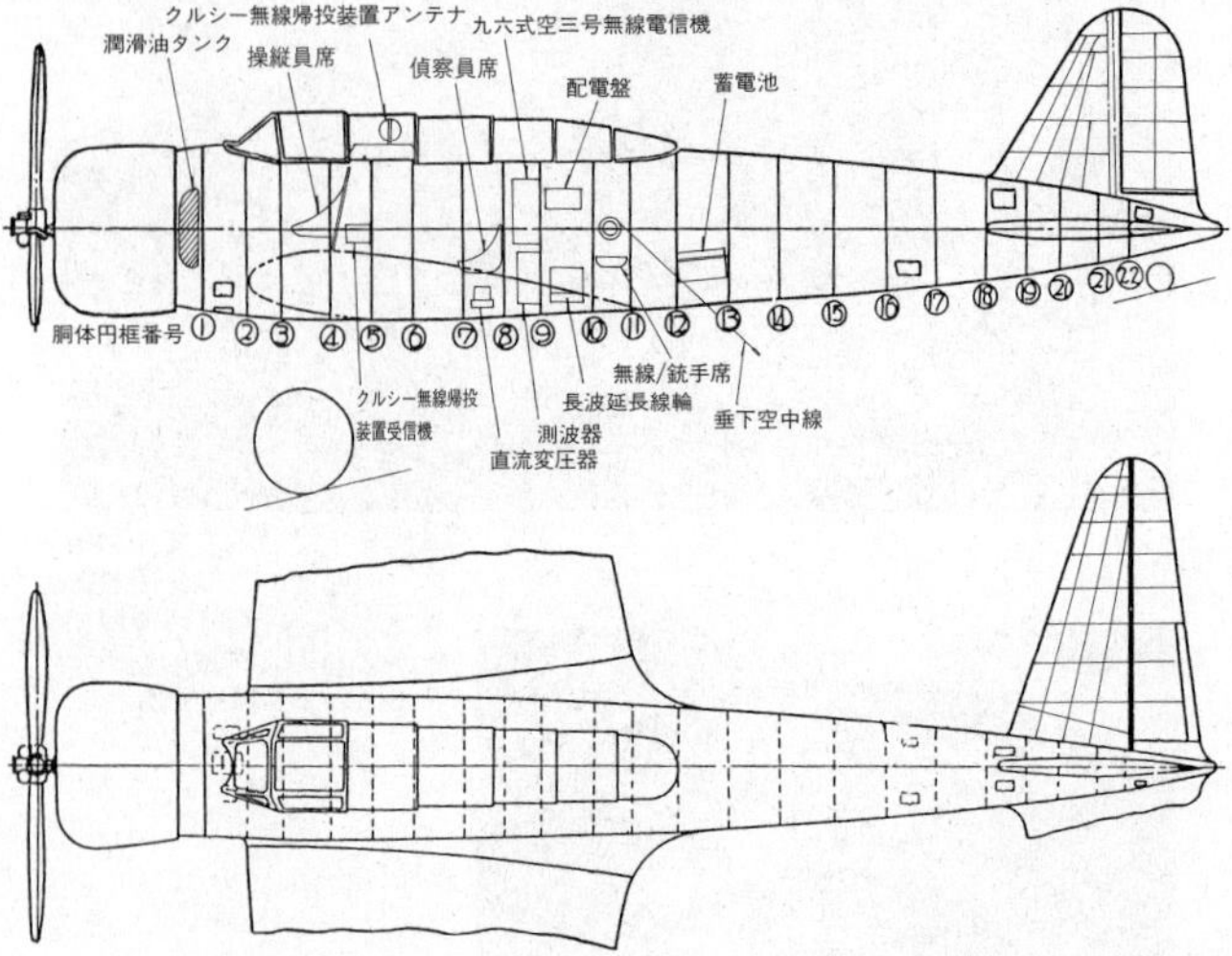

風防構成

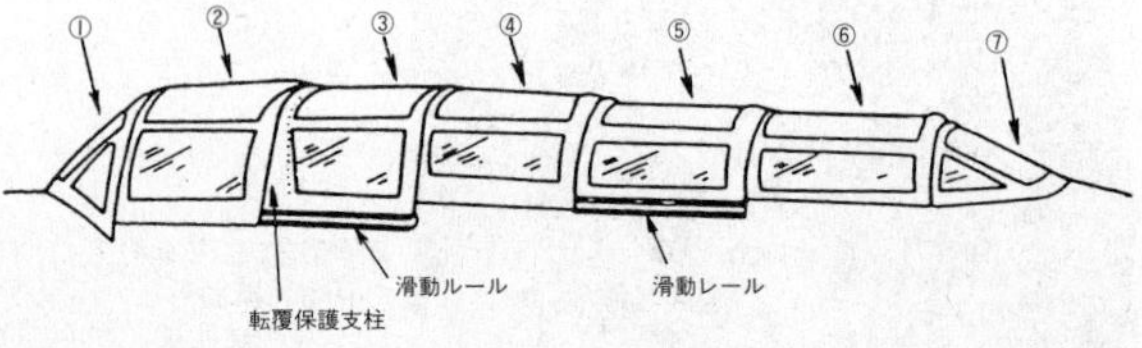

▲①は安全ガラス、他はプレシキガラス窓。①、③、⑤は固定され、②、④は後方へ、⑥は前方へそれぞれ滑動して開く。⑦は前方に回転したのち、⑥といっしょに前方へ滑動して開き、機銃射撃時のスペースをつくる。

一号型の計器板配置

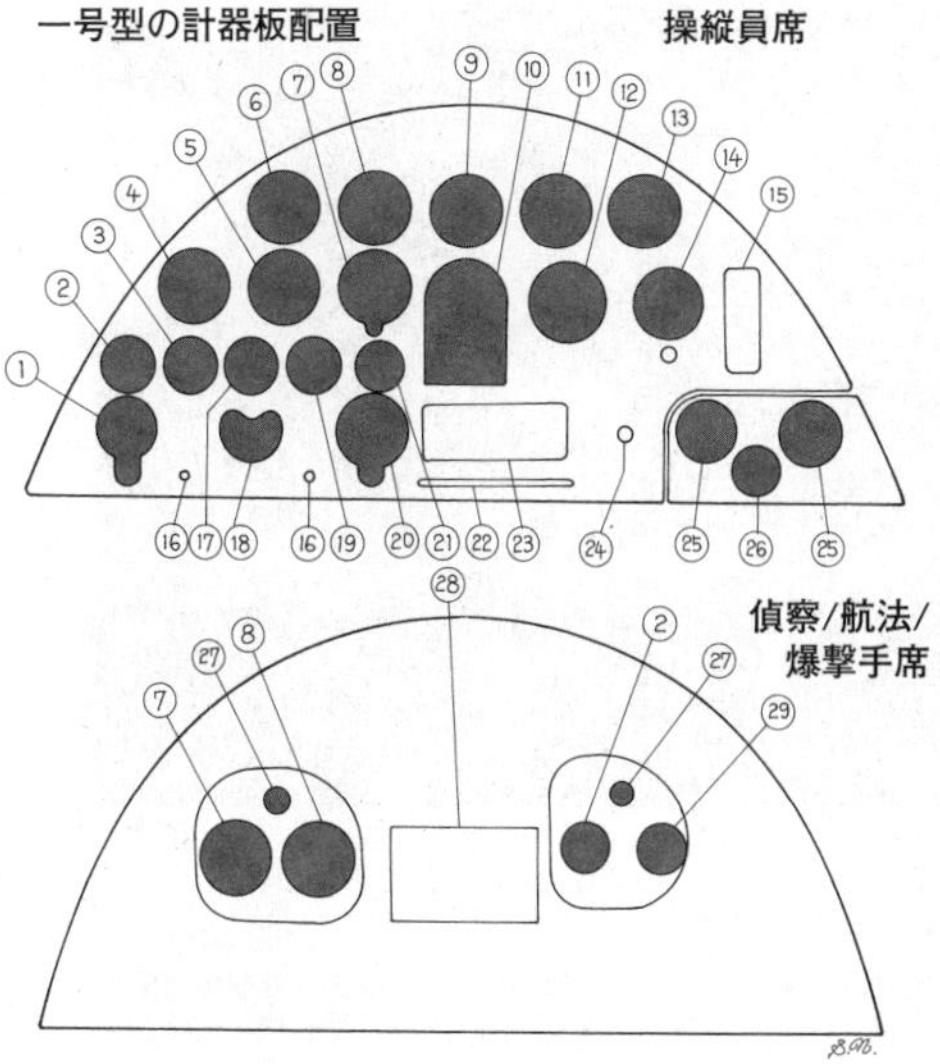

❶燃料計
❷時計
❸真空計
❹シリンダー温度計
❺ブースト計二型
❻二号回転計三型
❼精密高度計二型
❽一号速度計三型
❾旋回計二型
❿九二式羅針儀
⓫昇降度計
⓬水平儀
⓭航路計
⓮定針儀
⓯前後傾斜計二型
⓰切り替えコック
⓱油温計
⓲燃料切れ警告灯
⓳油圧計
⓴燃料計
㉑電路切断器
㉒フラップ位置表示器
㉓脚位置表示灯
㉔真空計切り換えコック
㉕燃料コック
㉖脚/フラップ油圧計
㉗計器板灯
㉘航空羅針儀一型改
㉙秒時計

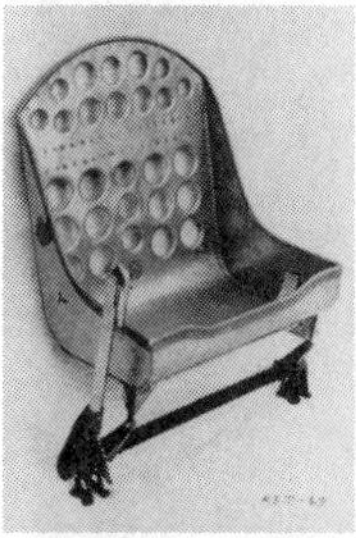
▲操縦員席

▼偵察/航法/爆撃手席
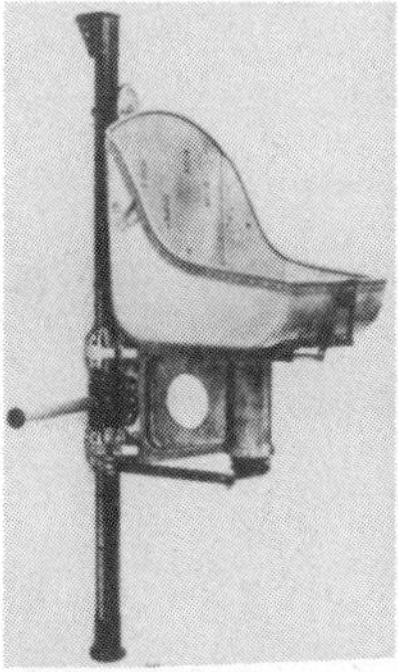

▲無線電信/銃手席

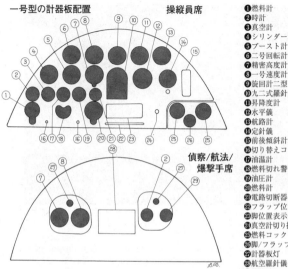

▲一号型の操縦員席計器板。上方の白い笠状のものは紫外線灯。その上に本来は雷撃照準器が取り付けられる。各計器の名称は前頁の図を参照のこと。

▼三号型の操縦員席を右外側から見る。上の一号型に比べると、計器類の配置に若干の違いがある。紫外線灯の上方の雷撃照準器に注目。計器類の右手前に操縦桿、左手前に爆弾、魚雷の投下レバーが見える。

主翼骨組み

基準翼

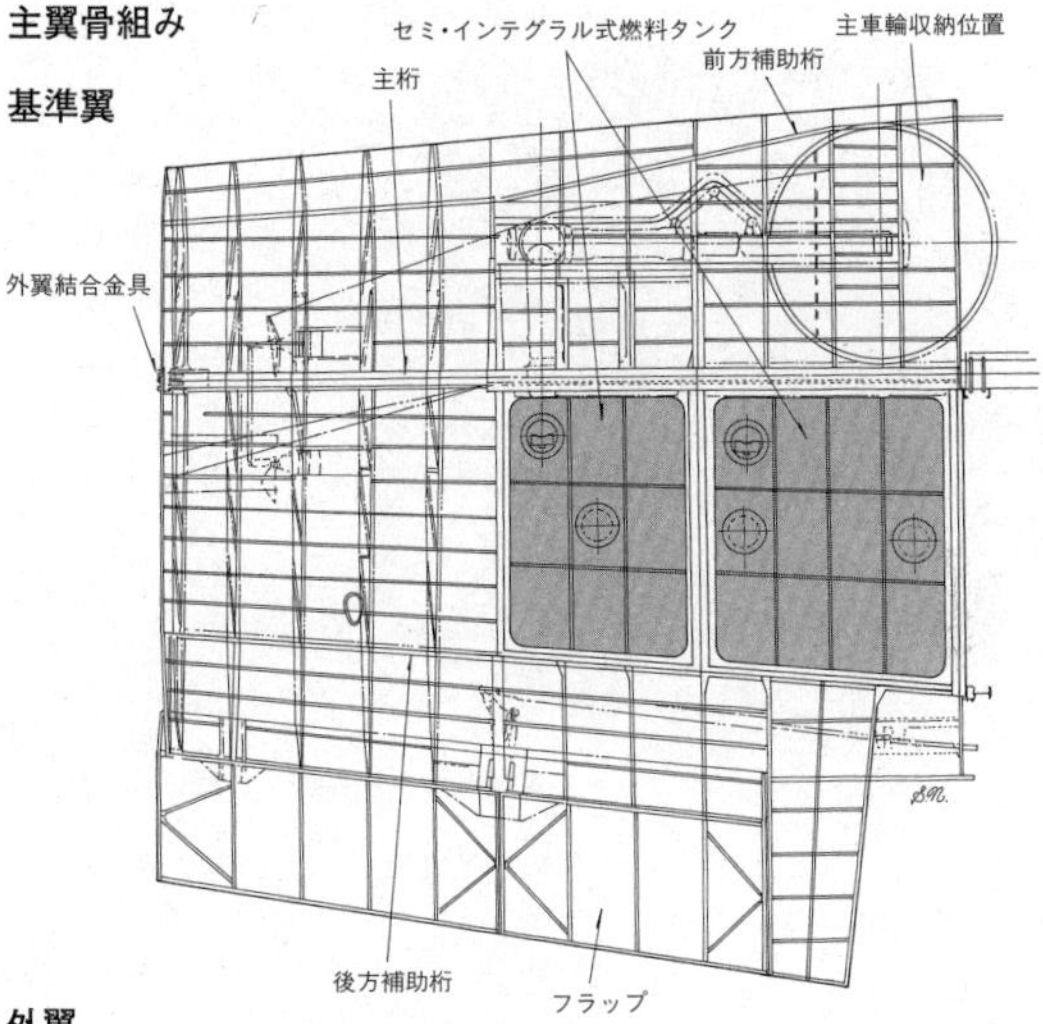
セミ・インテグラル式燃料タンク
主車輪収納位置
前方補助桁
主桁
外翼結合金具
後方補助桁
フラップ
S.N.

外翼

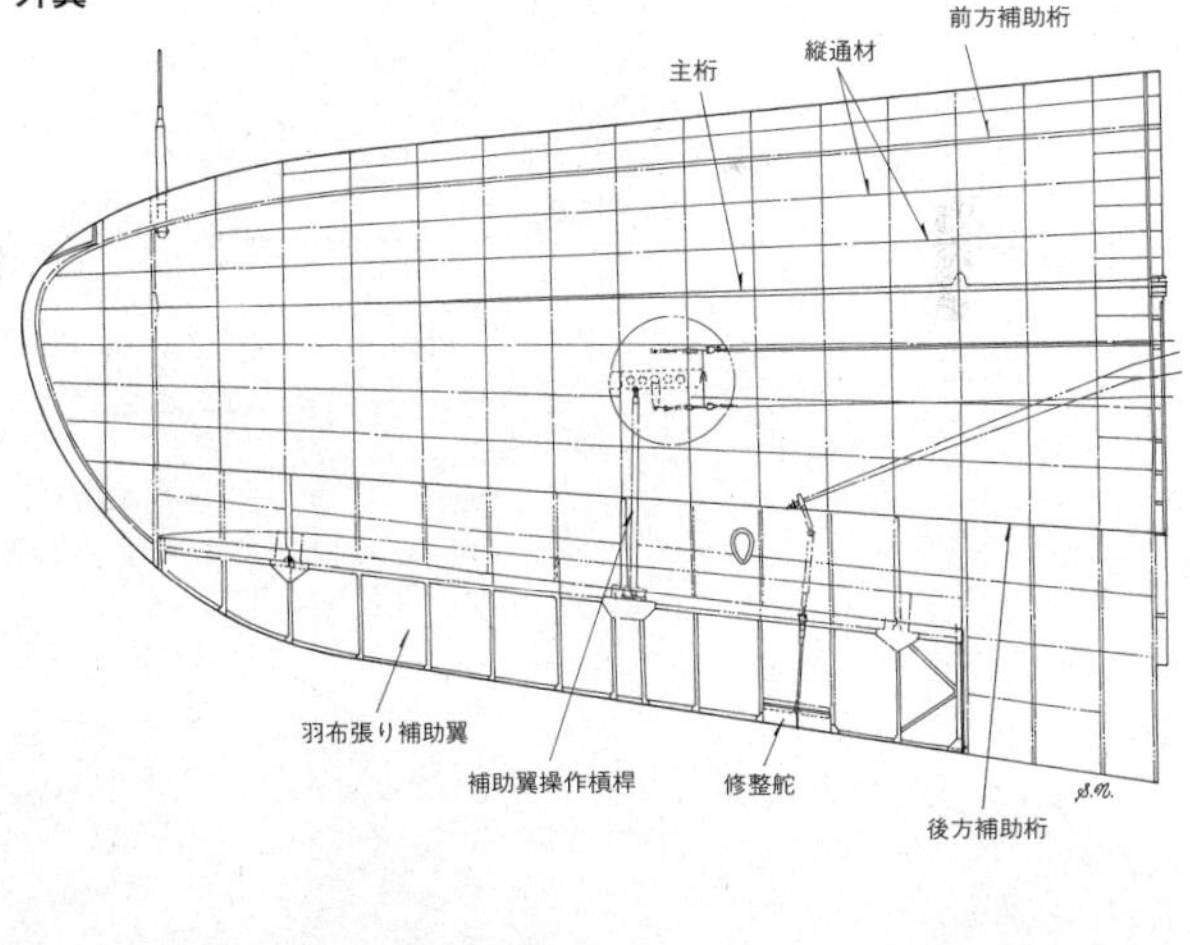
前方補助桁
縦通材
主桁
羽布張り補助翼
補助翼操作槓桿
修整舵
後方補助桁
S.N.

▲航続距離増大に効果を発揮した、主翼のセミ・インテグラル式燃料タンク。タンクの上下面が主翼表面を兼ねる。写真は右内側タンクを示し、画面左方が前縁方向。上方にある丸いハッチのうち、左側は燃料注入口、右側は点検口。

主翼折りたたみ要領（手動）

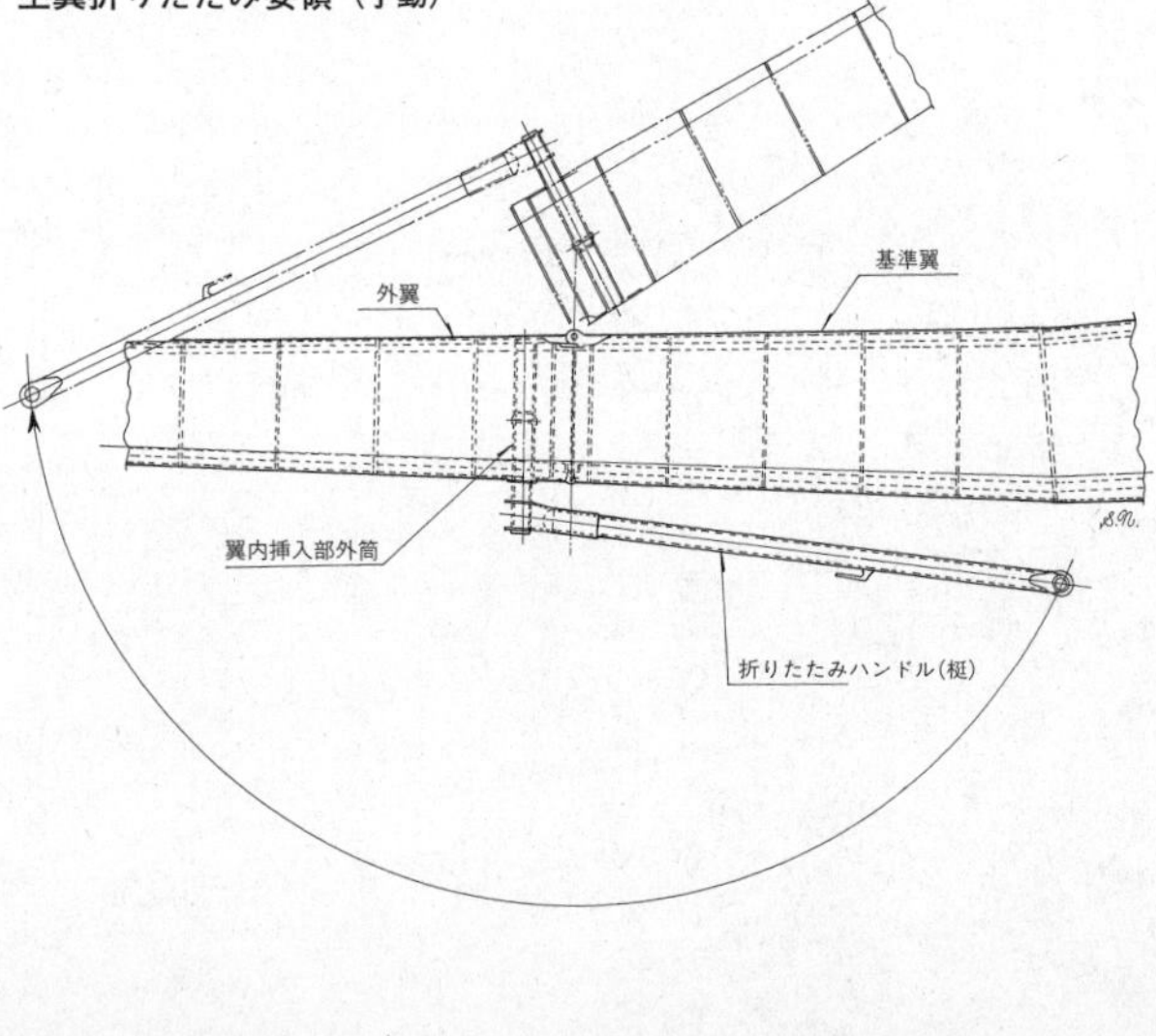

▲折りたたみ状態の、左翼基準翼、外翼（上方）の断面部。画面左が主桁の結合部で、上方に折りたたみヒンジが見える。中央やや下に、結合ピンを外すための小ハンドルと、これに連結する傘歯車、連動横桿も見える。

▼折りたたみ状態の主翼端付近。そのままでは左右翼端が接触してしまうので、右翼を先にたたみ、左翼は二股固定支柱を右翼のそれより少し長くし、上に被さる程度に固定する。この二股固定支柱は、常時、機内に格納しておく。

▲両翼を折りたたんだ一号型の全姿。この状態での全幅は7.3mで、展張時の半分以下となり、空母格納庫での収納スペース占有率を、大幅に小さくできた。

戦もそうだが、欧米軍用機にはみられない、日本機特有のキメ細かい配慮である。

外鈑厚は０・５～０・８㎜。このクラス機としては薄いほうで、飛行中にシワが寄ることもあったことから、のちに少し厚くされている。

基準翼の上反角は2°27′、外翼部は7°で、翼厚比は付け根が16パーセント、翼端部が８パーセントだった。

外翼の折りたたみ方法は、試作1号機の段階では、アメリカのダグラスTBDデバステーターと同じく、油圧装置によるものを採用したが、当時の日本の油圧装置は、手動ポンプによる加圧式のため、圧力が不均等、かつ弱くて、作動がスムーズにいかず、２号機以降はシンプルな手動式折りりたたみ方法に変更された。

折りたたみ要領は、まず基準翼、外翼接合部下面に収めてある、小ハンドルを取り出して廻し、主桁と補助桁の部分を止めるピンを抜く、そして、外翼下面にある孔に梃（テコ）を差し込み、これを握って3人がかりで〝エイヤ〟と上方に持ち上げて折りたたむ。

折りたたむのは右外翼が先で、ちょうど操縦員席横の胴体側面に取り付ける、二股の支柱によって翼端を固定する。

なお、この作業に必要な人手は、前記した3人に加え、基準翼上に1人の計4人、すなわち1機につき左右で合計8人である。陸上基地隊では相当な無理がかかるが、空母では飛行科以外にも手あきの乗組員が多勢いるので、問題はなかった。

胴体内にスペースが確保できないうえ、大きな航続距離を実現するため、主翼内の燃料タンク容量はかなりのものになり、通常の型式ではとてもまかないきれなかった。

そこで考え出されたのが、セミ・インテグラル式タンク。すなわち、別造りのタンクを主翼内に収めるのではなく、タンク自体の表面が主翼外鈑の一部を兼ね、ヒンジ・ピンで主翼本体に固定する。

この方法なら、内部空間のほとんどを利用できるので、容量は非常に多くなった。

基準翼の主桁、補助桁間に2個（350ℓと225ℓ入）、左右で4個、合計1150ℓを確保した。ちなみに、零戦二一型の場合は胴体内タンク、増槽を含めても4個のタンクで計838ℓだから、セミ・インテグラル式タンクの効果は明白だった。

もっとも、容量増大という面では効果があるセミ・インテグラル式タンクも、のちの太平洋戦争という未曽有の大激戦のさ中では、わずか1発の被弾によってもすぐ火を吹き、防御上きわめてもろいという欠点を露呈して、本機の損害を激増させてしまうことになったが……。

複葉羽布張り構造機に比べて、かなりの重量増加を見越し、離着艦時の揚力確保のため、試作1号機では油圧作動のファウラー式フラップを採用したことも目新しかった。

しかし、主翼折りたたみと同様、手動ポンプの加圧では、圧力が不均等で左右のフラップがうまく連動しないため、2号機以降はシンプルな手動操作式スロッテッド・フラップに変更されてしまった。

●動力装置

第一節にも記したように、本機の発動機は、当時中島が鋭意実用化を進めていた、空冷星型複列14気筒のNAM（のちの「栄」）を予定し、胴体の設計も本発動機に合わせて行なったのだが、海軍の審査をパスし、量産品が出廻るまでにはしばらく時間がかかることがわかったため、試作機と最初の生産型一号は、自社製空冷星型単列9気筒の「光」二型、および三型を搭載した。

「光」は、アメリカのライト・サイクロンR－1820R700hpを参考にした、ボア&ストローク160㎜×180㎜の大シリンダー発動機で、その直径も1375㎜と、単列型として最も大きいものだった。一号型が、不均合に〝頭デッカチ〟に見えるのは、そのためである。

昭和11年に兵器採用され、同15年にかけて約1200台生産され、海軍機ではほかに九五式艦戦、九六式艦攻も搭載した。

生産型には、一型、二型、三型の3種があり、主に過給器増速比が異なることにより、離昇出力はそれぞれ730、840、770hpと差が出た。

九七式艦攻の場合、試作機は二型、一号生産機は三型を搭載した。

「光」は、出力的には不満はなかったが、やはり直径が大き過ぎることによる、操縦員の前方視界不充分、整備のやりにくさなど、現場の人たちには不満はあったようだ。

この「光」に組み合わされたプロペラは、これまた日本の実用艦攻としては初めて

「光《ひかり》」三型発動機（右側）

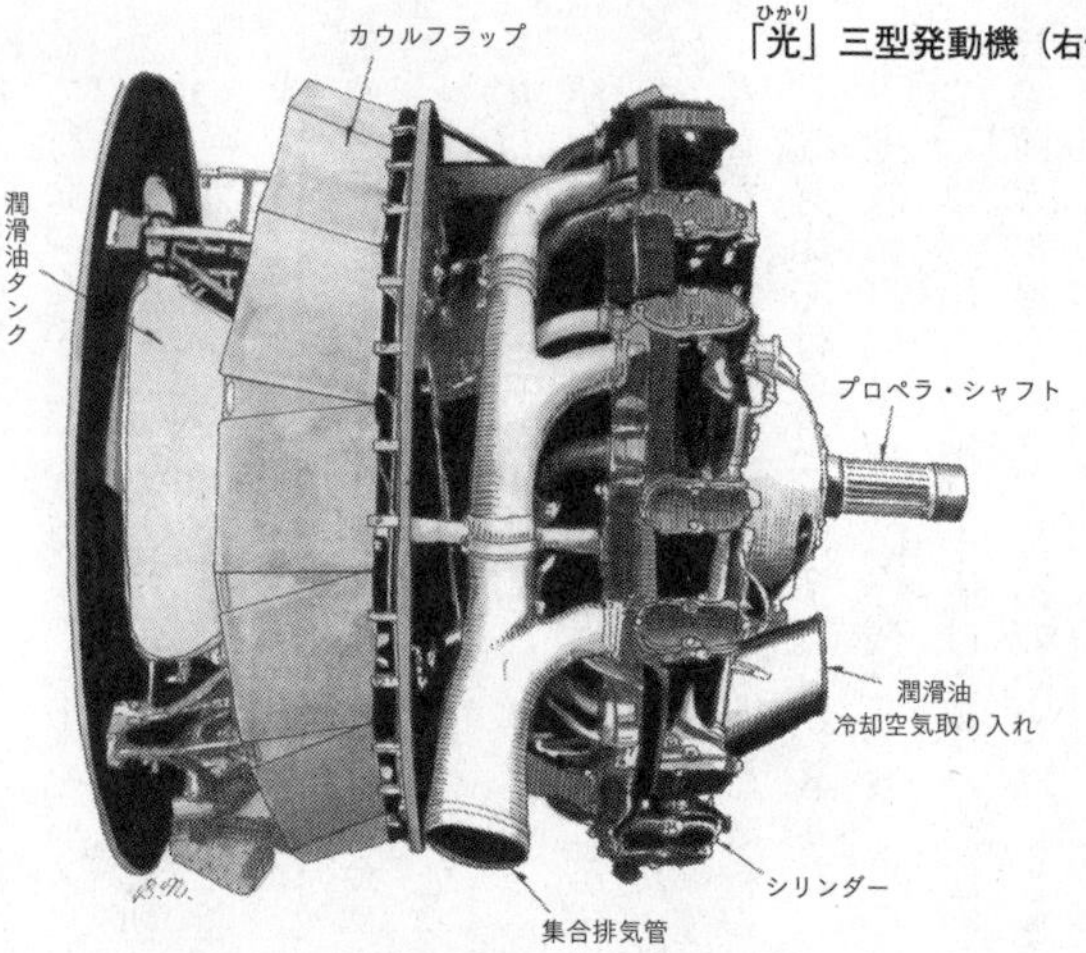

「栄《さかえ》」一二型発動機（右側）

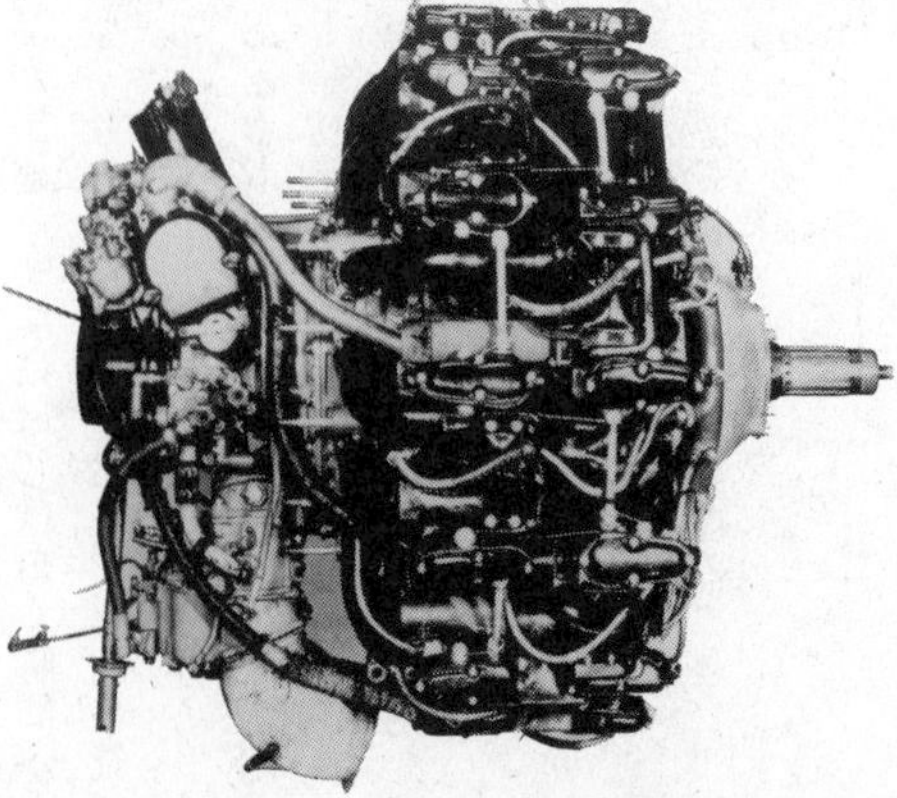

の導入例となった、全金属製二段可変ピッチ式3翅プロペラ。アメリカはハミルトン社製品を住友金属工業（株）が国産化したもので、油圧の力によりピッチを二段階に変更することができた（通算50号機以降は恒速式となる）。

この可変ピッチプロペラの採用により、離陸、上昇、巡航、高速時、それぞれの状況に応じ、発動機出力を効率よく発揮できるようになり、従来機に比べて、格段の性能向上に貢献したことはいうまでもない。

三号型が搭載した、複列14気筒の「栄」一一型発動機は、のちに零戦も搭載したのと同系列のもので、日本が生んだ１０００hp級空冷発動機の最高傑作だとされている。シリンダーのボア&ストロークは１３０㎜×１５０㎜で、前述の「光」のそれより、各30㎜も小さいコンパクト・サイズで、14気筒にもかかわらず総容積は「光」の32・6ℓに対し、27・９ℓにすぎない。

しかし、圧縮比、回転数、ブーストなどはいずれも「光」より大幅に高くなっていて、離昇出力は同三型に比べ約30パーセント増しの１０００hpであった。

複列なので、当然、長さは増すが、直径は「光」に比べて２２５㎜も小さい１１５０㎜におさめられており、胴体ラインとスムーズにマッチした。三号型の性能が、一号型に比較してかなりアップしたのは、すべてこの「栄」一一型発動機の賜であった。

この「栄」一一型に組み合わされたプロペラは、同じ住友／ハミルトン製の恒速式3翅だが、直径は一号型のそれに比べ、10㎜小さい3・20mになっている。ピッチ変更範囲は16°〜36°の間。

●降着装置

中島、三菱の十試艦攻が性能伯仲して採否決定が出ず、最終的に将来性が決め手になり、中島機を主力として制式兵器採用された。

この将来性とは、つまり引き込み式主脚の先進性が高く評価されたことであり、いってみれば、本機にとって最大のセールス・ポイントだったわけである。

昭和10（1935）年当時、ソ連のI－16、ドイツのBf109、イギリスのハリケーンなどの各戦闘機、そして十試艦攻のライバル、アメリカ海軍のダグラスTBDなどが引き込み式主脚を採用し、世界の軍用機のなかで、先進性をアピールしていた。

しかし、中島の設計陣にとって、引き込み脚を採用することに決定したものの、そのメカニズムが具体的にどうなっているのか、参考にするべき資料がほとんどなかった。

幸い、フランス人技師の指導で試作した、陸軍向けのキ12戦闘機、アメリカの雑誌

▲左主脚の脚柱覆い。出し入れ、オレオ緩衝に対応するため、上、中、下の3部に分かれ、下部は2本のヒンジ部によって3分割され、オレオ部が収縮すると外側に折れるようになっている。

▼中島の設計陣が、試行錯誤を重ねながら、ようやくモノにした、海軍単発機として最初の油圧引き込み式主脚。油/空気緩衝機構をもつシンプルな1本脚柱と、800×275mmサイズの大きめの車輪からなる。写真は左主脚を示し、脚柱覆いを取り外した状態。

に載った、ヴォートV－143試作戦闘機の写真などを見ることができ、試行錯誤を繰り返しながら、ようやくまとめたのが、シンプルな1本緩衝支柱をもつ、油圧引き込み式の主脚であった。

　脚柱、フォークはクローム・モリブデン鋼製で、オレオ部には捩れ防止用トルク・アームが付き、上方の回転軸は主桁に取り付けられる。

　車輪は、岡本工業製の800×275㎜サイズの半高圧タイヤ（内圧3・25kg／㎠）と、油圧ブレーキを内包したホイールからなる。

　脚柱の外側には、3部分からな

主脚構造図

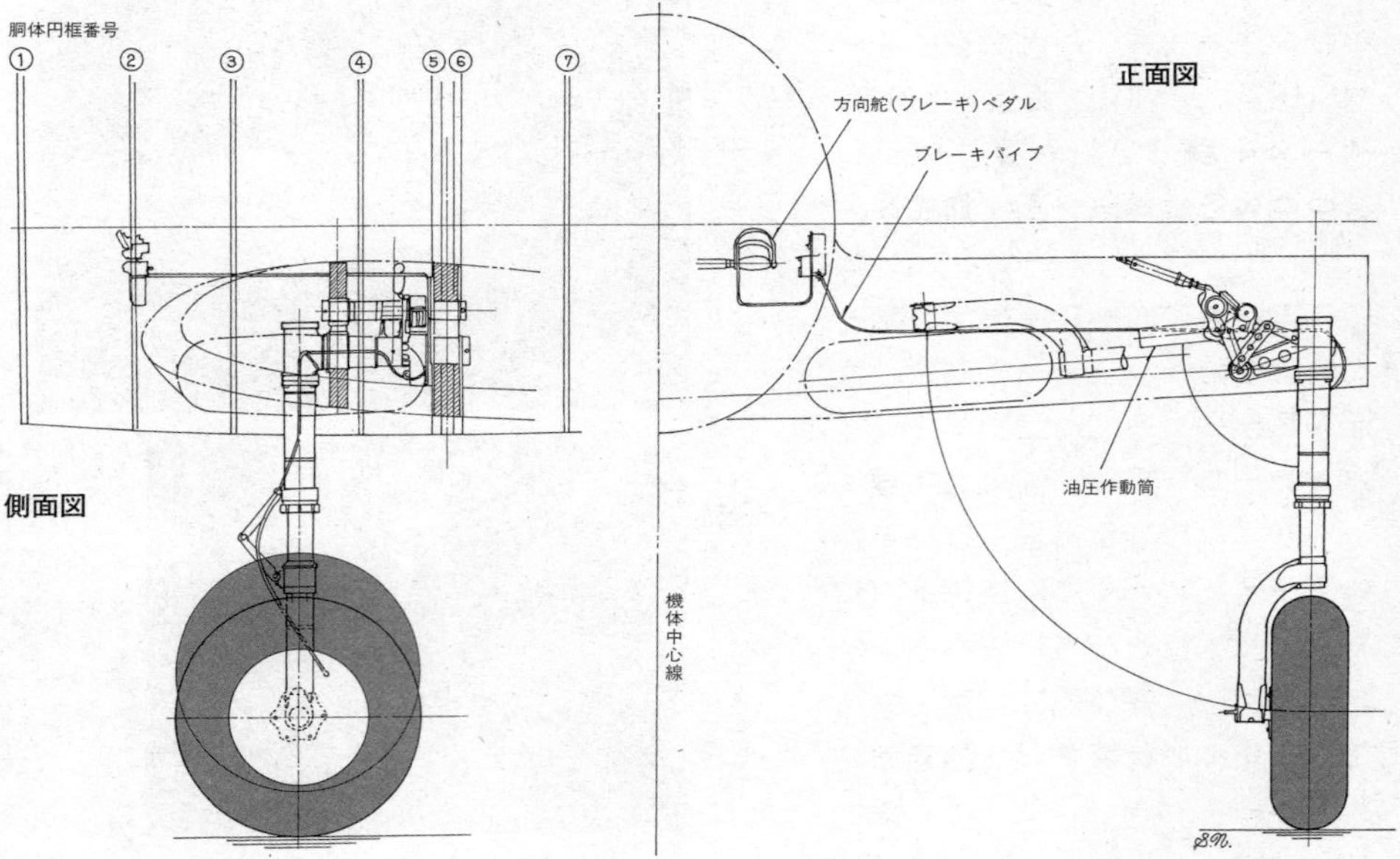
胴体円框番号
①
②
③
④
⑤
⑥
⑦
側面図
機体中心線
正面図
方向舵(ブレーキ)ペダル
ブレーキパイプ
油圧作動筒
SN.

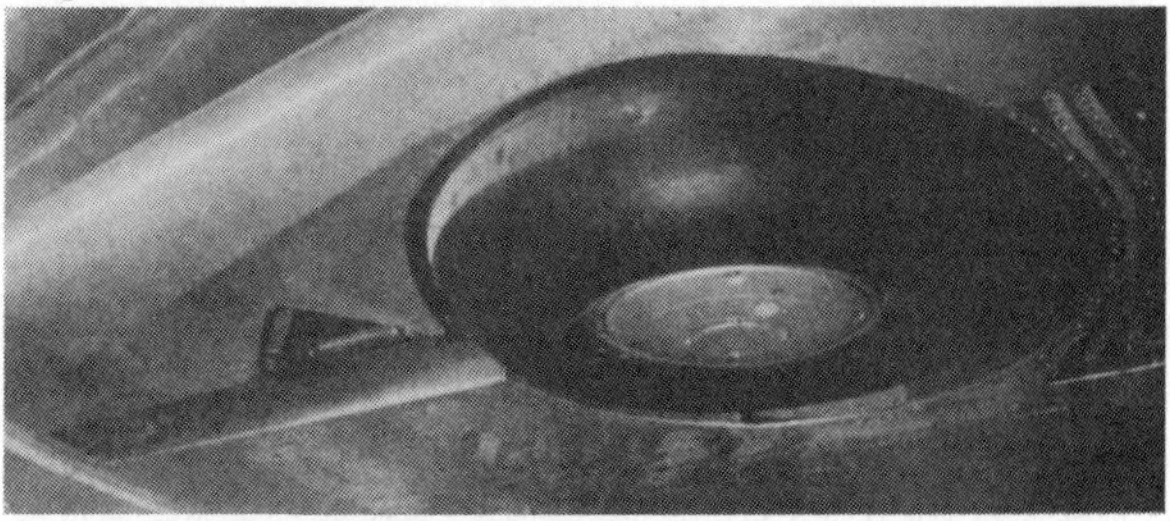

▲収納状態の右主脚。脚柱覆いが取り外されているが、車輪部には覆いがなく、収納状態でもタイヤは露出したまま。

着艦拘捉鉤（フック）組み立て図

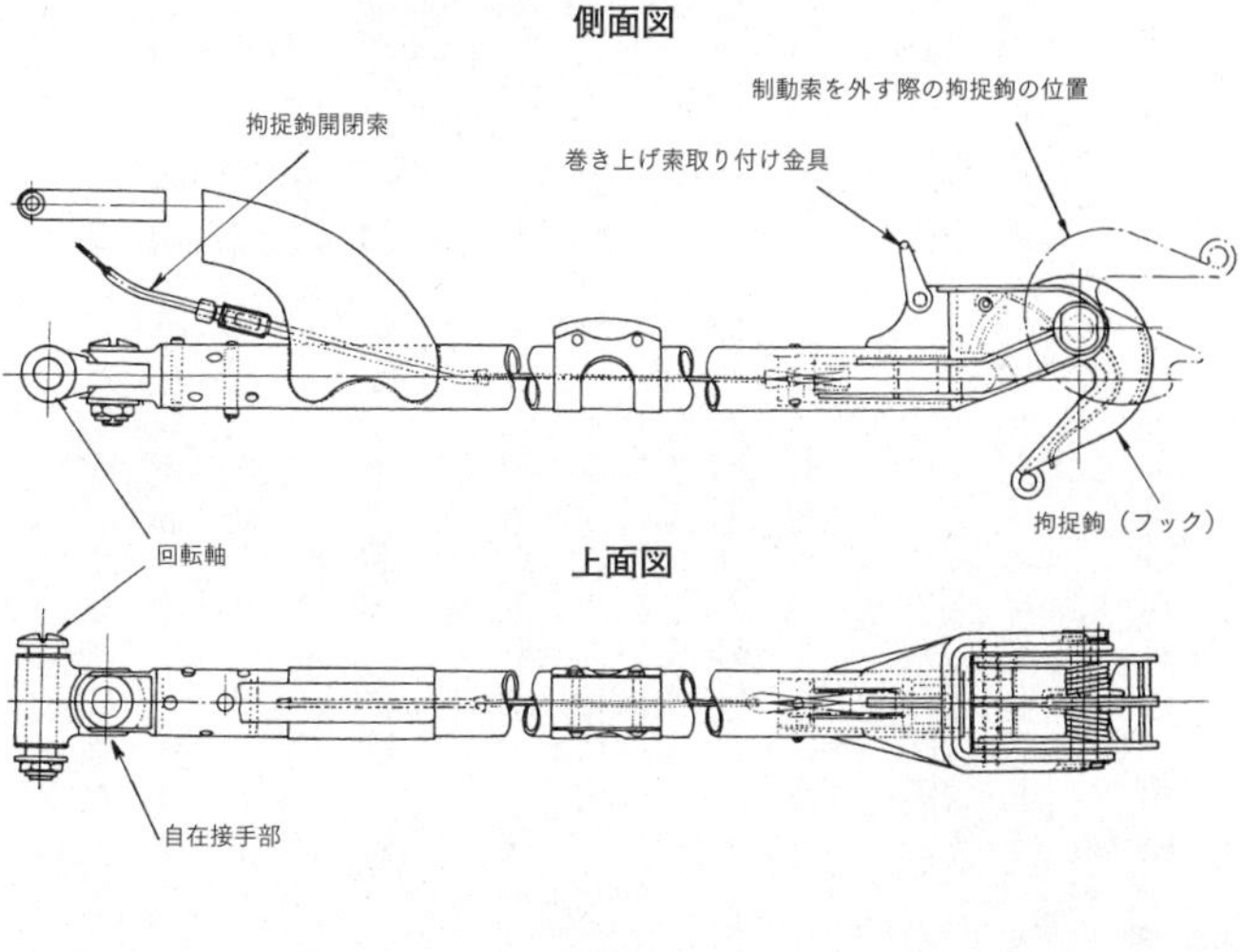

▲固定式の尾脚。胴体第22番円框に取り付けられる。フォークより上方の部分には、本来、流線形断面の覆いが付く。車輪はソリッド・ゴム製で、サイズは200×75mm。

る覆いが付くが、車輪部にはなく、収納時は主翼下面に露出したままになった。この覆いの下部は、2本のヒンジによって3枚に分かれており、オレオの収縮時には外側に折れるようになっている。

　出し入れのエネルギーは、当初、手動式加圧ポンプによる油圧で、離着陸（艦）のたびに、偵察員がレバーをギコギコとやる原始的なものだった。しかし、一号型の第１２１号機以降、発動機直結の高圧油ポンプに変更され、スイッチひとつで出し入れできるようになった。

　主脚出し入れの確認は、操縦室内の正面計器板に設置された赤、白、緑の信号灯によって行なったが、その他、主翼上面に主脚の上下にあわせて出し入れする指示板を設け、乗員が主脚の位置を目視で確認できるようにしてあった。

　尾脚は固定式とされ、胴体第22番円框に、緩衝支柱とともに取り付けられる。車輪は滑走中は左右15°の範囲内で自由回転するが、それ以上30°以内では回転軸頂部のバネの働きで、制動された回転となる。30°を超えると360°自由回転する。回転軸の頂部には求心装置があり、方向舵の操作索に接続していて、踏棒によりセンターリング操作できた。

本機は艦上機であるから、当然、着艦拘捉装置（フック）は必須装備であった。操作は、当時としては普通の垂下式で、フック本体を操縦室のレバーに連結した索で下げ、着艦後はフックの爪を別の索により引き上げて、引っ掛けた空母の制動索を外し、偵察員が巻き上げハンドルを廻して、フック本体を胴体下面に収納するという要領。

フック本体は胴体第18番円框に取り付けられ、長さは約1m、クローム・モリブデン鋼管で造られていた。

●無線機装備

洋上を長距離飛行する艦上機にとって、搭載する無線機の良否は、時として乗員3名の生死をも左右する、重要な装備である。

零戦の無線機の電話機能が、雑音ばかりひどくて、ほとんど役に立たなかったことに象徴されるように、日本の小型機用無線機はあまり出来が良くなかった。

ただ、戦闘機用よりは、サイズ、重量にいくらか余裕がある多座機用は、あるていどの効力は発揮したようだ。もっとも、日中戦争に参加した一号型、三号型のほとんどは無線機を搭載せず、太平洋戦争開戦時のハワイ作戦においても、指揮官機クラス以外は未装備であったので、本格的にこれを使いだしたのは、昭和17年に入ってからである。まことに信じ難い事実ではあるが……。

九七式艦攻の搭載無線機は、多座機用の九六式空《そら》三号無線電信機で、図に示したように、胴体第8〜9番円框間、すなわち後席の前方に送受信機をセットし、その下に測波器、長波延長線輪を備え付けた。

電源となる蓄電池は、後席の後方、第12〜13番円框間に、発電動機と並列に備え付けられた。

九六式空三号無線電信機装備要領

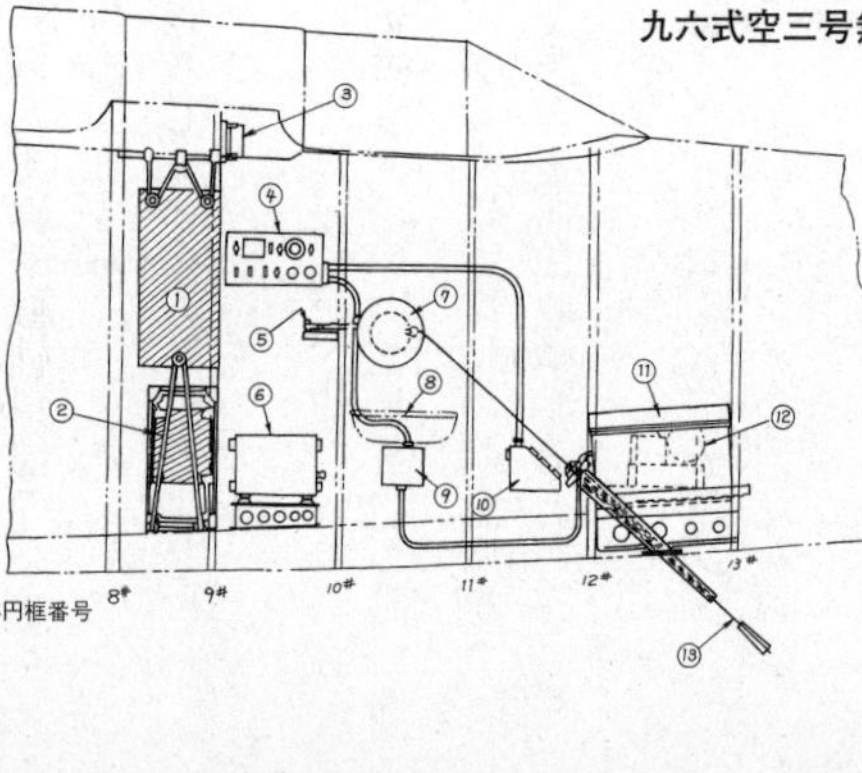

❶送受信機
❷側波器
❸高周波電流計
❹電信/銃手席配電盤
❺電鍵
❻長波延長線輪
❼絡車
❽電信/銃手席
❾電池分岐筐
❿電源接続筐
⓫蓄電池
⓬送受信用発電動機三型
⓭垂下空中線

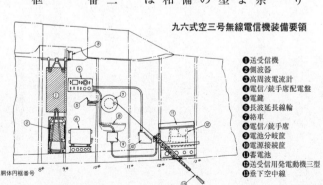

アンテナ空中線は、左右主翼後縁と水平安定板、および胴体両側を基点にして張ってあり、長距離交信時は、後席直後の胴体下面から、垂下空中線を垂らすようにした。
また、昭和16年以降、空母搭載機を先鞭として、風防後部上面にアンテナ支柱を立てて、垂直尾翼に空中線を張るようになり、太平洋戦争中ではこれが標準となった。

九六式空三号無線機のスペックは、出力約50W、水晶制御主用で周波数5000〜10000KC、および300〜500KC、800浬（1480㎞）以上の連絡（短波）と、100浬（185㎞）程度の方位測定が可能。

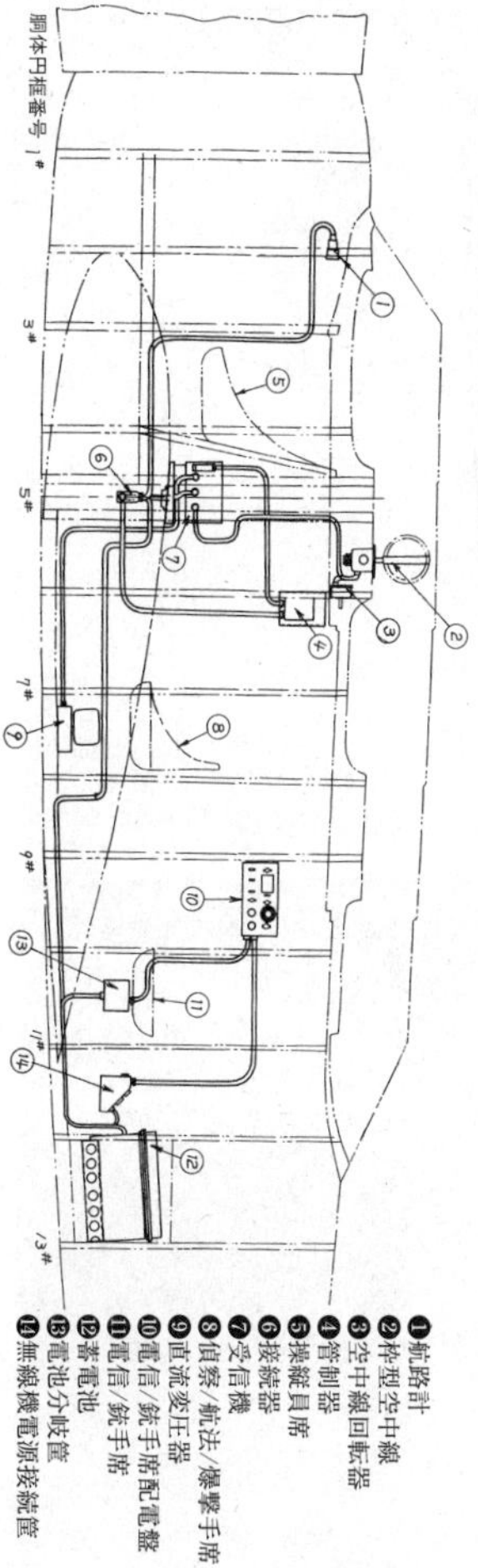

ク式空三号無線帰投方位測定器装備要領

無線機用アンテナ空中線展張要領、および各航空灯配置

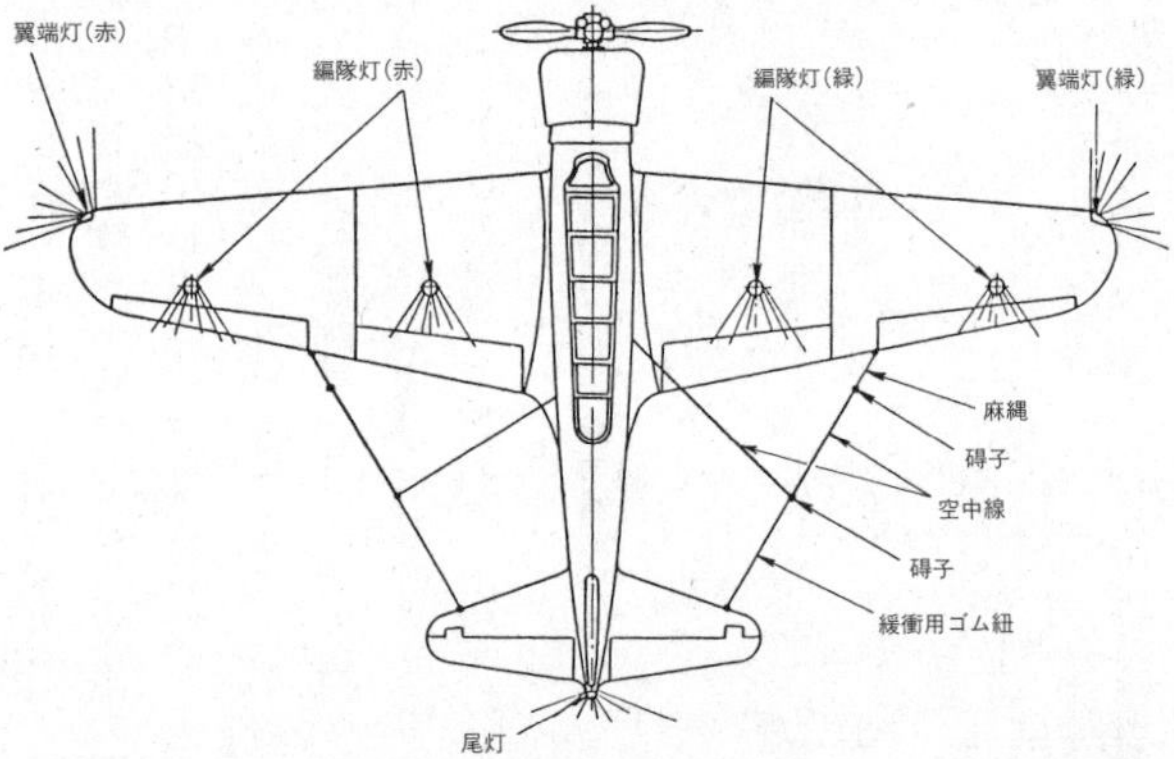

▼海上護衛総隊隷下の第九三一海軍航空隊に配属され、三式空六号無線電信機、いわゆる“H-6”機上レーダーを搭載した、九七式艦攻一二型“KEB-306”号機の、右主翼前縁に取り付けられたアンテナ。同じものが左主翼前縁、胴体後部両側にも付く。

無線電信機とともに、艦上機の必須装備といえるのが、無線帰投方位測定器である。何ひとつ目標のない大海原に出撃し、戦闘を終えて母艦のいる方向に正しく戻るにはこの方位測定器が不可欠である。

その原理は、母艦が発する電波を機内に設置した枠型空中線（ループ・アンテナ）で捉え、その方向を知るというもの。

日本海軍は、独自の技術ではこの測定器を造り出せず、昭和12年の日中戦争を契機に、アメリカのクルシー社、およびドイツのテレフンケン社から大量に輸入して各機種に装備した。

そして、小型機用にクルシー社、大型機用にテレフンケン社の製品を国産化することとなり、前者はク式、後者はT式と称し、制式に兵器採用したのである。

九七式艦攻が装備したのは、多座機用のク式空三号で、各装置の配置要領はP．115図に示したとおり。

昭和19年に入り、第一線を退いた九七式艦攻だが、海上護衛総隊隷下の各航空隊に配備された三号型の一部は、三式空六号無線電信機を搭載した。

この無線電信機は、記号〝H－6〟と呼称された電波探信儀、すなわちレーダーであり、本来は双発以上の大型機用として開発されたもの。日本海軍が太平洋戦争中に実用し得た、ほとんど唯一の機上レーダーである。

送信機の出力を大きくし、かつ本体重量を軽減するという配慮から、音叉発振器を安定装置に用いる、ブロッキング・オッシレーション方式を採った。

波長は2mで、九七式艦攻の場合は、左右主翼前縁、胴体後部両側にアンテナを取り付けた。

水上艦船、航空機の発見、および島嶼、あるいは陸岸を測定して航法にも利用できた。

●兵装

艦上攻撃機の主任務は、魚雷による雷撃と、大型、中型、小型各爆弾による水平、および緩降下爆撃である。

九七式艦攻の雷・爆撃兵装は、胴体下面の中心線より右側に少しオフセットしたハードポイントに、それぞれの専用懸吊（投下）器を介して装備した。

800kgの九一式各型魚雷と、※800kgの大型爆弾は、図に示したように、機体に埋め込みで取り付けてある懸吊具から、抱締索《だきしめ》と称した直径7㎜の複撚柔軟鋼索によって、導子抑え金具とともに吊り下げられ、前後2～4ヵ所の振れ止め

※海軍では爆弾の重量表記はダイレクトではなく、1/10数値の番数で示した。800kgなら八〇番、500kgなら五〇番、250kgなら二五番、60kgなら六番、30kgなら三番という具合に。ただし、本書では一般読者がわかり易いように、kg表記も併用した。

用抑え金具によって固定された。投下の際は、操縦、または偵察員席のレバーを引くことにより、左右抱締索先端に付いたフックが外れ、魚雷、爆弾は落下するという仕組み。抱締索は機内に収納できず、投下後も機外にブラ下げたまま帰投する。

魚雷、爆弾は投下後の姿勢安定のため、胴体基準線に対し、3°下向きに懸吊される。

250kgの中型爆弾は、懸吊（投下）器を介し、2発懸吊できる。

30kg、および60kgの小型爆弾は、2発ずつの懸吊（投下）器を介し、前後に3列、計6発まで懸吊可能である。

雷撃照準は、操縦室内正面計器板上方に設置された、照準器を使って行なうことになっていたが、目標が大きいので、太平洋

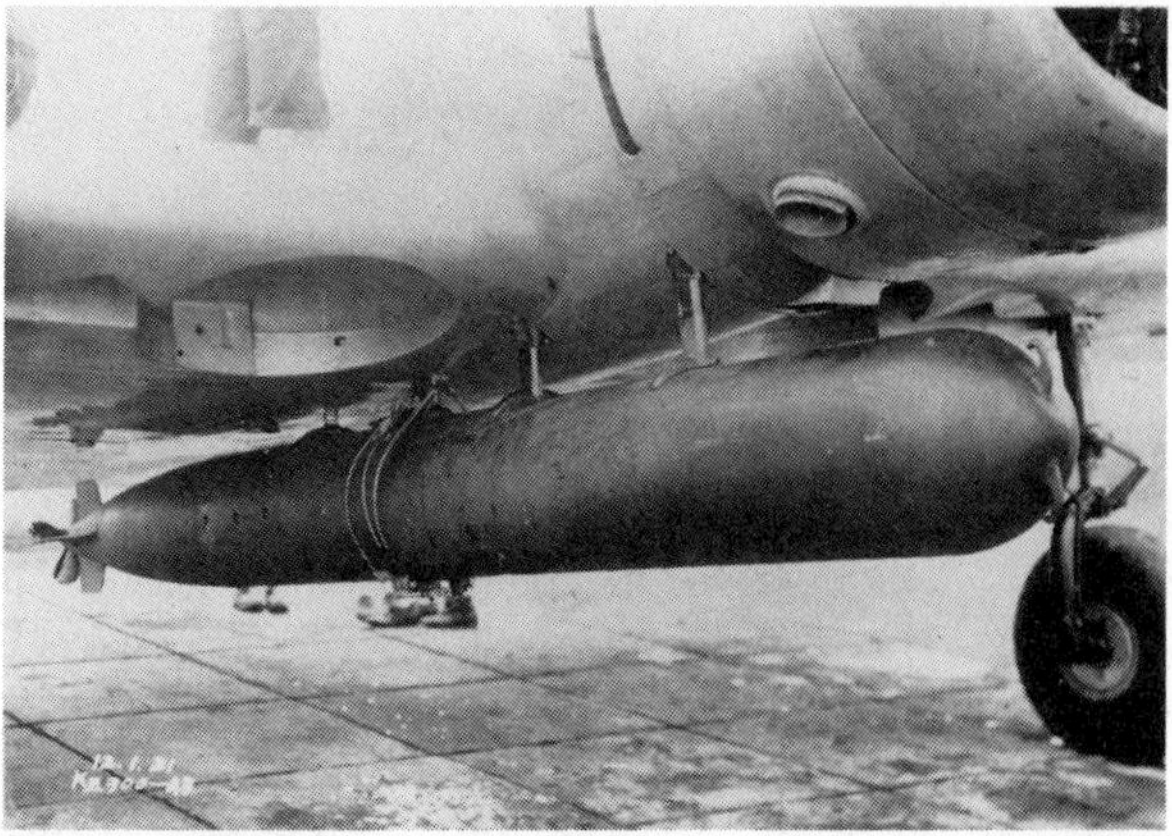

▲九七式一号艦攻の、800kg九一式魚雷懸吊状態を右前方より見る。魚雷の中ほどに懸吊用の抱締索と投下索が、その前方に2つ、後方に1つの振れ止め用固定金具が確認できる。。

800kg 魚雷/爆弾懸吊要領図

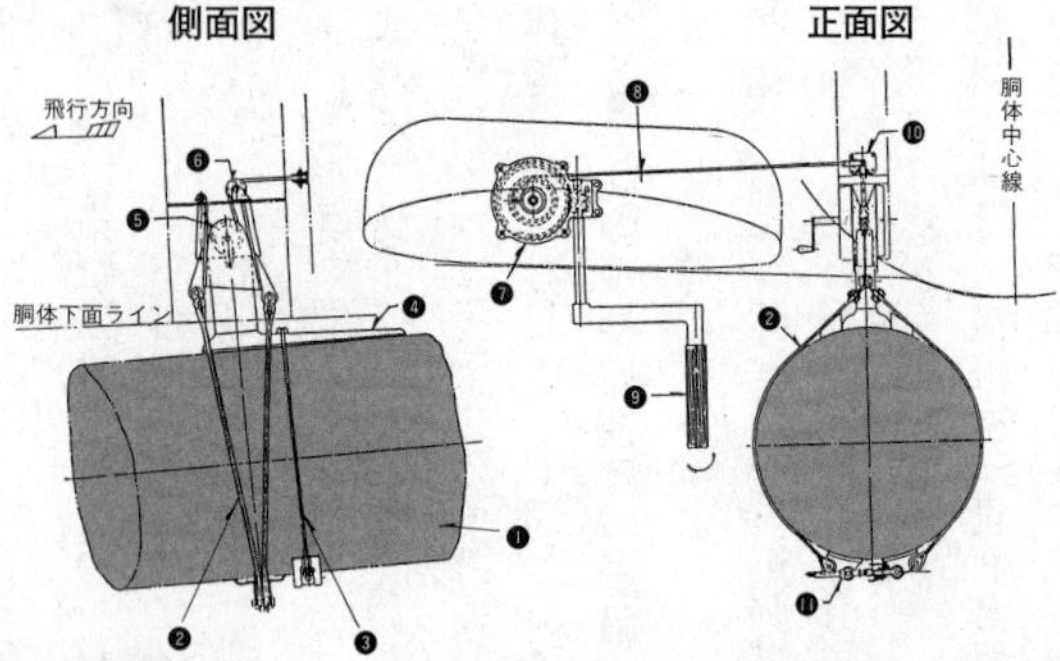

❶800kg 魚雷/爆弾
❷抱締索
❸巻き上げ器用帯
（懸吊後に取り外す）
❹魚雷導子抑え
❺巻き上げ器
❻滑車
❼巻き上げ器および巻き取り器
❽巻き上げ索
❾巻き上げ用ハンドル
❿主桁取り付け滑車
⓫投下フック

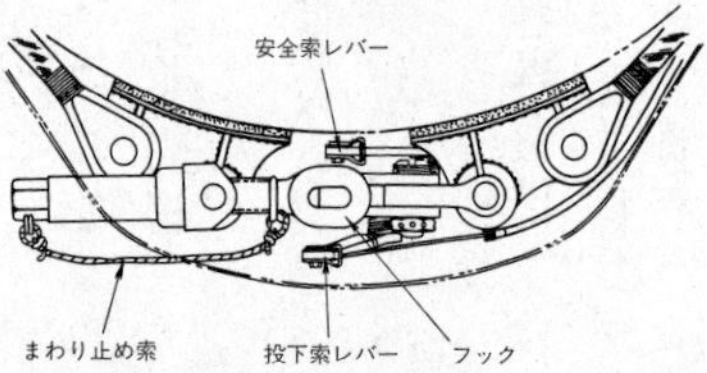

800kg 魚雷、爆弾懸吊用抱締索フック詳細図

戦争の実戦では、ほとんどの場合、操縦員の目測によって投下したらしい。

　爆撃照準は偵察員の役目で、九〇式一号爆撃照準器により行なった。

　なお、魚雷は操縦員が照準するので、投下もみずから行なう。爆弾投下は、照準者である偵察員が行なった。

　本機の射撃兵装は、後席後方に備えた、ル式7・7㎜旋回機銃1挺で、通常は機内に格納してあり、射撃時のみ風防を開放して機外に突き出す。

　機銃は、半円形のレールに

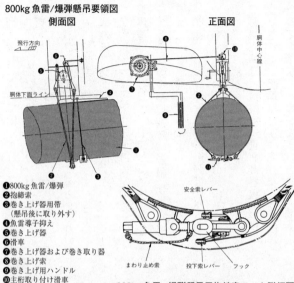

▲ハワイ作戦に出撃する直前、千島列島・択捉島の単冠湾に待機する、空母「赤城」飛行甲板上に置かれた、800kg（正確には848kg）九一式改三航空魚雷。機密保持のため、浅海面対策の框板はまだ取り付けられていない。魚雷本体は無塗装（銀色の金属地肌）、頭部は黒である。

▲八〇番（800kg）の通常爆弾の懸吊要領。魚雷と同じだが、前後の固定金具は各１つで、弾体直径が違うので、固定金具は専用のものを使う。下方に見えるのは運搬兼リフト車。

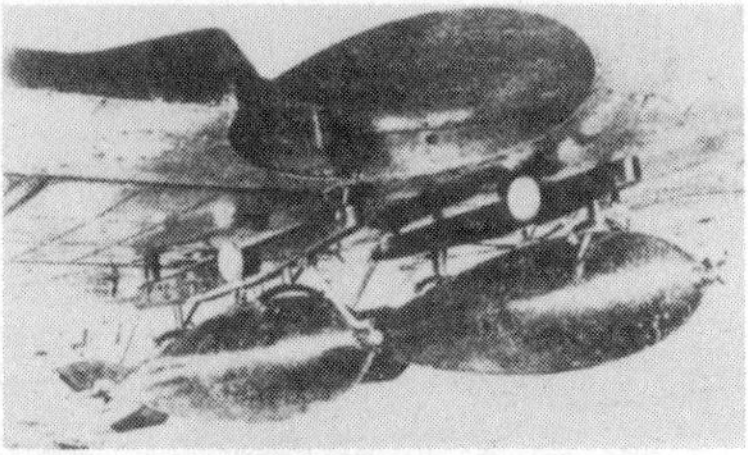

▶二五番（250kg）爆弾2発の懸吊要領。懸吊（投下）器は前後左右にズラして取り付けられる。むろん、1発だけにして、三番（30kg）、または六番（60kg）爆弾2～6発との組み合わせも可能。写真の爆弾は旧式タイプで、日中戦争末期以降は下図に示した円筒形のタイプを使用した。

250kg爆弾懸吊要領図

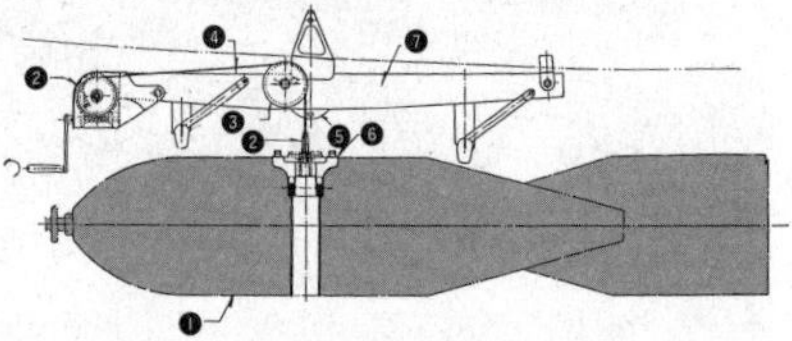

❶250kg爆弾
❷爆弾巻き上げ器
❸巻き上げ用滑車
❹爆弾巻き上げ索
❺フック
❻吊り上げ用金具
（懸吊後は取り外す）
❼爆弾吊環

▼戦争末期に、対潜哨戒を主要任務とした、海上護衛総隊隷下第九三一海軍航空隊の九七式艦攻一二型を、正面より見る。右主翼下面には、従来までと同じ二五番爆弾懸吊（投下）器が2個取り付けられているが、その外側の1個、左主翼下面の2個の小型懸吊器は、従来の標準装備にはなかったもの。おそらく、三番～六番の対潜用爆弾の専用懸吊（投下）器と思われる。主脚収納孔は防錆用“青竹”ではなく、下面色と同じに塗られていることがわかる。

▲六番爆弾懸吊要領。2基1組の懸吊（投下）器を、前後方向に3組、計6発懸吊する。三番爆弾の場合もまったく同じ要領。なお、各爆弾の懸吊方法は、基本的に二五番と同じ。

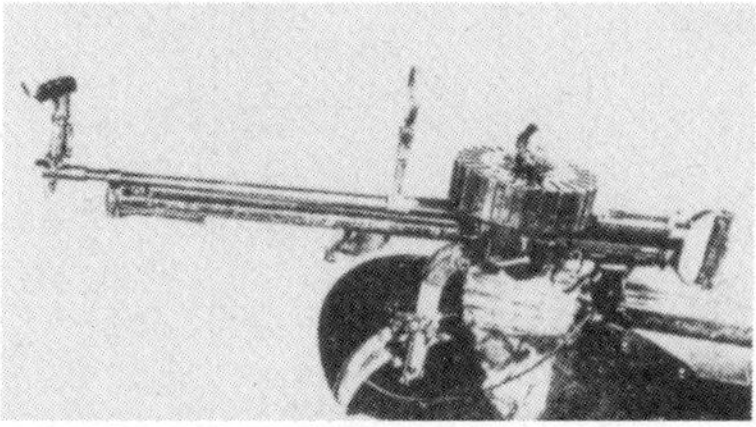

◀後部の電信/銃手席に備えられた、ル式7.7mm旋回機銃。イギリスのルイス社製品の国産化品で、昭和7年制式採用の旧式銃のため、発射速度が小さく命中率も低いなど不満があった。銃身の上にのった円盤形のものが弾倉。

▶通常は右写真のような状態で格納されている。左壁に予備弾倉5個が固定してあるのが見える。

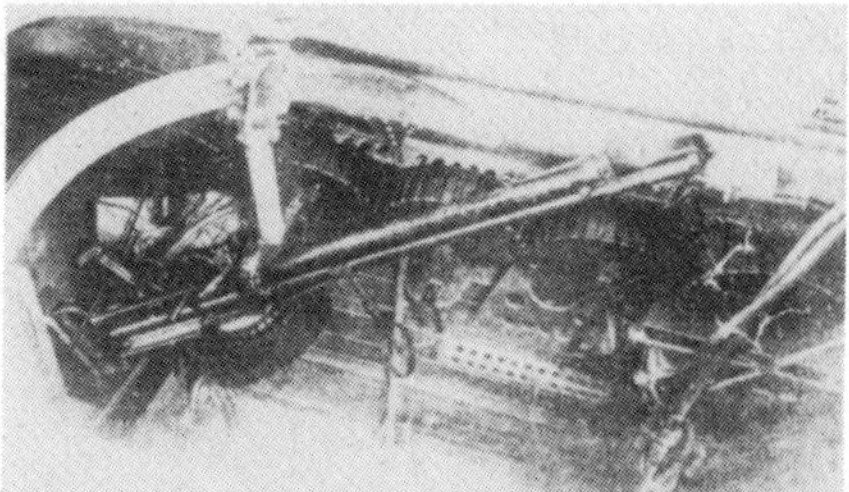

九七式一号艦上攻撃機〔B5N1〕詳細諸元表

名称			九七式一号艦上攻撃機	
型式			単発低翼単葉機	
定員			3名	
主要寸度	全幅	展張時 真長(m)	15.6	
		展張時 投射(m)	15.518	
		折りたたみ時(m)	7.3	
	全長(m)		10.3	
	全高	水平姿勢展張時(m)	4.0	
		三点姿勢折りたたみ時(m)	3.7	
重量	正規全備(kg)		3,650	
	自動(kg)		2,106.5	
	搭載量(kg)		1,543.5	
荷重	翼面荷重(kg/m²)		97	
	馬力荷重(kg/hp)		5.15	
発動機	名称	『光』発動機三型		
	数	1		
	馬力	公称	710(公称高度2,600m)	
		最大	830(2,100m)	
	回転数(曲肱軸)	公称	1,950	
		最大	2,150	
	吸気圧力(mm)	公称	+60	
		最大	+150	
	標準高度		2,600m(最大馬力高度2,100m)	
	減速比		11/16	
	使用燃料	比重	0.736	
		種類	航空87揮発油	
	使用潤滑油	種類	航空鉱油	
プロペラ	名称型式	二段可変節プロペラ(49号機まで)	定回転プロペラ(50号機以降)	
	直径(m)	3.3	3.3	3.3
	節(度) H.P. L.P.	31° 23°30′	34° 20°	40° 20°
	重量(kg)	154.2	154.2	
燃料容量	主槽(ℓ)		左右各1 350×2	
	補助槽(ℓ)		左右各1 225×2	
	合計(ℓ)		1,150	
潤滑油容量(ℓ)			75	
主翼	翼幅(m)		15.6	
	翼弦	付け根(°)	3.3	
		先端(°)	1.5	
	面積	中央翼 / 外翼 計(m²)	21.27 / 1642	37.69
	取り付け角(°)		2°30′	
	上反角	中央翼(°)	2°27′	
		外翼(°)	7°0′	
	後退角	翼弦30%	前後軸に直角直線	
	アスペクト比		6.46	
	M.A.C.(m)		2.618	
	翼断面(%)		NN-5 16〜8	

フラップ	幅(m)		内側 1.00 外側 1.25
	弦長(m)		0.738〜0.60557
	面積(m²)		3.028
	運動角(°)		下45
補助翼	幅(mm)		3
	弦長(m)		0.577〜0.443〜0.160(翼端部)
	面積(cm²)		2.772
	平衡比(%)		25.5
	運動角(°)		上25 下20
尾部	水平安定板	幅(m)	5.0
		面積(m²)	3.2
		取り付け角(°)	−1°〜0′
	昇降舵	面積(タブを含む)(m²)	2.422
		平衡比(%)	15.7%中央蝶番部 18.4%外方蝶番部
		運動角(°)	上30 下17
	垂直安定板	高さ(m)	1.410
		面積(m²)	0.8245
	方向舵	面積(タブを含む)(m²)	0.7651
		平衡比	0
		運動角(°)	左右各 30
操縦舵タブ	補助翼タブ	面積(m²)	0.0334
		タブ面積/補助翼面積	0.012
		運動角(°)	上下各 15
	昇降舵タブ	面積(m²)	0.1532
		面積比 タブ/昇降舵	0.0632
		運動角(°)	上下各 20
	方向舵タブ	面積(m²)	0.0328
		面積比	0.043
		運動角(°)	機首右 20 機首左 10
胴体	長さ(発動機架を含む)		9.282
	幅(最大値)(m)		1.160
	高さ(最大値)(m)		1.430
	最大断面積(m²)		1.304
降着装置	車輪	型式	岡本式半高圧油圧制動車輪
		寸度(mm)	800×275中堅
		間隔(m)	4.250
		制動機	岡本式油圧
	尾輪	型式	岡本式ソリッドタイヤ
		寸度(mm)	200×75
	三点接地角(°)		12

沿って、左右に動き、右側に38°、左側に44°、上方へ80°、下方へ45°の射界を有した。

弾倉は、機銃に常備の1個を含めて計6個、弾数は計582発である。予備の弾倉は、後席の左側に前後方向に5個並べて固定しておく。

②九七式二号艦上攻撃機〔B5M1〕

中島の九七式一号、三号に対し、発動機をはじめ、機体設計にもかなりの違いがあるが、全金属製骨組み構造の基本はそれほど違うわけではなく、無線機や兵装類なども同じものを適用している。

胴体骨組み図（寸法単位：mm）

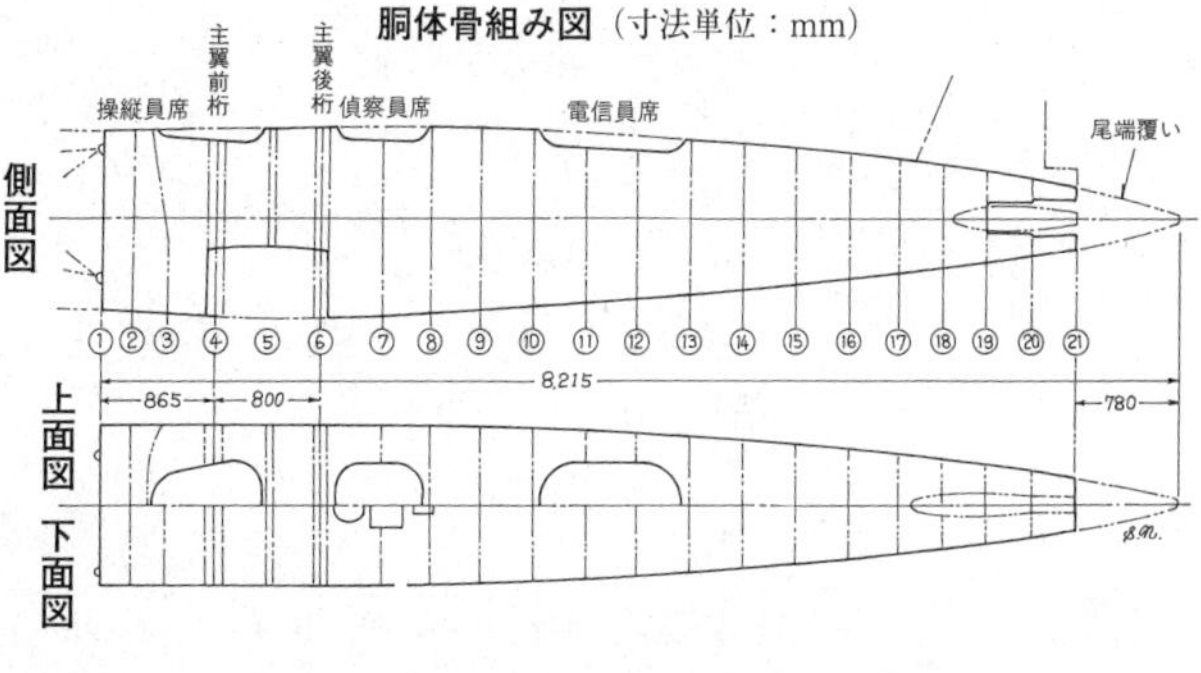

胴体肋材断面

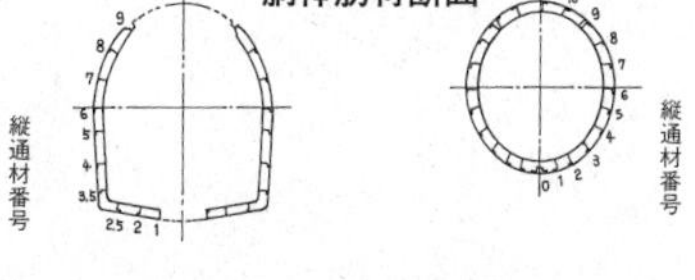

基準翼骨組み図（寸法単位：mm）

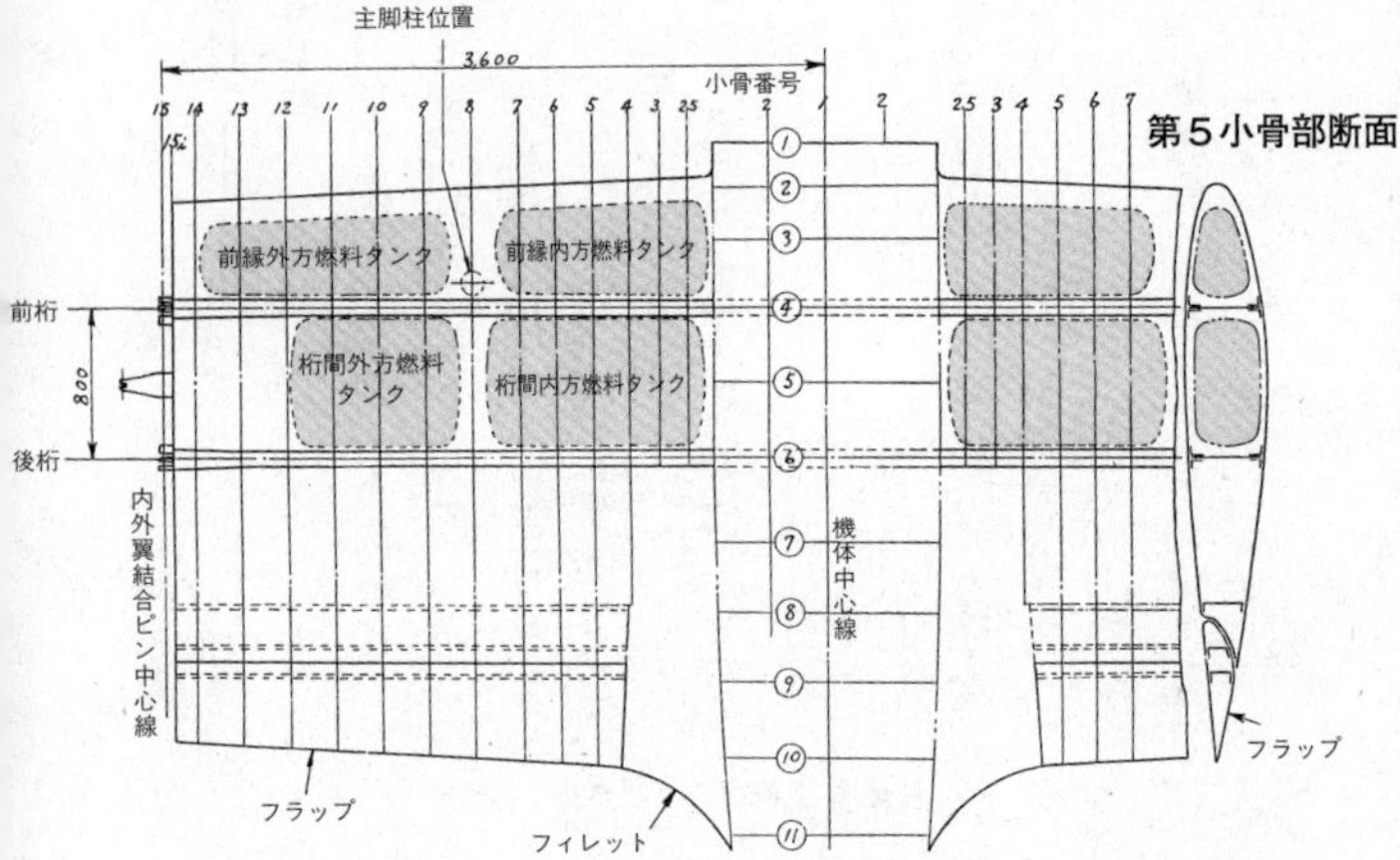

外翼骨組み図（寸法単位：mm）

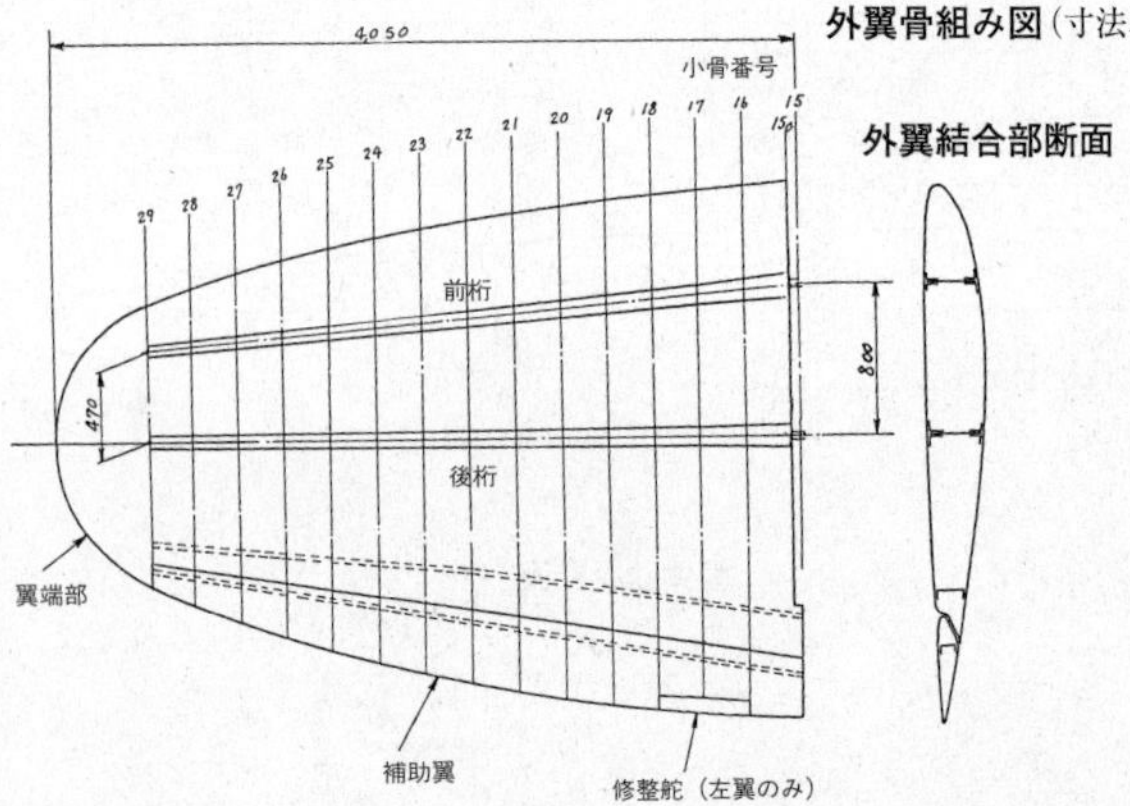

◀主翼の折りたたみ作業シーン。基本的には中島の九七式一、三号と同じで、手動式である。かなりの人手を要することがわかる。

フラップ操作系統

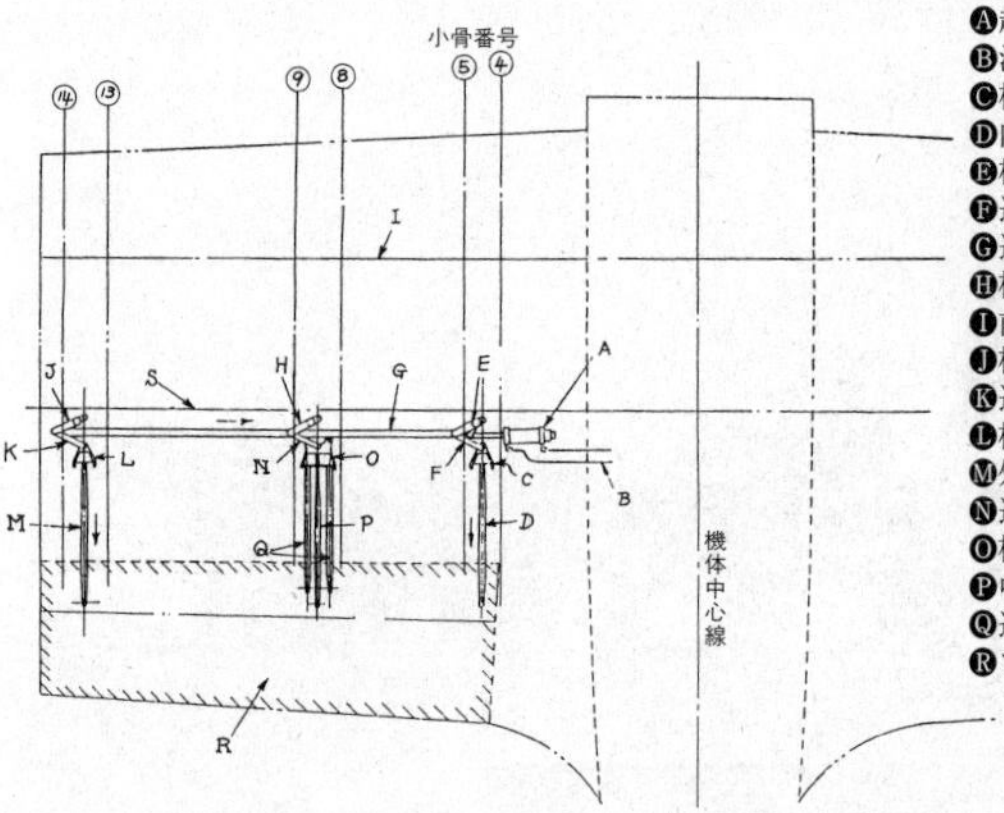

❶起動器（油圧筒）
❷油圧ポンプ
❸槓桿
❹内方押し出し槓桿
❺槓桿
❻連動桿
❼連結桿
❽槓桿
❾前桁中心
❿槓桿
⓫連動桿
⓬槓桿
⓭外方押し出し槓桿
⓮連動桿
⓯槓桿
⓰中央押し出し槓桿
⓱連結桿
⓲フラップ

フラップ作動要領図

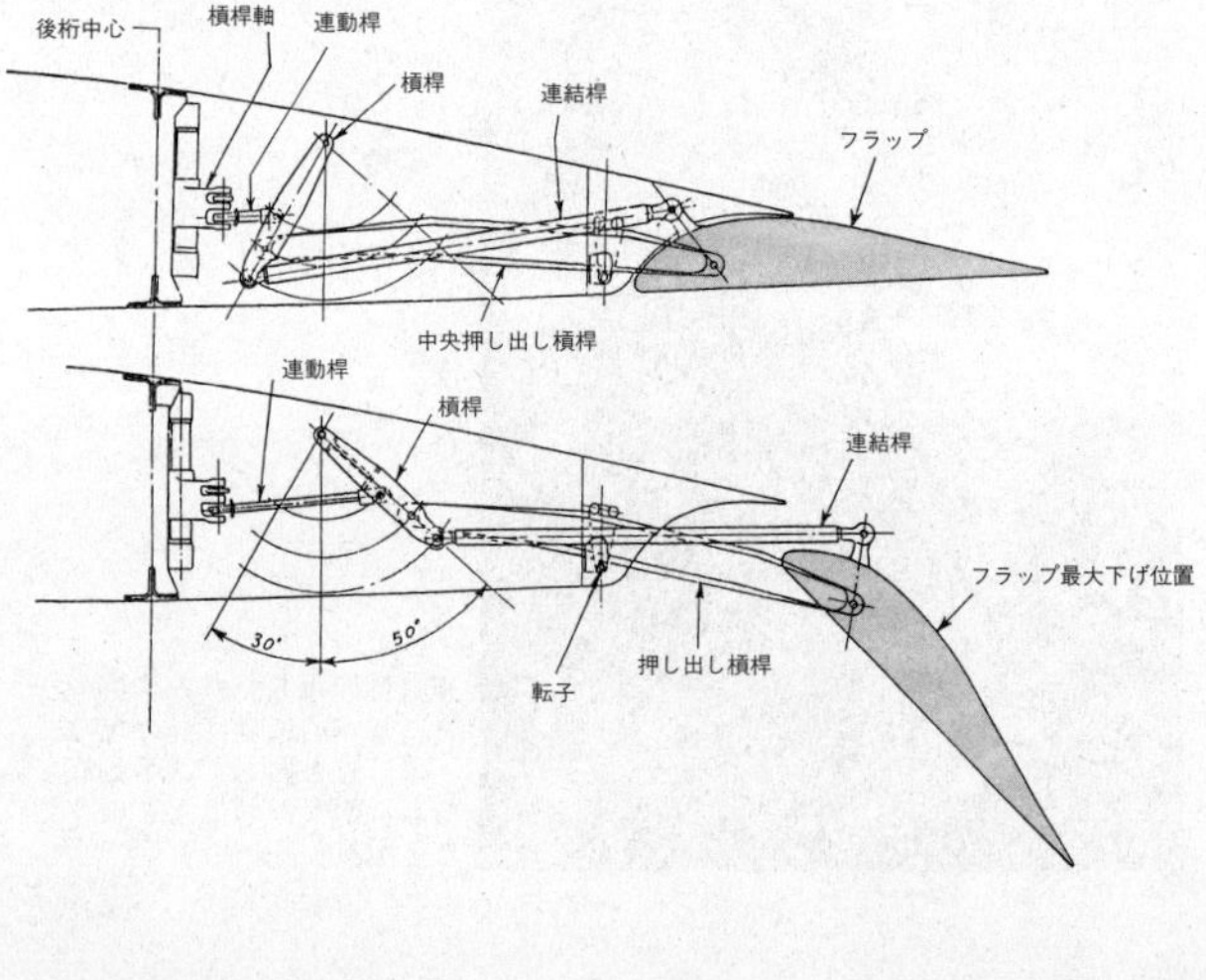

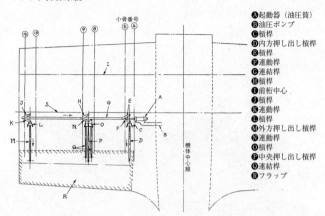

補助翼操作系統図（左主翼を示す）

※図中の矢印は、左補助翼上げ操作時の槓桿の動き

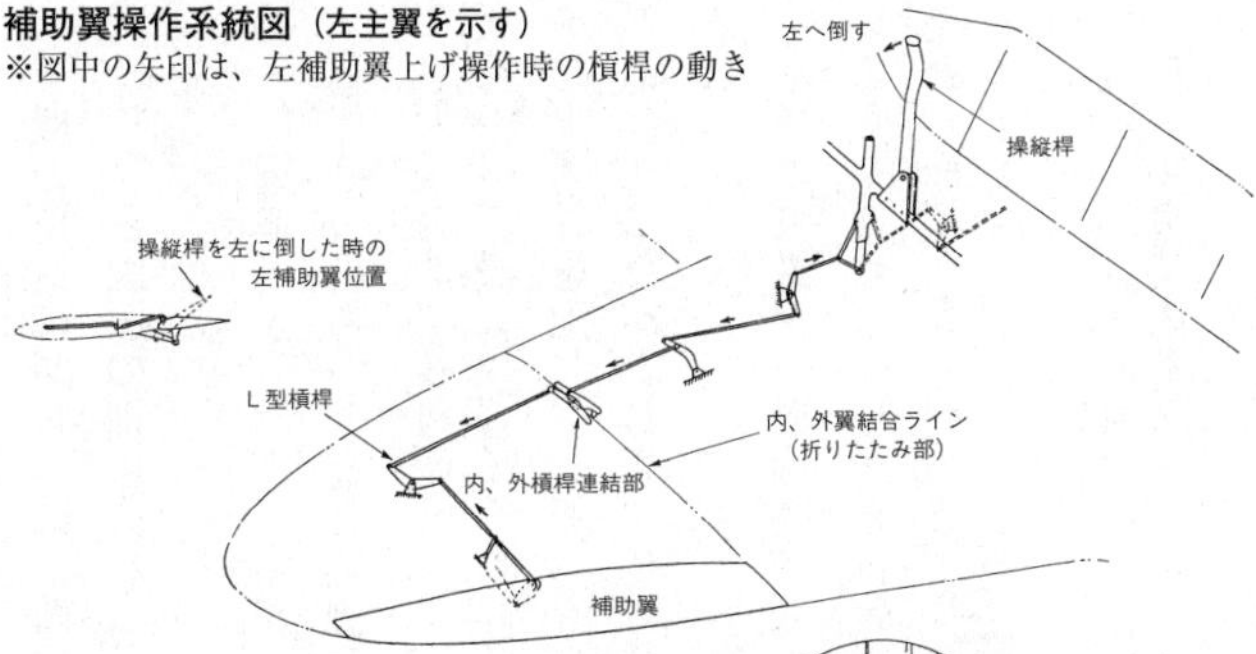

垂直尾翼骨組み図

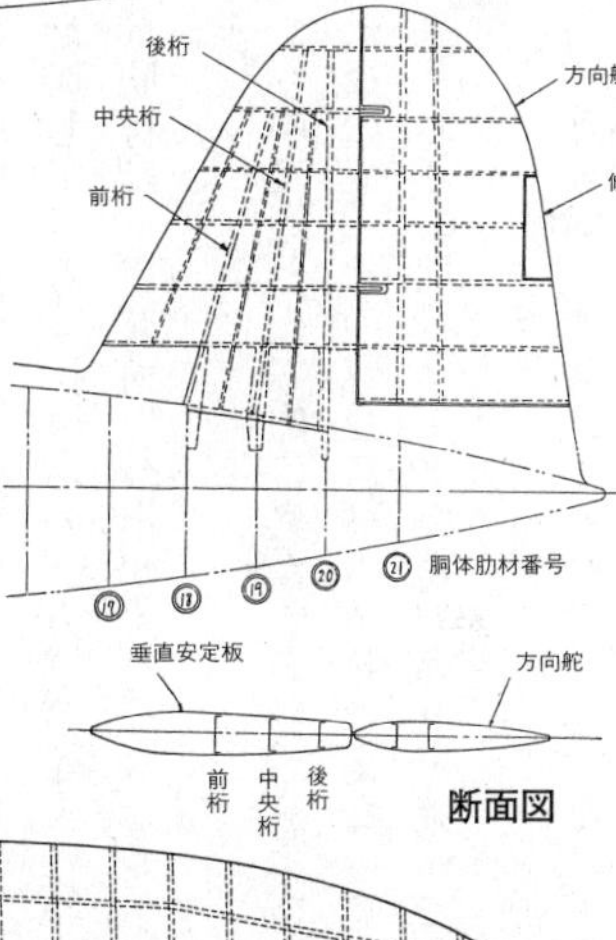

水平尾翼骨組み図

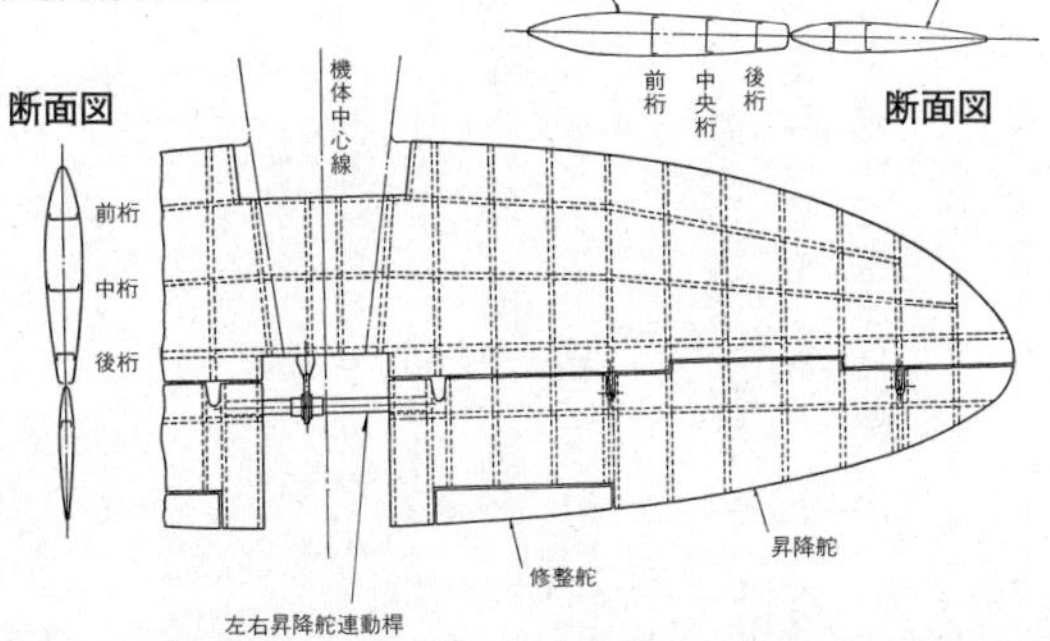

本機の構造に関しては、前記理由により、セクションごとに図版中心にまとめ、解説はそれら図版の補足的なことを添えるのみとする。

●一般構造

胴体は、当時の全金属製機として一般的な、半張殻（セミ・モノコック）式構造で、防火壁を兼ねる第1番から、21番までの肋材（中島機の取・説で円框と称するものだが、三菱の取・説では肋材という呼称を用いた）に、前部は左右それぞれ10本、後部は計22本の縦通材を配し、骨組みを形成している。操縦席の下方、第4〜6肋材間が主翼との結合部になっており、4、6肋材に、主翼前、後桁がそれぞれボルトにて結合される。

本機の主翼が、形状はともかく中島機と根本的に異なるのは、2本桁構造を採っている点。これは、主脚が固定式なので、その収容スペースを考えなくてもよかったことと、面積が大きいので、従来どおりの燃料タンクで充分容量を確保できる見通しがあったため。

図に示したように、片翼4個。計8個のタンクをあわせた総容量は1210ℓにおよび、中島機のセミ・インテグラル式タンク4個の計1160ℓよりも多い。

平面形は、中島機の直線テーパーに対して外翼は楕円形になっており、全幅、弦長が中島機より小さいにもかかわらず、面積では逆に本機のほうが大きくなっているのはそのせいである。

外翼の折りたたみ法は、試作機では複葉機と同じ後方折りたたみ式を採っていたが、実用的でないため、中島機と同様な上方折りたたみ式への変更を命じられた。

●発動機関係

「金星」は、三菱が最初にモノにした、空冷星型複列発動機で、その安定した出力と稼働率には絶対の信頼があった。三菱流空冷星型複列発動機の基礎は、本発動機によって確立されたといっても過言ではない。昭和11年から実用された、最初の生産型三型は出力８４０hpであったが、段階的に

「金星」四三型発動機

正面

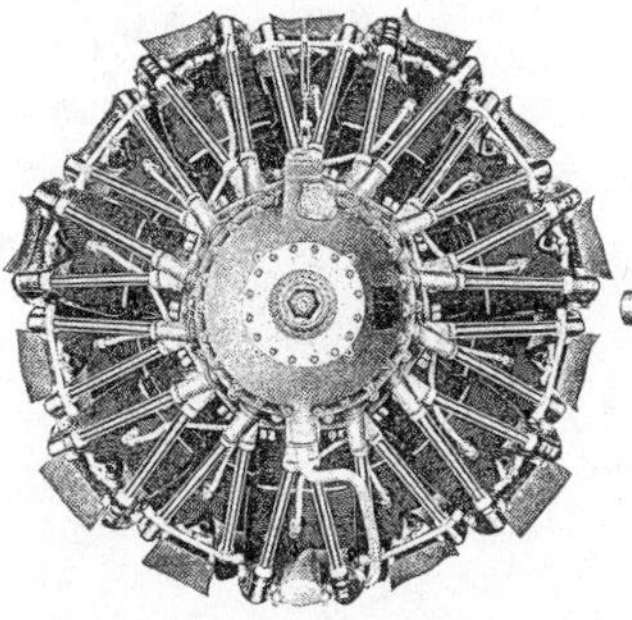

左側面

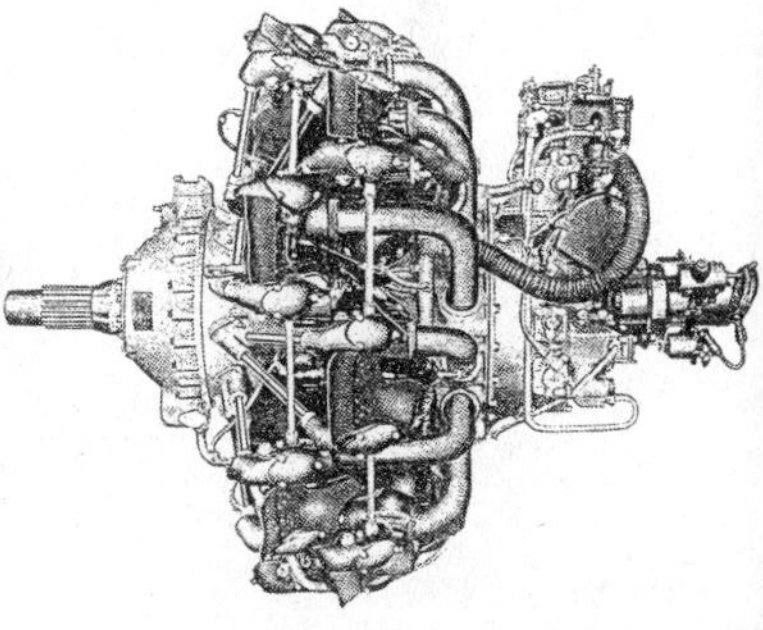

発動機取り付け架

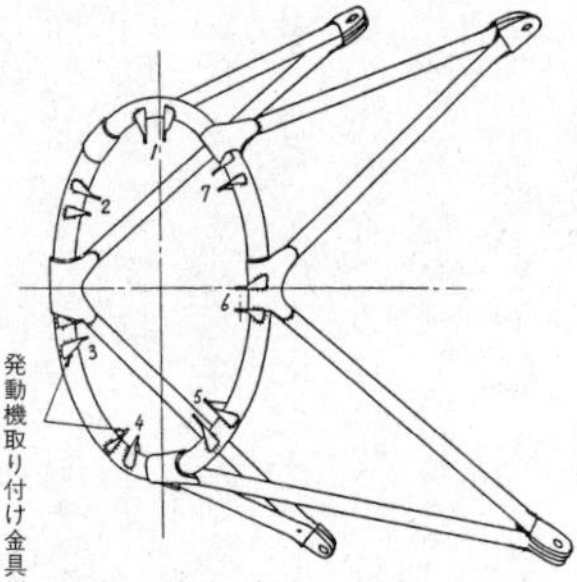

排気管構成図

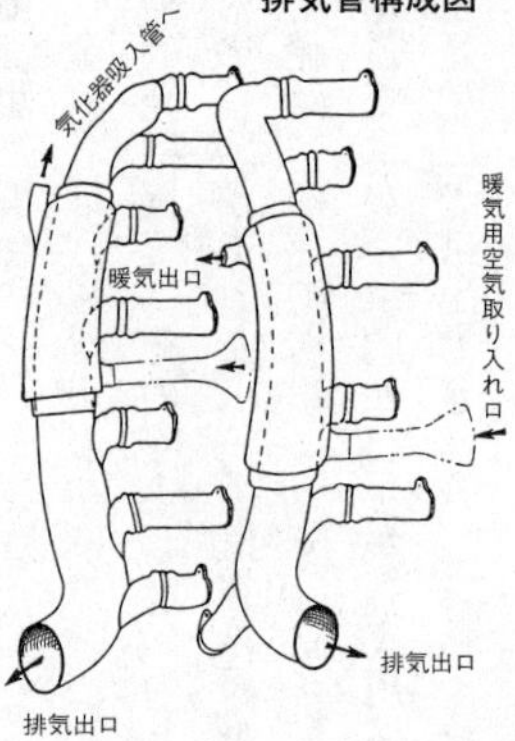

発動機整流環（カウリング）構成図

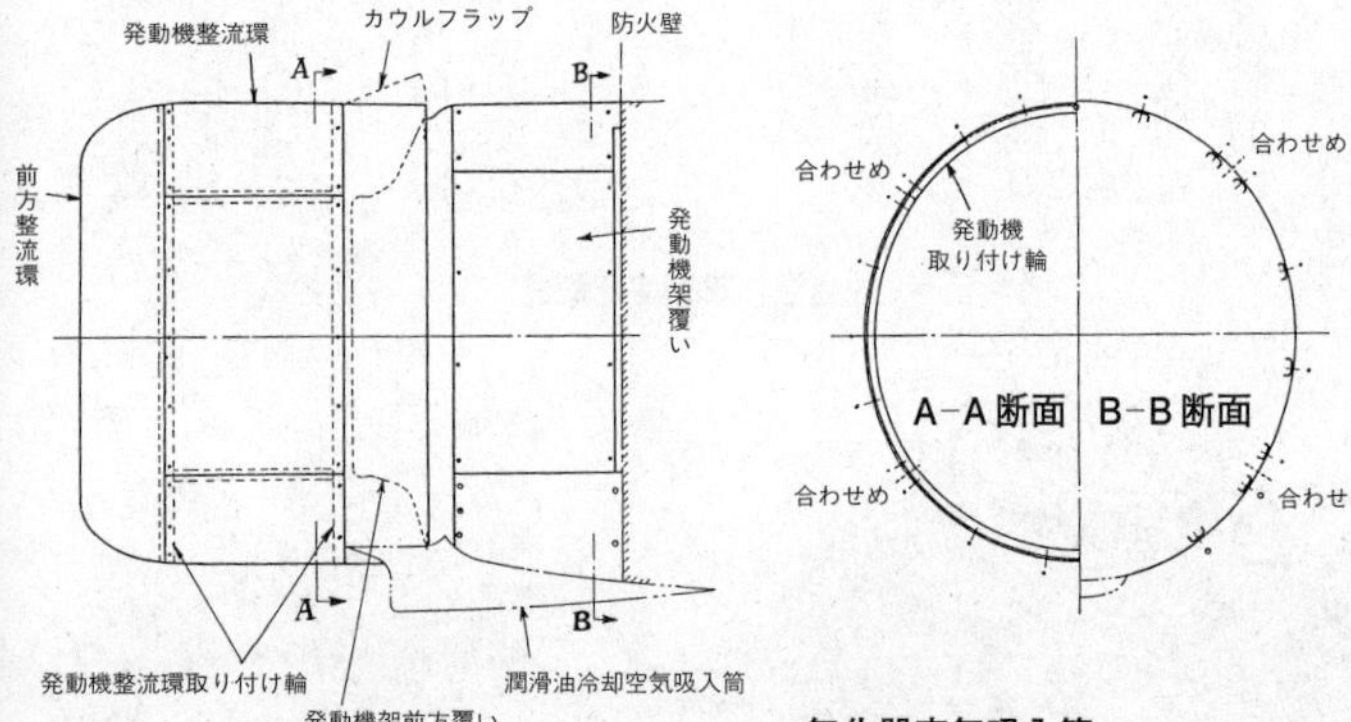

気化器空気吸入管

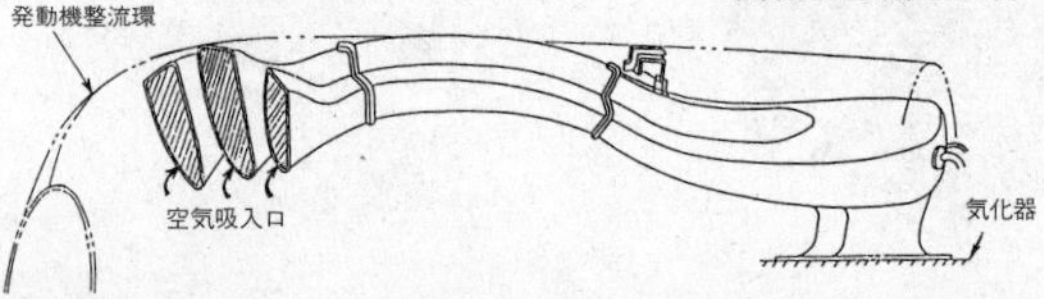

風防構成図

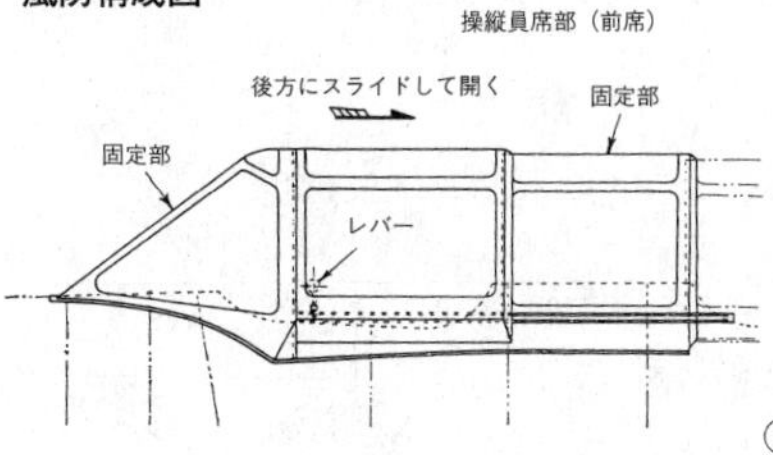

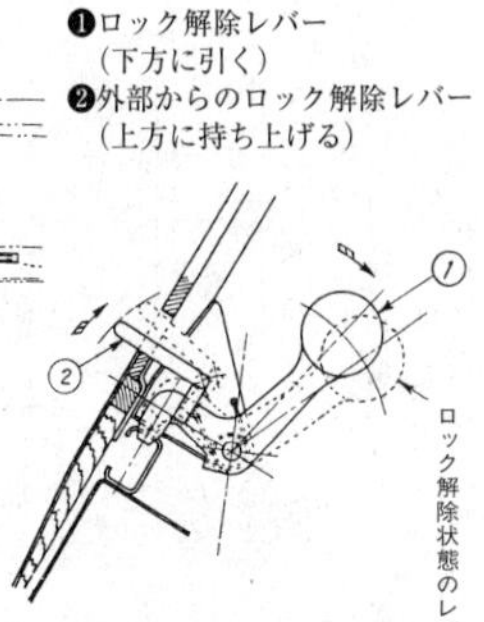

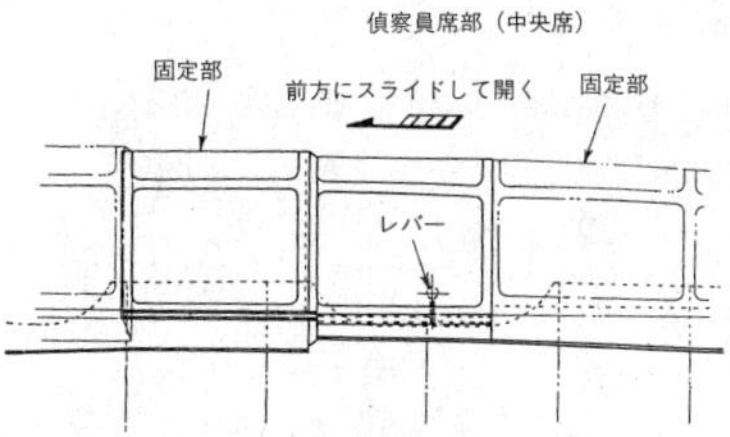

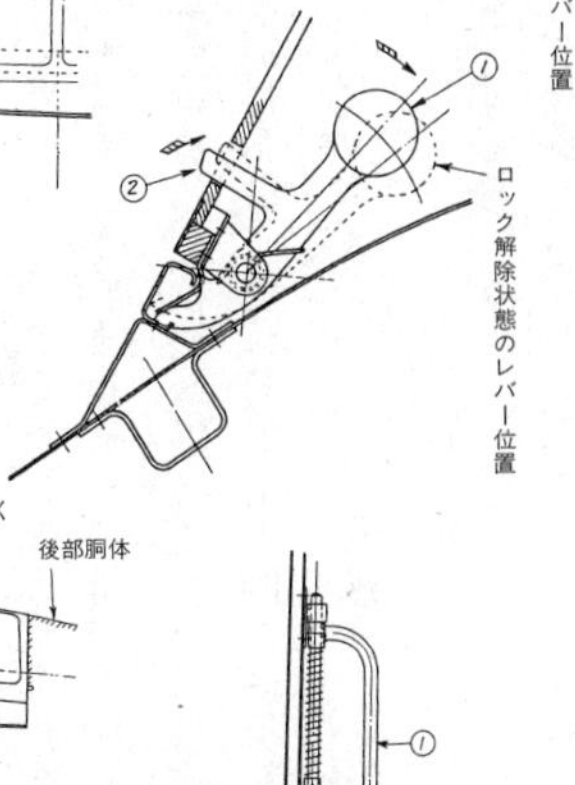

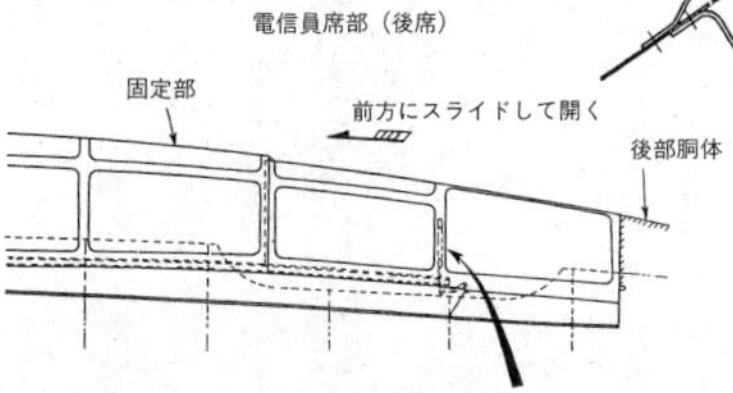

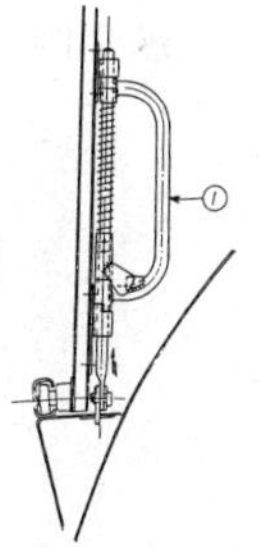

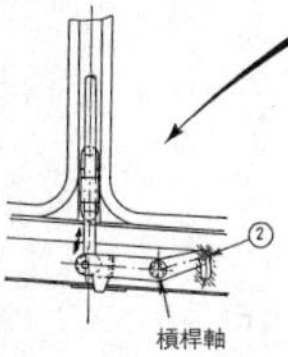

▲電信員席の風防のみは、開閉要領が異なり、図中❶のレバーを握って前方に押せば、自動的にロックが解除される。図中❷は外部からロックを解除する場合の押しボタン。

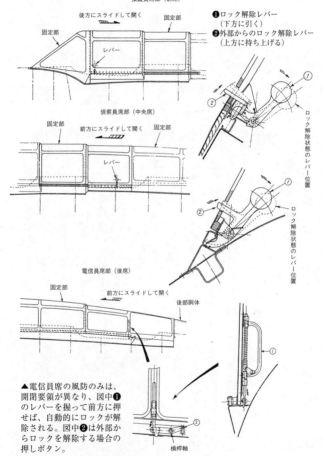

各座席、要具筐、その他配置図

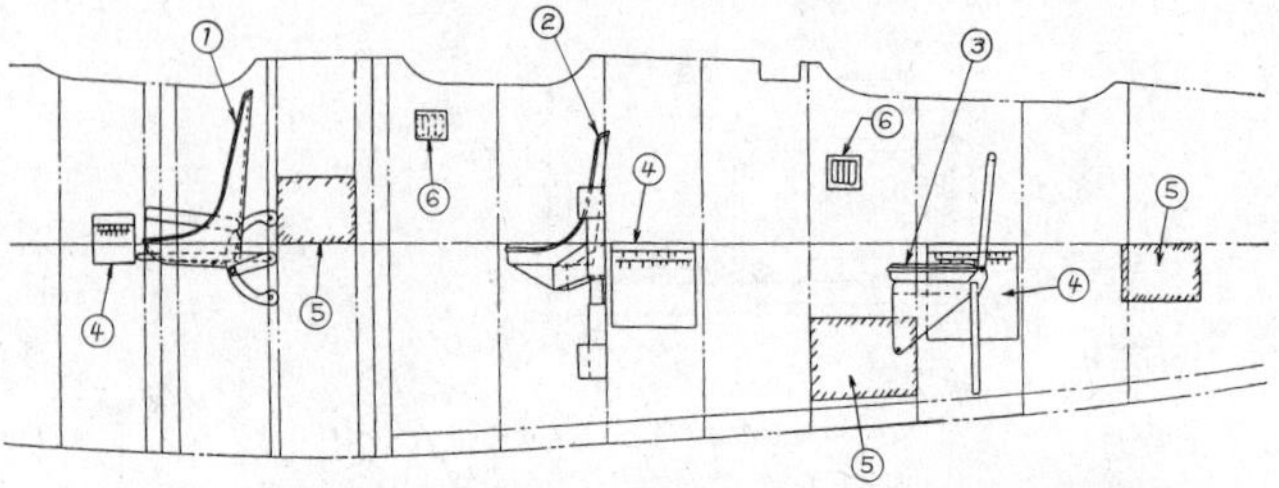

❶操縦員席　❷偵察員席　❸電信員席　❹要具嚢　❺要具筐　❻鉛筆差し

改良を加えられながら出力をアップしてゆき、最後の生産型六二型に至って1500hpに達した。生産期間は10年、総生産台数15233台は、中島「栄」、三菱「火星」に次いで、日本発動機史上3位の記録。九七式二号艦攻が搭載したのは四三型で、標準高度における出力は1075hpであった。

●乗員室区画

3席とも、それぞれに組み立て、調節法が異なっており、操縦員席は上、下方向に107㎜の範囲内で任意の位置に、偵察員席は上、下2段階の位置で固定、電信員席は、射撃時に前方向に回転して格納できるようになっている。

●降着装置

中島機が、新しい引き込み式主脚を鋭意採用したのに対し、本機が従来までの固定式主脚を採ったのは、初めてのメカニズムに対する失敗の不安があったのと、引き込み機構による重量増加を避けたかったこと、整備、点検の容易さなどを考慮したためであった。実際、固定式主脚にともなう性能上のロスは少なく、整備、取り扱い面では海軍側のウケも良かったのだが、やはり先進性という面で、中島機に見劣りしたことは否めない。

本機は、もちろん艦上機として発注されたので、着艦拘捉鉤（フック）は必須装備であったが、制式採用後は空母に配属されることもなく、すべて陸上基地で使用されたため、ほとんどの機体は撤去していた。

●無線機関係

広い洋上を活動舞台とする艦上機にとって、無線帰投方位測定器は必須装備であるが、実際に空母部隊に配属されることなく終わった九七式二号艦攻は、現存写真で見る限り、ほとんど同装置を撤去していたようだ。

●兵装

後席（電信席）に装備された、防御用7・7㎜旋回機銃は、当時の海軍多座機に一

計器板配置

操縦員席

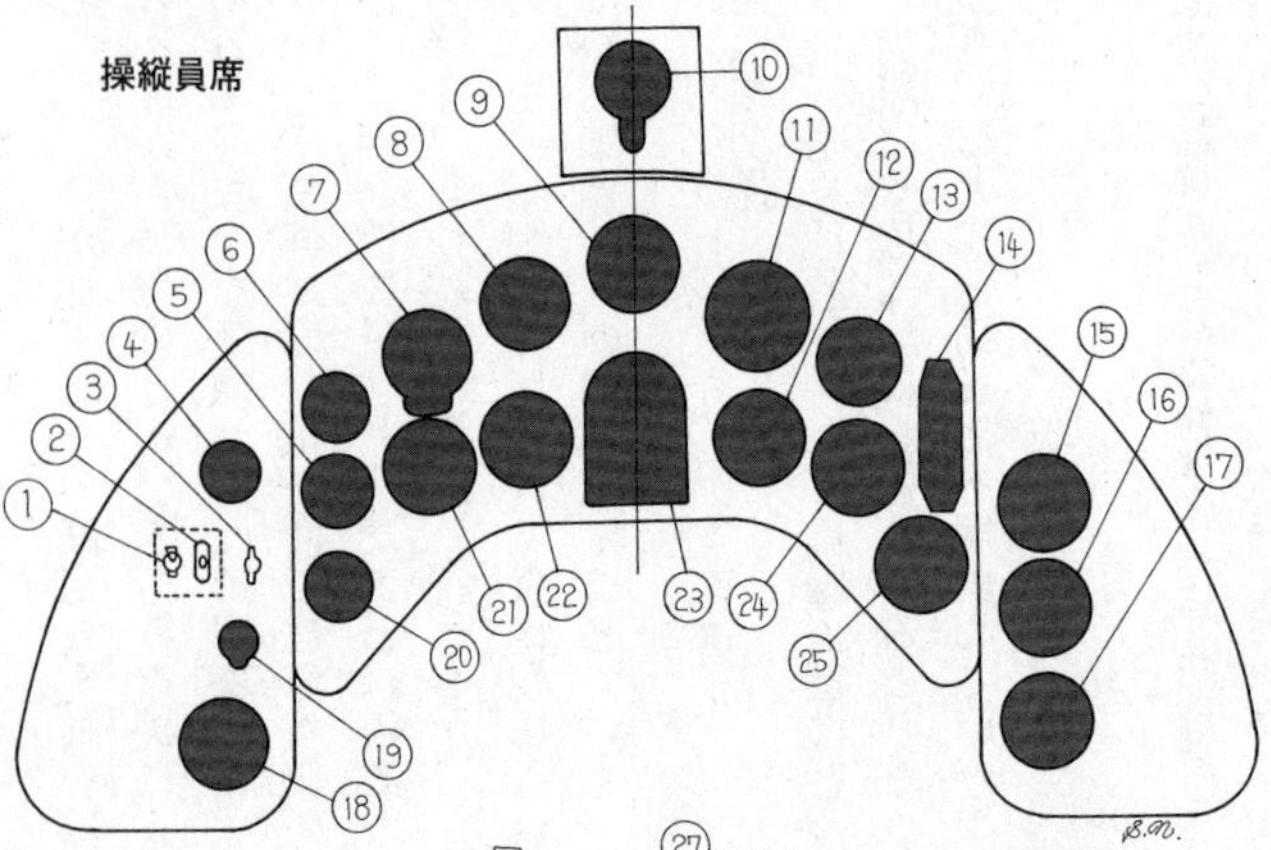

偵察員席

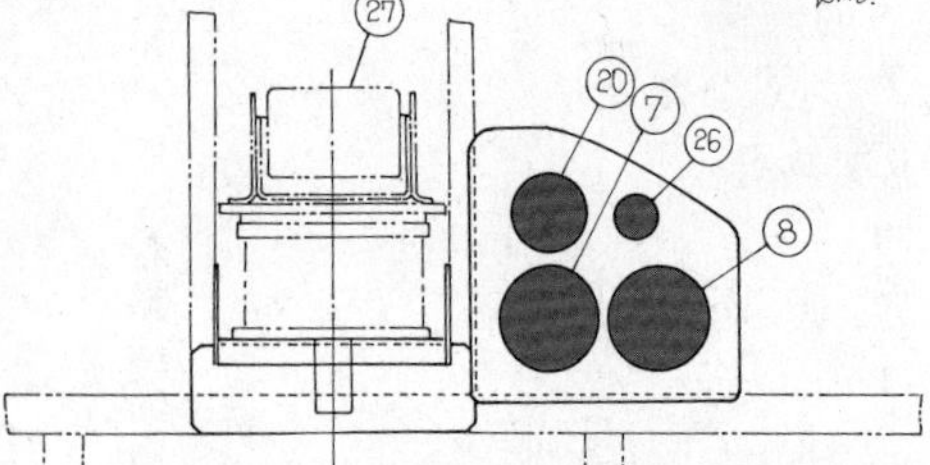

❶主切断器
❷高圧油ポンプ切断器
❸手動ポンプ
❹電路スイッチ
❺温度計一型
❻油圧計三型
❼精密高度計二型
❽一号速度計二型
❾旋回計二型
❿定針儀
⓫水平儀
⓬昇降度計
⓭航路計
⓮前後傾斜計二型
⓯燃料計切り換え器
⓰燃料計
⓱シリンダー温度計
⓲給気温度計
⓳注射ポンプ
⓴航空時計
㉑二号回転計三型
㉒ブースト計二型
㉓九二式航空羅針儀
㉔排気温度計
㉕燃料切れ警報灯
㉖計器板灯二型
㉗羅針儀一型改

主脚構造

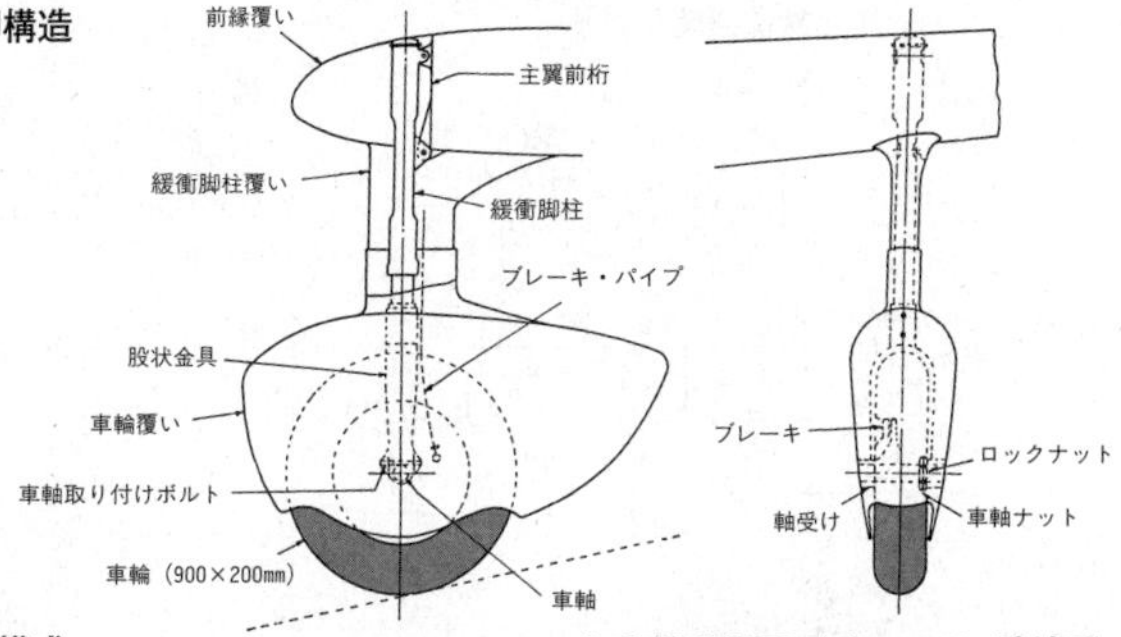

尾脚構成

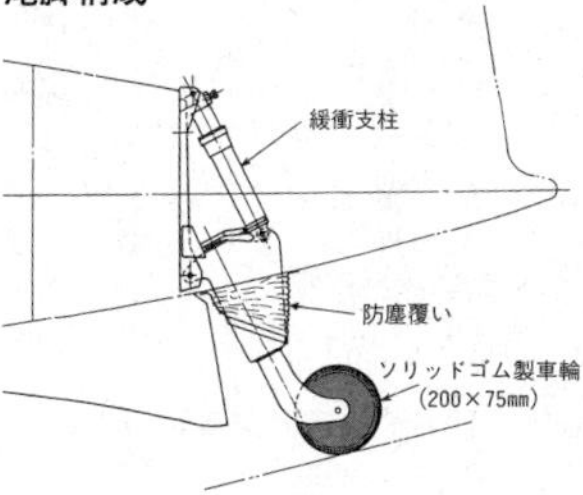

主脚制動装置（ブレーキ）系統図

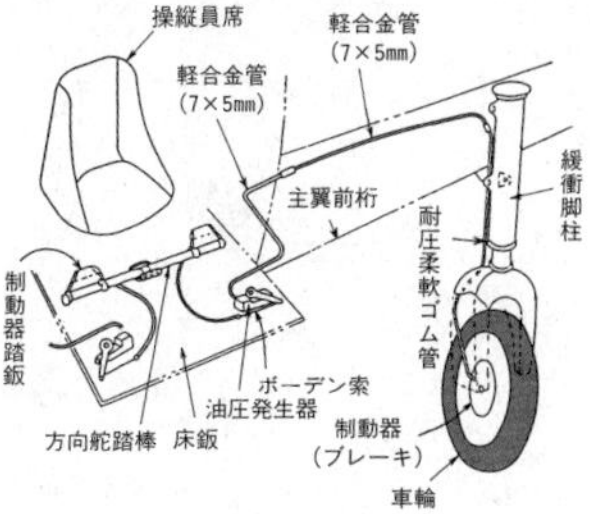

着艦拘捉鉤装置

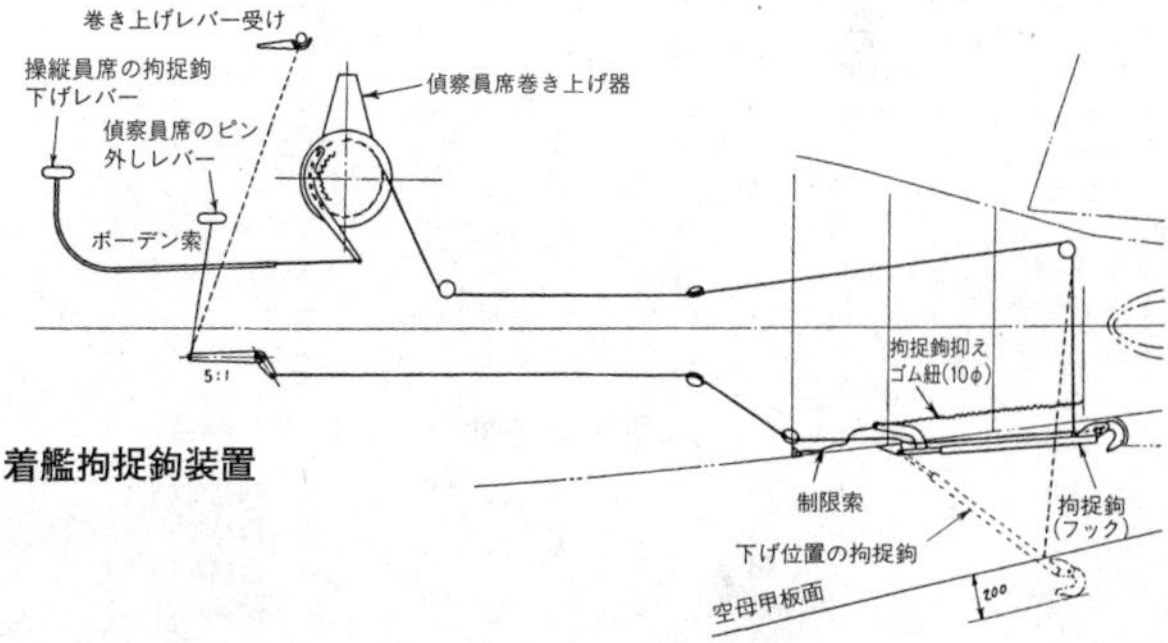

九六式空三号無線電信機関連装備

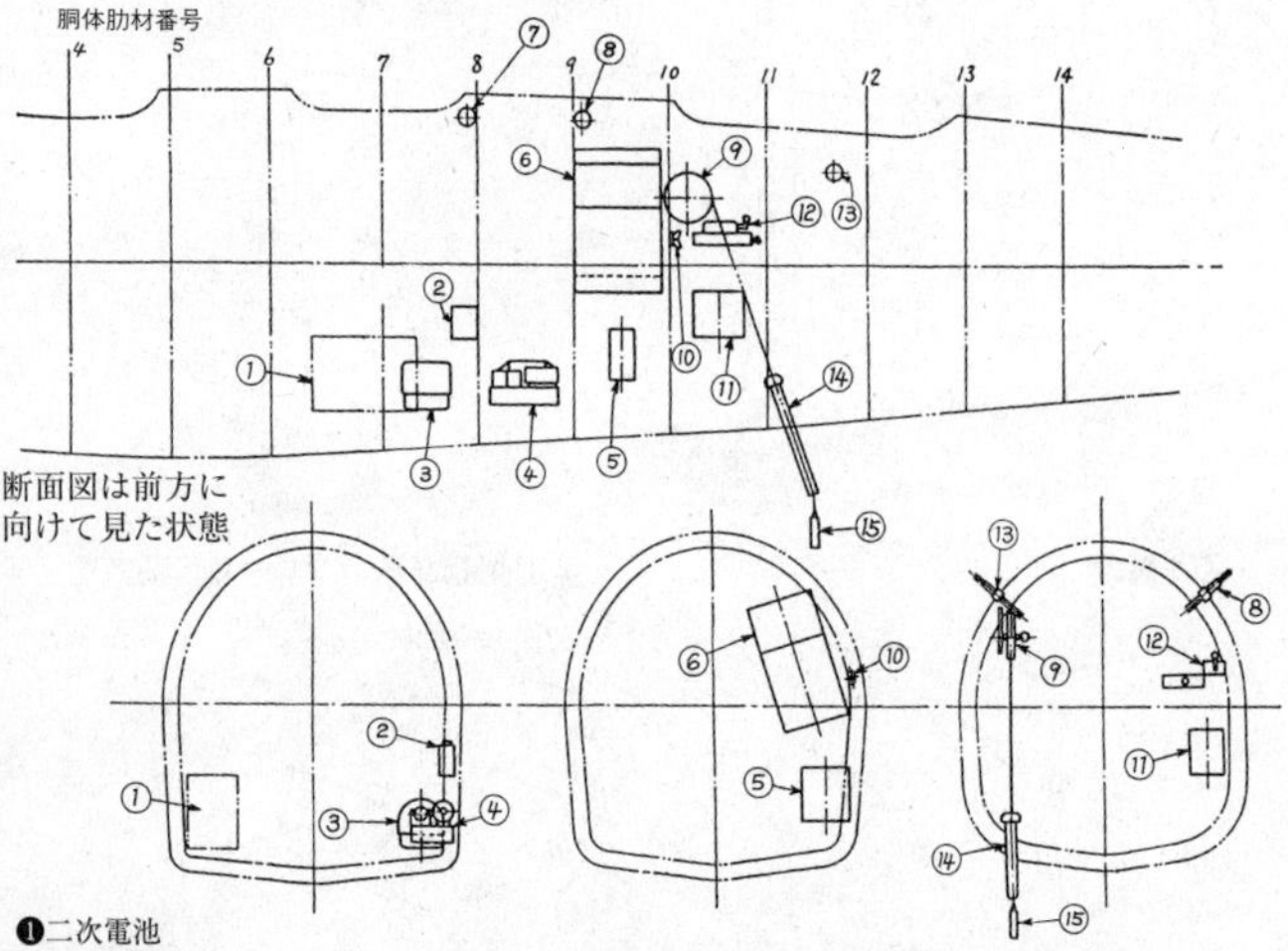

※断面図は前方に向けて見た状態

❶二次電池
❷電源接続筐
❸受信用発電動機
❹送信用発電動機
❺測波器
❻送受信機
❼ク式無線帰投方位測定器用補助空中線引き込み孔（右側）
❽空中線引き込み孔（右側）
❾垂下空中線巻き上げ絡車
❿地絡（アース）端子
⓫長波延長線輪
⓬電鍵
⓭空中線引き込み孔（左側）
⓮垂下空中線絶縁管
⓯錘量

ク式空三号無線帰投方位測定器装備要領

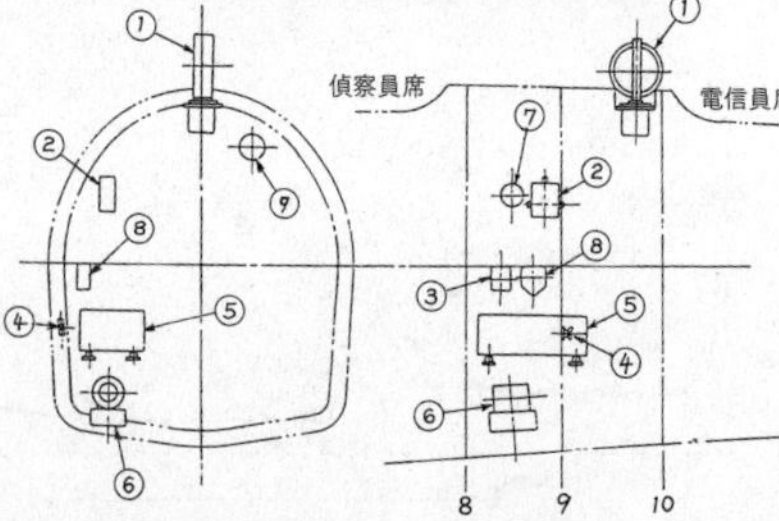

※断面図は前方に向けて見た状態

❶枠型空中線（ループ・アンテナ）
❷管制器
❸接続器
❹地路（アース）端子
❺受信器
❻発電動機
❼枠型空中線回転器
❽接続筐
❾航路計

後席7.7mm 旋回機銃格納要領　※九二（ル）式七粍七機銃

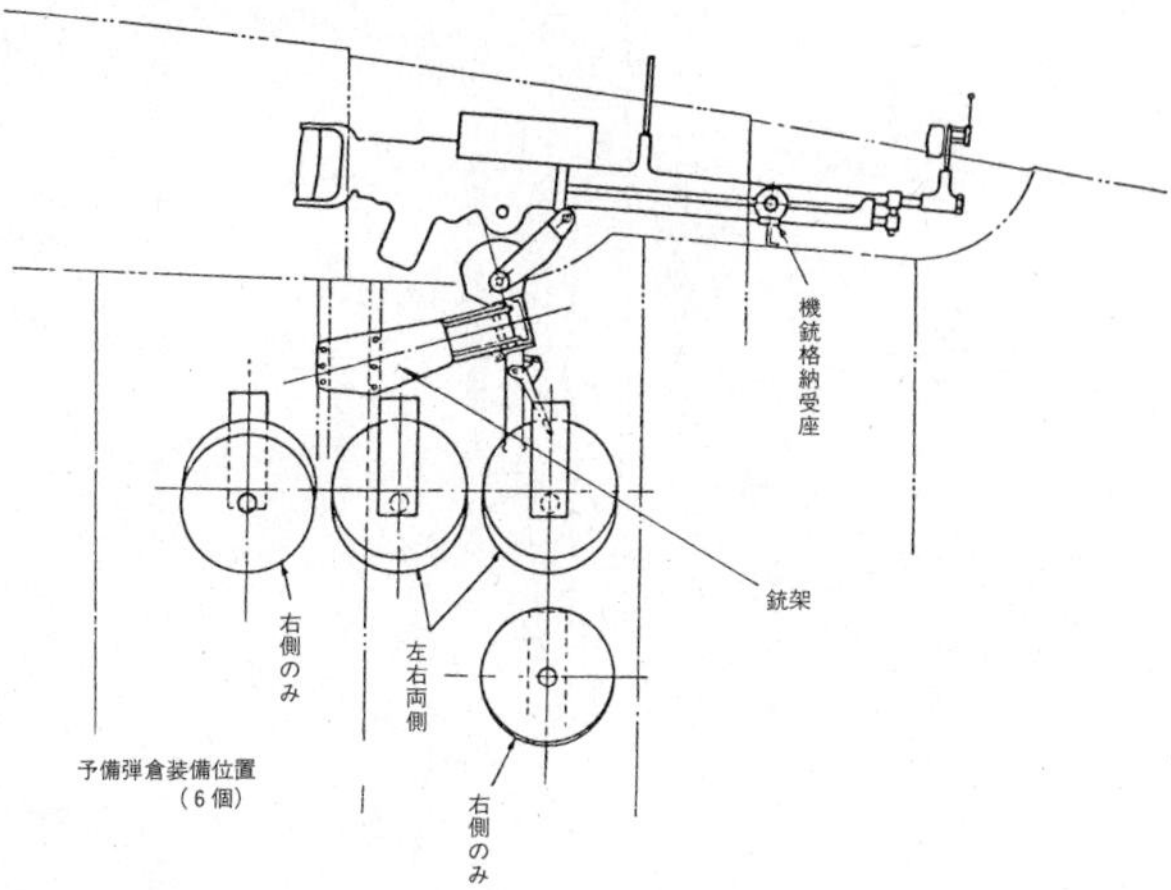

九二（ル）式七粍七旋回機銃詳細図

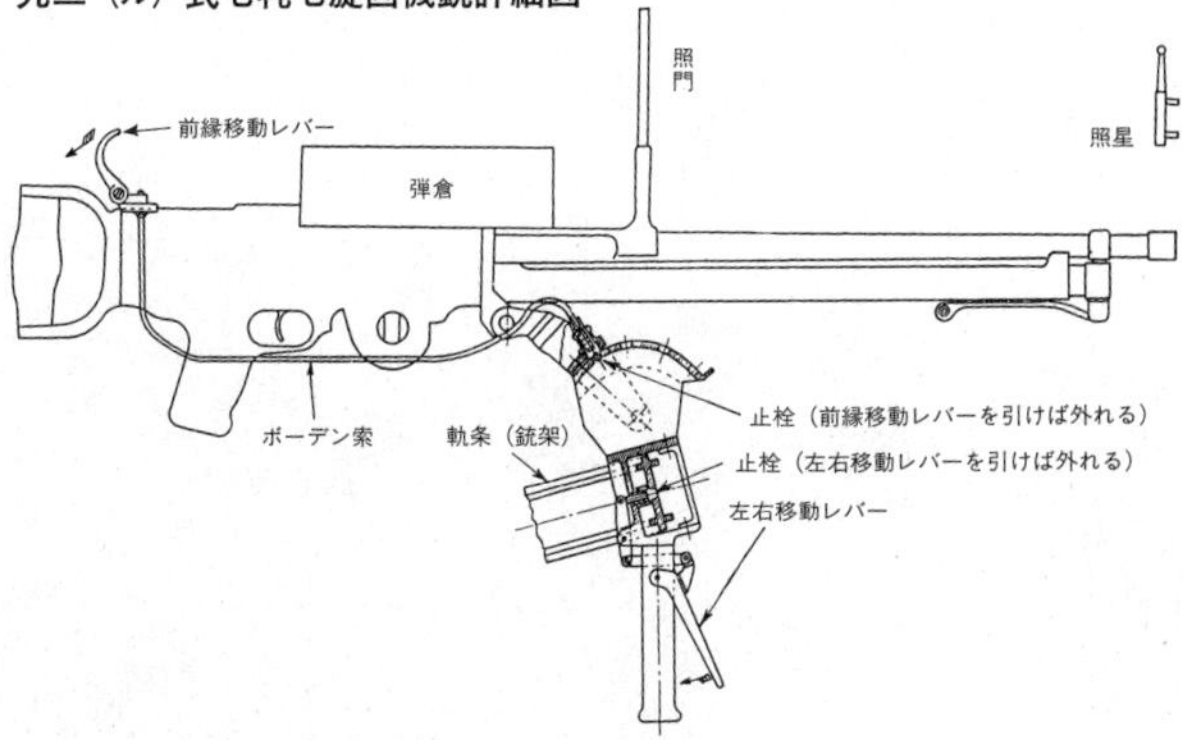

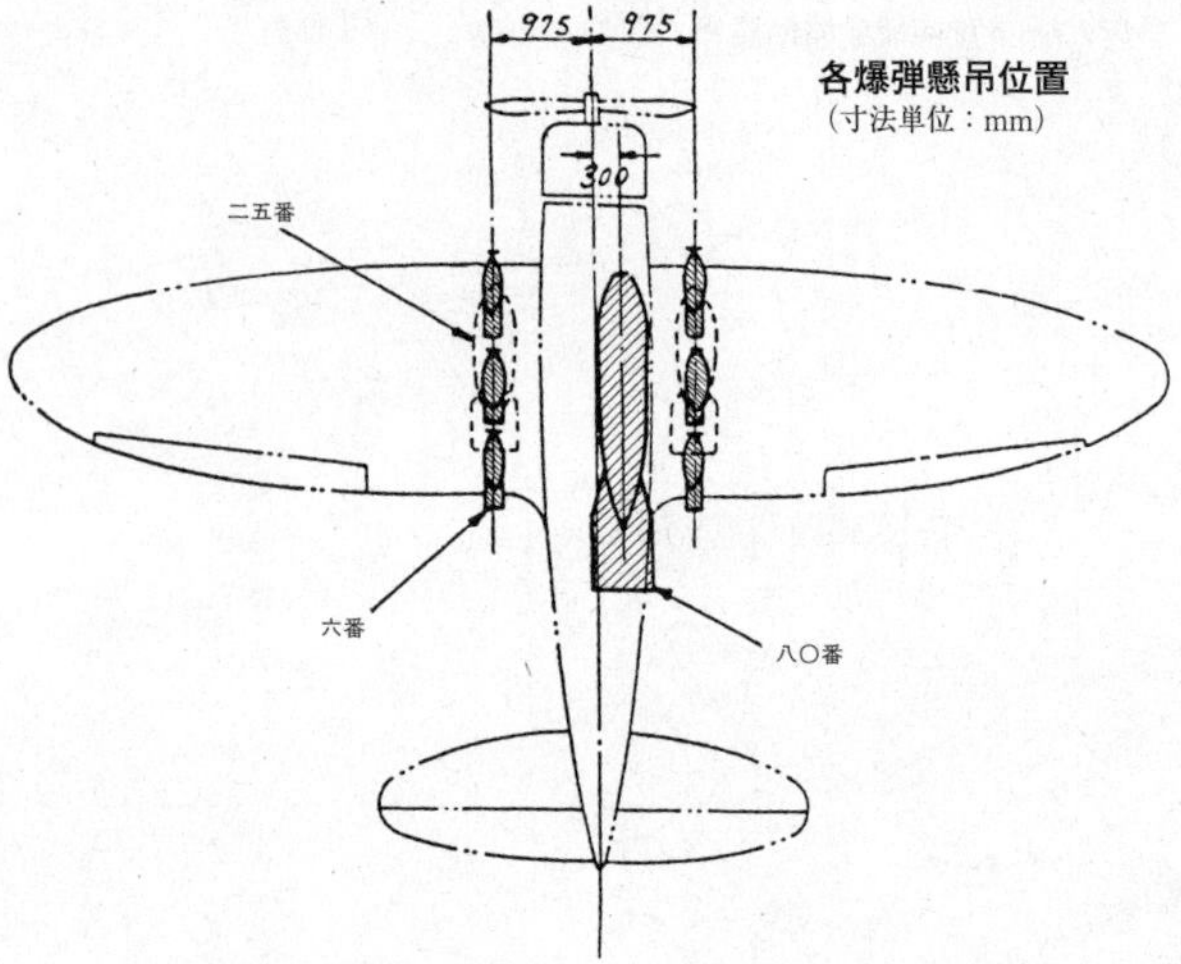

各爆弾懸吊位置
(寸法単位：mm)

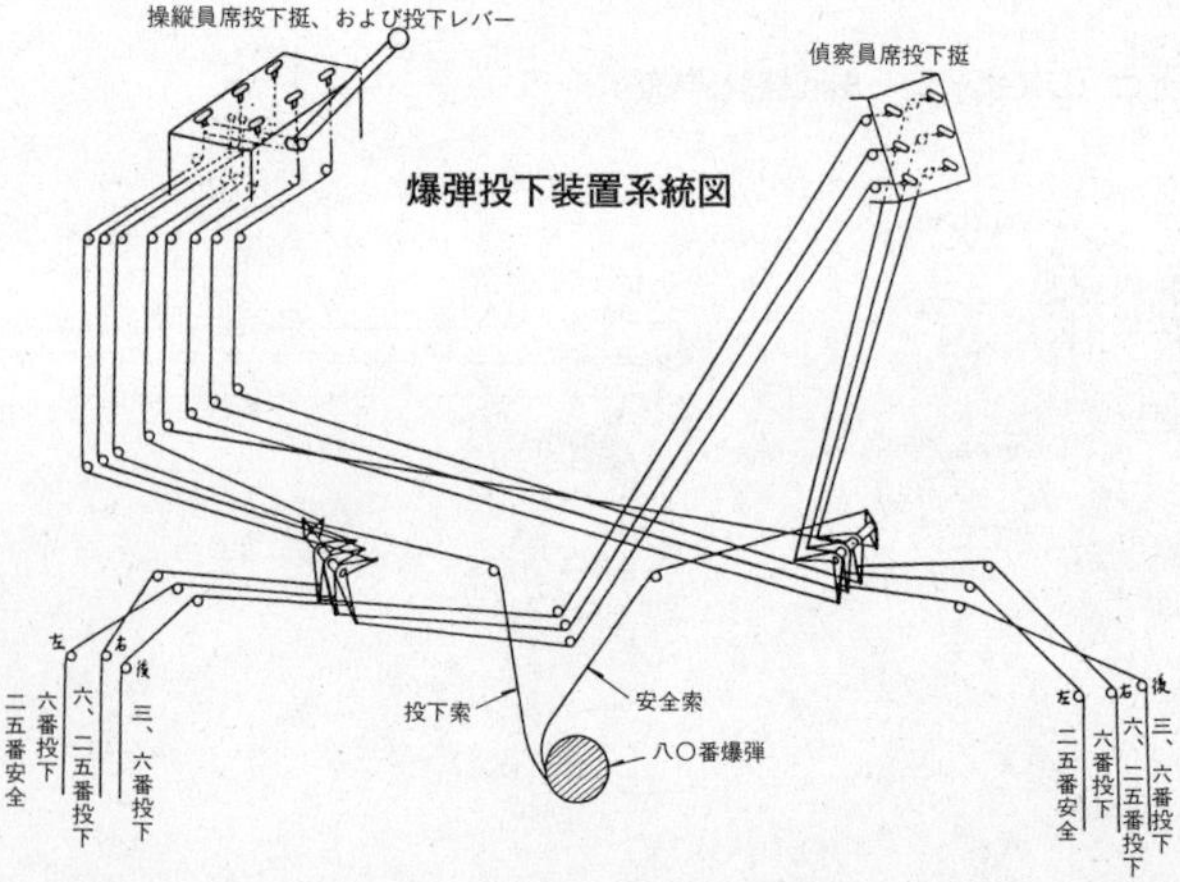

爆弾投下装置系統図

九一式航空魚雷懸吊要領図

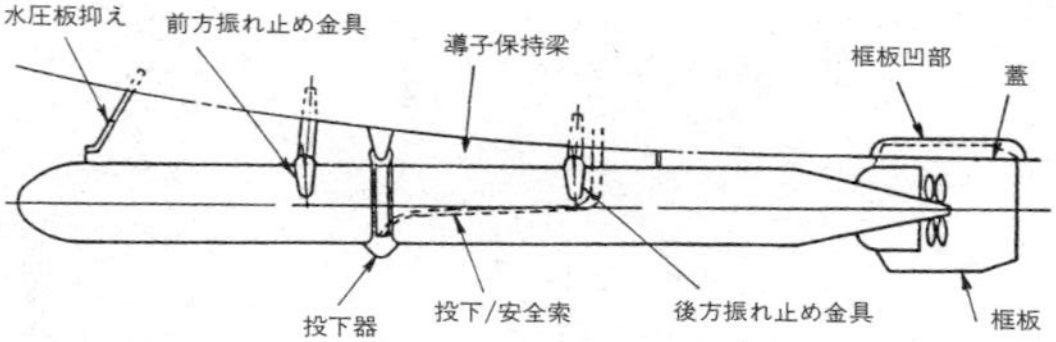

九一式航空魚雷懸吊要領詳細図

❶水圧板抑え
❷上下調整用ボタン
❸着脱ボタン
❹前方振れ止め
❺弾体制止
❻投下器取り付け部覆い
❼滑車覆い
❽導子保持梁取り付けボルト
❾投下器覆い
❿魚雷導子
⓫後方振れ止め
⓬投下/安全索
⓭起動桿引き抜き索
⓮小ネジ
⓯蓋
⓰框板
⓱小ネジ孔
⓲閉塞蓋

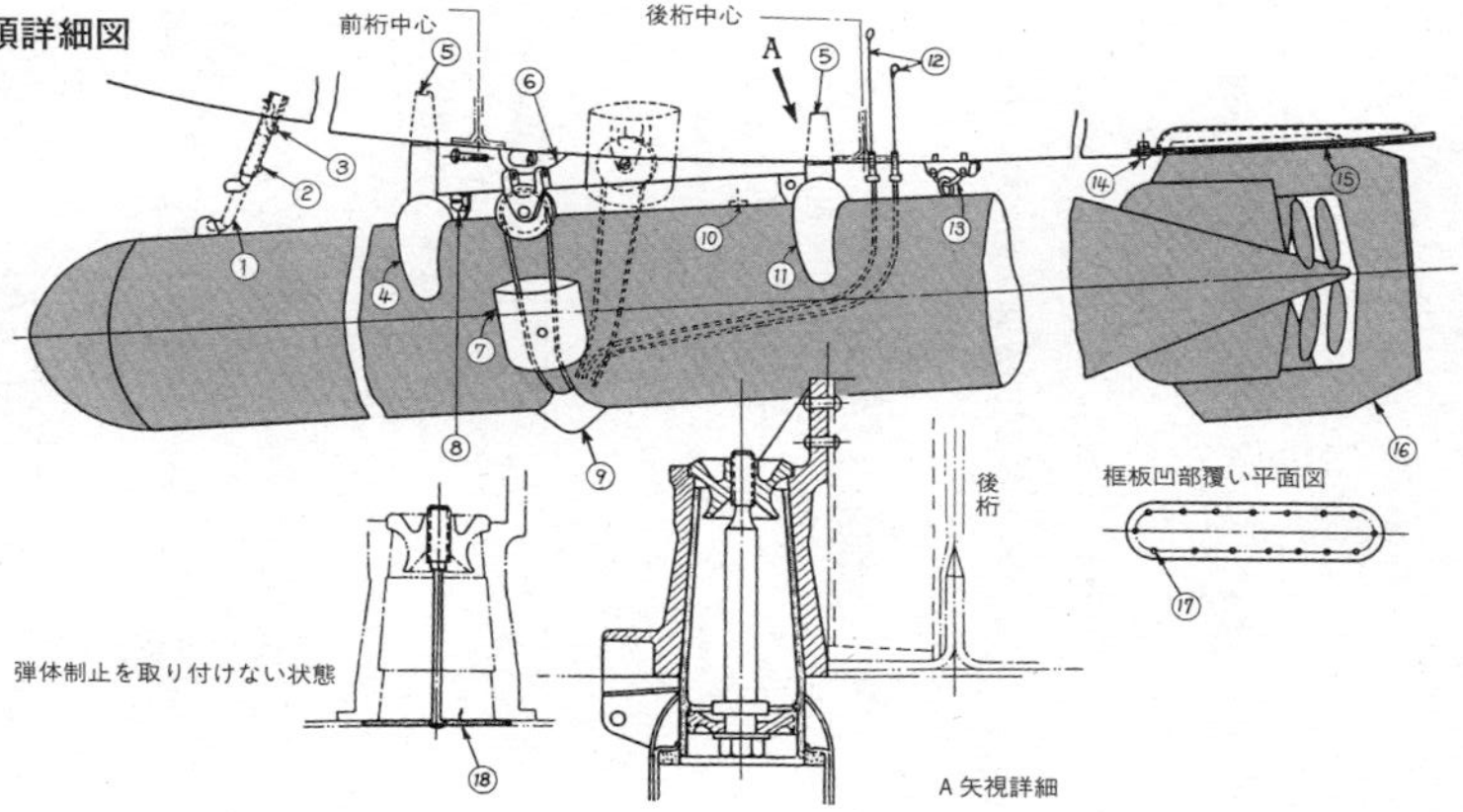

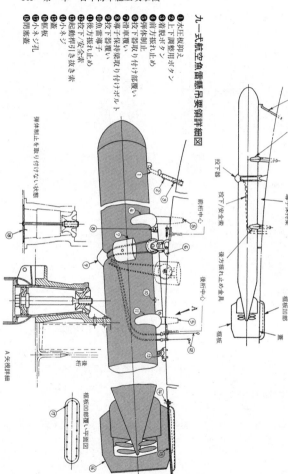

雷撃用照準装置（操縦席）

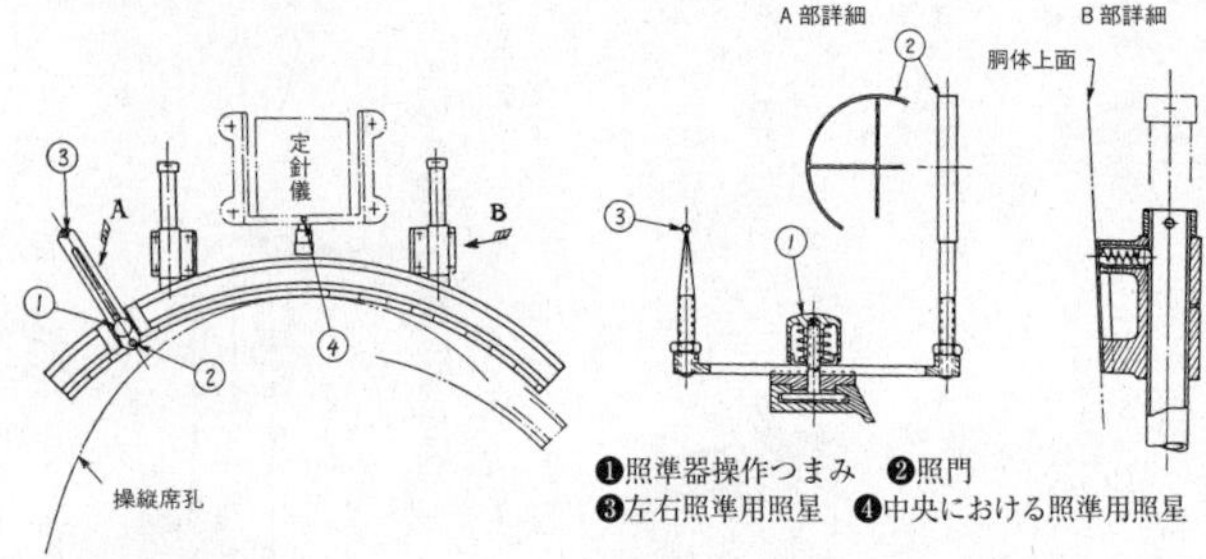

❶照準器操作つまみ　❷照門
❸左右照準用照星　❹中央における照準用照星

八〇番（800kg）爆弾懸吊要領図

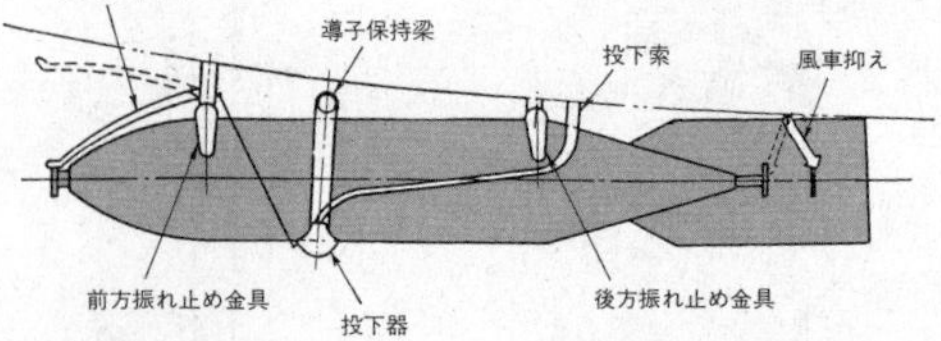

二五番（250kg）爆弾懸吊要領図

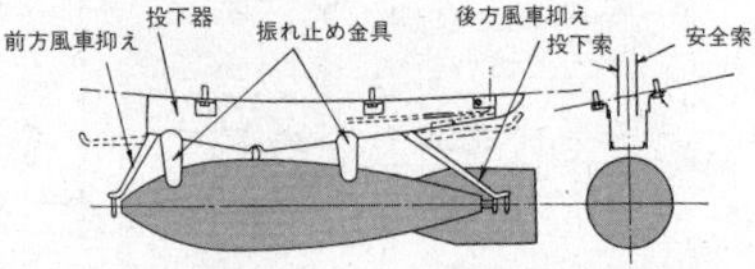

小型爆弾懸吊要領図（六番を示す）

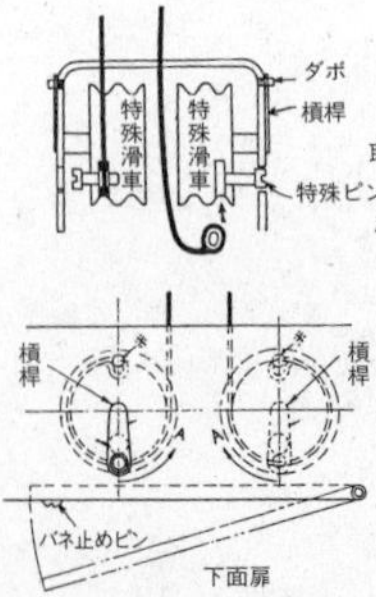

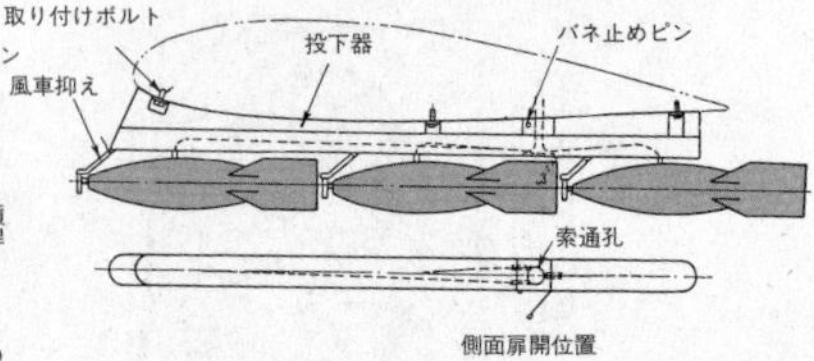

九七式二号艦上攻撃機〔B5M1〕諸元一覧

型式			単発低翼単葉
乗員			3　名
主要寸度(m)	全幅	展張時	15.300
		折りたたみ時	7.550
	全長		10.324(水平姿勢) 10.185(三点姿勢)
	全高	展張時	3.210(三点姿勢)
		折りたたみ時	3.680(三点姿勢)
重量(kg)	正規全備		4,000
	自重		2,280
	搭載量		1,720
	許容過荷重量		4,400
荷重	翼面荷重 kg／m²		101
	馬力荷重 kg／HP		4.0
発動機	名称		「金星」四三型
	基数		1
	馬力	公称	900(地上) 990(標準高度)
		許容最大	1,000(地上) 1,075(全開高度)
	回転数(毎分)	公称	2,400
		許容最大	2,500
	吸気圧力 (mmHg)		+70(公称)
			+150(高力)
	標準高度 全開高度 (m)		2,800(公称) 2,000(高力)
	減速比		0.7
	使用燃料	比重	0.738
		種類	航空九二揮発油
プロペラ	名称・型式		CS-16恒速プロペラ
	直径 (m)		3.200
	ピッチ		16°～30°
	重量 (kg)		155
燃料容量(ℓ)	総容量		1,210
	左前		220
	左後		410
	右前		100 70
	左後		410
潤滑油容量(ℓ)		全容量	105
		油容量	86
主翼	翼幅 (m)		15.300
	翼弦 (m)	胴体中央	3.170
		相等弦	2.744
	面積(フラップ・補助翼を含む)(m²)		39.6
	取り付け角(°)	胴体中央	+2°
		翼端	0°

主翼	上反角(°)	上面	約7°
		前縁部	5°～43′
	後退角 (°)		弦線47%にて0°
	縦横比		5.9
フラップ	幅 (m)		2.457(片側)
	弦長 (m)		0.785(内側)
	面積 (m²)		1.775(片側)
	運動角 (°)		30°
補助翼	幅 (m)		3.550(片側)
	弦長 (m)		内端0.390　最大0.467 外端0.195
	面積 (m²)		1.43(片側)
	平衡比		26%
	運動角 (°)		上22° 下18°
尾部	水平尾部	幅 (m)	6.000
		弦長 (m)	1.020(中心)
		面積 (m²)	4.3
		取り付け角(°)	−1°
		迎角調整範囲(°)	なし
	昇降舵	幅 (m)	6.000
		弦長 (m)	0.620(中心)
		面積(修整舵を含む) (m²)	2.6
		平衡比	21.6%
		運動角 (°)	上30° 下20°
	垂直尾翼	全幅 (m)	1.425(付け根)
		全高 (m)	1.700
		面積 (m²)	1.34
		取り付け角(°)	0
	方向舵	全幅 (m)	0.955
		全高 (m)	1.700
		面積(修整舵を含む) (m²)	1.34
		平衡比	18%
		運動角 (°)	左右 各30°
胴体	長さ(発動機架を含む)(m)		9.050
	幅 (m)		1.218
	高さ (m)		1.424
降着装置	車輪	直径 (m)	0.900
		幅 (m)	0.200
		間隔 (m)	3.800
	尾輪	直径 (m)	0.200
		幅 (m)	0.075
	三点静止角		11°20′

般的に用いられた標準型で、制式名称は九二式七・七粍旋回機銃と称し、イギリスはルイス社製のものをライセンス化した機銃。型式的に古く、発射速度が小さいうえ、命中精度にも難があるなど、不満はあったが、昭和18年頃まで実用された。

本機の雷・爆撃兵装は、三番（30kg）爆弾、六番（60kg）爆弾なら各6発、二五番（250kg）爆弾なら2発、八〇番（800kg）爆弾、または航空魚雷なら1発を、それぞれ図に示した要領で懸吊できた（三番はほぼ二五番の要領に倣い、魚雷は八〇番と共通のため、図中では省略）。爆撃照準は、偵察員席に備えた九〇式一号爆撃照準器二型を使って行ない、魚雷は、操縦員席の専用照準器により、操縦員が照準、発射（投下）操作を行なった。

爆弾投下装置は、図に示したように、操縦員席と偵察員席の双方にあり、それぞれの投下挺を使い任意に投下できる。ただし、八〇番大型爆弾と魚雷のみは、操縦員席からの操作でしか投下できない。

各爆弾ともに、通常弾、陸用弾、徹甲弾（八〇番のみ）など、それぞれの目標に応じた弾種があり、弾体の長さも異なったりするため、前後風車抑えは、それぞれ特殊栓により固定され、調整可能になっている。

③「天山」〔B6N〕

●一般構造

天山の狙いは、九七式艦攻の構想を踏襲しつつ、全般性能を向上することにあったので、機体設計の基本はほとんど同じである。

とはいっても、発動機出力が一気に85パーセントも大きくなり、全備重量も36パーセント増しとなるだけに、九七式艦攻当時には考えられなかったような設計工夫、強度対策などを必要とした。

胴体は、0番～20番までの25枚（補助を含む）の円框に、上下左右4本の強力縦通材（ロンジロン）と縦通材（ストリンガー）を通した骨組みに、それぞれ部分ごとに厚みの異なる外鈑を張った構造。

使用材料はもちろんジュラルミンであるが、九七式艦攻設計当時にはまだ開発されていなかった、超々ジュラルミンを使用していた点が大きな違い。

工業規格名称〝ESD〟と呼ばれたこの超々ジュラルミンは、従来の超ジュラルミンよりさらに軽量、かつ強度が高く、胴体強力縦通材、主翼主桁など、骨組みの中心となる部材に最適であった。零戦が最初に主桁材として導入したことでよく知られる。

天山では、胴体上下左右の強力縦通材、および主翼桁の押し出し型材、負荷の大きい部分の外鈑に、このESD材を用いた。

発動機に自社製「護《まもり》」（直径1380㎜）を予定していたこともあって、胴体幅は1450㎜と太く、日本海軍の単発機としては、「雷電」に次ぐ太さであった。0番〜2番円框までは真円断面で、この部分の下方を主翼が貫通する。これ以降、少しずつ楕円形に変化して幅も狭くなり、17番円框は縦に細長い長楕円形となり、幅は700㎜にまで絞られる。

三座機なので、0番〜10番円框間は乗員室区画で占められ、さらに10番〜14番までは後下方射撃兵装の装備スペースにとられるという具合で、当然ながら胴体内燃料タンクのスペースはない。

三座の乗員室を覆う風防は、基本的に九七式艦攻に順じた構成で、それぞれの開放要領も同様。ただし、機首が太いため、操縦員は離着陸（艦）時に、首を風防上面より突出するほどに座席を上げなければならないため、第一風防（遮風板）の上面が、ハネ上げられるようになっていたのが、九七式艦攻にはなかった点。

各座席は、前方より操縦員席、偵察／航法／爆撃手席、電信／銃手席で、それぞれの操作、作業に適するように、形状、取り付け法が異なった。

胴体骨組み図（寸法単位：mm）※円框番号下の数字は、0番円框からの寸法

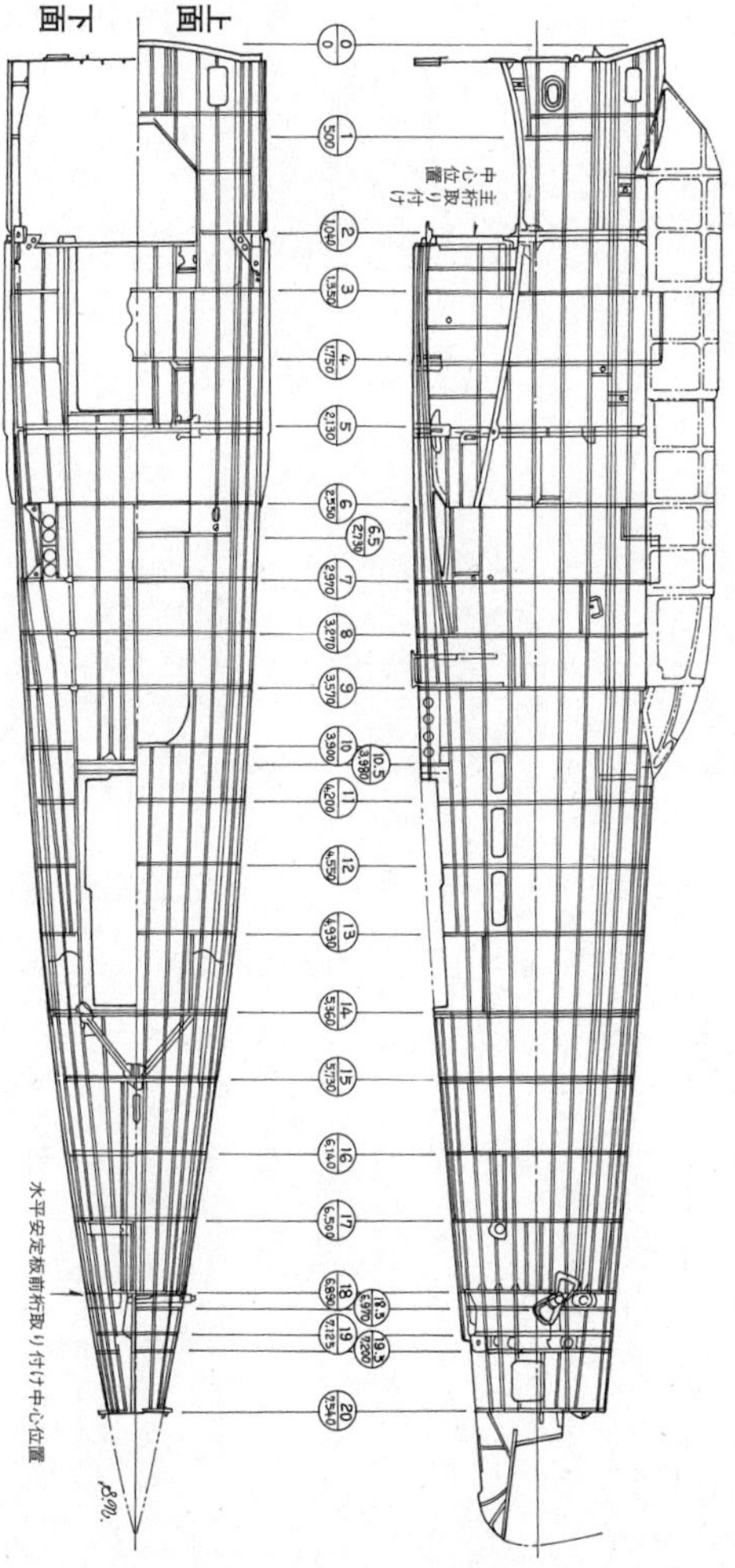

胴体各円框断面図

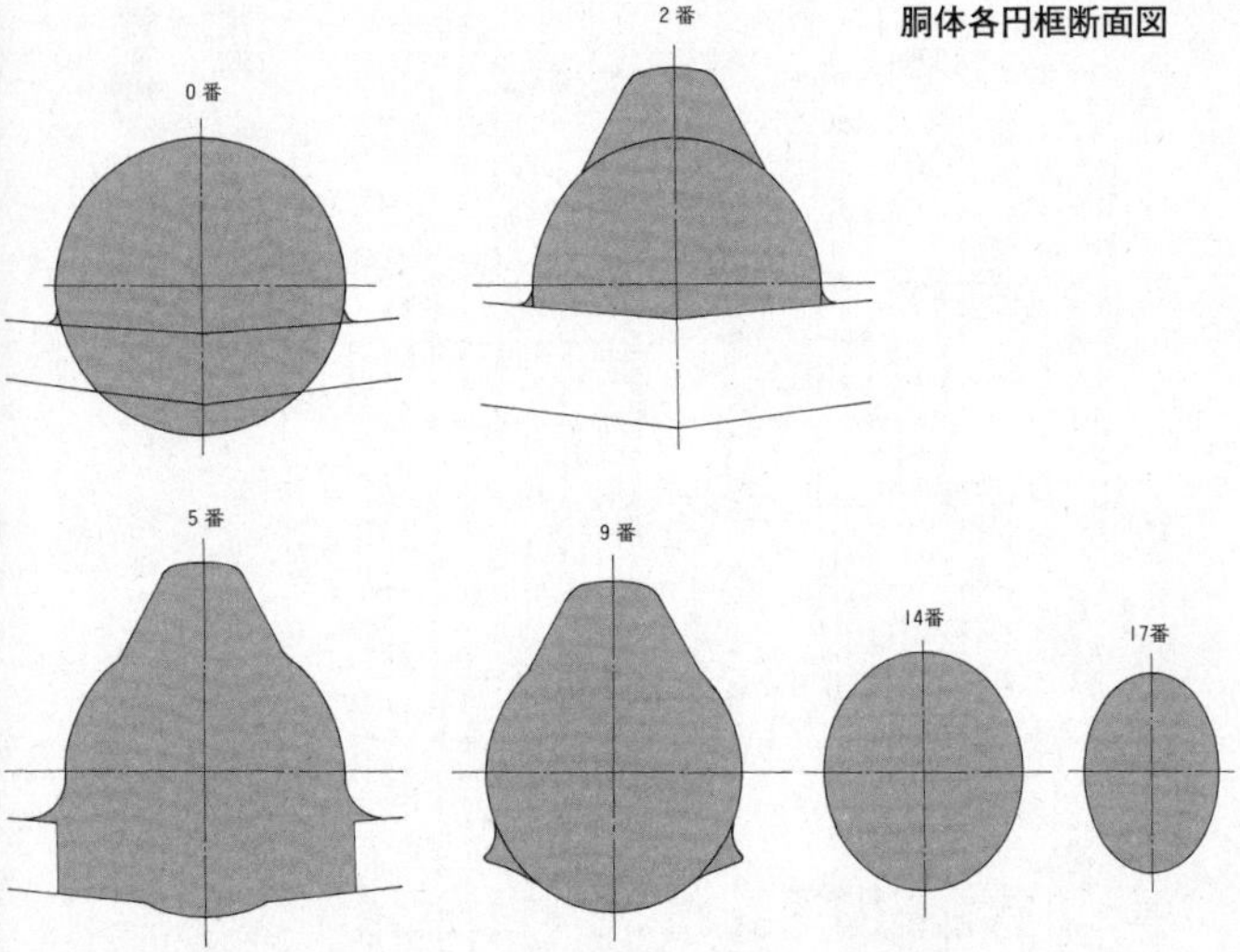

主翼は、重量が大きくなったぶん、離着艦時の安定性という面では、面積も相応に増したほうがよいのだが、速度向上の要求を満たすには、九七式艦攻と同程度、もしくはそれ以下に抑える必要があった。

全幅14・9m、面積37・2㎡はこうして割り出された値で、九七式艦攻の15・3m、37・69㎡よりも小さくなった。

翼厚は、九七式艦攻とほとんど同じだったが、断面形は、より空気抵抗の少ない中島Kシリーズと呼ばれたものを採用した。これは、同社の内藤子生技師が考案した型で、層流翼型に近いものだった。基準翼、左右外翼の3部分からなり、外翼は九七式艦攻と同様な上方折りたたみ式。これによって、全幅は7・19mに短縮する。

骨組みは、1本主桁方式で、前、後に補助桁を配し、必要な強度を保たせてある。前述したように、この主桁は超々ジュラルミンESD材で造られ、主脚、燃料タンクの荷重がかかる強力小骨（リブ）にも使われ、軽量ながら高い強度をもたせてあった。

※窓は側面が合わせガラス、上面は有機ガラス。

風防構成図（寸法単位：mm）

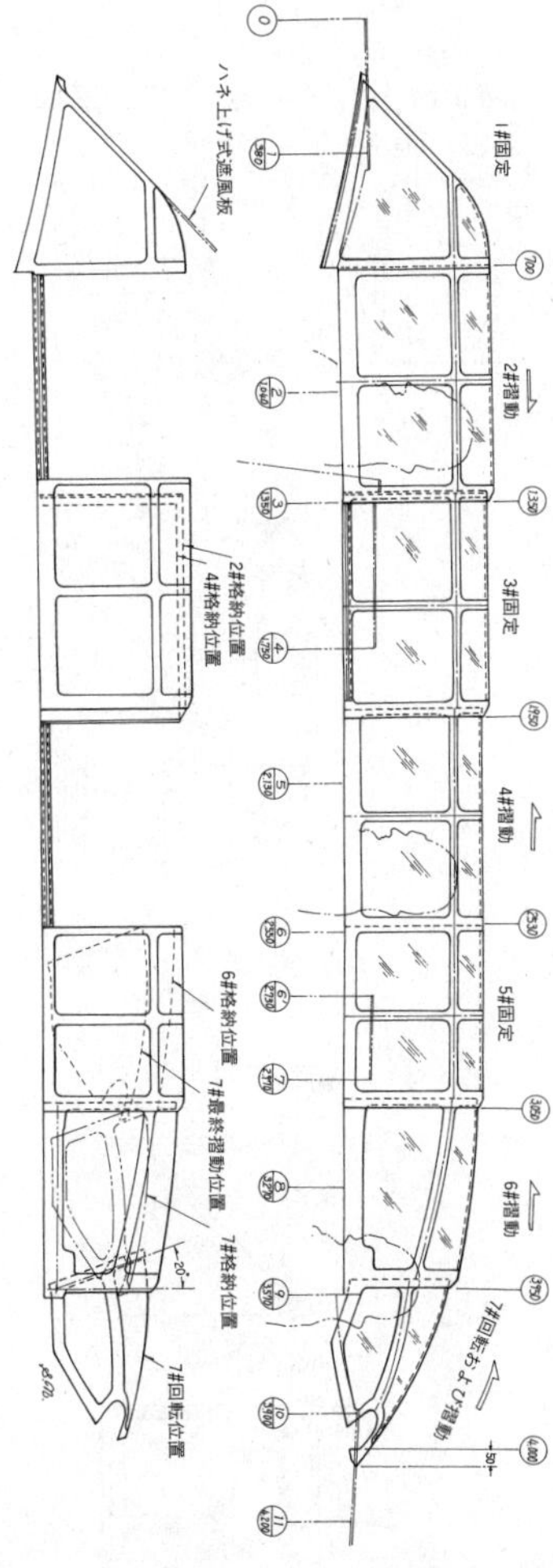

座席

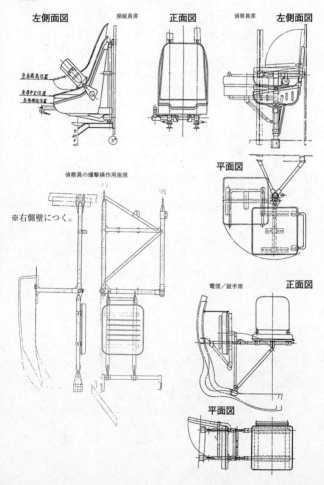

左側面図　操縦員席　正面図

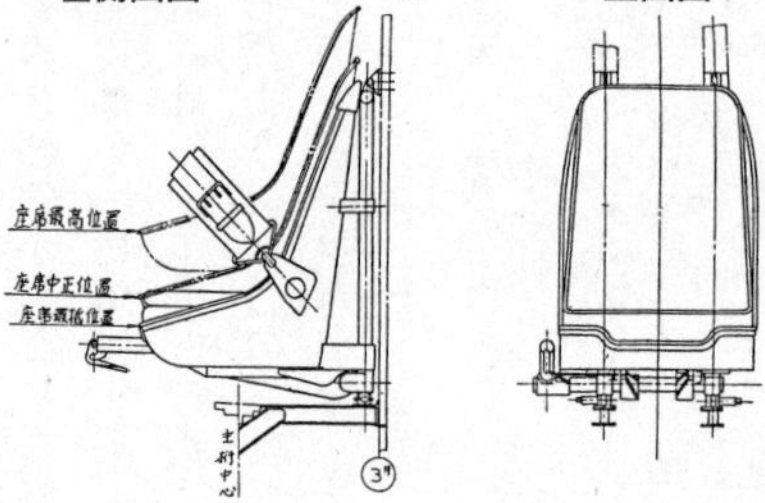

偵察員席　左側面図

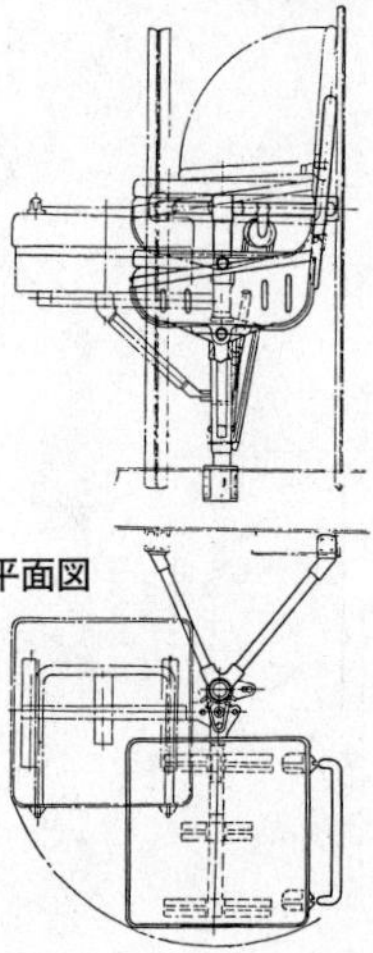

平面図

偵察員の爆撃操作用座席

※右側壁につく。

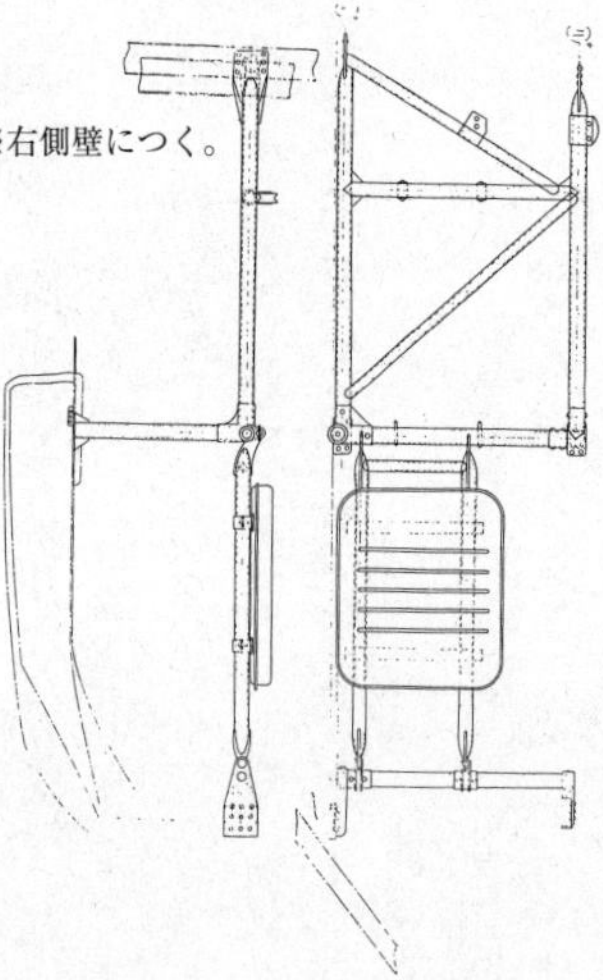

電信／銃手席　正面図

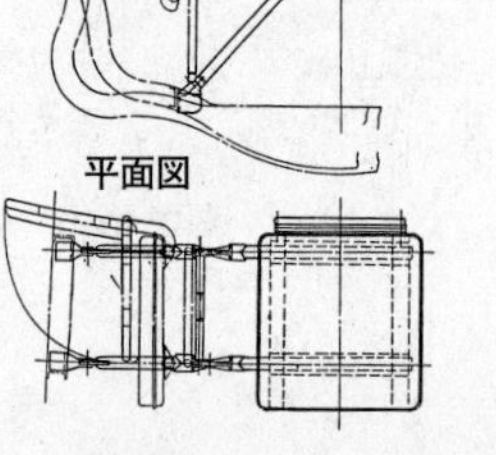

平面図

一二型操縦室配置

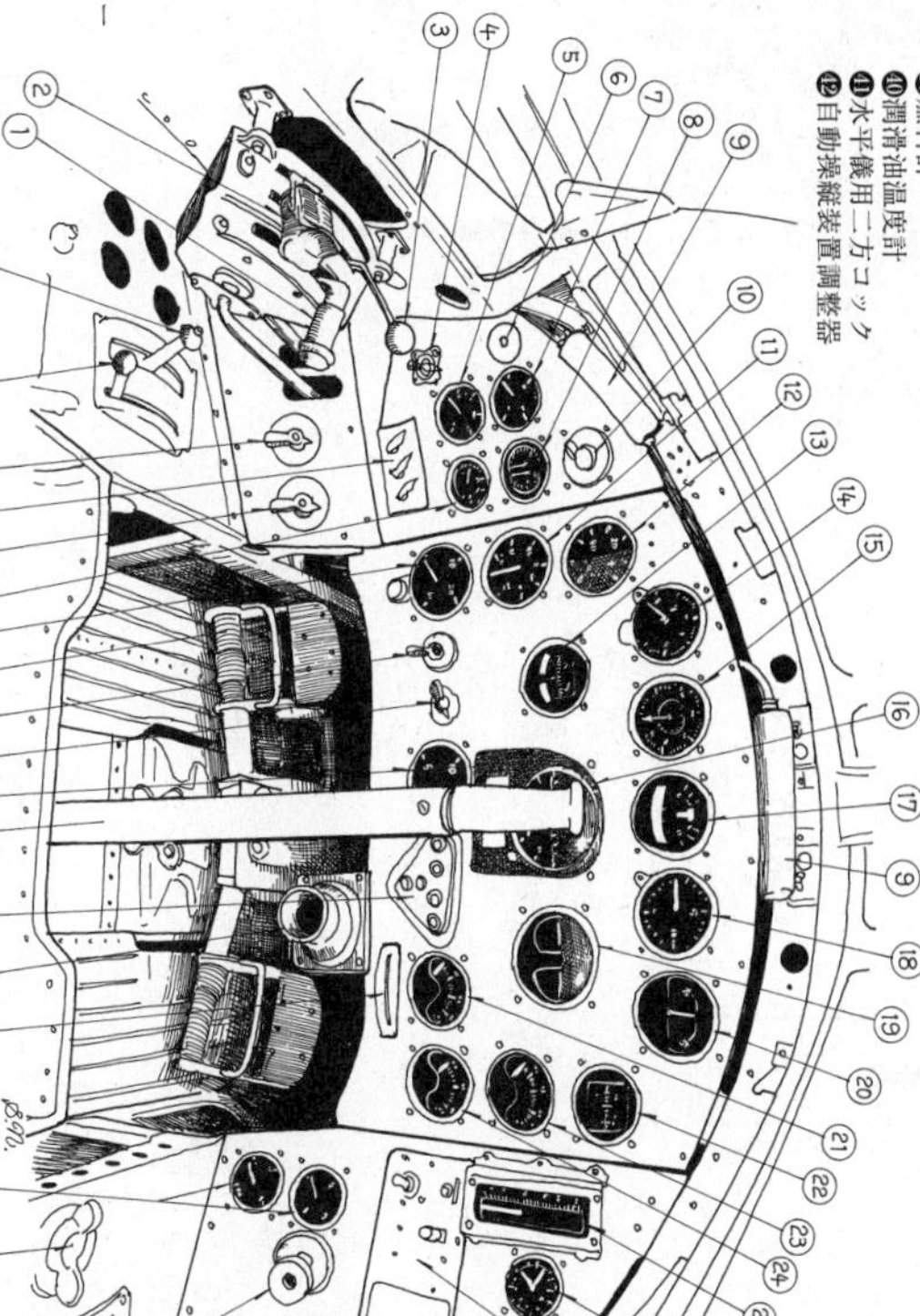

❶プロペラ・ピッチ操作レバー
❷スロットル・レバー
❸ミクスチュア・レバー
❹真空ポンプ切り換えレバー
❺真空計
❻？
❼残弾表示計
❽燃料/潤滑油圧力計
❾紫外線灯
❿主切断器
⓫回転計
⓬ブースト計
⓭定針儀
⓮高度計
⓯速度計
⓰航空羅針儀
⓱旋回計
⓲昇降度計
⓳水平儀
⓴航路計
㉑シリンダー温度計
㉒混合比計
㉓排気温度計
㉔給気温度計
㉕前後傾斜計
㉖航空時計
㉗発動機起動操作パネル
㉘注射ポンプ
㉙燃料タンク切り換えレバー
㉚作動油圧力計
㉛フラップ角度表示計
㉜換気用冷気出口
㉝脚位置表示灯
㉞操縦桿
㉟燃料計
㊱燃料切り換えコック
㊲燃料切り換えコック
㊳方向舵ペダル
㊴燃料計
㊵潤滑油温度計
㊶水平儀用二方コック
㊷自動操縦装置調整器
㊸定針儀用二方コック
㊹カウルフラップ操作レバー
㊺給気加熱レバー

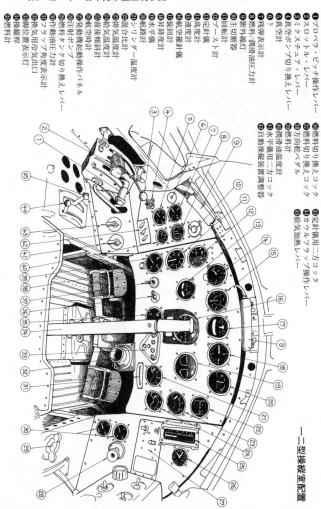

一一型偵察員席計器板

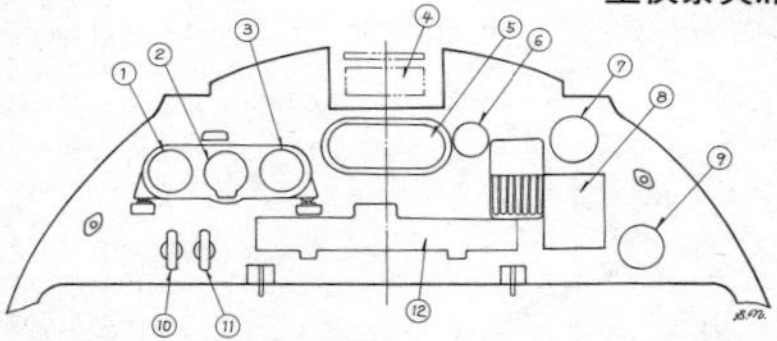

❶大気温度計
❷精密高度計
❸速度計
❹羅針儀改一
❺手入窓
❻秒時計
❼航路計
❽管制器
❾枠型空中線回転器
❿着水照明炬投下
⓫吊光投弾投下レバー
⓬航空図盤（引き出し式）

▶偵察員席から前方を見る。画面左端に九〇式二号爆弾照準器、上方の羅針儀の向こうに枠型空中線が写っている。

操縦室左右各操作器配置（上面図）（寸法単位：mm）

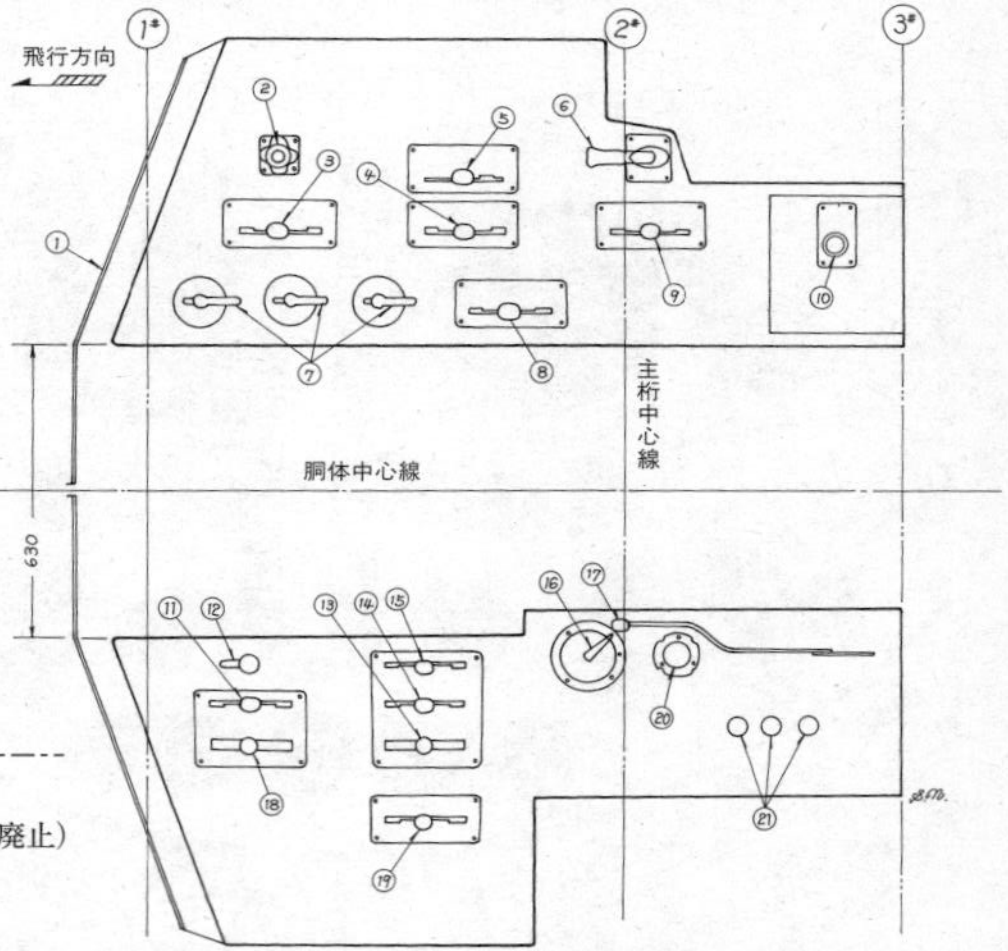

❶主計器板
❷脚用安全弁（65号機より廃止）
❸降着装置操作レバー
❹尾輪固定レバー
❺降着装置安全弁レバー
❻高圧油閉止弁
❼燃料タンク切り換えコック
❽フラップ操作レバー
❾高圧油ポンプ切り換えレバー
❿ロック開閉レバー
⓫カウルフラップ操作レバー
⓬自動操縦装置切り換えレバー
⓭潤滑油冷却器シャッター操作レバー
⓮超過吸入圧力レバー
⓯二速過給器操作レバー
⓰固定機銃安全スイッチ（71号機より廃止）
⓱手動燃料ポンプ操作レバー
⓲給気加熱操作レバー
⓳自動高度弁（A.M.C）操作レバー
⓴固定機銃閉止弁（71号機より廃止）
㉑固定機銃射撃管制弁（71号機より廃止）

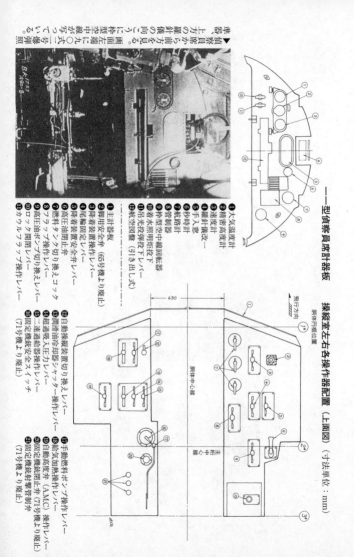

主翼骨組み図（寸法単位：mm）

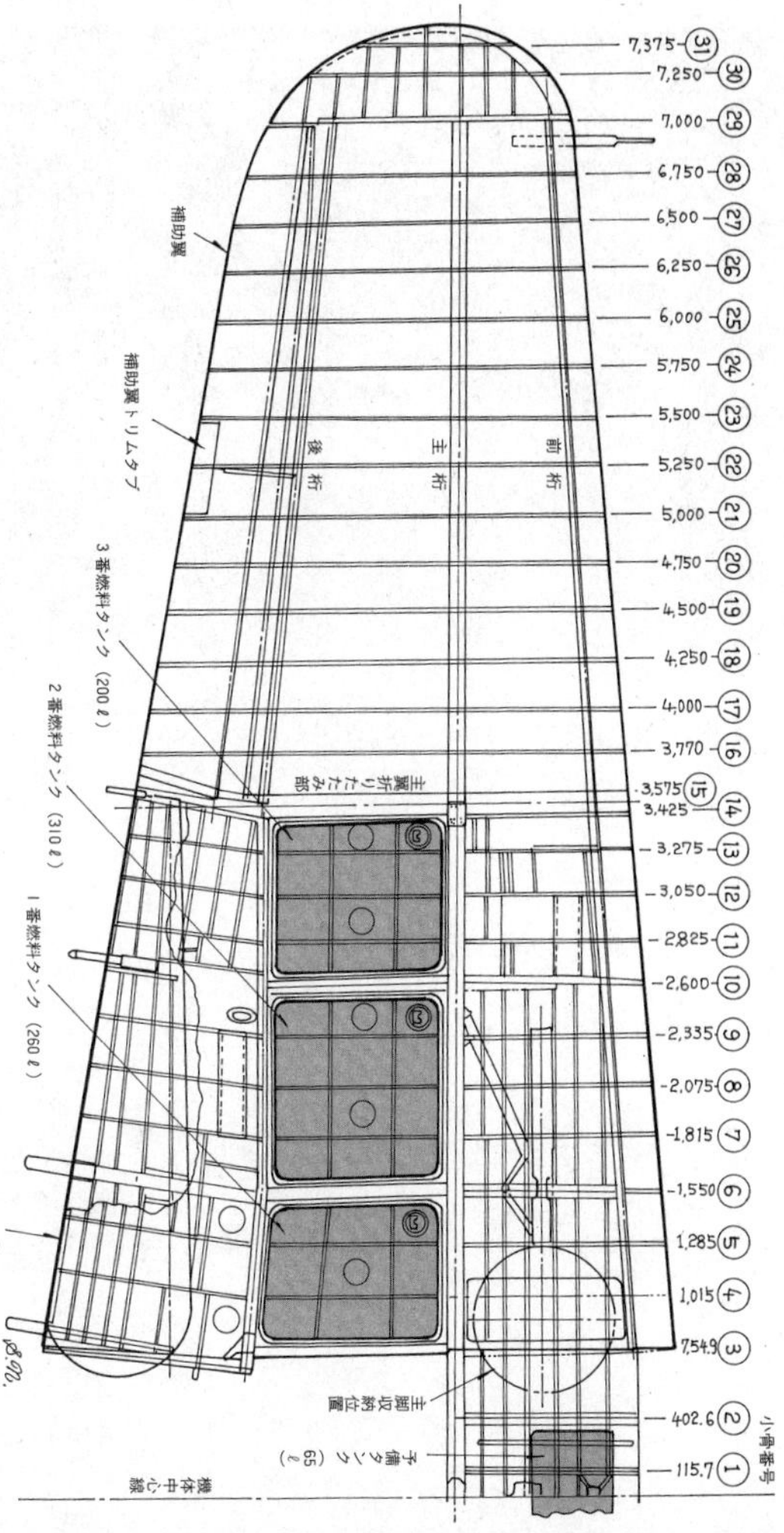

▲比島にて米軍に接収され、飛行テストをうける「天山」一二型。塗装もすべて剥がされ、ジュラルミン地肌となっているため、主翼の桁、小骨配置や、セミ・インテグラル式燃料タンク位置などがよくわかる。

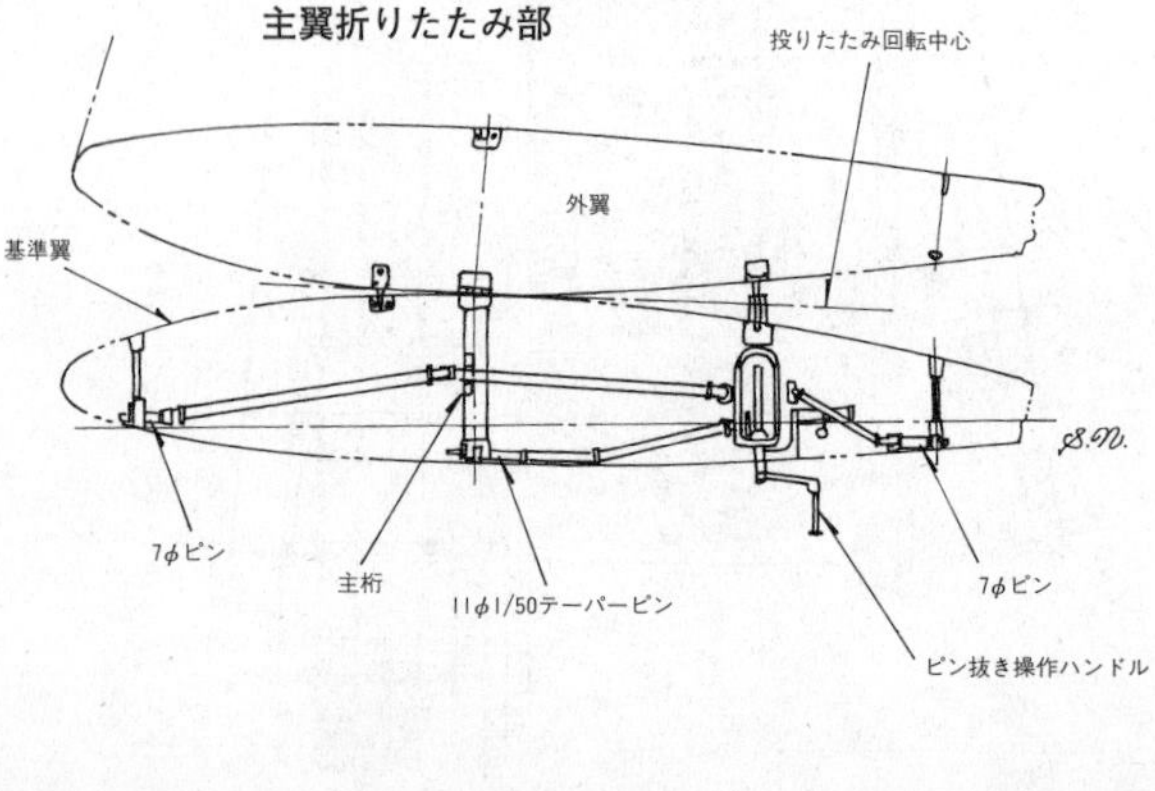

▼"蝶型フラップ"。左主翼の上面側を示す。上方にある４ヵ所の切り欠き部は、スライド用トラックのためのもの。

"蝶型フラップ"操作系統図

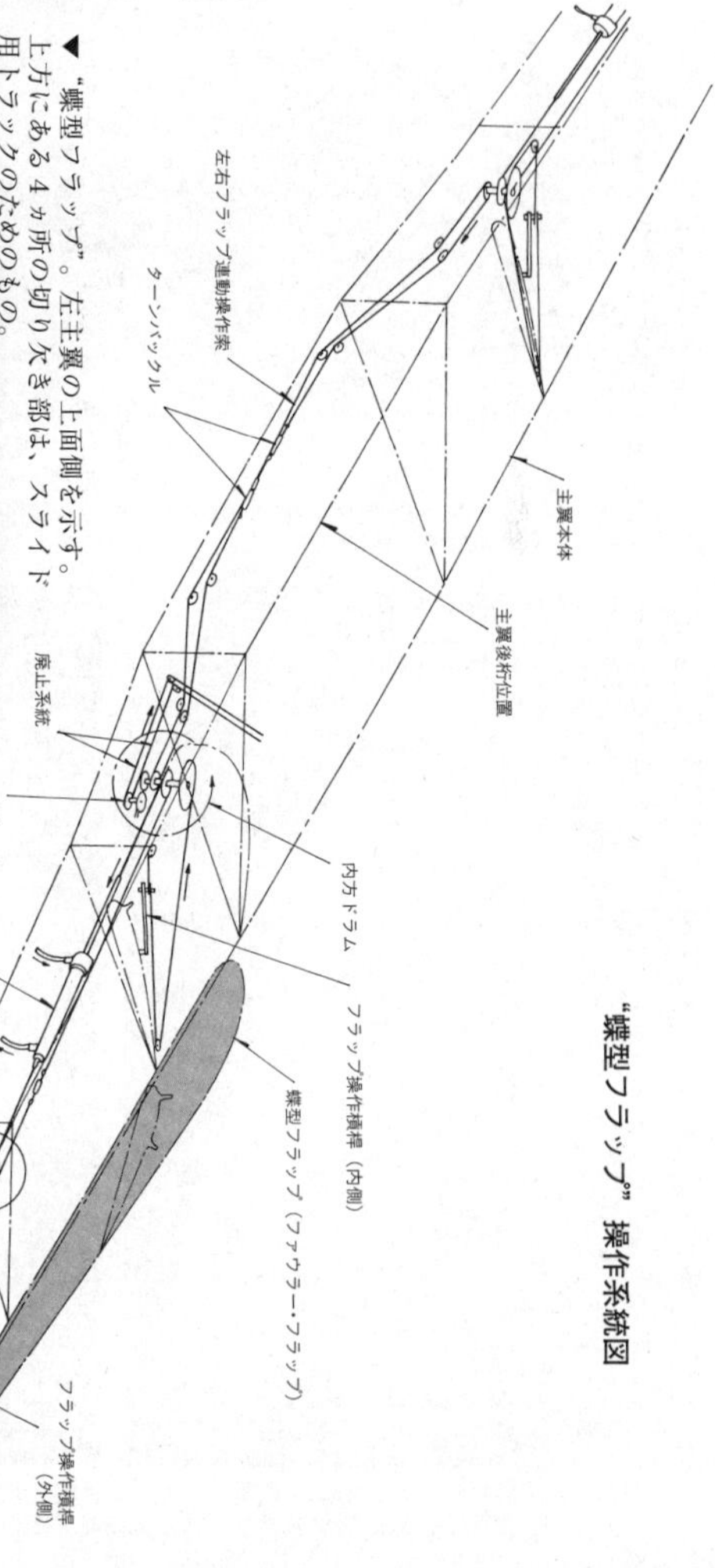

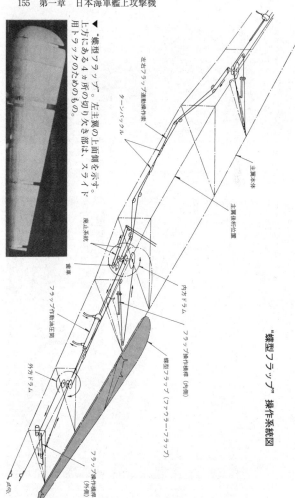

▲主翼を折りたたんだ状態の、もと第一三一海軍航空隊所属「天山」一二型“131-51”号機。折りたたみ部分のディテールが一目瞭然。前図とあわせて参照されたい。本機は米軍捕獲機のため、主翼の折りたたみ順序が逆になっているが、本来は右主翼が先で下側にくる。

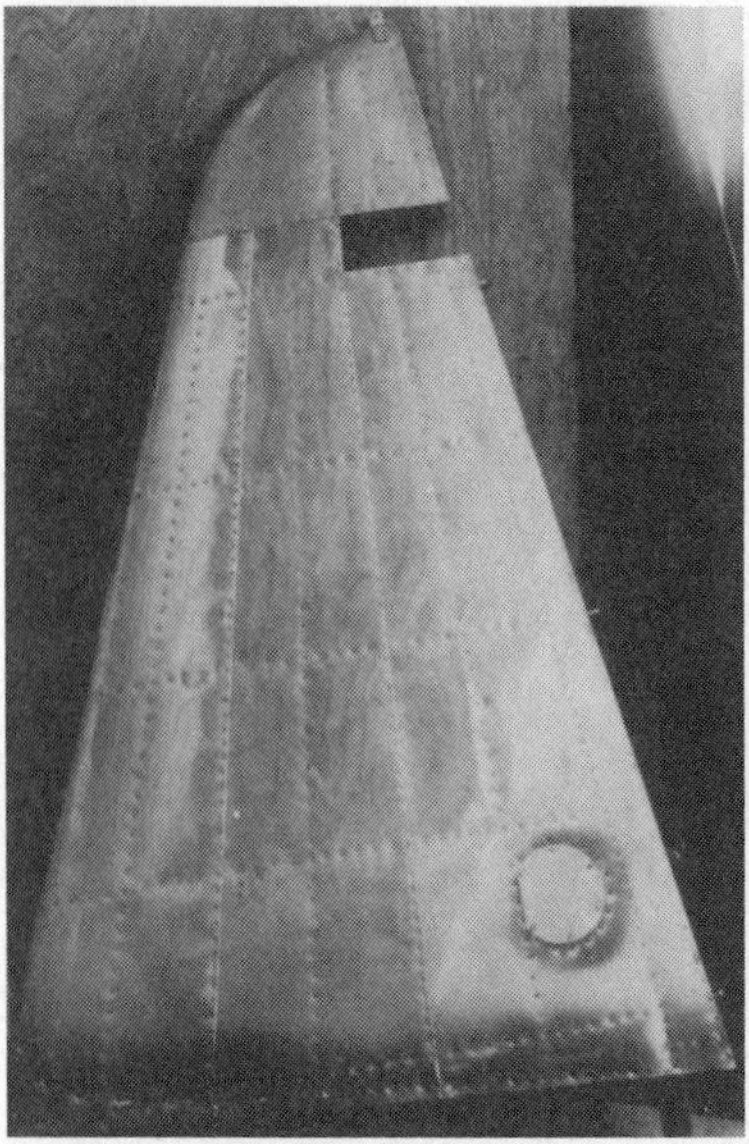

▲天山の外形を特徴づける、前傾した垂直尾翼。左は安定板、右は方向舵。安定板上方の切り欠きは、方向舵マスバランス、方向舵下部のそれは尾灯のためのもの。

▲昭和19年９月、空母「瑞鶴」から発艦する、六五三空の「天山」一二型。ムービー・フィルムからのコマどりのため鮮明さを欠くが、特徴ある“蝶型フラップ”の使用状態が、よく確認できる貴重なショット。

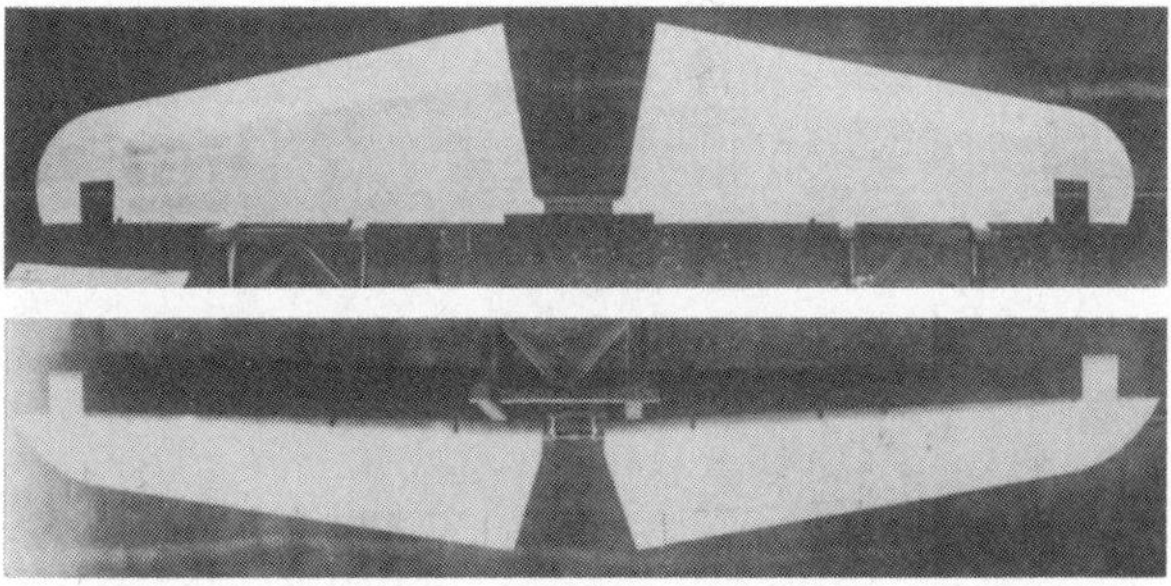

▲水平尾翼。上は安定板、下は昇降舵。

3舵操作系統図

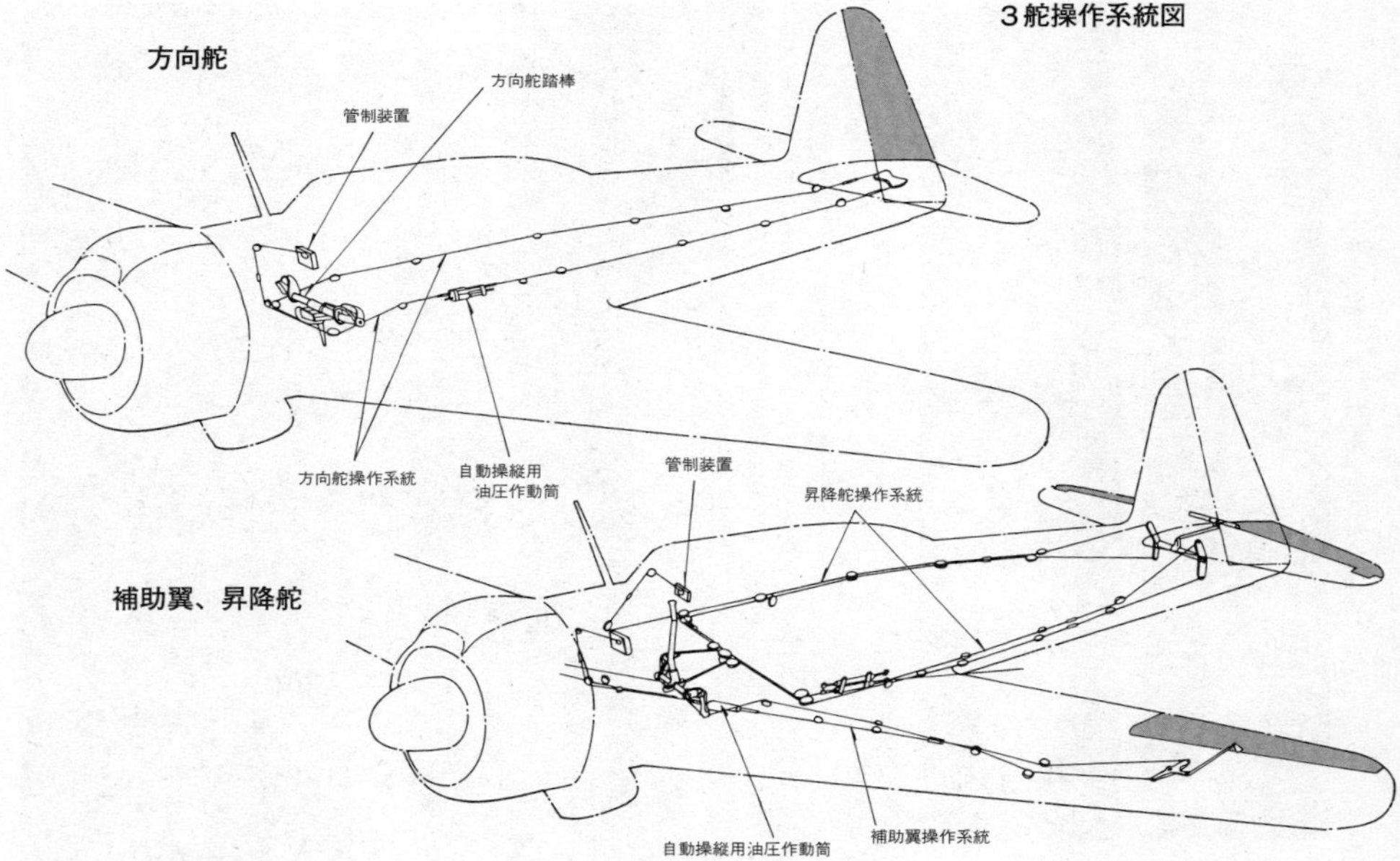
方向舵
方向舵踏棒
管制装置
方向舵操作系統
自動操縦用
油圧作動筒
補助翼、昇降舵
管制装置
昇降舵操作系統
自動操縦用油圧作動筒
補助翼操作系統

基準翼の主桁、後方補助桁間が燃料タンク・スペースになっており、片翼3個、計6個で1625ℓと、九七式艦攻に比べ40パーセント増しの容量を確保した。

この燃料タンクは、むろんセミ・インテグラル式で、主翼上面からはめ込み、ボルトで止めるようになっていた。

重量が増して、主翼面積が減少すれば、必然的に翼面荷重は大きくなり、離着陸性能は低下する。天山の翼面荷重は約140kg／㎡、九七式三号艦攻が100kg／㎡だったことを考えれば、これは相当のアップである。

そこで、採用されたのが、中島の考案になるファウラー・フラップの変形、〝蝶型フラップ〟。やはり高翼面荷重で苦労した、陸軍の二式戦「鍾馗」に装備するために開発されたもので、海軍機としては天山が最初の導入例になった。

このメカニズムは、図に示すように、油圧操作により、後方にスライドしつつ下がるのだが、フラップの内、外でスライド距離が異なり（内方が大、外方が小）、その様が、蝶が羽根を広げる動きに似ていることから名付けられたもの。もっとも、実際には蝶の羽根の動きはこれと逆になるのだが……。

フラップそのものの形状も、この独特の動きに合わせ、内側縁が円弧状になっている。

「天山」一一型の「護」発動機搭載要領（寸法単位：mm）

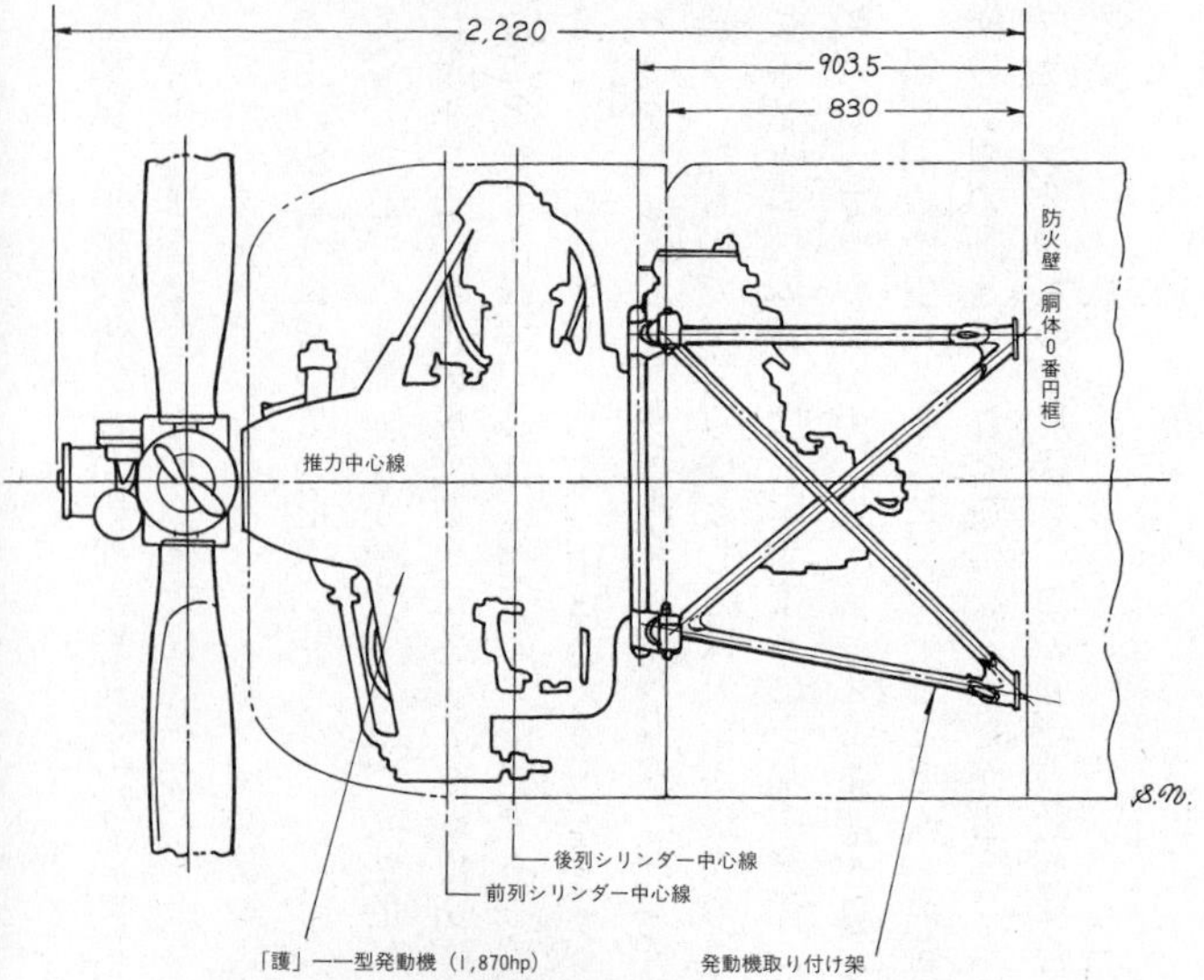

「護」一一型発動機
（右側面）

▲▼一二型が搭載した、三菱「火星」二五型発動機と同系の二二型。減速比が異なるくらいで、本体はまったく同じなので、参考とするには差し支えない。下写真は上部を正面からクローズ・アップしたショットで、後列シリンダーのプッシュ・ロッドも、すべて前方に集めた、三菱空冷発動機の特徴がよくわかる。

この蝶型フラップの効果は確かに大きかったが、その反動で機首下げ傾向も強くなることが予想されたため、当初はフラップ下げと連動し、水平安定板の取り付け角もマイナス迎え角になるような装置も考えられたが、結局は採用されず、操縦者の技量でカバーすることとされた。

天山の元操縦員が、一様に離着陸時に機首が重くなると回想しているのは、この蝶型フラップのせいもあったのだ。

天山の外形を特徴づける部分として、前傾した垂直尾翼がある。これは、同じ中島の「彩雲」もそうなのだが、理由は艦上機ならではの、空母エレベーター寸度によって生まれたものだ。

すなわち、必然的に大型化した胴体が、どうしても制限寸度11m内におさまらず、三点姿勢（両主車輪、尾輪を地上に接地させた状態）で方向舵蝶番が垂直になるように、垂直尾翼を前傾し、後方へのせり出しを抑えたためである。すべてに余裕があったアメリカ海軍機には、考えられないような工夫ではある。

●動力装置

天山が搭載することにした発動機は、自社製の「護」であった。本発動機は、単列

▲「天山」一二型の機首右側クローズアップ。カウリング形状、単排気管のディテール、カウルフラップ後縁の微妙な切り欠き、左にオフセットした潤滑油冷却器などがよくわかる。画面左から突き出しているのは、主翼前縁に取り付けられた“H−6”電探用八木式アンテナ。

9気筒「光」を複列14気筒化したもので、昭和12年に開発着手され、十三試大攻（のちの「深山」）と十四試艦攻（のちの「天山」）の搭載用として予定された。

もっとも、「光」のシリンダーそのままでは大き過ぎて燃焼が困難とみられたので、ボア&ストロークは155×170㎜と少し小さくされた。それでも、総容積は45ℓにもなり、複列18気筒の「誉」の35・8ℓをはるかに凌ぎ、ライバル三菱の「火星」の42ℓよりもさらに大きかった。直径も、同様に1380㎜と、日本の複列14気筒発動機としては最大であった。

回転数2600r.p.m.にて、離昇出力は1870hpになり、昭和15年当時の日本の航空発動機中、最大出力を誇った。

海軍の耐久審査をパスし、昭和16年から生産がはじまり、十四試艦攻の生産機に搭載されることが決まった。

しかし、実際に運用してみると、護は重くて振動が大きかったうえ、信頼性という面でも難があることが指摘されたため、海軍は、出力はやや落ちるものの、信頼性に富む三菱「火星」二五型に換装することに決定、護は計200台で生産中止とした。

なお、この護に組み合わされたプロペラは、住友/ハミルトンの恒速4翅、直径3・40mで、日本海軍単発機として最初の金属製4翅プロペラ装備機だった。3・40mという直径は、アメリカの同級機に比べると小さ過ぎ、発動機出力を100パーセント発揮できていない点は否めなかった。これは、日本軍用機全般にいえることだったが……。

天山一二型が搭載した「火星」二五型は、三菱が昭和14年から生産開始した大型機用発動機で、のちに、局戦「雷電」、一式陸攻、二式飛行艇などの海軍機各種をはじめ、陸軍の九七式重爆二型も搭載したことからもわかるように、実用性に優れた発動

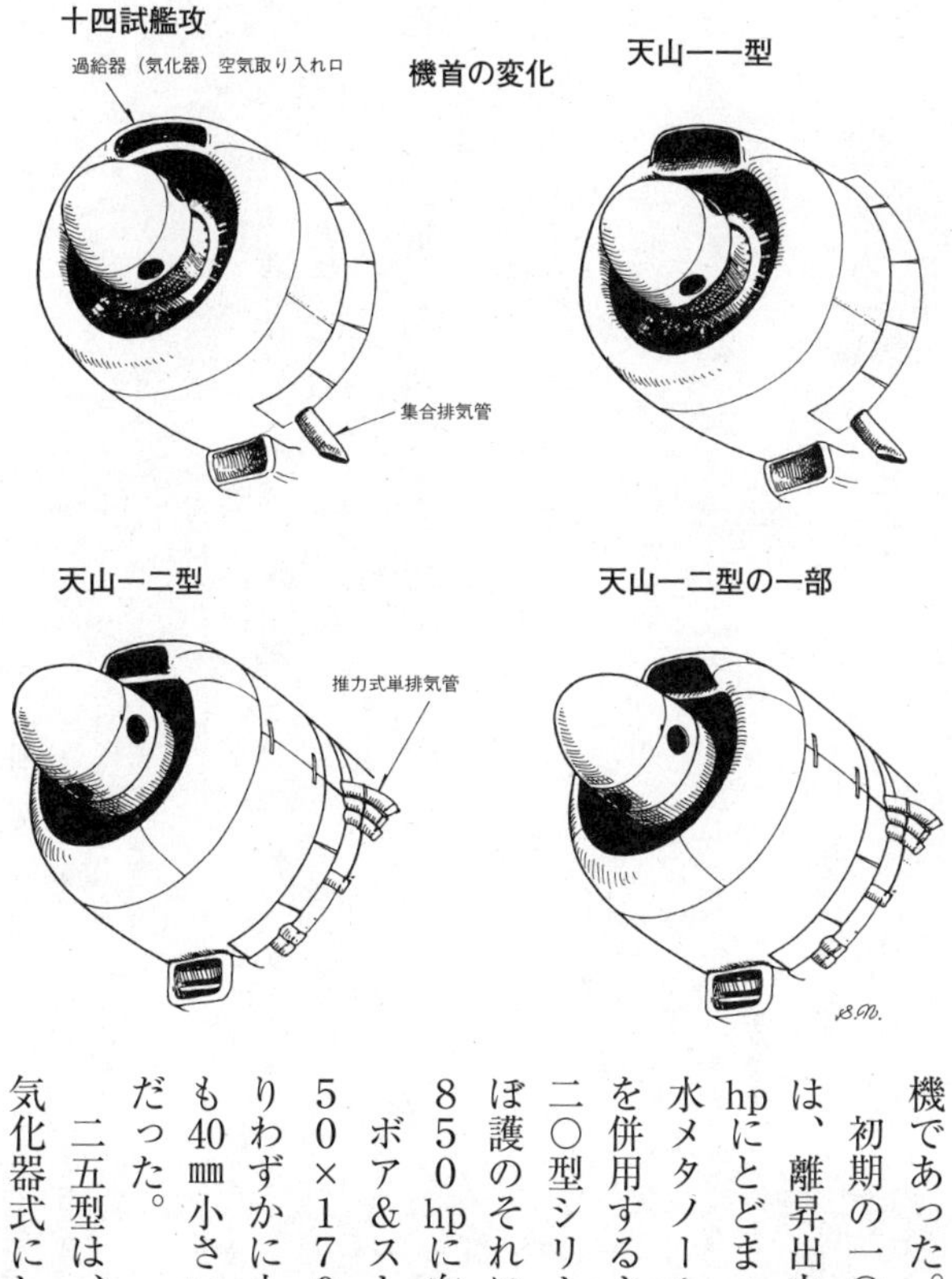

機であった。
　初期の一〇型シリーズは、離昇出力が１５３０hpにとどまっていたが、水メタノール液噴射装置を併用するようになった二〇型シリーズでは、ほぼ護のそれに匹敵する１８５０hpに向上していた。
　ボア&ストロークは１５０×１７０㎜と、護よりわずかに小さく、直径も40㎜小さい１３４０㎜だった。
　二五型は、燃料供給を気化器式にしたものと、

主脚構成図（左主脚を示す）

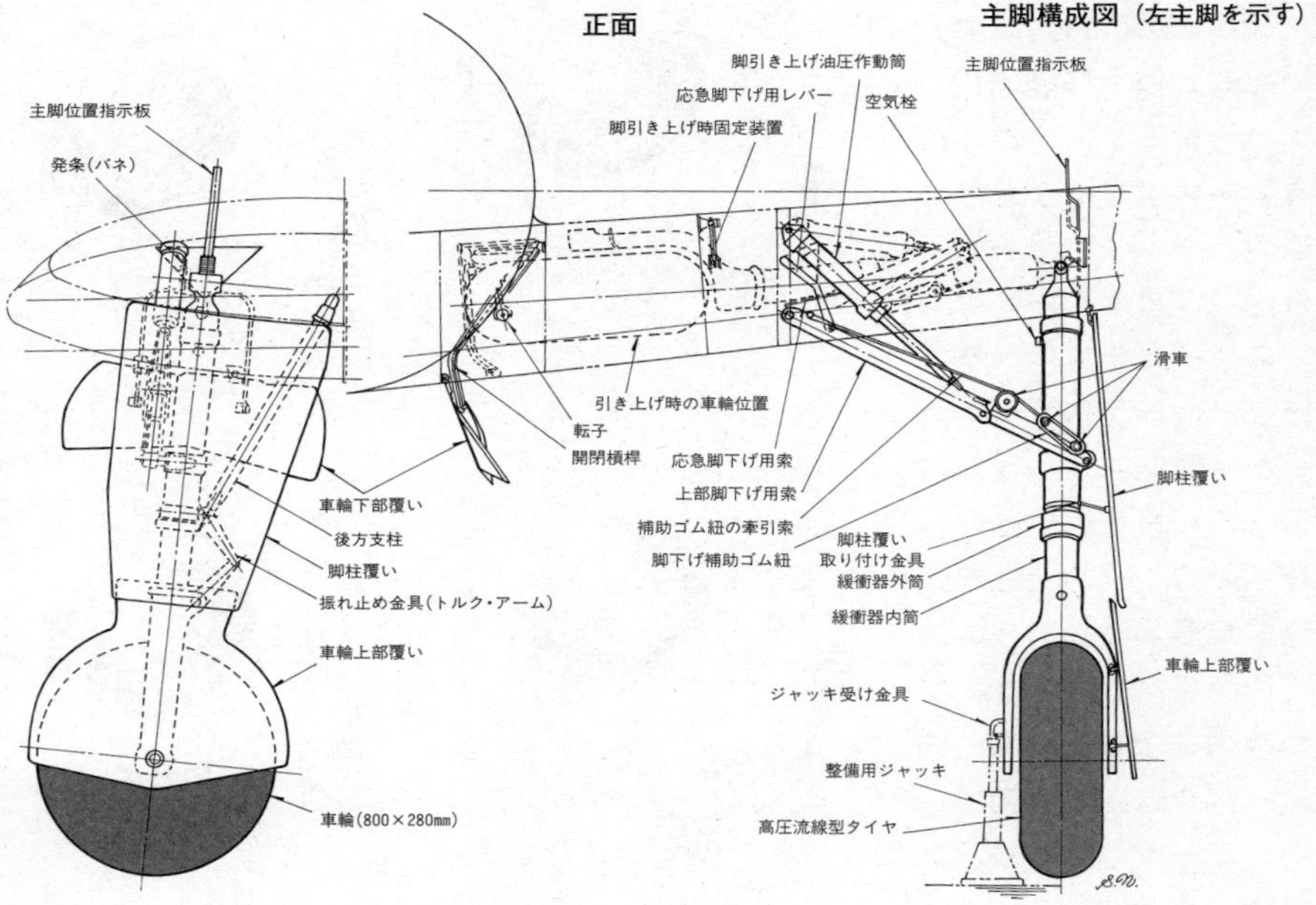
側面
主脚位置指示板
発条（バネ）
車輪下部覆い
後方支柱
脚柱覆い
振れ止め金具（トルク・アーム）
車輪上部覆い
車輪（800×280mm）
正面
脚引き上げ油圧作動筒
主脚位置指示板
応急脚下げ用レバー
空気栓
脚引き上げ時固定装置
引き上げ時の車輪位置
転子
開閉槓桿
応急脚下げ用索
上部脚下げ用索
補助ゴム紐の牽引索
脚下げ補助ゴム紐
滑車
脚柱覆い
脚柱覆い
取り付け金具
緩衝器外筒
緩衝器内筒
車輪上部覆い
ジャッキ受け金具
整備用ジャッキ
高圧流線型タイヤ
S.N.

左主脚立体図

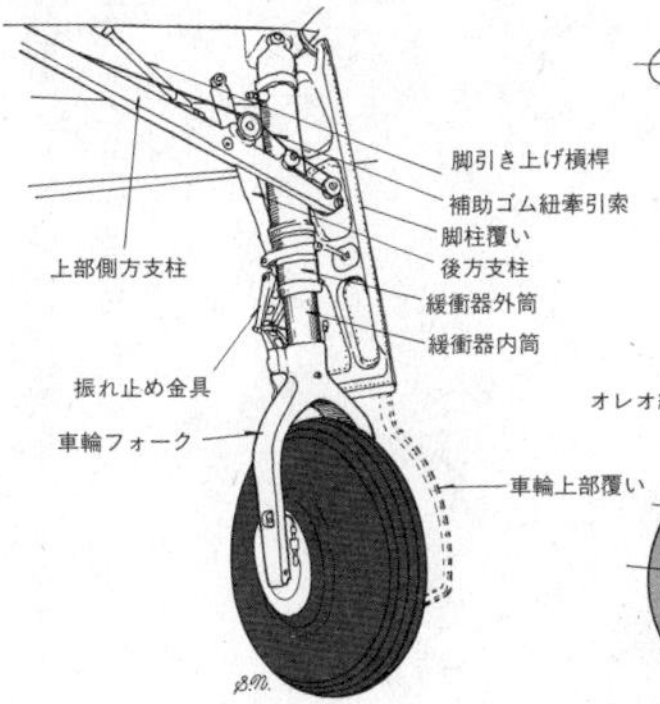

主脚寸度図（寸法単位：mm）

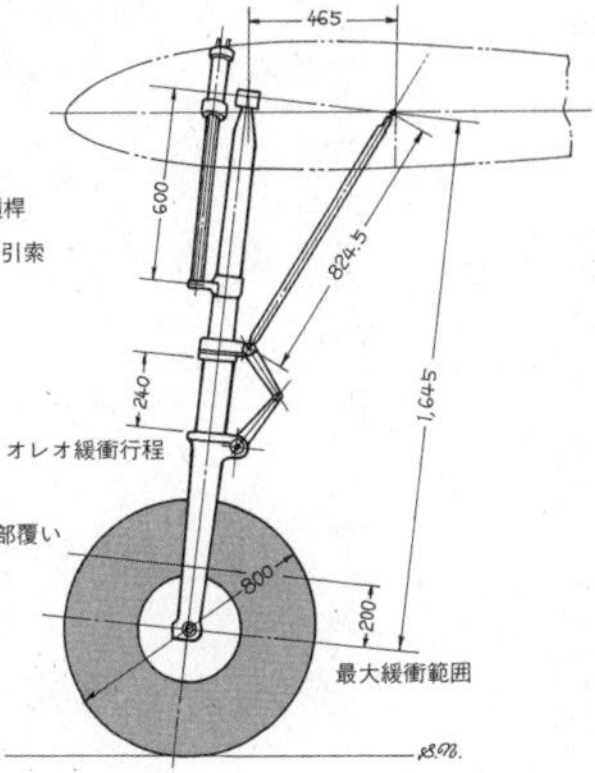

尾脚構成図（一一型を示す。一二型は固定式に変更）

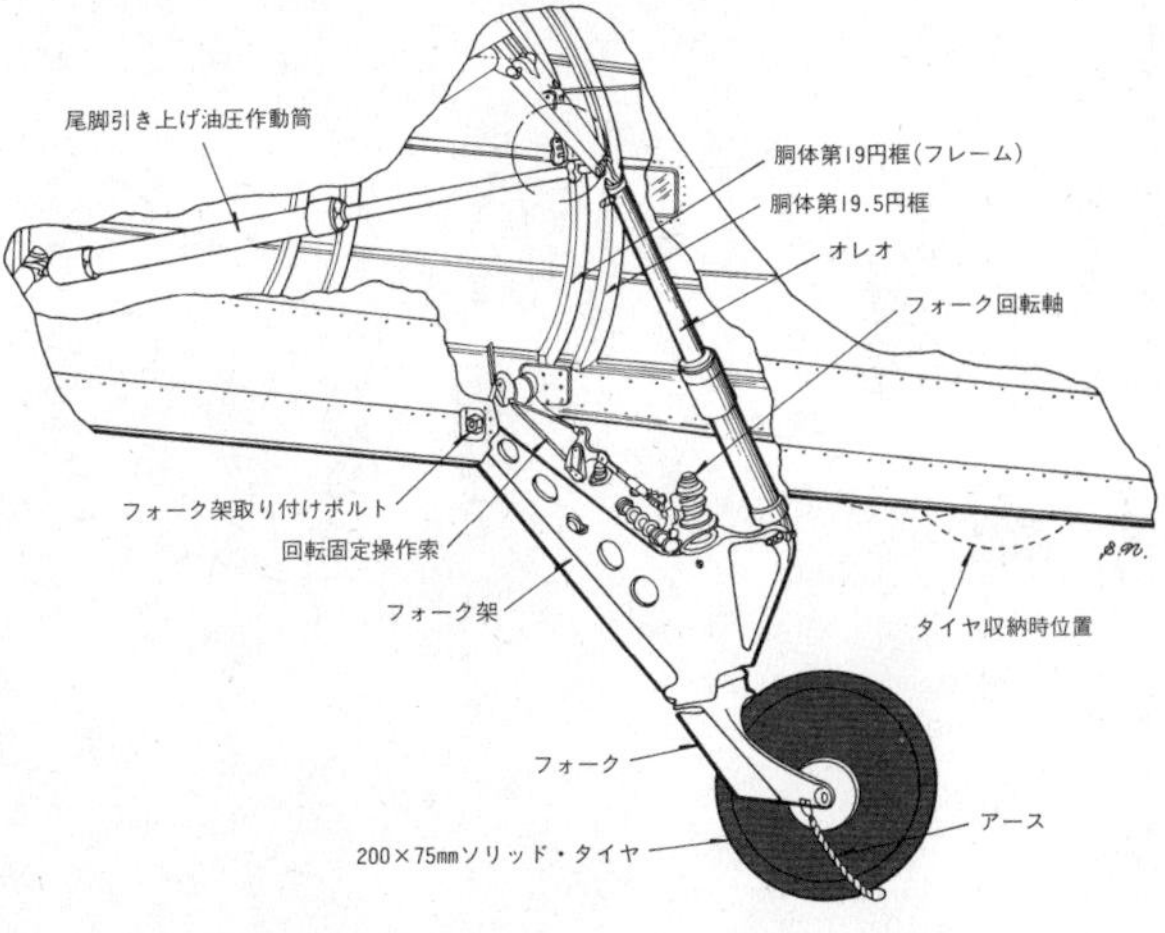

着艦拘捉鉤（フック）操作系統図

※99号機以降は拘捉鉤離脱系統は廃止

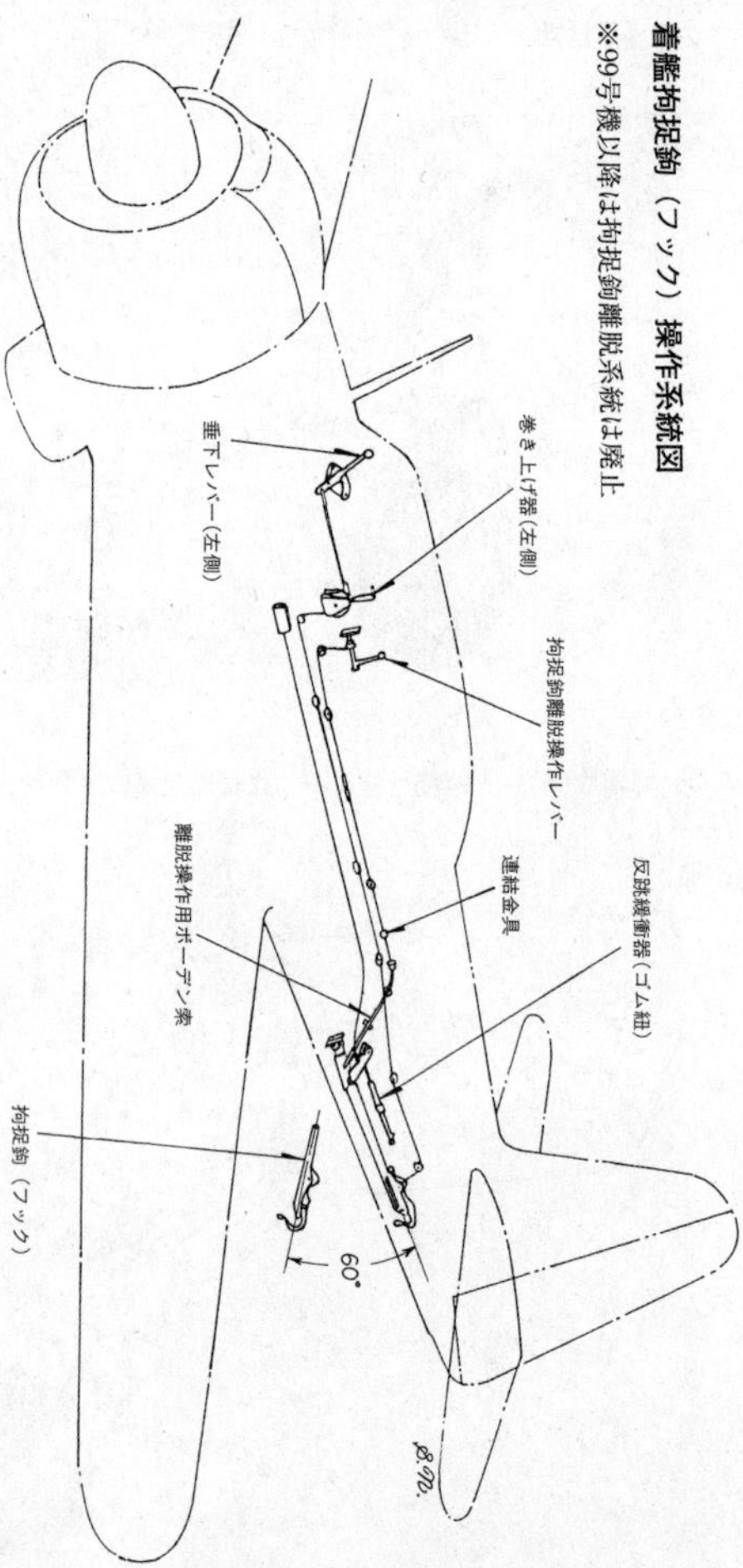

噴射式にした二五乙型があるが、天山が搭載したのは前者である。
組み合わされたプロペラは、一一型と同じく、住友／ハミルトン恒速4翅、直径3・40m。
機体設計はそのままで、発動機出力が減少したにもかかわらず、天山一二型の最大速度は、一一型に比べて16km／h向上して481km／hになったが、これはカウリングの再設計もあるが、「火星」の安定した出力発揮、振動が少ないことなどが効いたのだろう。

ともかく、天山一二型が実用上ほとんど問題もなく、前線部隊で高い稼働率を残せたのも、この「火星」発動機のおかげであった。

●降着装置

九七式艦攻以降、中島は陸軍のキ43、キ44戦闘機の設計を通じ、単発機の引き込み式主脚は完全に手の内に入れていたが、十四試艦攻では、従来機と比較にならぬ大重量を支えるということもあって、とくに強

▲「天山」一二型、製造番号6745の右主翼前縁に取り付けられた、“H-6”電探用の八木式アンテナ。従来のアンテナは両主翼前縁に付けられていたが、このタイプは右主翼にのみ付く。

「天山」一一型の無線電信機装備

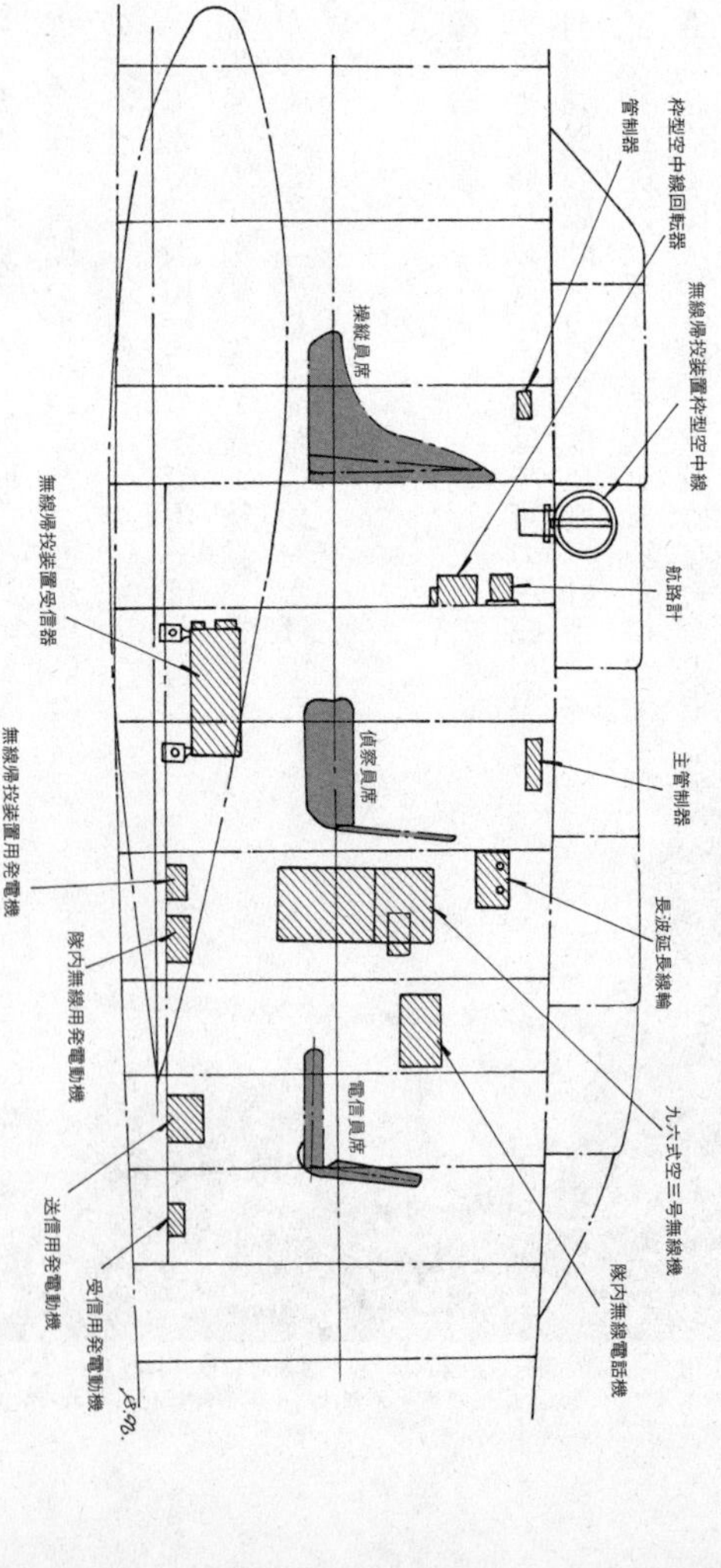

度に意を払った設計とした。

全体の構成はP・166図に示したとおりで、脚柱、オレオ機構の頑丈さもさることなから、車輪フォーク架構はふた股状に、出し入れ操作アームが接続する上部内側支柱、および後方支柱が追加されるなど、九七式艦攻とは比較にならぬ逞しさである。

轍間距離（トレッド）も九七式艦攻の４２５０㎜に対して５００７㎜と大幅に広くとってあり、離着陸（艦）時の安定性を重視した配慮になっている。

ちょっと珍しいのは、上部内側支柱に付いた3個の滑車と、オレオ部の2個の滑車の間にゴム紐が張ってある点。

これは、脚引き上げの際に折りたたまれた上部内側支柱によってゴム紐が伸び、引き下げ操作開始の際には、この伸びたゴム紐が上部内側支柱をまっすぐにしようと働くようにした。

何のためかといえば、作動を確実にすることと、油圧装置の故障により、非常時脚下げ操作を行なうときに有効と考えられたからである。

主脚覆いは上下に2分割され、収納部にも半月形の覆いが付き、収納時は車輪も完全に覆うようになっている。

この頑丈な主脚のおかげで、天山は全備状態の少々手荒い着陸をやっても、ビクともしなかったという。

尾脚は、当初は引き込み式とされ、P．１６７図のような構成になっていたが、一二型の途中から、工程簡略化のために固定式に変更された。したがって、一二型では図中に示した油圧作動筒、アップロック装置、応急引き上げ装置などは取り外された。固定化による空気抵抗の増加で、速度性能上、数km／hのロスが出たといわれる。

着艦拘捉装置（フック）は、基本的に九七式艦攻と同じであるが、制動時に拘捉鉤にかかる荷重は比較にならぬほど大きいため、拘捉鉤の強度はかなり高めてあった。

●無線機装備

天山の無線機も、九七式艦攻同様、多座機用九六式空三号無線電信機を搭載し、その配置状況はP．170図のようになっていたが、機体が新しいだけに、九七式艦攻の設計当初にはなかった。一式空三号隊内無線電話機が併用され、無線帰投方位測定器も、国産品の一式空三号型に更新されている。

九七式艦攻では、三号型の一部にしか搭載されなかった機上レーダー、すなわち三式空六号無線電信機は、天山の場合、昭和19年に入って生産された一二型では、3機に1機の割合で搭載したといわれ、実際、写真でも多く確認できる。

アンテナの取り付け法は、初期には九七式艦攻と同じであったが、後期では主翼前縁のアンテナが〝八木式〟に変更された。

●兵装

天山の雷・爆撃兵装も、基本的には九七式艦攻と同じで、800kgの魚雷、または800kgか500kgの大型爆弾×1、または250kg中型爆弾×2、または60kg小型爆弾×6であった。

魚雷、大型爆弾の懸吊法は、九七式艦攻に順じていたが、中型、および小型爆弾は、前後に長い一組みの懸吊（投下）器に変わった。

使用した魚雷は、九一式改一、改二、改三のいずれかだが、後部の姿勢安定用框板の形は、3種あった。このうち、四年式框板が、高速の天山、銀河用に考案されたものである。

天山が実戦デビューした昭和18年末以降では、水上艦船に対する水平爆撃の効果はほとんどないことが認識され、マリアナ沖海戦や、その後の陸上基地から行なった艦船攻撃も、ほとんど雷撃中心であった。大型爆弾を使っての攻撃は体当り特別攻撃くらいのものといえる。一応、天山も使用可能だった爆弾を示したのがP．177図。

射撃兵装に関しては、九七式艦攻よりも大幅に強化され、当初は、左主翼内に九七式七粍七固定機銃（！）1挺、後席に九二式七粍七旋回機銃、そして後席の後下方に

九一式航空魚雷懸吊要領

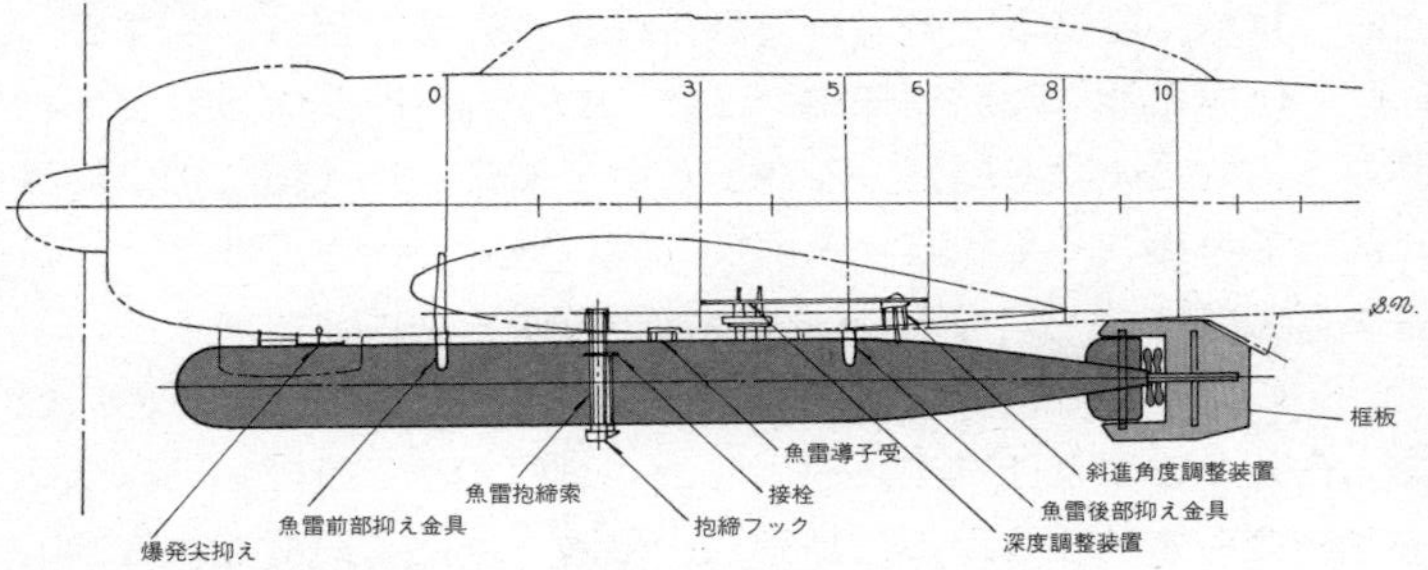

正面図

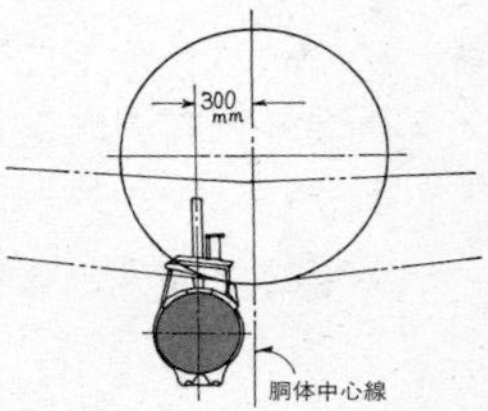

九一式航空魚雷用各種框板（寸法単位：mm）

九七式框板小型

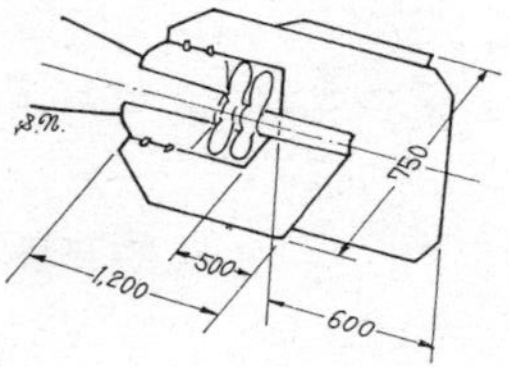

九七式小型改一（一式陸攻用）

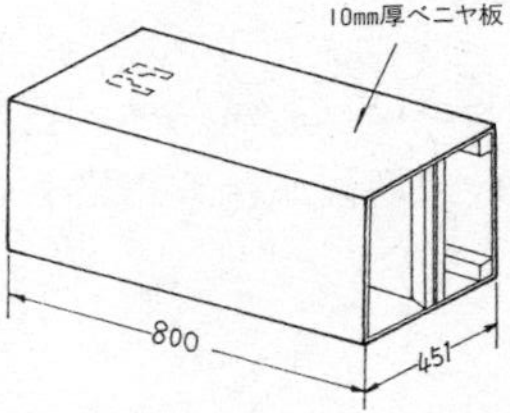

四年式框板（天山、銀河用）

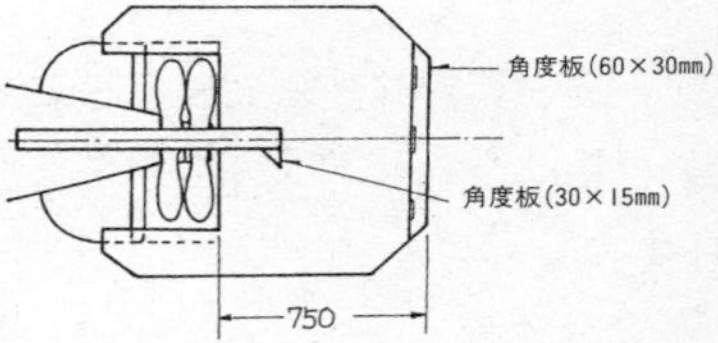

▲九一式改三と思われる魚雷を懸吊して、攻撃に向う「天山」一二型の編隊。魚雷後部には右図の中央に示した、箱型の九七式小型改一と呼ばれた框板を付けている。

▲「天山」一一型の偵察員席左側。中央に九〇式一号爆撃照準器、その右奥に零式爆弾投下管制器が見える。

八〇番（800kg）、五〇番（500kg）大型爆弾懸吊要領

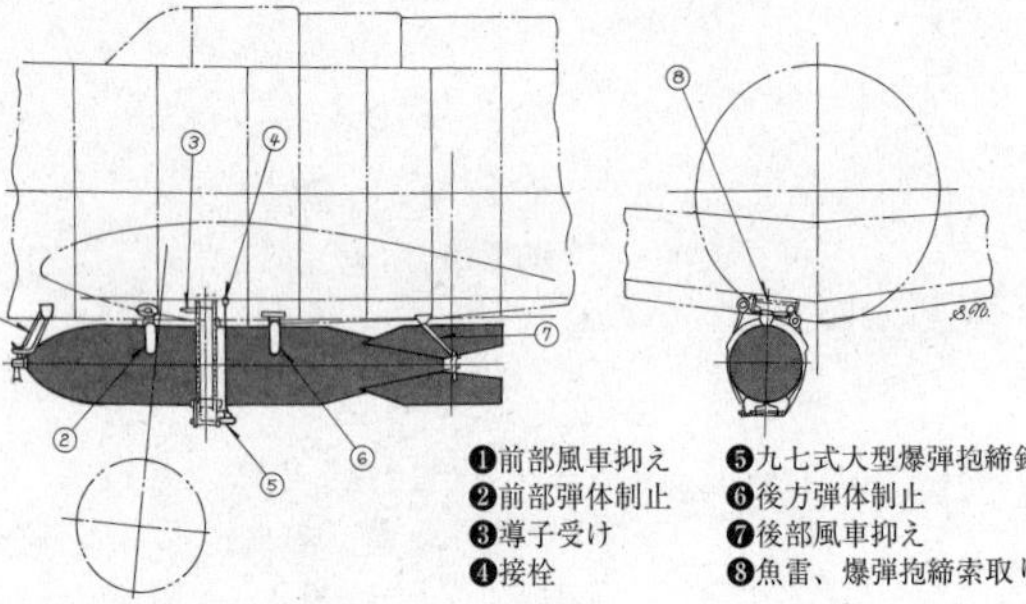

❶前部風車抑え
❷前部弾体制止
❸導子受け
❹接栓
❺九七式大型爆弾抱締鉤
❻後方弾体制止
❼後部風車抑え
❽魚雷、爆弾抱締索取り付け部

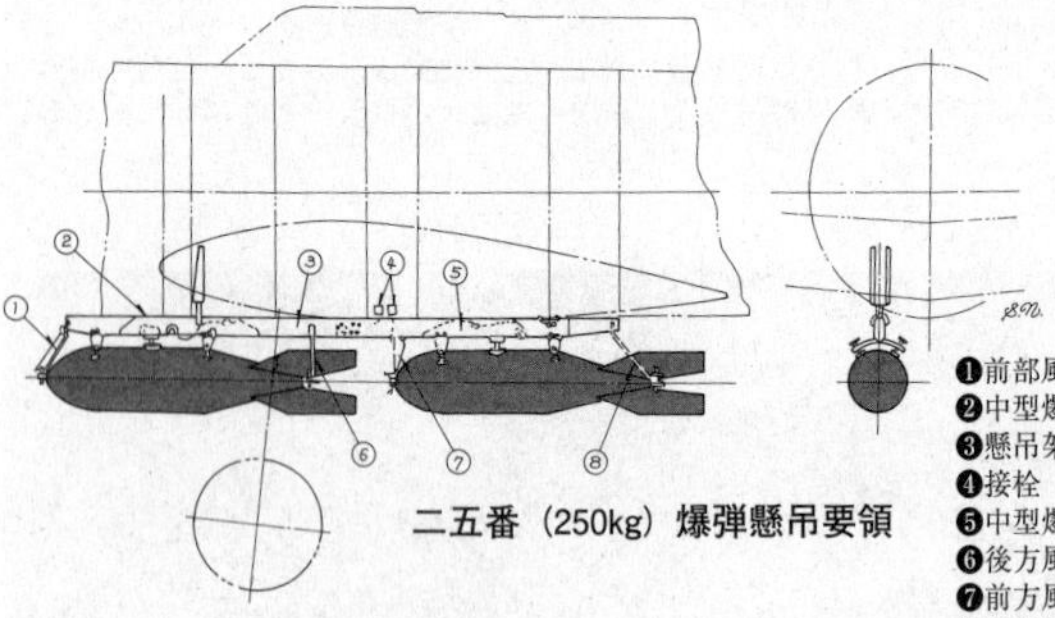

二五番（250kg）爆弾懸吊要領

❶前部風車抑え
❷中型爆弾投下器
❸懸吊架
❹接栓
❺中型爆弾投下器
❻後方風車抑え
❼前方風車抑え
❽後方風車抑え

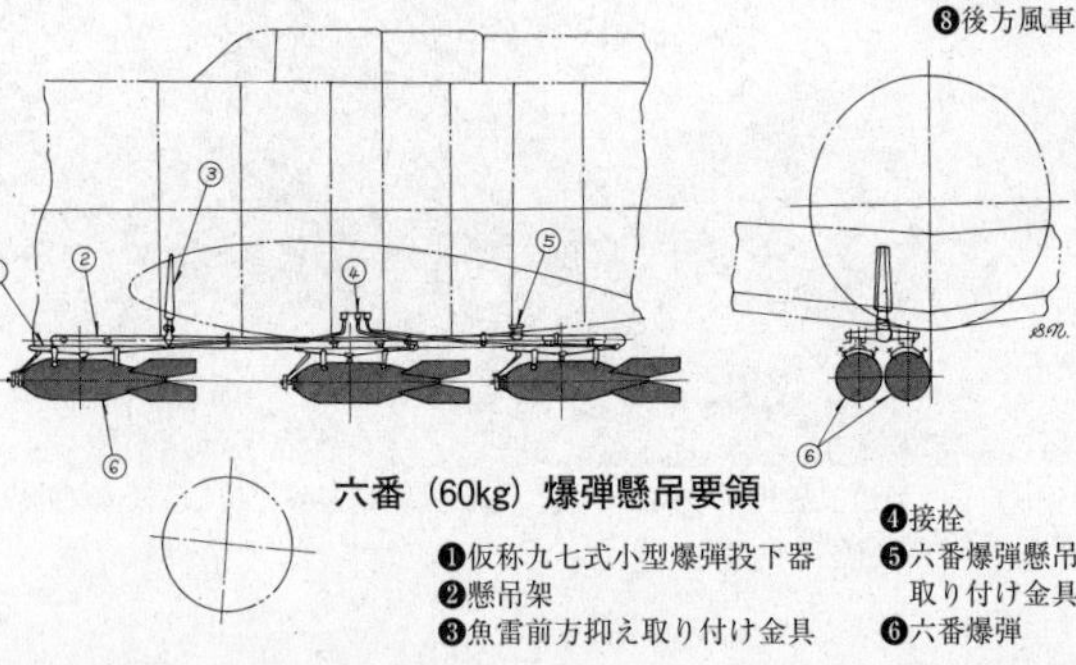

六番（60kg）爆弾懸吊要領

❶仮称九七式小型爆弾投下器
❷懸吊架
❸魚雷前方抑え取り付け金具
❹接栓
❺六番爆弾懸吊架後部取り付け金具
❻六番爆弾

太平洋戦争中に使用された海軍の主要爆弾（寸法単位：mm）

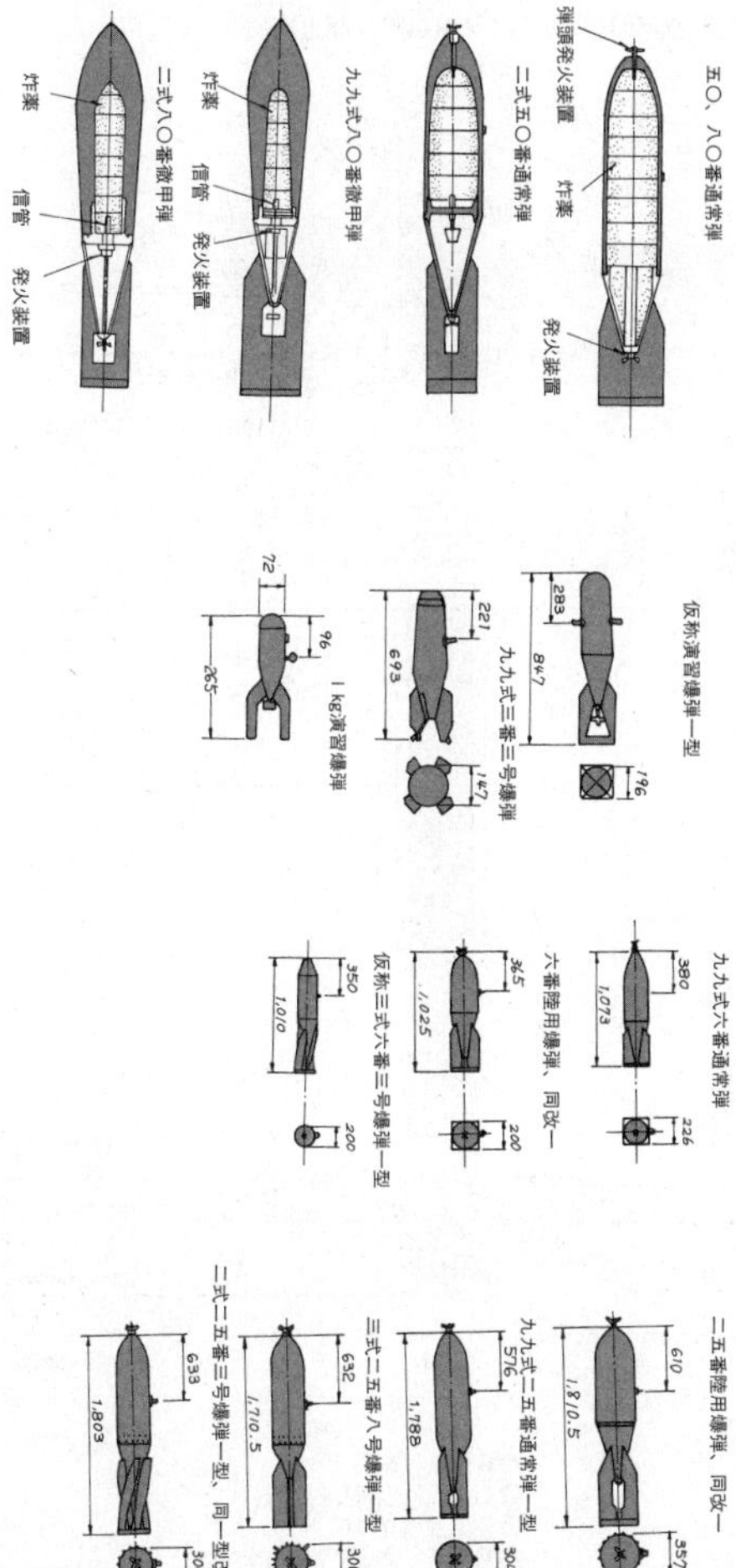

左主翼内固定機銃装備要領（71号機以降は廃止）

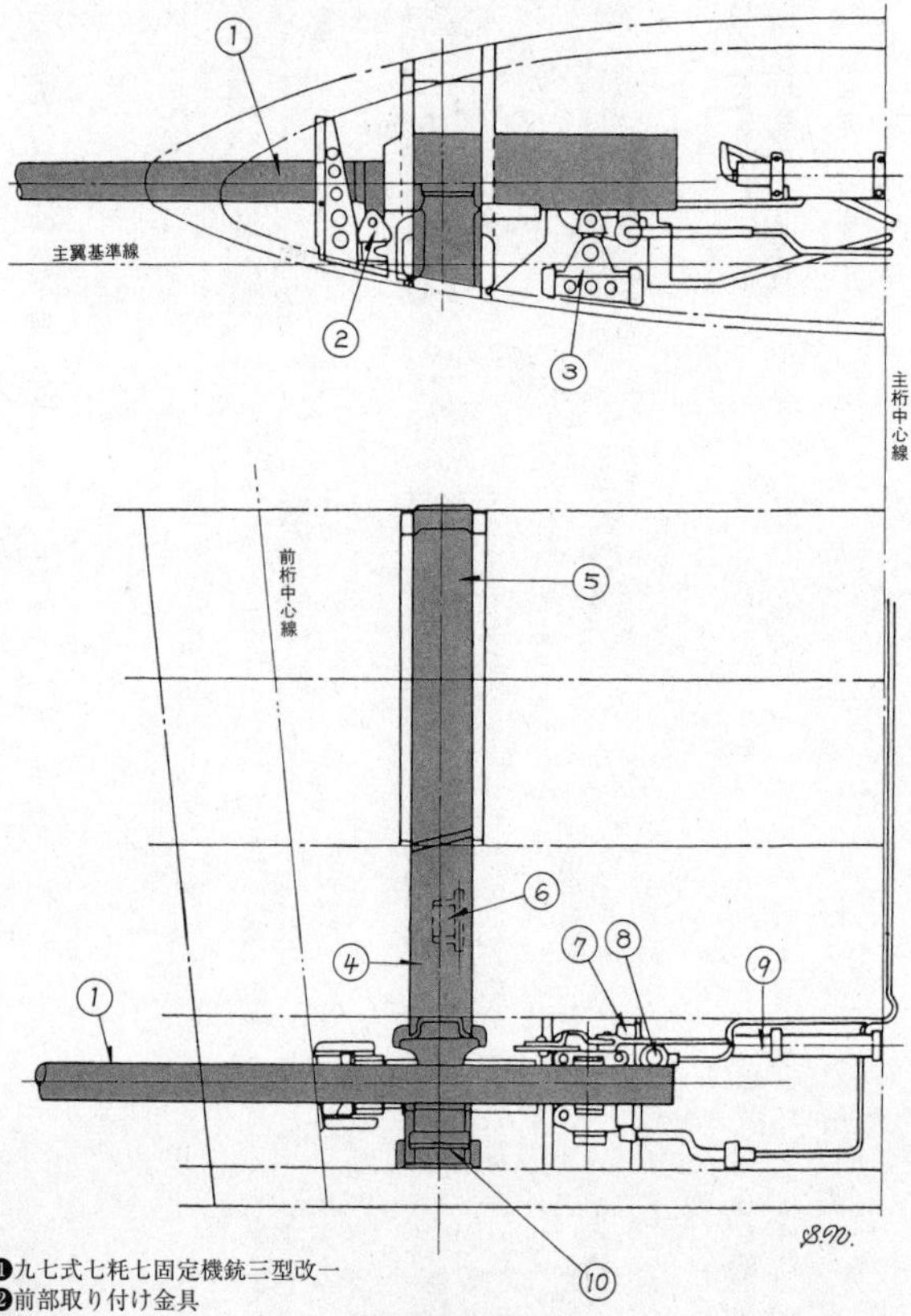

❶九七式七粍七固定機銃三型改一
❷前部取り付け金具
❸後部取り付け金具
❹給弾管
❺弾倉（400発入）
❻残弾指数発信器
❼装弾装置作動筒
❽転把復帰油圧作動筒
❾装填油圧作動筒
❿空薬莢、および装弾子排出筒

後上方七粍七機銃装備要領

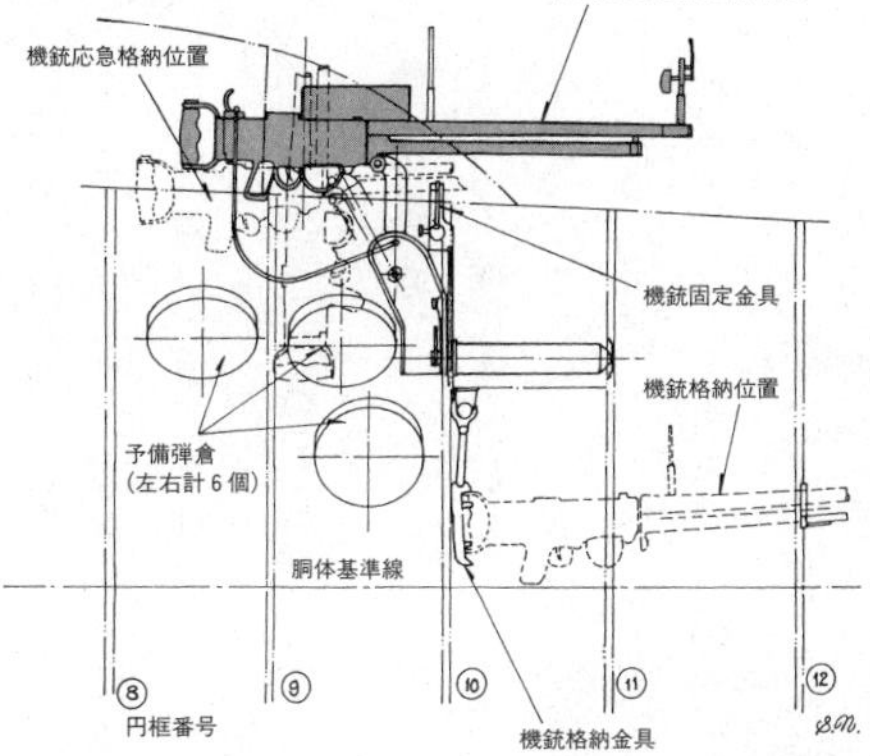

後下方七粍七機銃装備要領

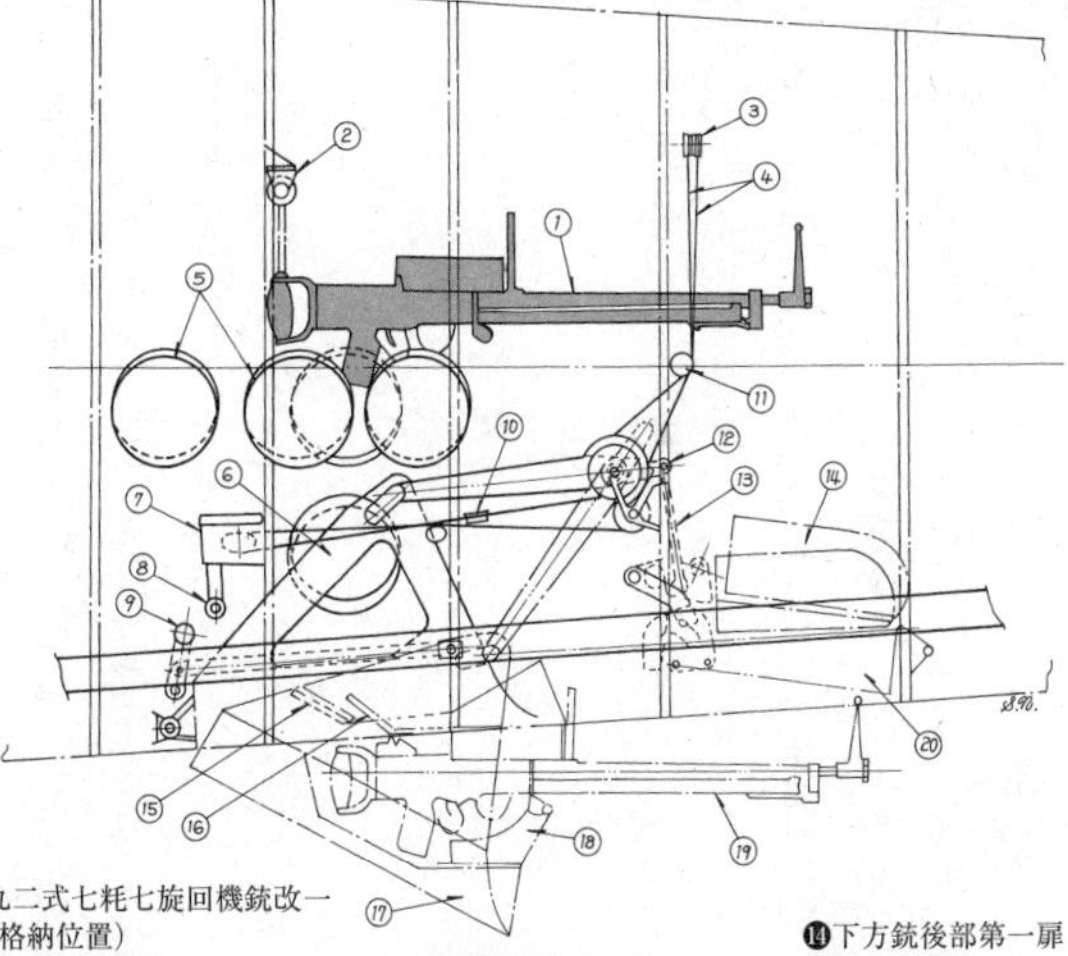

❶九二式七粍七旋回機銃改一
(格納位置)
❷機銃格納金具
❸第三索受滑車
❹下方銃開閉扉開閉操作索
❺予備弾倉
❻下方銃前部開閉扉
❼開閉扉歯車管
❽開閉操作ハンドル
❾開閉扉止脱装置
❿第一滑車
⓫第二索受滑車
⓬左右舷開閉装置
⓭連動桿
⓮下方銃後部第一扉
⓯銃座反射鏡
⓰鏡式照準器
⓱銃架付き前部扉
⓲銃架
⓳下方銃水平射撃位置
⓴下方銃後部第二扉

も九二式七粍七機銃1挺を備えていた。

主翼内の固定機銃と後下方機銃は、雷撃後の敵艦掃射用に装備したと思われるが、実戦ではほとんど役に立たず、前者は一一型の通算71号機以降で廃止され、後者についても、ほとんど使用せず、撤去した機体も多かったと思われる。

なお、一二型では後席旋回機銃が二式十三粍に、後下方のそれは一式七粍九二にそれぞれ強化、更新された。

④「流星」〔B7A〕

●一般構造

前部下面に爆弾倉を有することと、操縦者のための離着艦時の前下方視界を確保する必要などから、本機の胴体断面形は、下方が膨れたオムスビ形になった。

肋材（フレーム）は、防火壁を兼ねる1番から20番までの20枚で、これに24本の縦通材を配した骨組みに外鈑を張った、ごく一般的なセミ・モノコック式構造である。

量産性を考慮し、1～16番肋材間は上下に二分、16～20番肋材間は一体で、3分割して組み立てられるようになっており、内部諸艤装、その他もこの分割組み立てに応じ得るように配置されていた。

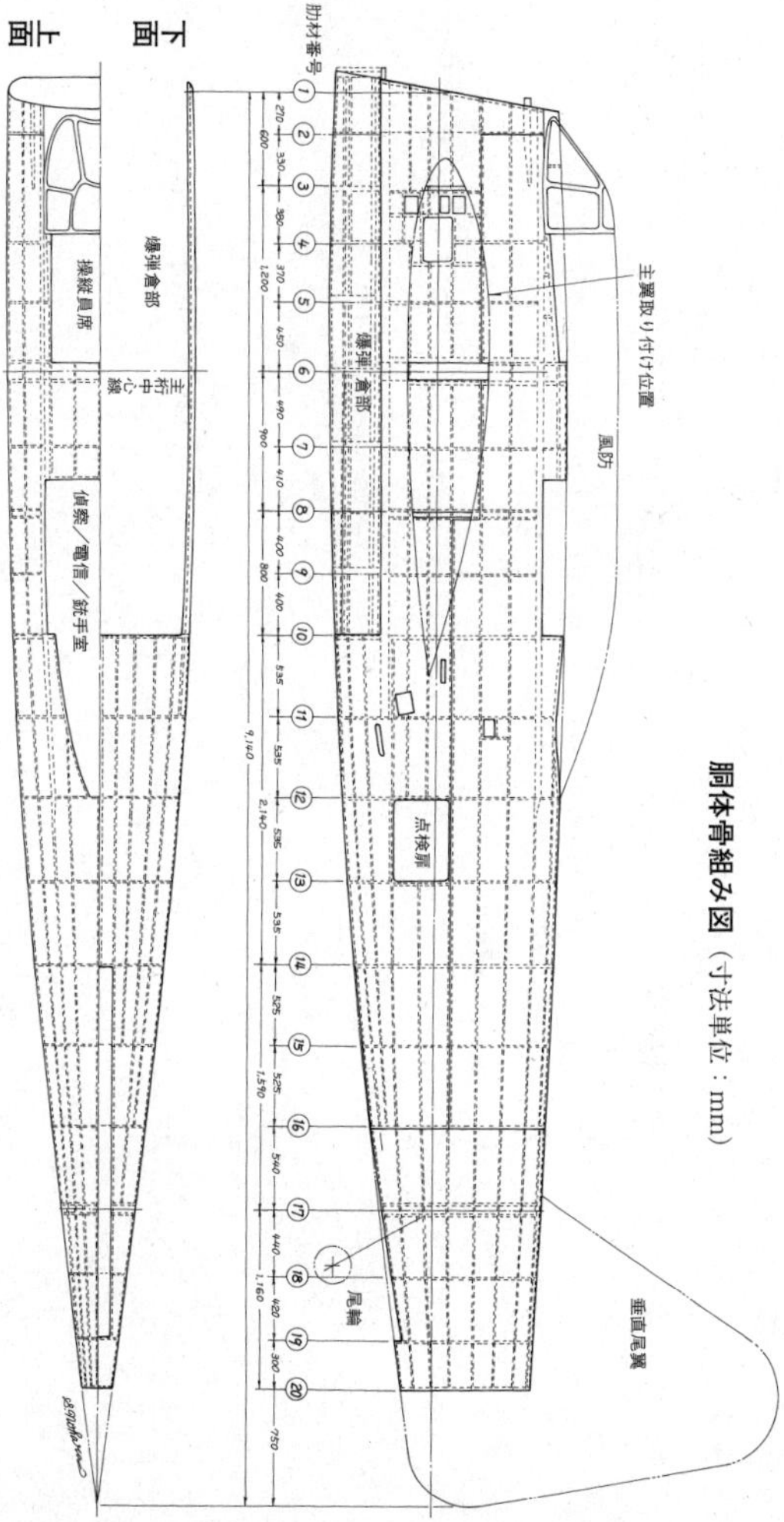

胴体骨組み図（寸法単位：mm）

爆弾倉扉断面図

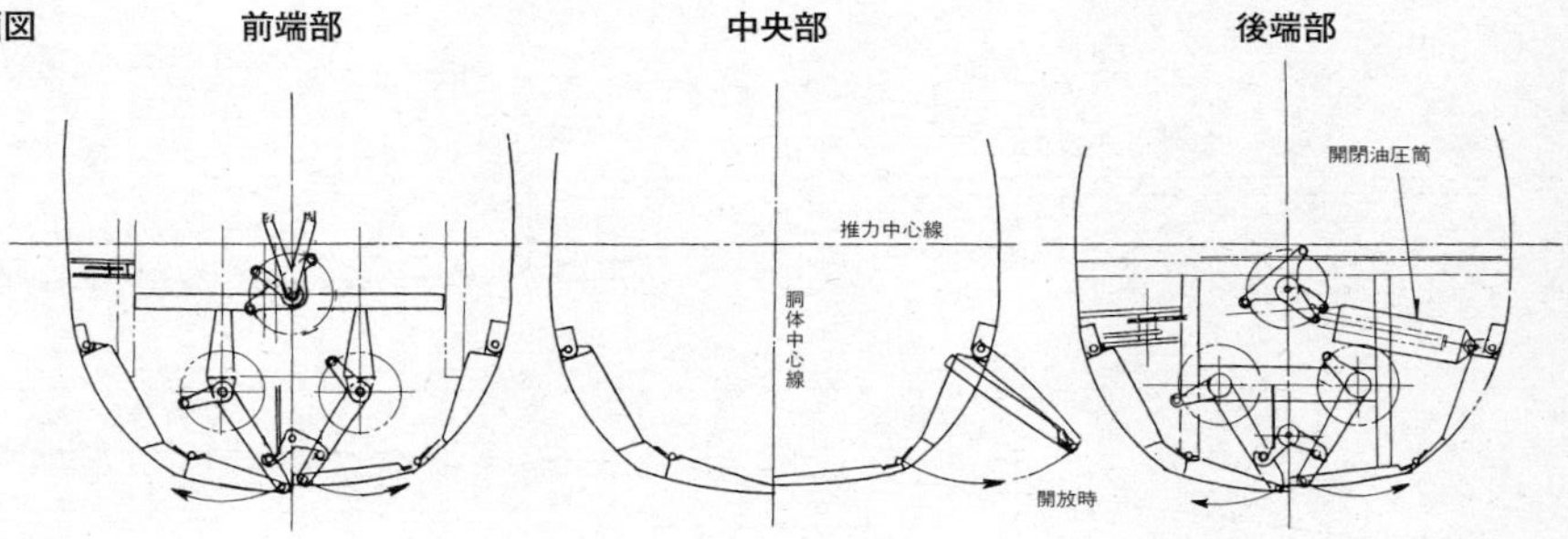

風防構成図

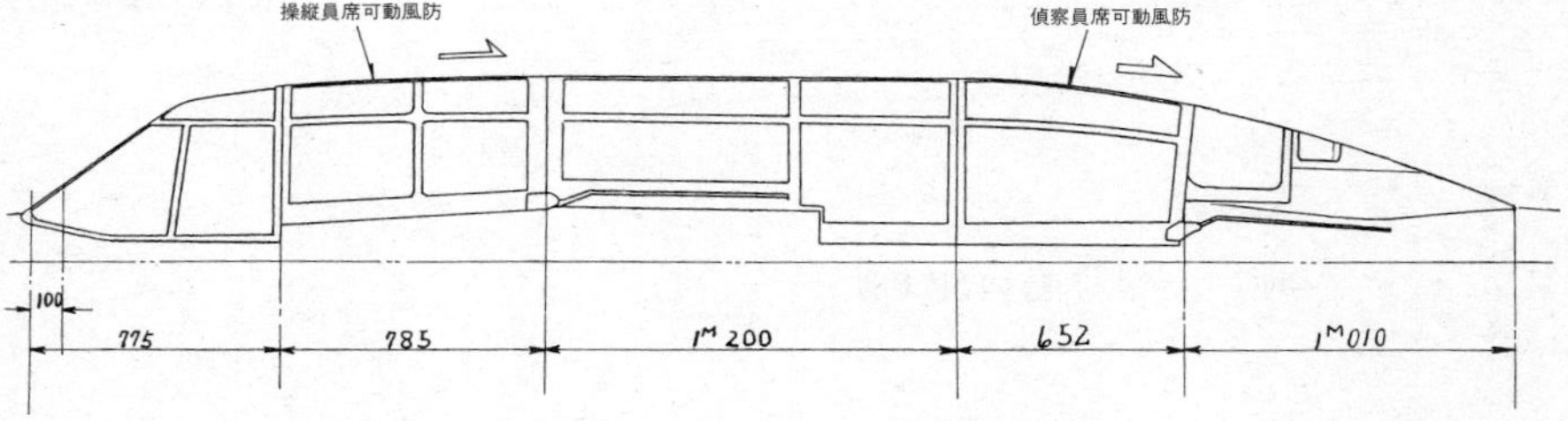

操縦室正面配置図（試作段階を示す）（寸法単位：mm）

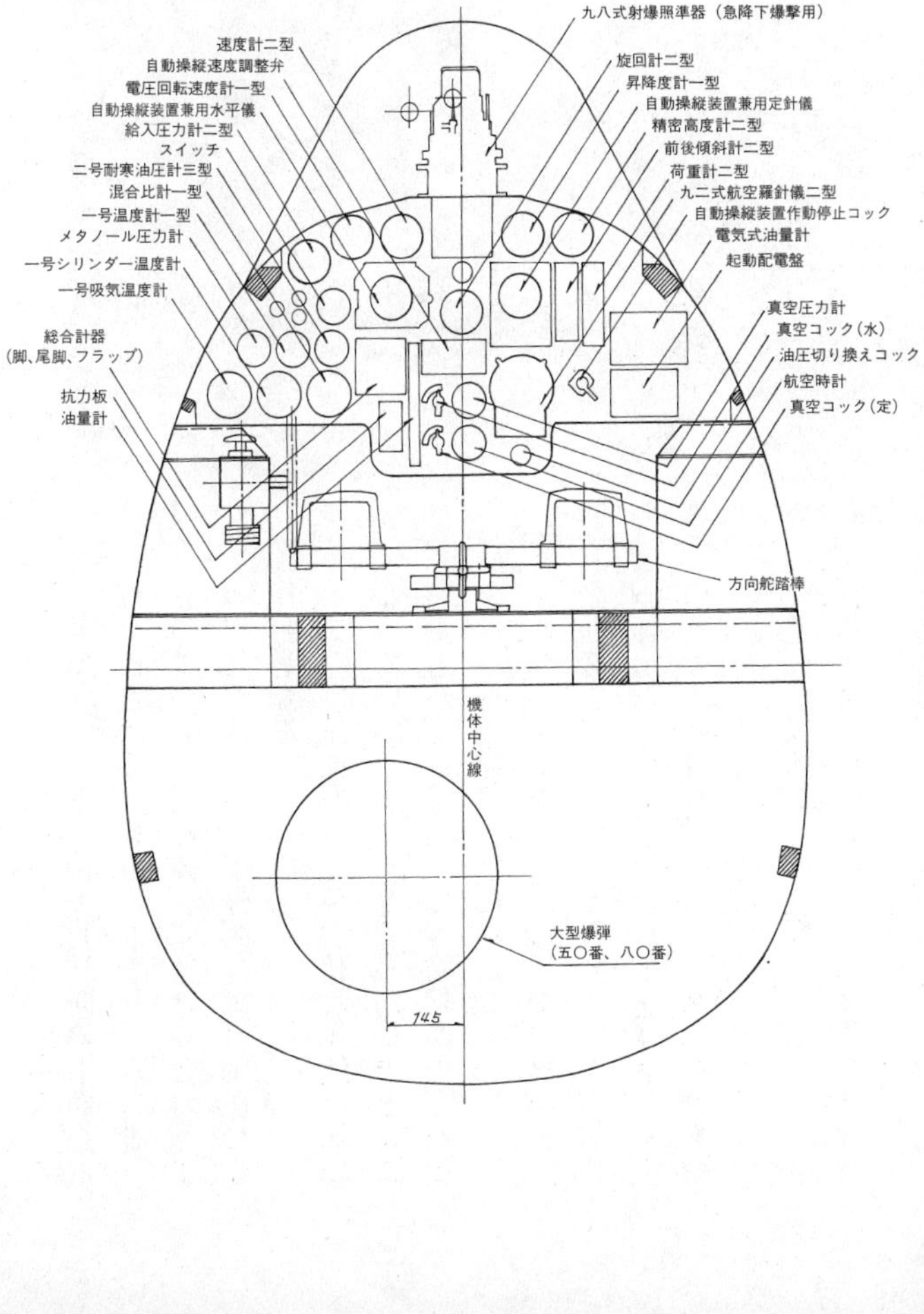
九八式射爆照準器（急降下爆撃用）
速度計二型
自動操縦速度調整弁
電圧回転速度計一型
自動操縦装置兼用水平儀
給入圧力計二型
スイッチ
二号耐寒油圧計三型
混合比計一型
一号温度計一型
メタノール圧力計
一号シリンダー温度計
一号吸気温度計
総合計器
(脚、尾脚、フラップ)
抗力板
油量計
旋回計二型
昇降度計一型
自動操縦装置兼用定針儀
精密高度計二型
前後傾斜計二型
荷重計二型
九二式航空羅針儀二型
自動操縦装置作動停止コック
電気式油量計
起動配電盤
真空圧力計
真空コック(水)
油圧切り換えコック
航空時計
真空コック(定)
方向舵踏棒
機体中心線
大型爆弾
(五〇番、八〇番)
145

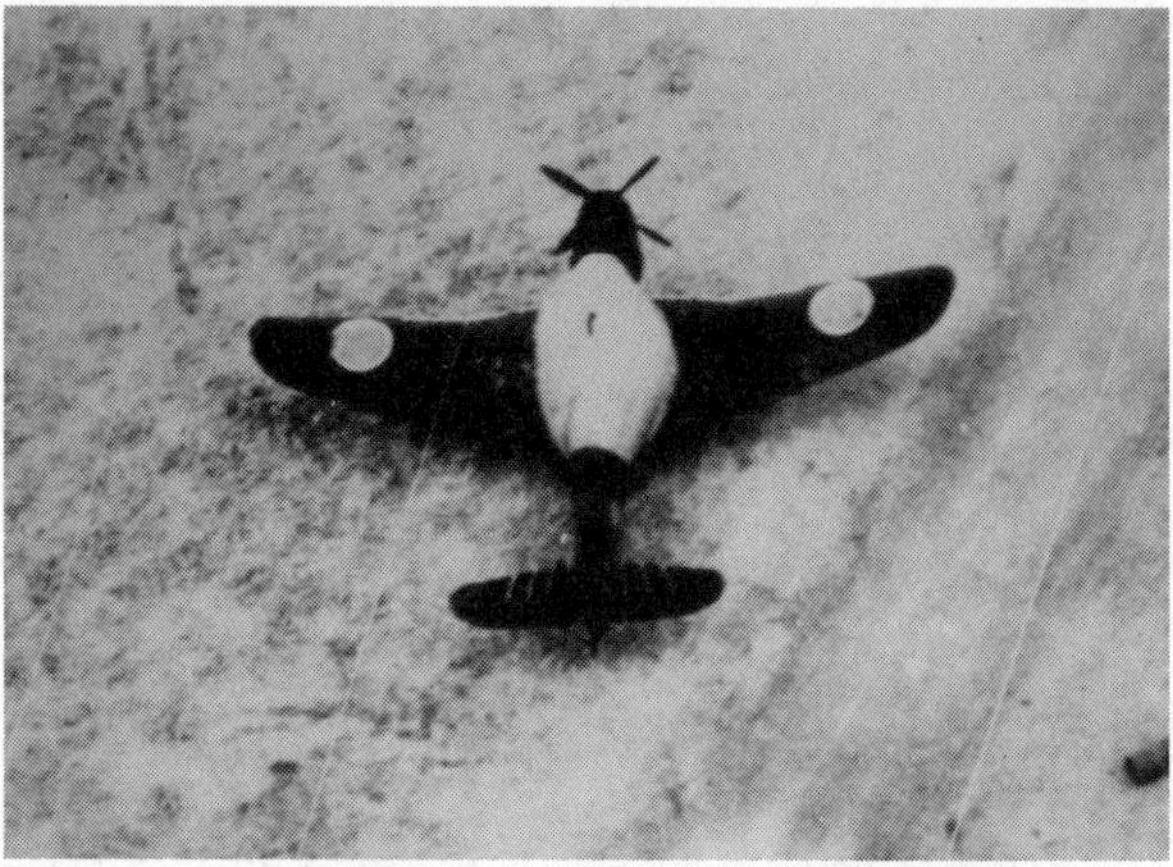

▲「流星」生産機の平面形を捉えた写真としては、唯一のものと思われるショット。十六試艦攻と呼ばれた試作機とは、主翼形状がまったく異なった。

爆弾倉は、1~10番肋材間の下面を占め、長さは3・5mにもなり、八〇番、五〇番の両大型爆弾もすっぽりとおさまってしまう。なお、爆弾倉扉は油圧により開閉する。

この爆弾倉の上方が主翼取り付け部になっていて、ちょうど6番肋材のところに主桁がくる。12~13番肋材間の左側にのみ、点検扉が設けられた。

コンパクトな、戦闘機用の中島「誉」発動機を搭載したこともあって、本機の胴体幅は1250㎜にとどまり、「天山」の1450㎜に比べて200㎜も細い。

逆に、風防上面まで含めた高さは1920㎜に達し、天山のそれより約200

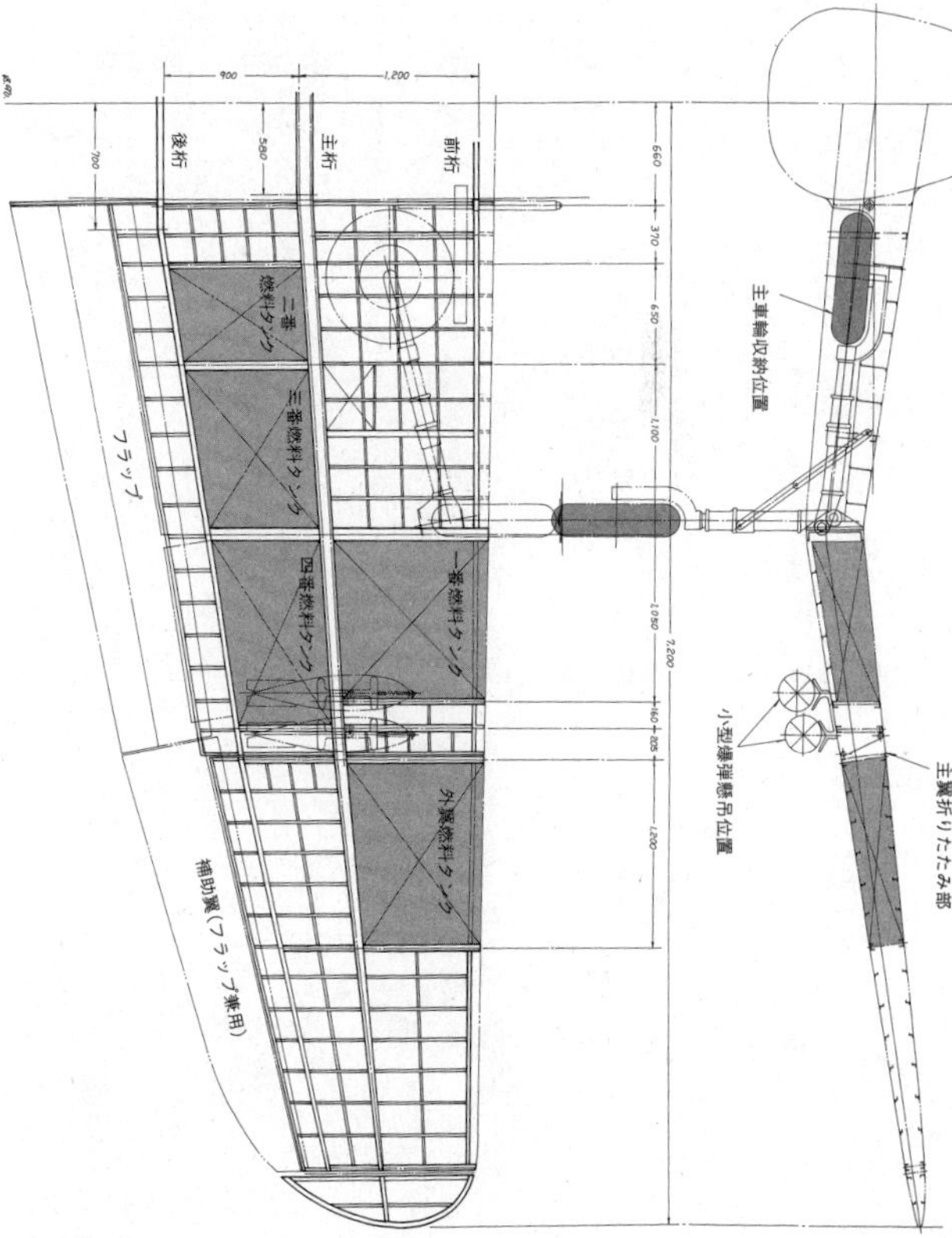

主翼骨組み図（寸法単位：mm）

フラップ線図（寸法単位：mm）

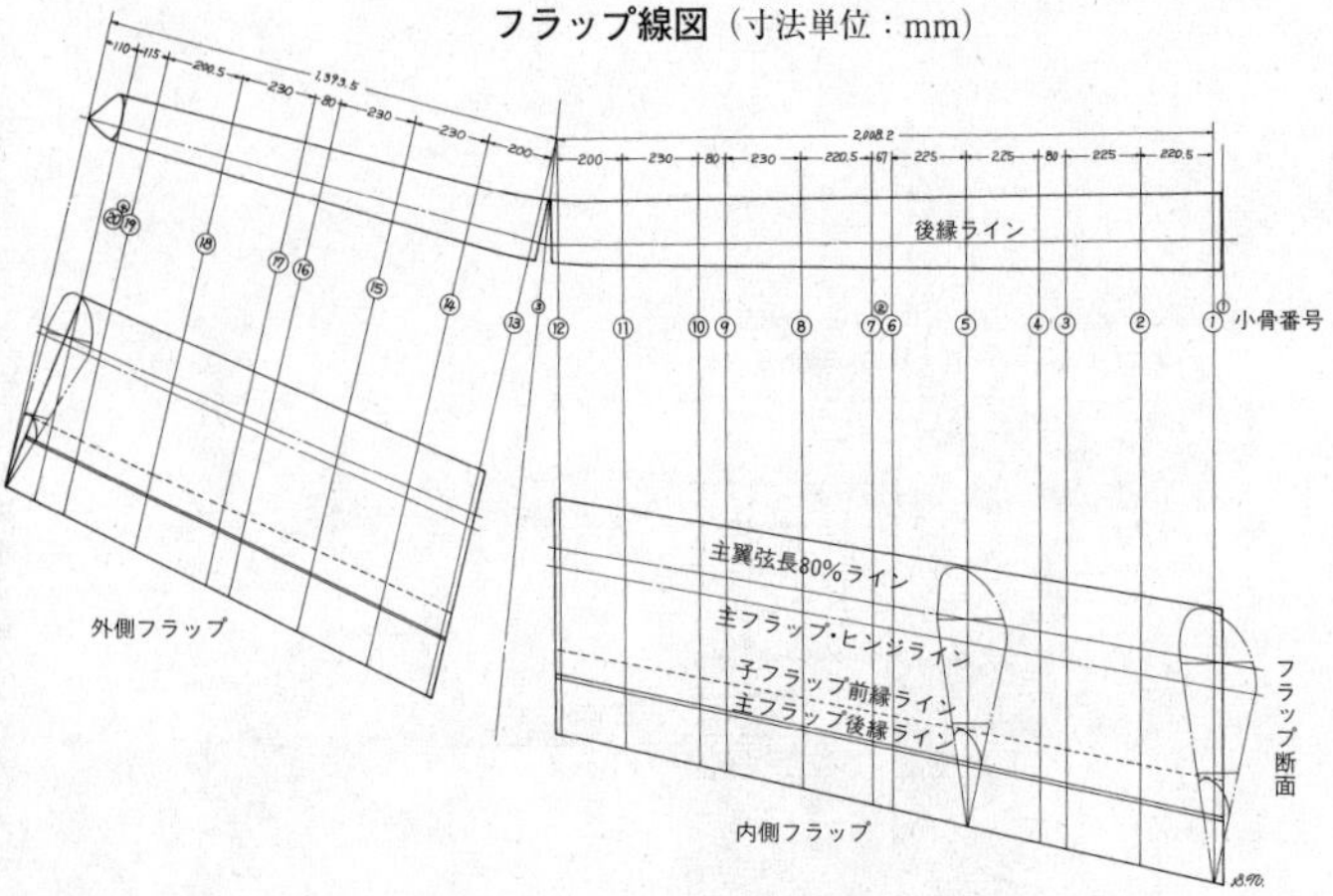

親子（二重）フラップ作動要領

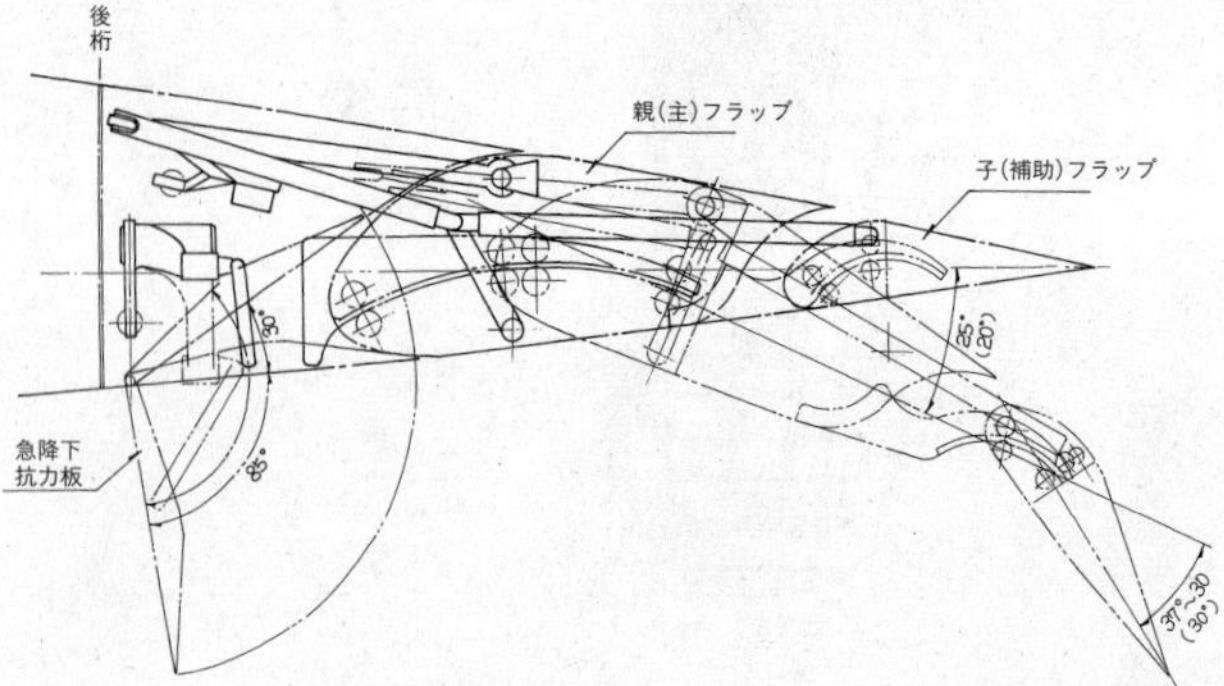

補助翼線図（寸法単位：mm）

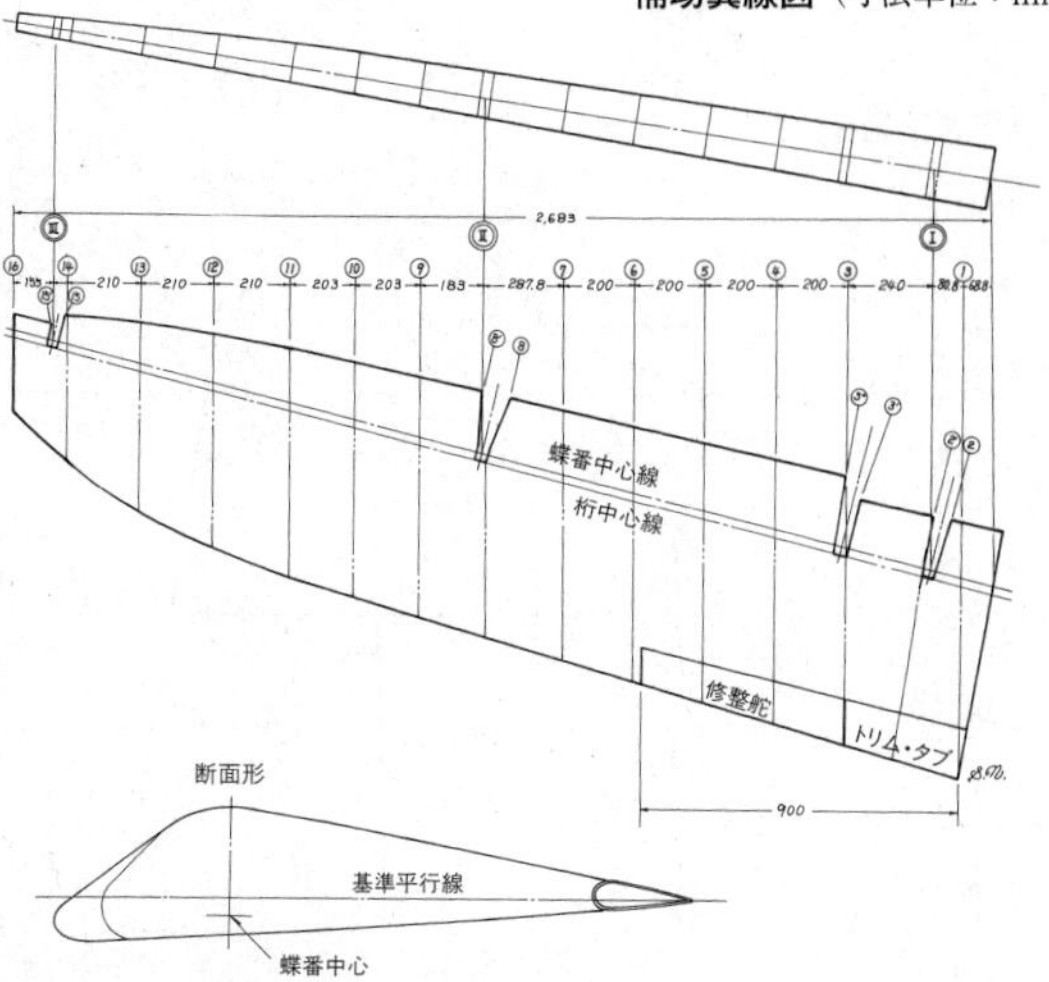

水平尾翼線図（寸法単位：mm）

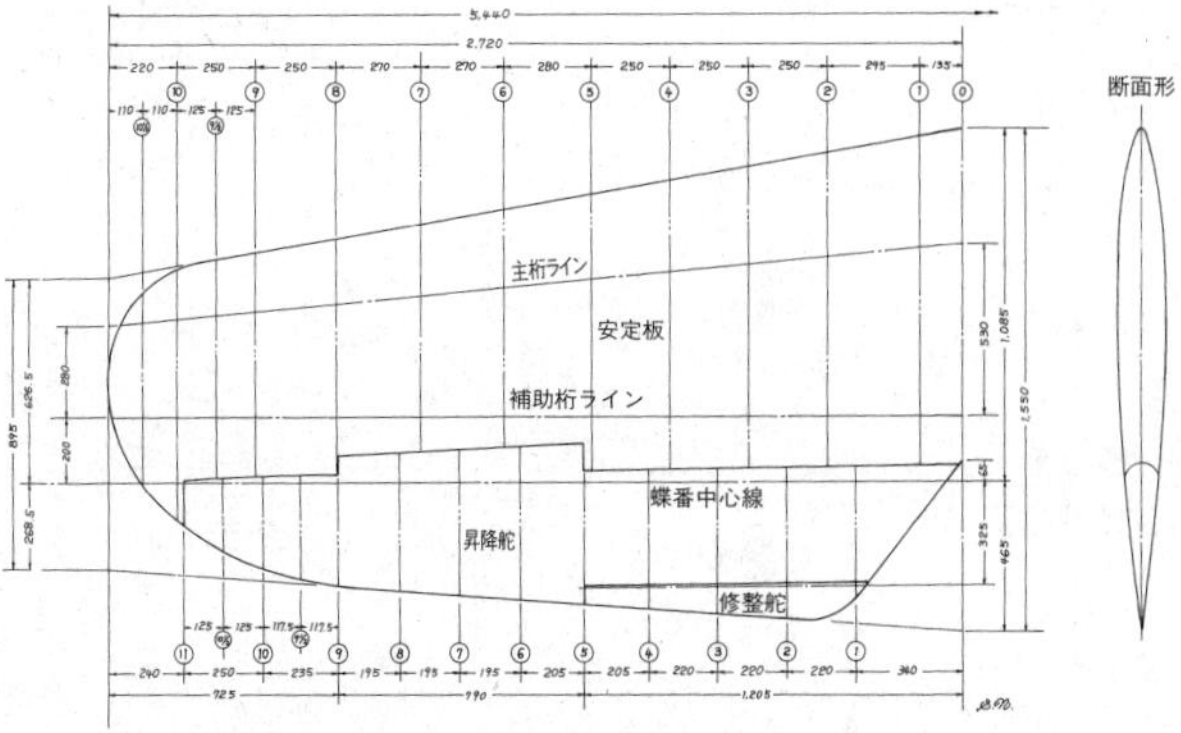

垂直尾翼線図（寸法単位：mm）

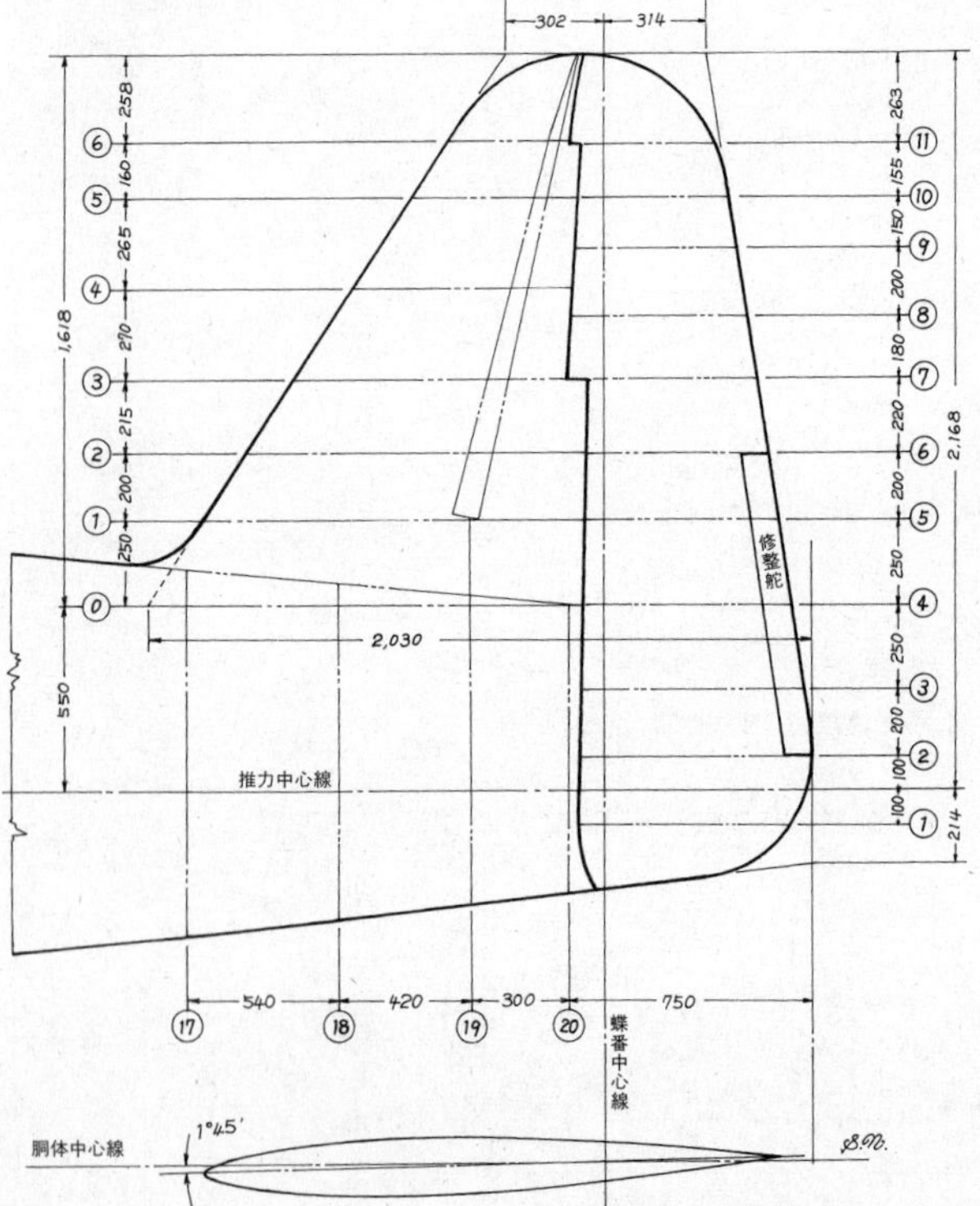

断面図

操縦桿配置
(正面図)

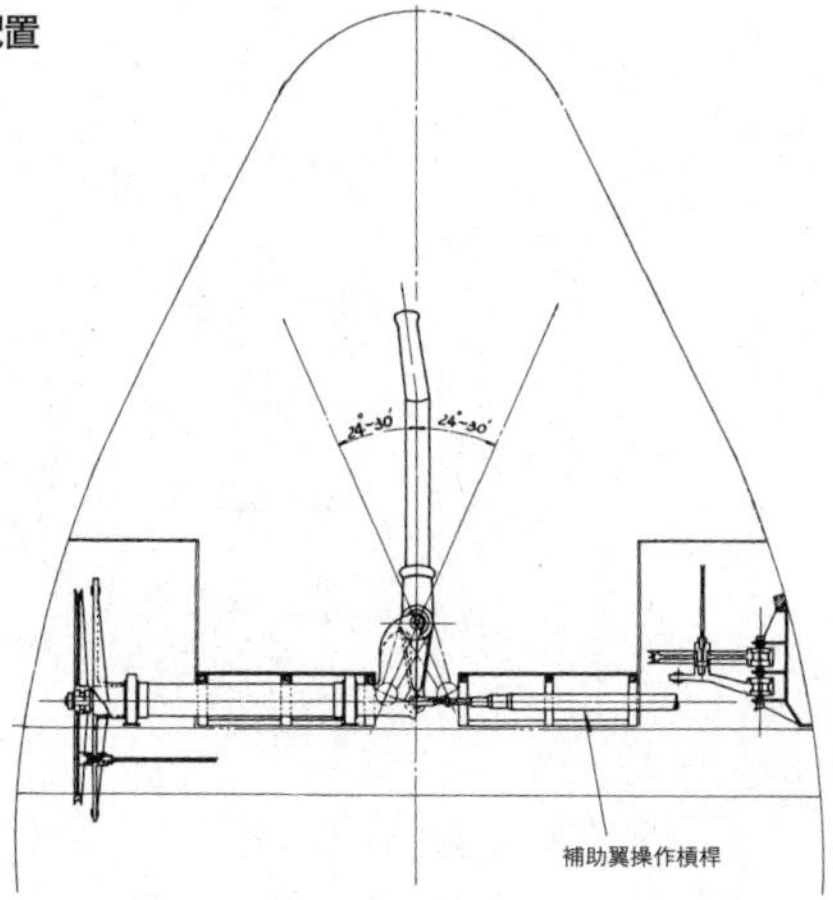

補助翼操作、およびフラップ連動装置（正面より見る）

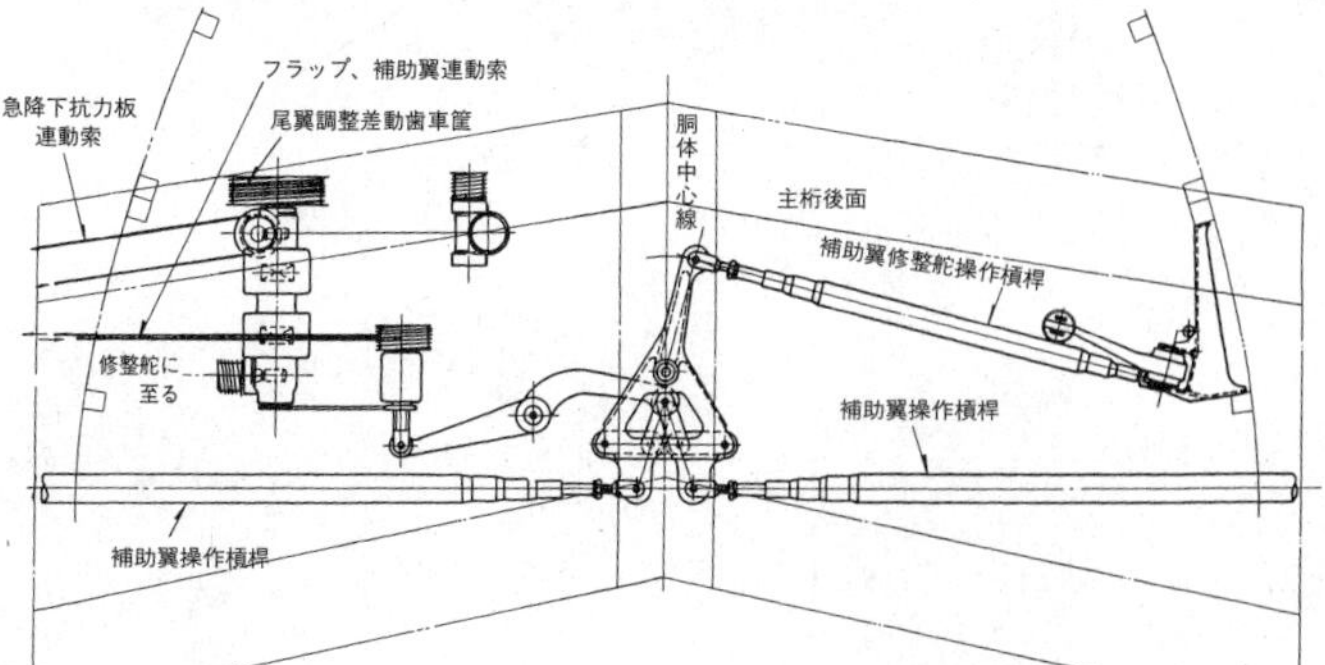

※試作段階のもので、生産機は尾翼調整系統は廃止。

操縦室周囲装備

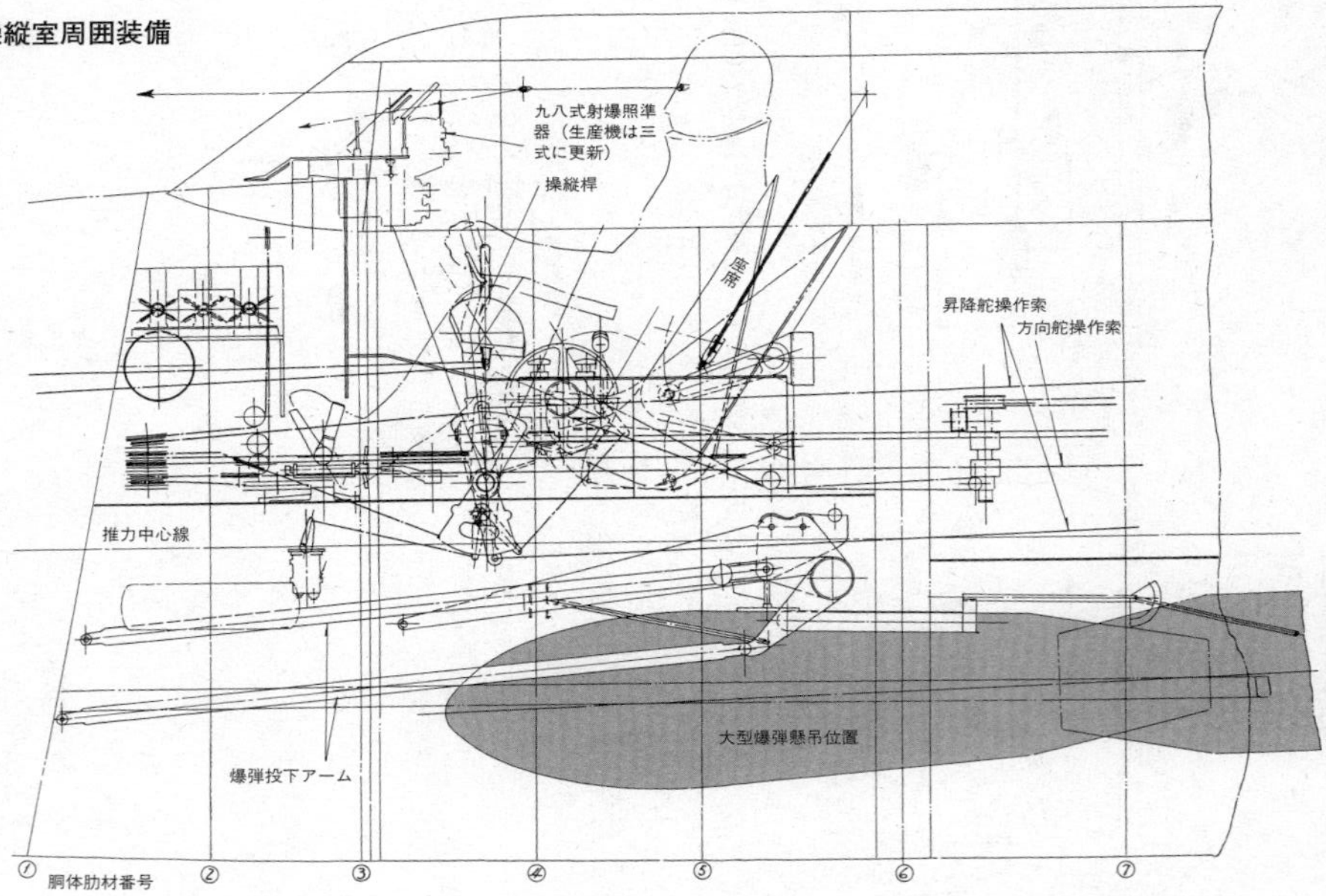
九八式射爆照準器（生産機は三式に更新）
操縦桿
座席
昇降舵操作索
方向舵操作索
推力中心線
爆弾投下アーム
大型爆弾懸吊位置
胴体肋材番号
①
②
③
④
⑤
⑥
⑦

㎜高い。胴体後部の上下幅がかなり大きいこととあわせ、本機が側面積を大きくして胴体そのものの方向安定性を重視していることの表われ。

これは、天山が従来どおりの艦攻であったのに対し、本機は実質的に雷撃も可能な艦爆という、根本的な性格の違いによる。

複座にもかかわらず、本機の乗員室区画は1～12番肋材間4・57ｍもの長さにおよぶ。これは、中翼配置にともない、前、後席間を主桁が貫通していて、必然的に両席間をあけねばならなかったことによる。

本機の外形を特徴づける逆ガル形態主翼も、胴体内爆弾倉の採用によって必然的に生まれた。すなわち、中翼配置のまま一般的な上反角付き主翼にすると、主脚が長くなって重量もかさみ、収納スペースの面からも好ましくない。

そこで内翼に下反角（6°30′）、外翼に上反角（8°30′）を付けて屈折させ、この屈折部に主脚を取り付けることで短くできるという狙いである。

全幅14・4ｍは、天山の14・89ｍより短く、面積も35・4㎡と小さい。これは急降下爆撃もこなすうえで、なるべく主翼は小さくまとめようとした結果である。

中翼配置にともない、胴体の真ん中あたりを桁が貫通するので、当然、主桁は１本とされ、その前後に補助桁を配して強度を確保した。

P．185図を見ればわかるように、天山より小さい主翼に、同程度の航続距離を満たす燃料を収めるため、内翼（基準翼）は主脚収納部を除いたほかのほとんどのスペース、さらに折りたたみ部分の外翼前縁部まで燃料タンクで占められた。左右合計10個のタンク容量は1600ℓにも達する。

各タンクは、インテグラル式だが、天山と同様、とくに防弾の配慮はなされていない。なお、生産機では、水メタノール液噴射装置が使用されたため、右翼四番タンクは水メタノール液タンクとして使われたので、燃料容量はそのぶん減少した。

これは、試作段階での組み立て図のため、外翼下面に小型爆弾架が装着できるように図示してあるが、生産機では廃止されたと思われる。

主翼断面形は、愛知航空機と関係の深かった、ドイツ・ハインケル社のHe100戦闘機のそれを参考に考案した、弦長方向に厚さが長い形のもの。取り付け角は2°、前縁は翼端に向かって1.5°の振り下げがつけられていて、空戦性能にも配慮していた。本機が、宙返り飛行もこなせたこととあわせ、従来の艦攻というイメージとは、ちょっと趣を異にした機体であることが実感できる。

主翼面積が小さくて、重量が重く（全備状態にて5．5t）、したがって「天山」以上に翼面荷重の高い本機には、高揚力のフラップが不可欠。

そこで、愛知の設計陣が採用したのが、二重スロッテッド・フラップ、いわゆる〝親子式〟フラップである。これは、一段目のフラップが下がると、その後縁に設けた小さな二段目フラップが連動して下がる仕組み。下げ角はそれぞれ異なり、〝子〟フラップのほうが少し大きい。（P．186図参照）

逆ガル主翼のため、フラップは主翼本体の屈折部で内、外に二分される。下げ状態のとき、翼幅方向への揚力増加分布に差が生じるため、下げ角は内側が最大25°に対し、外側は20°に抑えられており、子フラップも同様に30°となっている。

しかし、この親子式フラップをもってしても、揚力増加はなお不充分なため、本機は補助翼にも工夫をこらし、離着艦時には左右とも15°まで下がり、フラップとして働くようにしてあった。通常の補助翼としての運動角は、上方に30°、下方に20°である。

この補助翼後縁には、修整舵が設けられているが、本機の場合、主翼内燃料タンクのスペースが大きく、燃料の片減りなどによる、左右の傾きが生じる恐れがあるため、この修整舵とは別に、内側にトリム用タブが付けられていた。

補助翼は、骨組みと前縁部が金属製で、後半は外皮が羽布張りとされた。

本機の主翼関係で、もうひとつ特徴的なのは、左右主翼下面のフラップ前方に設けられた、抗力板と呼ばれたエア・ブレーキ。いうまでもなく、本機は急降下爆撃もこなすので、このエア・ブレーキもいわば必須装備であった。

メカニズム的には、愛知が転換生産していた、艦爆「彗星」のそれに倣ったもので、油圧をエネルギーとして、前縁をヒンジにして、最大85°まで下がる。この抗力板により、90°の垂直降下の場合でも、300kt(556㎞/h)の終速に抑えることを可能にした。

なお、この抗力板は、フラップ下げ状態のときは、逆に上方に30°上がり、フラップが後方にスライドして、主翼本体との間に生じた隙間から、気流がスムーズにフラップ上面側に流れるよう、主翼本体内部への気流の逆流を防ぐ働きをする。

また、この抗力板は、試作段階では前記した働きのほかに、空戦フラップとして活用することも検討されていたが、生産機に適用されたのかどうか、確認できない。

尾翼は、ごく一般的な構造、形状であるが、「彗星」の経験から、胴体尾部の側面積を大きくとるために、水平尾翼は推力中心線から、かなり高い位置に取り付けるよう工夫され、あわせて抗力板下げ状態のときに、気流の影響をうけないようにした。

試作機の段階では、フラップ、抗力板を下げたときの釣合いの変化に対応するため、水平安定板の取り付け角を変更できる、いわゆるフライング・テイル方式を採ることも考えられていたが、生産機では導入されなかったようだ。

発動機出力が大きいことによる、プロペラ・トルクの影響を考え、本機の垂直安定板の取り付け角は、機体中心線に対して左に1°45′にオフセットしている。

●動力装置

昭和17年当時に試作中だった海軍機の常として、本機の発動機もまた、最初から中島「誉」が指定された。

本発動機に関しては、拙著『海軍局地戦闘機』（文庫版）などでも記述しているので、改めて詳述する必要もないと思うが、いずれにしろ、厳しい条件下での運用が前提になる、戦時下の実用発動機としては失格であった。

直径が欧米同級発動機に比べて小さく、重量も軽いというメリットも、それが１００パーセント確実に稼働してこそ意味がある。

いかに設計に優れていようが、実戦の場で故障を多発し、稼動率が50パーセントを下回り、出力もカタログどおり出ないというような発動機は、たとえいくつかの悪条件があったにせよ、実用品としては失格である。残念ながら、「誉」はこれにあてはまってしまう。

「流星」は、生産数も少なく、装備部隊もほとんどひとつしかないという状況で終わ

左側面図

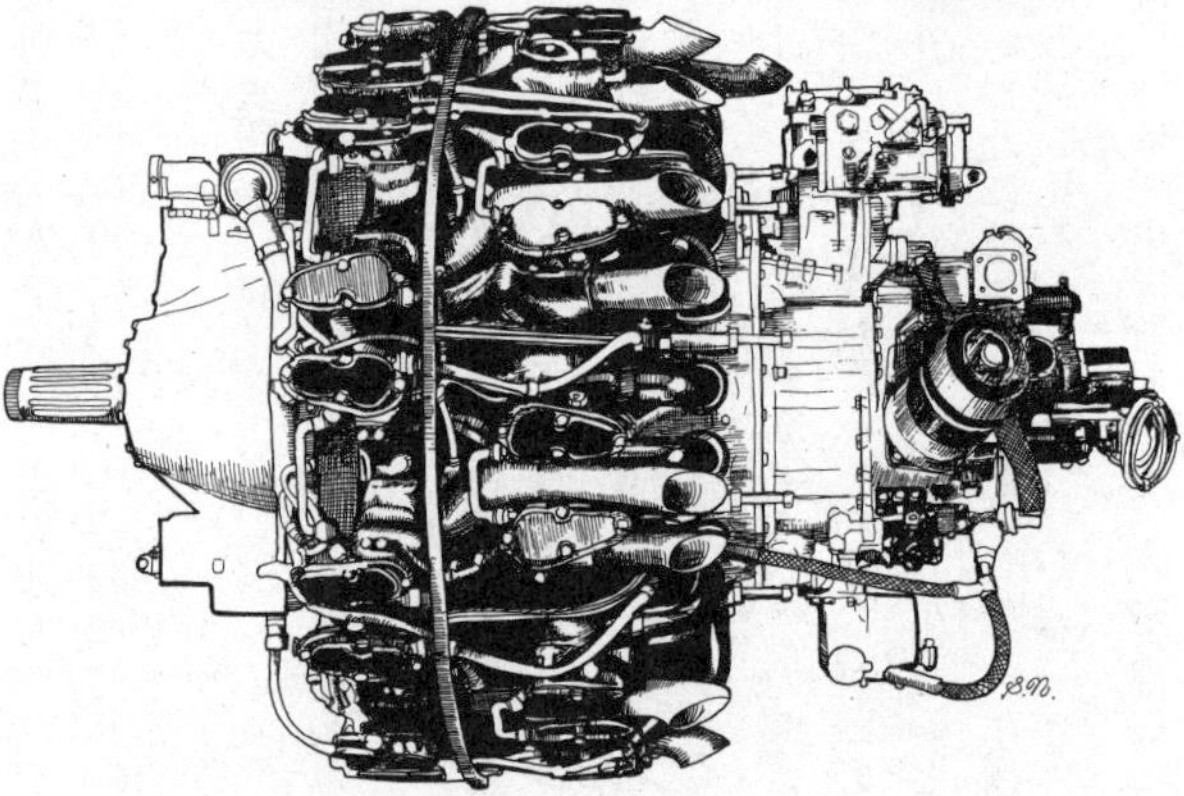

中島「誉」一一型発動機

正面図

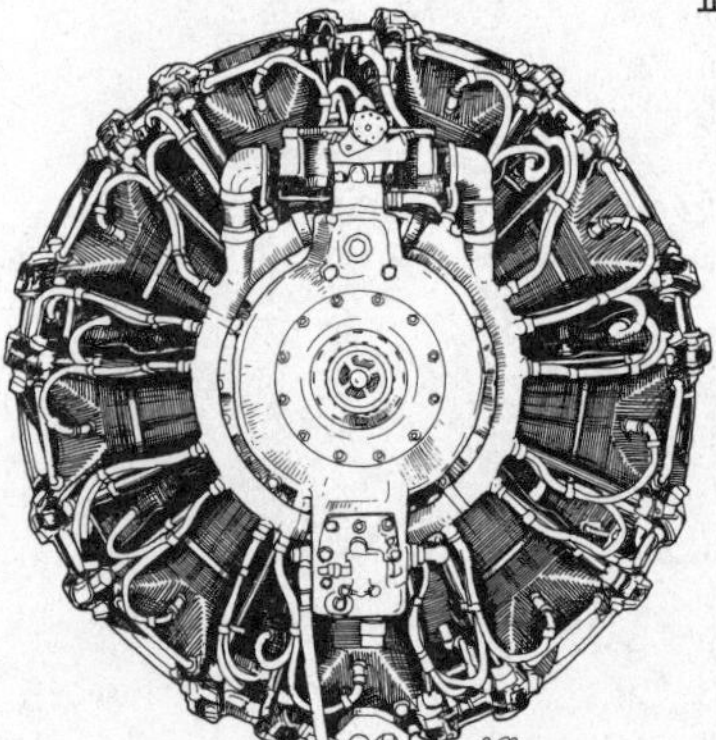

ってしまったため、陸軍のキ84、海軍の紫電、銀河など、他の「誉」搭載機のような、発動機不調にまつわる苦言はあまり聞かない。

だが、根本的には同じであるから、戦争が長引いて、もっと多数が使われるようになれば、やはりその傾向は必ず出たであろう。

前記した、ほとんど唯一の装備部隊第七五二航空隊攻撃第五飛行隊で、本機の整備を担当した人の回想でも、「誉」は整備しにくく、泣かされたと記しており、その予兆はあった。

試作、および増加試作機では、「誉」一一型1800hpを搭載したが、生産機では、2000hpにアップした「誉」二一型を搭載した。両型は、本体はまったく変わらず、ブースト、回転数、過給器増速比が異なるのみ。

流星にとって、「誉」搭載による恩恵は、コンパクトなサイズによって機首が細くでき、操縦者にとって前方視界がきわめて良かったことくらいであった。

この「誉」に組み合わされたプロペラは、紫電／紫電改と同じく、住友金属工業(株)が国産化した、ドイツのVDM4翅恒速プロペラ(直径3・45m)。原型は電気式可変ピッチ機構であったが、日本では国産化が困難なために、従来のハミルトン系油圧式可変ピッチ機構に改めてあった。ピッチ変更範囲は22°。

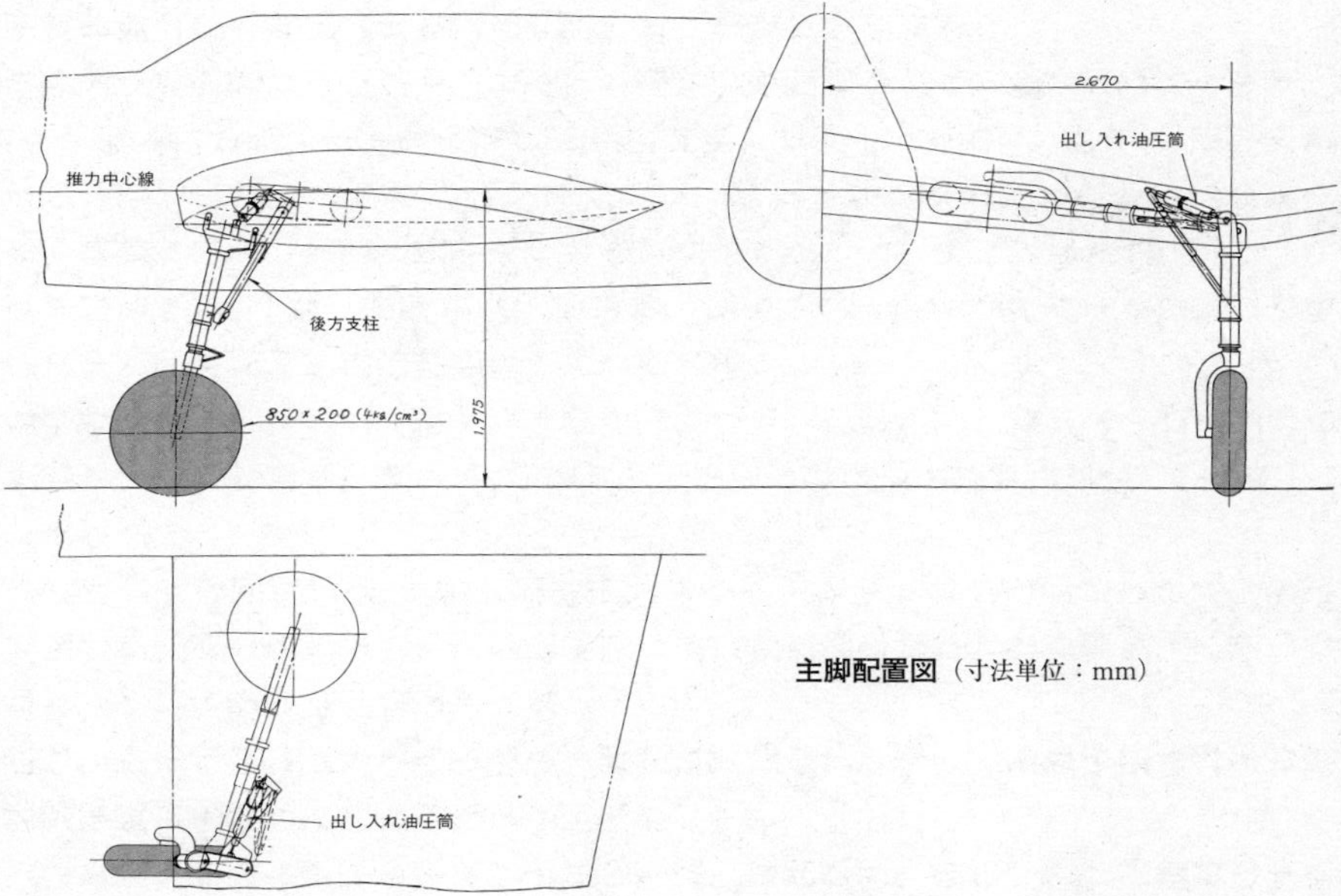

主脚配置図（寸法単位：mm）

主翼を逆ガル型にして主脚を短くしたせいもあるが、本機のプロペラもまた、出力の割りに直径が小さく、少なからぬ性能上のロスを招いていることは否定できない。アメリカの同級発動機は、みな直径4m前後のプロペラを用いるのが普通だった。

●降着装置

逆ガル型主翼の、ちょうど屈折部に取り付けられる主脚は、全備重量5・5tの機体を支えるため、太く頑丈なオレオ緩衝式1本脚柱。車輪の直径も850㎜と、天山より50㎜大きいが、逆に厚みは80㎜

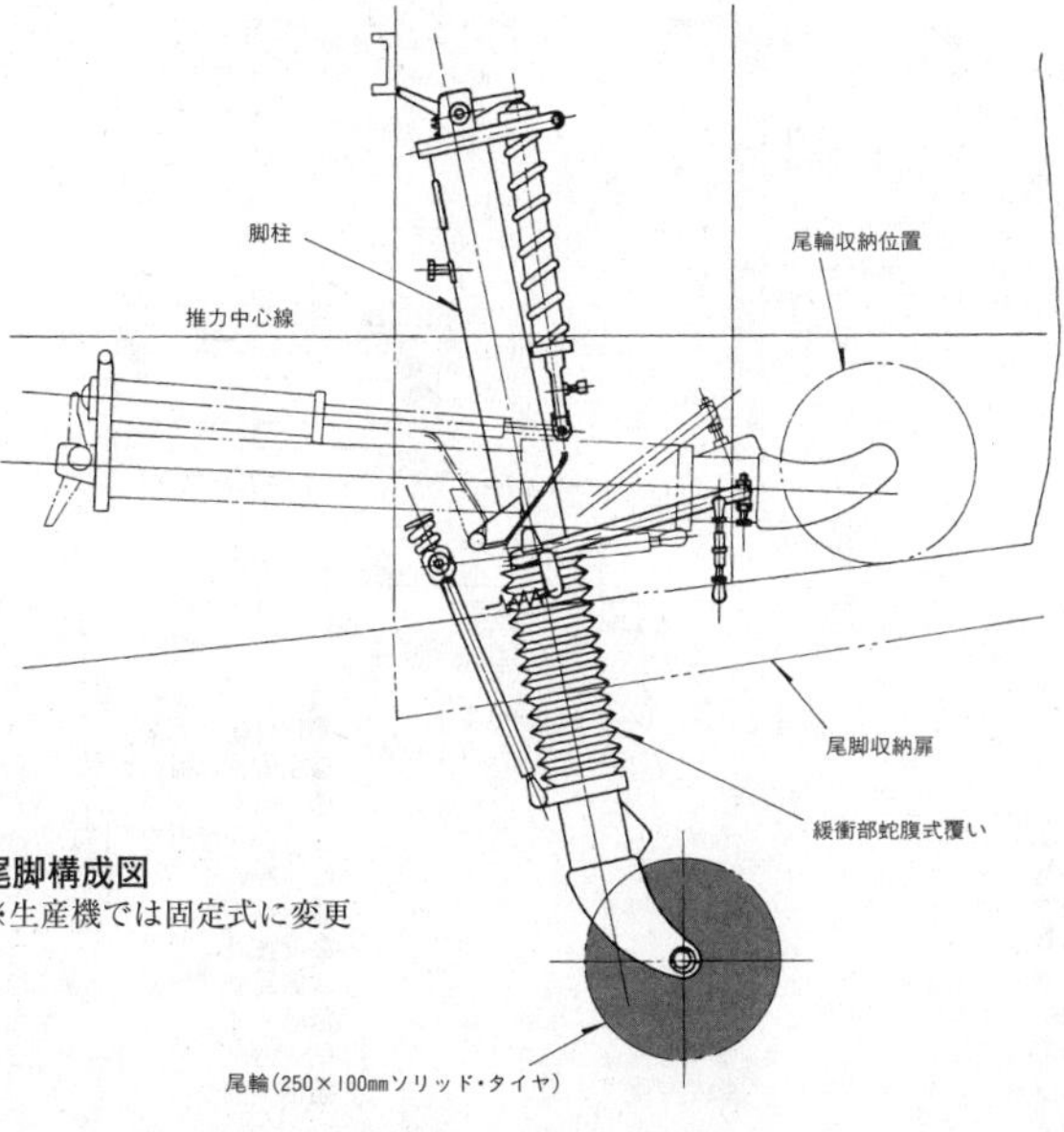

尾脚構成図
※生産機では固定式に変更

着艦拘捉鉤（フック装備図）

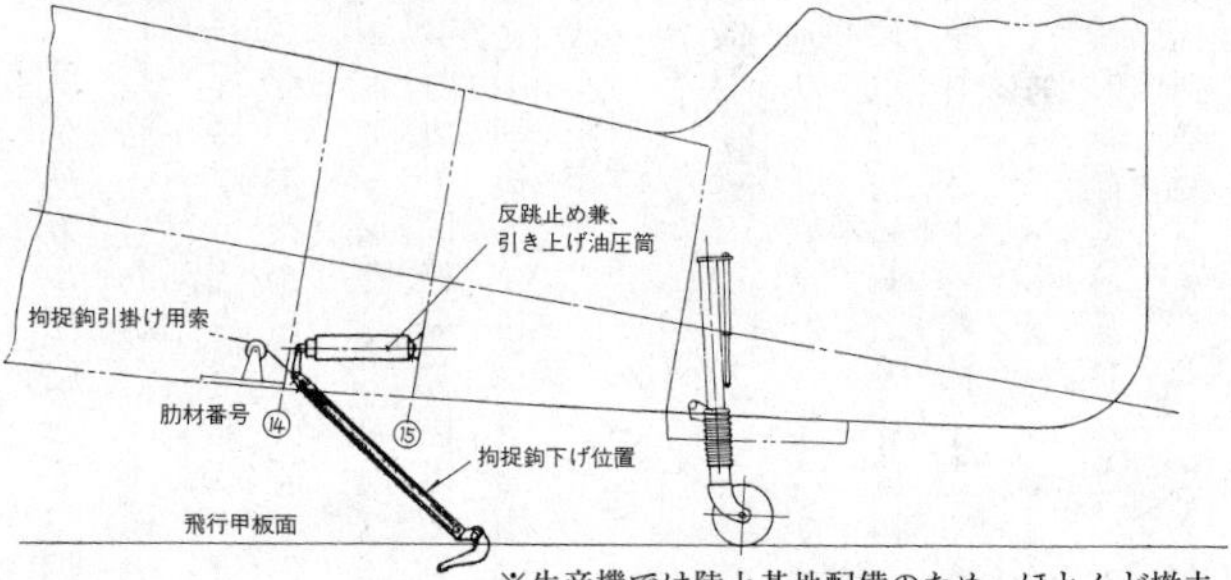

※生産機では陸上基地配備のため、ほとんど撤去。

油圧装置系統図

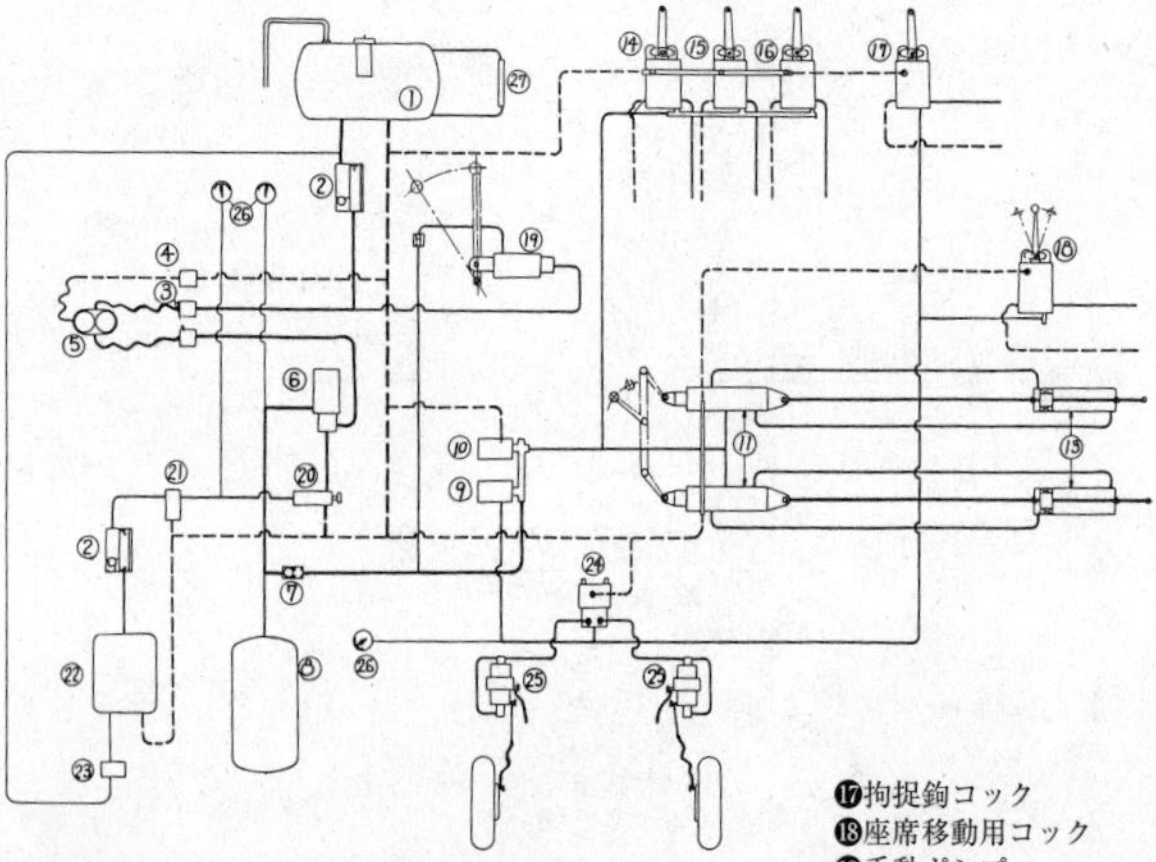

❶油タンク
❷濾過器
❸特殊接手
❹特殊接手
❺高圧ポンプ一二型
❻油圧調整弁
❼不還弁
❽圧力タンク
❾減圧弁
❿調圧弁
⓫抗力板コック
⓬—
⓭抗力板作動筒
⓮主脚および尾脚用コック
⓯爆弾倉扉開閉コック
⓰フラップ・コック
⓱拘捉鉤コック
⓲座席移動用コック
⓳手動ポンプ
⓴自動操縦用切り換えコック
㉑調圧弁
㉒自動操縦装置
㉓漏洩集合槽
㉔脚制動操作弁
㉕吸入弁
㉖圧力計
㉗油量計

無線機装備要領

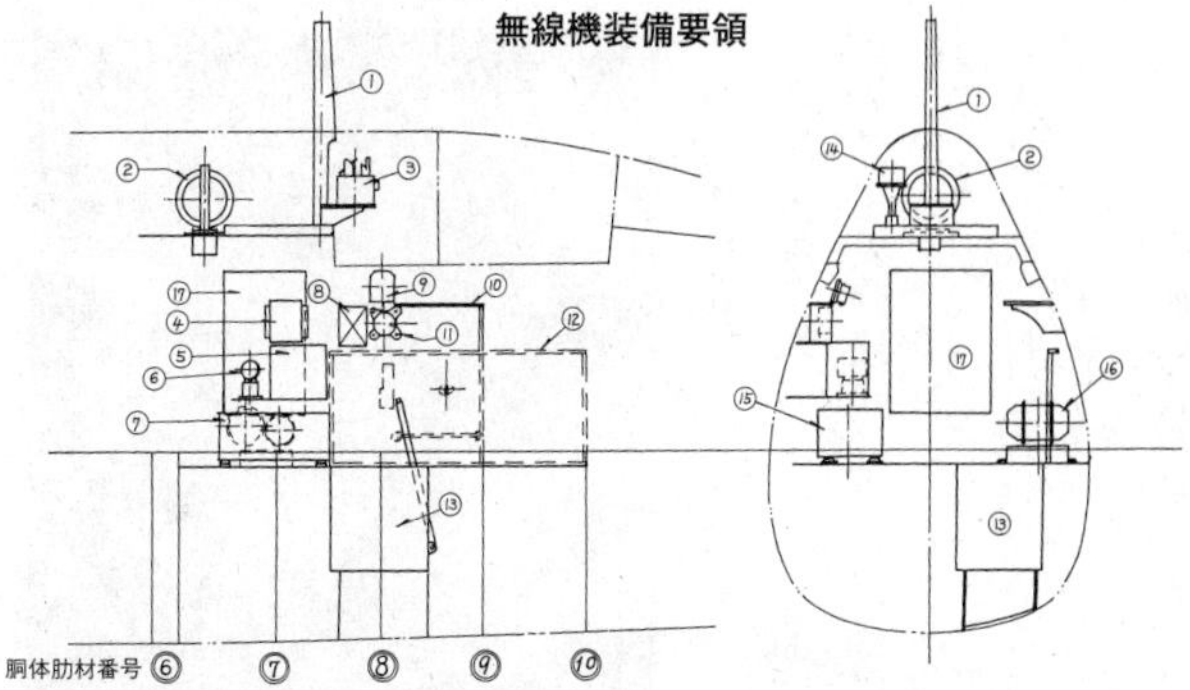

❶空中線支柱
❷枠型空中線
❸羅針儀
❹帰投装置用接続筺
❺長波線輪
❻帰投装置発電動機
❼帰投装置受信機
❽帰投装置管制器
❾空中線転換器
❿電鍵台
⓫枠型空中線回転器
⓬操縦索覆い
⓭爆撃照準孔
⓮的針測定器格納位置
⓯帰投装置受信機
⓰送信用発電動機
⓱九六式空三号無線電信機
（生産機は三式空三号に更新？）

後席射撃兵装

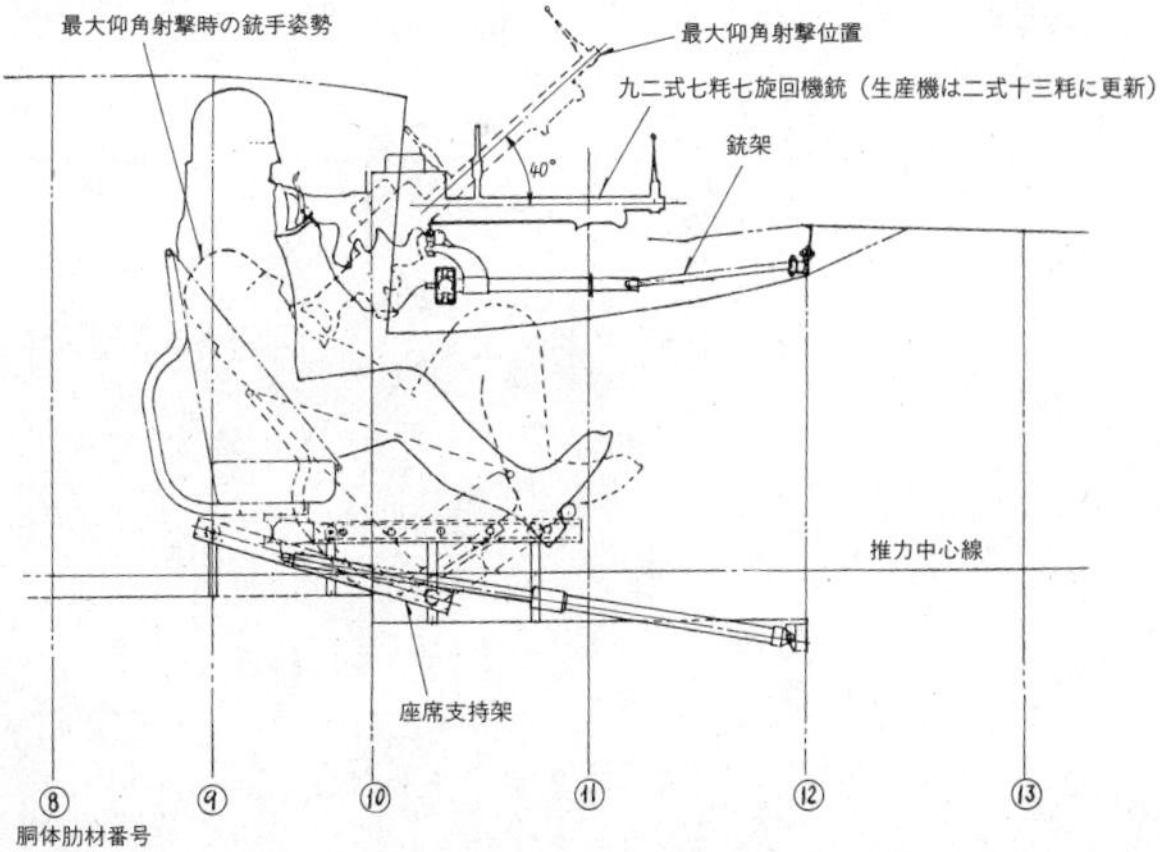

▲三式射爆照準器。写真は「晴嵐」が装備していたものだが、流星も同じものを使ったと思われる。上方の反射ガラス、およびフィルターが欠落しているほかは、ほとんどオリジナルのまま。

小さい200㎜に抑えてある。

出し入れのエネルギーは油圧で、脚柱上部後方の主翼内に設けられた油圧筒が、後方支柱に連結しており、これで上げ下げする。

脚柱の取り付け部は、かなり前縁に寄っていて、収納時は内側斜め後方に角度をつけて引き込む。胴体内爆弾倉があるため、車輪は

大型爆弾懸吊、および投下要領（寸法単位：mm）

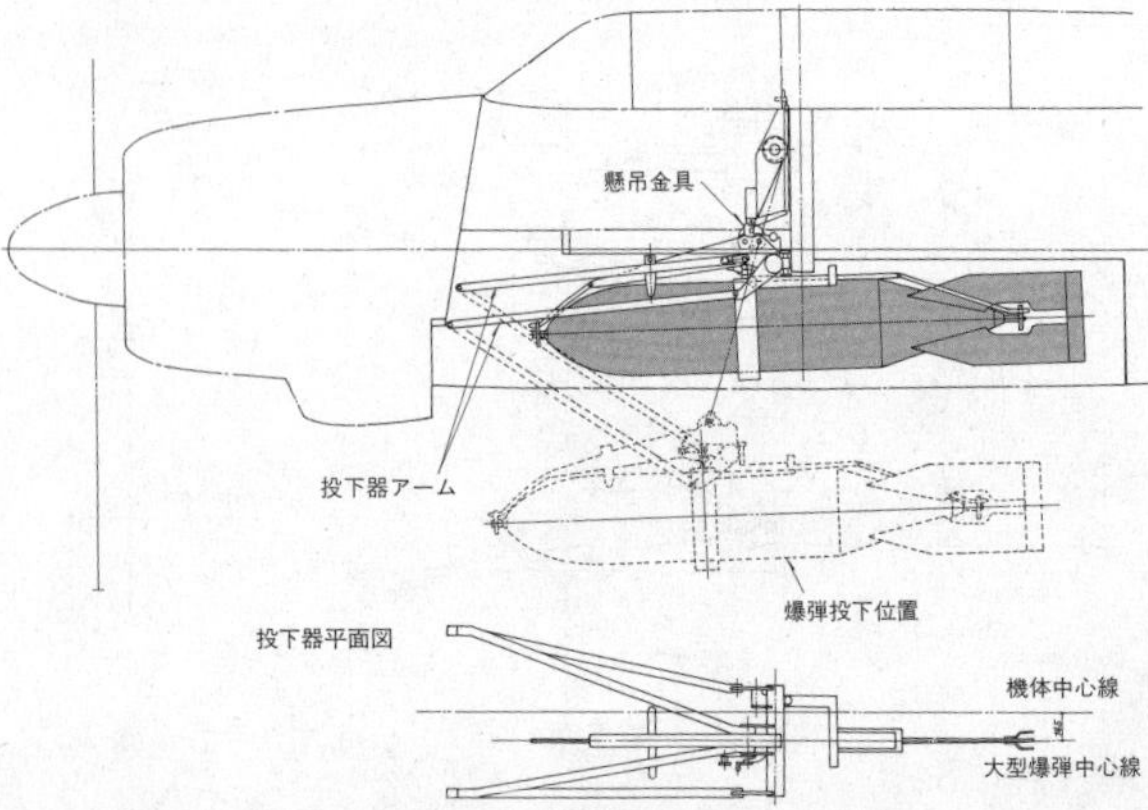

完全に主翼内に収納せざるを得なかったこともあり、輪間距離（トレッド）は5・34mにもなった。これは、離着艦時の安定感という点で大いにプラスになっている。

尾脚は、ごく一般的な構造で、試作、増加試作機の段階では、主脚と連動する引き込み式とされていたが、生産機では工程簡略化のため、固定式に変更された。

同様に、当初は、着艦拘捉鉤（フック）も装備していたが、生産機が部隊配備され始めた昭和20年2〜3月頃には、海軍は空母の運用を放棄していたため、不要となった本装置は廃止された。七五二空への配備機も、ほとんど撤去していた。

●無線機装備

無線機関連装備は、天山のそれに順じているが、型式は一式空三号無線電信機に更新されている。

本機の魚雷懸吊位置は、天山とは逆に機体中心線より左

魚雷懸吊要領（寸法単位：mm）

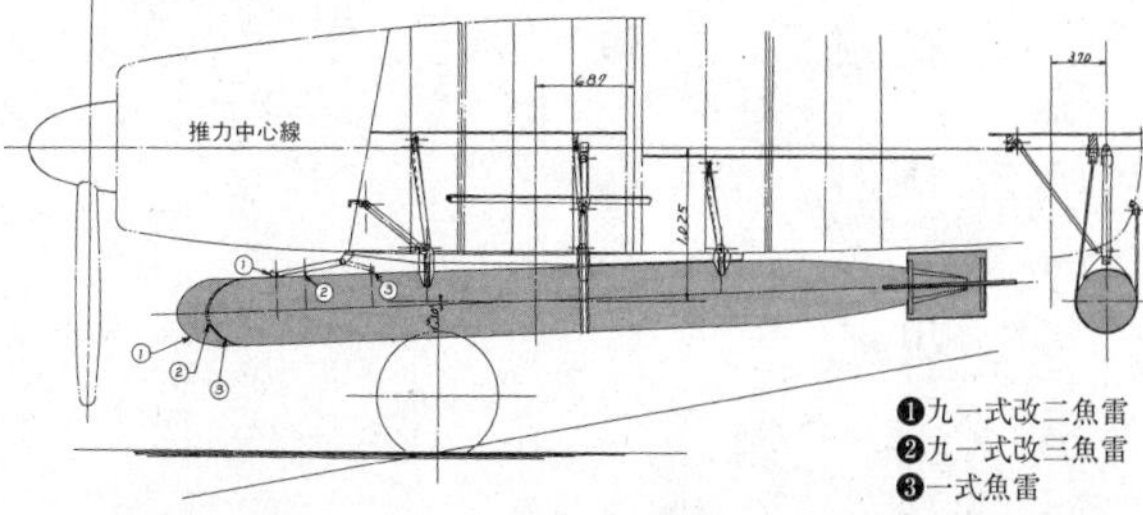

側にオフセットしていたので、無線機用の垂下空中線は胴体後部の右側下面より垂らすようになっていた。

隊内電話器は、試作機の段階では九八式空三号を予定していたが、生産機では新型の一式空三号に換装されたと思われる。無線帰投方位測定器は一式空三号改二である。

なお、天山では生産機の3機に1機の割りで搭載されたとされる、〝H－6〟電探は、本機には搭載されなかった。

●兵装

流星の兵装面で特筆されるのは、艦攻でありながら、両主翼内に二十粍機銃（九九式一号銃）各1挺という、戦闘機並みの固定射撃兵装を施したこと。

九九式艦爆、「彗星」も、機首上面に七粍七固定射撃兵装を持っており、これは地上掃射のため、艦爆の標準装備みたいなものだったが、流星のそれは口径が二十粍になっていたことで、あるていどの空中戦を考慮した射撃兵装だった。本機の汎用機としての性格を示す部分だろう。

ちなみに、試作機の段階では、機銃の装備位置はもっと付け根に近く、口径も七粍七（九七式）だった。

後席の防御用旋回機銃は、試作段階では、九七式七粍七を予定していたが、生産機では二式十三粍（ドイツのＭＧ１３１を国産化したもの）に強化された。

旋回銃架は、回転風防と一体になっており、銃は左右に１００㎜移動可能で、仰角40°、左右各30°の射界を有する。

爆撃兵装は、八〇番（８００kg）、または五〇番（５００kg）各一発、または二五番（２５０kg）２発、または六番（60kg）２発のいずれかの爆弾を、すべて胴体内爆弾倉に懸吊する。

八〇番と五〇番は、緩降下、もしくは急降下爆撃（最大80°）に対処し、プロペラに接触せぬよう、アームによっていったん下方に下げてから投下するようになっていた。

試作機の段階では、外翼下面にも各2発の小型爆弾が懸吊できるようになっていたが、本機が部隊就役した昭和20年には、小型爆弾を使用する戦闘状況はほとんどなく、これは廃止されたものと思われる。

十六試艦攻計画説明書では、水平爆撃用照準器に関する記述がなく、いずれを使用したのかわからないが、天山に順じたとすれば、後席に九〇式二号爆撃照準器を備えたはずである。

急降下爆撃の照準は、「彗星」三三型までずっと、望遠鏡式を使っていたが、流星では試作機の段階で、零戦と同じ光像式の九八式射爆照準器を使うこととされていたが、おそらく、生産機は新型の三式射爆照準器に更新されたと思われる。

魚雷の懸吊法は、基本的に九七式艦攻、天山までと変わらないが、本機の場合は、爆弾倉があるので、懸吊金具、抑え金具の取り付け要領が、ちょっと工夫してある。

魚雷を懸吊する際は、爆弾倉扉は閉じ、左側の扉に開いた3ヵ所の孔に、懸吊金具、抑え金具を取り付けるようにした。懸吊位置は、九七式艦攻、天山とは逆に、機体中心線より左側に370㎜寄った位置である。

使用できる魚雷は、従来までと同じ九一式改二、改三のほか、新型の一式も含まれる。しかし、七五二空攻撃第五飛行隊に配備された本機は、ほとんど緩降下爆撃訓練に終始し、雷撃訓練は行なわなかった。

唯一、魚雷を使った実戦出撃が行なわれたのは、敗戦が迫った昭和20年7月25日夜、本州南方海上の米海軍機動部隊に対する夜間雷撃（4機が出撃）だけであった。

攻撃第五飛行隊による4回の体当り特別攻撃（7月25日、8月9日、13日、15日）に出撃した計15機も、すべて八〇番爆弾装備だった。

なお、雷撃照準器は、計画説明書によれば、操縦室の光像式射爆照準器の両側に、空廠式雷撃照準器を装備するとあるが、具体的な図示がなく、詳細は不明。

第二章　日本海軍艦上爆撃機

第一節　歴代艦上爆撃機の系譜

●生みの苦しみ

空母搭載の3機種のなかでは、最も歴史が浅い艦上爆撃機に対し、日本海軍が関心を示したのは昭和5（1930）年頃であった。当時、急降下爆撃戦術の開拓者である米海軍／海兵隊には、最初の専用機に指定された、カーチスF8C〝ヘルダイバー〟複葉機が就役を開始し、種々のイベントを催して盛んにPRしていたので、これに触発されたのである。

ともかく、艦上（急降下）爆撃機がいかなるものなのか、それをまず知るのが先決と判断した日本海軍は、技術研究所の長畑順一技師を米国に派遣し、カーチス社をはじめ、艦爆の試作経験がある各メーカーを視察して、資料の収集にあたらせた。

そして、翌6（1931）年に帰国した長畑技師に対し、航空廠六試特殊爆撃機の名称により、最初の機体の設計・試作を命じた。

もっとも、長畑技師は基礎設計を担当しただけで、細部設計は民間の中島飛行機（株）が請け負った。

六試特・爆は、金属製骨組み（主翼の一部は木材を使用）に羽布を張った構造の複座・複葉機で、発動機は、中島製の「寿《ことぶき》」二型空冷9気筒（離昇580hp）を搭載した。

急降下時の風圧中心と、重心位置が一致するように、通常の複葉機とは反対に、下翼が上翼よりも前に位置する、いわゆる〝逆スタッガー〟とし、しかも下翼は、付根近くで逆ガル形態にする、あまり例のない、特異な設計を採っていた。

試作1号機は翌7（1932）年11月に完成し、さっそく中島飛行機の尾島飛行場（群馬県）でテストを開始した。しかし、特異な設計が災いして、11月26日の急降下テスト中に引き起こし不能となり、そのまま周辺の畑に墜落、操縦士もろとも地中に2mもめり込むという惨事に見舞われた。

機体設計に不手際があったことは明らかで、つづいて完成した2号機のテストは中止され、六試特・爆の開発も打ち切りとされた。

空廠/中島 六試艦上特殊爆撃機

▲海軍が、民間の中島飛行機（株）と協同で開発した、最初の艦爆、六試特・爆。しかし、気負いが裏目に出て失敗作となった。

六試特・爆の悲劇にもかかわらず、海軍は長畑技師、中島の山本良三技師の協同により、同機に改修を加えた機体を、七試特殊爆撃機の名称により1機試作させ、昭和8（1933）年に領収した。

七試特・爆の資料は、具体的なものが残っておらず、どのような外観になっていたのか不明だが、全長が少し長くなり、主翼面積が少し減少し、発動機は「寿」二型改一（出力は同じ）に変わったらしい。しかし、海軍の審査では満足な評価を得られず、本機もまた不採用を通告された。特殊な運用法を採る急降下爆撃機は、簡単には実現できなかったのである。

七試特・爆の不採用が決定した直後、海軍は三たび八試特殊爆撃機の名称で試作を命じ、急降下爆撃機の実現に並々ならぬ執念を持っていることを示したが、今回は長畑技師と中島以外に、愛知時計電機

（のちの愛知航空機）にも発注されたことが、前回までとは違っていた。選択肢を増やしたわけである。

長畑技師と中島は、前二作の経験をもとに、胴体、主翼ともに少し大きくし、主翼、主脚の取付法も刷新するなどした、社名名称「RZ」と称した機体で臨み、翌昭和9（1934）年3月以降、2機の試作機を完成させた。

RZは、発動機が七試特・爆と同じで、重量が少し増加したぶん、上昇性能などはやや低下していた。六試特・爆以来懸案となっていた、急降下中の縦安定不良は、だいぶ改善されてはいたものの、まだ充分ではなく、結局、総合的に愛知機に比べて劣ると判定され、不採用を通告された。

●日本海軍最初の実用艦爆

八試特・爆の競争試作に加わった愛知時計電機は、大正9（1920）年という早い時期に、航空機製造業を始めた海軍機専門メーカーだったが、自社設計能力が育たず、もっぱら技術提携していた、ドイツのハインケル社機を輸入して、日本海軍向きに小変更した機体を納入するのを常套手段としていた。

八試特・爆の競・試に際しても同様で、ハインケル社のHe66複葉爆撃機を購入し、

▲日本海軍最初の制式艦爆となった、愛知の九四式艦爆。ドイツのハインケルHe66が原型だった。写真は、昭和10年６月に“報国-81三越号”として献納された、初期生産機。

▲九四式艦爆の改良型として、昭和12年から就役した九六式艦爆。カウリングが深くなり、車輪覆を追加、翼間支柱の付根に整流覆を付けるなど、九四式艦爆と容易に区別できる。

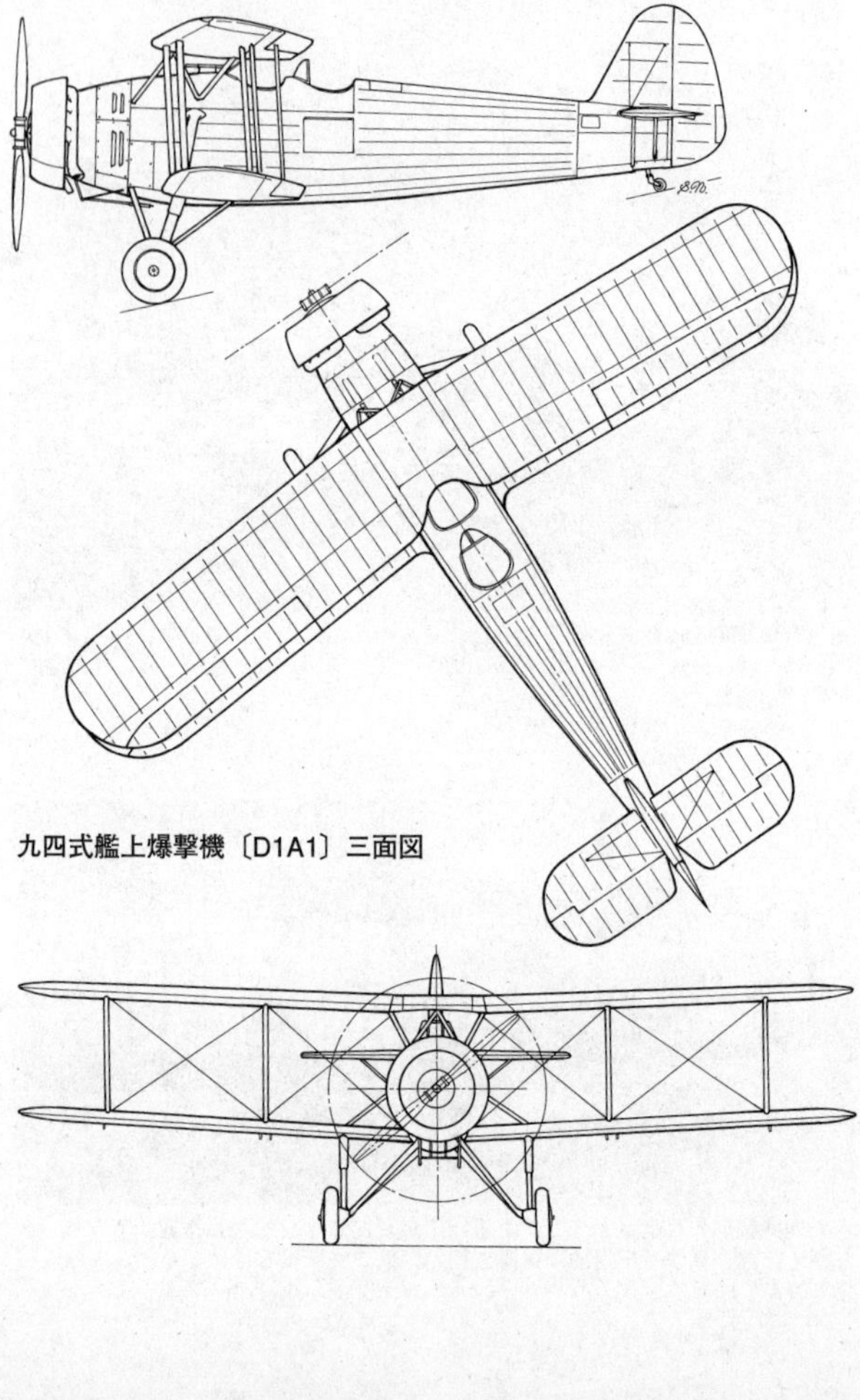

九四式艦上爆撃機〔D1A1〕三面図

エンジンを国産の中島「寿」二型改一に換装し、主翼に5度の後退角をつけるなどの改修を施したうえで、海軍に提出された。

Ｈｅ66は、胴体骨組みが木金混成、主翼骨組が全金属製で、外皮はともに羽布張りという、ごく平凡な設計、性能の複葉機であったが、老舗メーカーのハインケル社製だけに、操縦、安定性が良く、垂直に近い急降下も可能なうえ、爆弾を投下する際に、プロペラに当たらぬようにするための、特殊アームを備えるなど、実用面の確かさは、中島の八試特・爆の比ではなかった。

昭和9年12月、海軍は愛知機を制式兵器採用し、九四式艦上爆撃機〔Ｄ１Ａ１〕の名称で量産発注、日本海軍は、4年以上かかって、ようやく最初の実用急降下爆撃機を得ることができた。

九四式艦爆を最初に配備したのは空母「龍驤」で、昭和10（１９３５）年5月以降、20機（うち補用5機）を搭載定数とした。次いで「加賀」がこれにつづいた。

昭和12（１９３７）年7月7日、日中戦争が勃発すると、空母「龍驤」「鳳翔」で構成された第一航空戦隊にも出動命令が下り、8月12日に九州の佐世保を出港、16日に上海東方の海上から搭載機を出撃させ、同地周辺の敵地上軍に対して攻撃を加えた。このときが九四式艦爆の実戦デビューである。

以後、12月に「龍驤」「鳳翔」に代わって一航戦に編入された「加賀」の搭載機も含めて、九四式艦爆は、地上軍を支援して対地攻撃に目覚しい活躍をみせる。

日中戦争は、艦爆本来の使用目的である、艦船攻撃とはまったく異なった場面だったが、陣地や橋梁などの静的小目標に対しては、急降下による精密爆撃が効果的で、新たな運用局面を開拓した感もあった。

生産第119号機以降は、発動機が「寿」三型（540〜610hp）に換装されたが、性能上はほとんど変化はなかった。

◆　◆

九四式艦爆の実用性に関しては、日中戦争における実績からしても申し分なかったのだが、採用時点で性能的にはやや物足りなさがあったことも事実。

これは、海軍、愛知ともに認識しており、昭和10（1935）年の量産開始直後に、発動機を中島「光《ひかり》」一型（離昇出力660hp）に換装し、座席まわりを再設計、主車輪を流線形のカバーで覆うなど、空気力学的な洗練も施した改良型の製作に着手、翌11（1936）年秋に1号機を完成させた。

テストしたところ、最大速度は25km／h向上、高度3000mまでの上昇時間も1分30秒短縮して8分になるなど、目立った改善がみられた。海軍は、ただちに本型を九六式艦上爆撃機〔D1A2〕の名称で制式兵器採用（11月付け）し、九四式艦爆に替えて量産に入るよう愛知に命じた。

したがって、九四式艦爆の生産数は計162機の少数にとどまり、これに対し、九六式艦爆は、昭和15（1940）年まで生産が継続、合計428機と、九四式艦爆の2・6倍も多くつくられた。もっとも、記号のD1が同じままにされたところからもわかるように、実質的には両機とも機体設計の基本は同じであり、零戦二一型と同三二型のような関係で、同一機と考えてよい。

九六式艦爆は、昭和12年に入って空母、陸上基地隊の双方に配備を開始、日中戦争勃発2ヵ月後の9月から実戦に参加した。とくに、9月21、28日の南支・広東方面に対する一航戦、19日の南京方面に対する陸上基地隊による攻撃の成果が目覚しく、敵地上軍陣地施設などに大損害を与え、その功績顕著なりと認められ、それぞれの該当部隊に対し、感状が授与されている。

昭和15（1940）年、後継機九九式艦爆の就役が本格化すると、九六式艦爆は順次第一線を退いたが、艦爆乗員の訓練用機としてはまだ充分利用価値はあり、昭和16（1941）年12月、太平洋戦争開戦とほぼ同時に、改めて九六式練習用爆撃機〔D1A2－K〕の名称で制式兵器採用された。

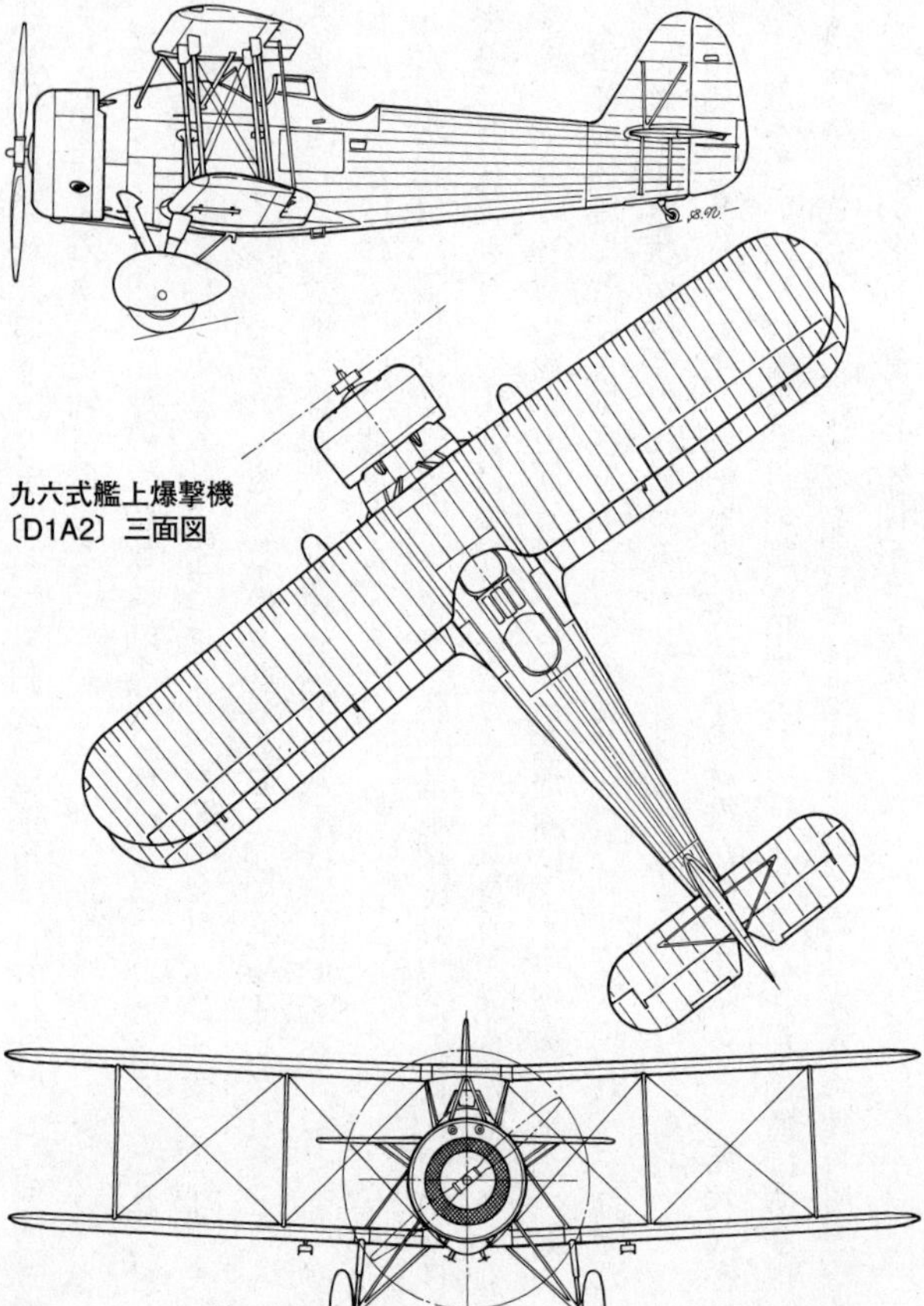

九六式艦上爆撃機
〔D1A2〕三面図

▲日中戦争期、主として南支方面を活動域とした、第十四航空隊の九六式艦爆。胴体下面に二五番（250kg）爆弾を懸吊して出撃するシーンである。

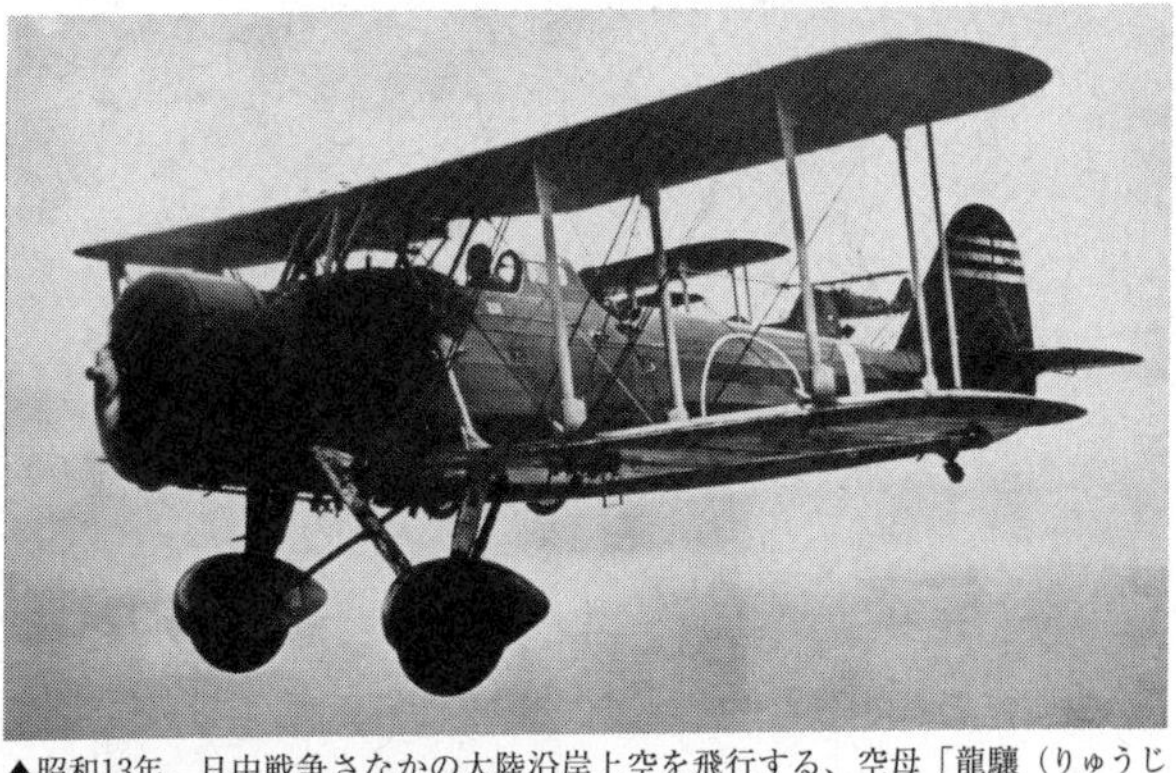

▲昭和13年、日中戦争さなかの大陸沿岸上空を飛行する、空母「龍驤（りゅうじょう）」搭載の九六式艦爆。下翼下面の小型爆弾架も含めて“空荷”なので、爆撃任務を終えて母艦に帰投中のシーンと思われる。

もちろん、新規生産されるわけではなく、現役を退いた中古機体の艤装面を、練習機に適するよう、小変更したものである。艦爆乗員の実用訓練を担当した、九州の宇佐航空隊では、昭和19（１９４４）年の時点でも、なお本機が使われていたことが確認できる。

●艦爆の近代化

九四式艦爆の改良版である、九六式艦爆の試作が進行していた昭和11（１９３６）年秋、日本海軍は早くも次期新型艦爆の開発を企図し、愛知、三菱、中島の3社に対し、十一試艦上爆撃機の名称により競争試作を命じた。

この当時、ライバルの米海軍は、ひと足早く、全金属製単葉艦爆のノースロップBT－1（のちのダグラスSBDドーントレスの母胎）の試作機が進空しており、その制式採用と量産発注も9月に決まっていたから、日本海軍も安閑としてはいられなかったわけだ。

海軍が、十一試艦爆に求めた性能は、２５０kg爆弾懸吊状態にて最大速度２００ノット（３７０㎞／h）以上、同じ状態で航続力８００浬（１４８０㎞）以上、同じ状態で着陸速度60ノット（１１１㎞／h）以下、急降下時の制限速度２４０ノット（４４

▲昭和12年末に完成した1号機につづき、翌13年に入って完成した、愛知十一試艦上爆撃機の試作2号機。カウリング、風防、主脚覆の形状、さらには、不意自転の防止策となる背ビレも付いていないなど、のちの生産型とは各部に相違がある。

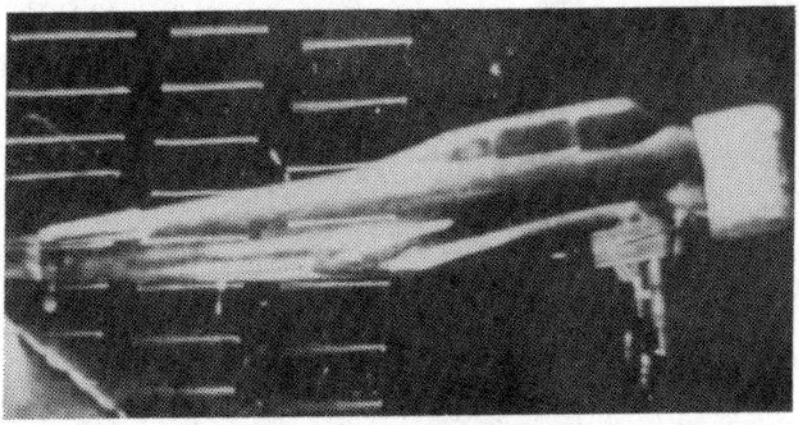

◀愛知機と競・試に望んだ、中島の十一試艦爆の風洞実験用模型。本機は不採用という結果のせいもあって、残された写真は極くわずかである。

▼完成したばかりの九九式艦爆生産機。全面無塗装ジュラルミン地肌に、機首の防眩用黒塗装、尾翼の赤色保安塗粧という、戦前の海軍機の標準スタイル。特徴的な、主翼下面の急降下抵抗板がよくわかる。

4km／h）以下、投弾後は戦闘機に近い空戦性能を有すること、などが骨子で、なかなか厳しいものだった。

最初の艦爆を送り出したメーカーとしての自負もあり、愛知は、十一試艦爆の設計には社をあげての総力態勢で臨んだ。

もっとも、九四、九六式艦爆と比較にならぬ高レベルの要求性能を実現するには、全金属製単葉形態を採らねばならぬが、愛知設計陣には経験がなく、技術提携していたドイツのハインケル社が、当時、革新の高速旅客機として売り出し中の、He70の設計を大いに参考とし、11月、設計作業に着手した。

設計陣は、九四、九六式艦爆を担当した五明得一郎技師を主任、その補佐に、前年5月以降7ヵ月間にわたってハインケル社に滞在し、He70の製作現場、設計資料をつぶさに観察した尾崎紀男技師を配し、各パーツごとに、専任の技師が受け持って作業した。

社内名称AM‐17と呼ばれた試作機は、当初、愛知がライセンス生産権を取得した、ドイツのダイムラーベンツDB600G液冷倒立V型12気筒エンジン（950hp）を搭載する予定だったが、実用性が未知数ということが懸念され、三菱の空冷星型複列14気筒「金星《きんせい》」三型（840hp）に変更された。

設計にあたり、技術陣がとくに留意したのが、一、急降下に耐えられる充分な強度を有すること、二、要求性能を上廻る高性能の実現、三、重量の軽減、であった。

この方針に沿って、ＡＭ－17は、全金属製応力外皮、半張殻（セミ・モノコック）構造をもつ、片持式低翼単葉固定主脚形態と決まり、ほぼ1年後の昭和12（1937）年12月に1号機が完成、翌13年1月6日に初飛行した。

ただし、1号機は「金星」発動機が間に合わず、中島の「光」一型空冷星型9気筒（730hp）を搭載していた。主、尾翼は、いかにもハインケルHe70の影響を色濃く感じさせる楕円形をしており、主翼は、単発複座機としてはかなり大きめの、全幅14・5m、面積35㎡だった。

胴体後部は、尾端にかけて強く絞り込まれ、この辺りもHe70に倣った感がありありだったが、片や水平飛行するだけの旅客機だが、ＡＭ－17は戦闘機に近い機動もする。そのため、この絞り込みの強い後部胴体は、後述のごとく不意自転の原因となり、その解決のために、技術陣は辛酸を嘗めることになった。

当時、欧米の新型全金属製単葉機は、引込式主脚が標準となり、日本海軍でも、12年11月に制式兵器採用されたばかりの、九七式一号艦上攻撃機が、艦上機としては最初の引込脚機となり、近代的イメージをアピールしていた。

しかし、AM-17は、敢えて旧態依然とした固定脚にした。その理由は、引込式にすると、主翼下面に収納用の切り欠き部をつくることになり、急降下中の強度剛性上好ましくないこと、翼厚を薄く、かつ引込機構の余分な重量を省き、軽量化を図れることなどもさりながら、脚柱、車輪覆を洗練すれば、固定脚でも要求性能をクリアできる、設計上の自信があったからに他ならない。これは、九試単戦（のちの九六式艦戦）の設計に際し、三菱の堀越技師が採った判断と同じであった。

複葉機ならば、翼間支柱なども含めて、単葉機よりも空気抵抗が大きく、急降下速度もそれほど大きくならないので必要なかったが、全金属製単葉のAM-17は、機体重量も九六式艦爆より約1トンも重くなる計算だったので、何らかの減速装置を必要とした。

愛知が考えたのは、左、右外翼下面に、少し隙間をあけて短冊状の小翼を取り付け、急降下に入る際は、これを前縁を支点に90度下方に下げ、空気抵抗板（エア・ブレーキ）にするというアイデア。

このアイデアは、2年前に初飛行した、ドイツのユンカースJu87〝シュトゥーカ〟急降下爆撃機のそれと、まったく同じであるが、尾崎技師によれば模倣ではなく、愛知が独自に考えたということだ。

初飛行直後から始まった社内飛行テストでは、速度、上昇力などはほぼ要求値をクリアしているものの、不意自転と、補助翼の〝とられ〟（操作すると必要以上に舵角が増してしまう現象）の悪癖があることが判明した。どちらも操縦性の根幹に触れる重大事だった。

不意自転は、急旋回や宙返りなど、著しい機首上げ姿勢になったときに発生しやすく、放っておくと激しい錐揉み状態に陥り、回復不能となって墜落する。

試作機の主翼表面に、短い毛糸を貼り付けてテストし、また模型を使った風洞実験の結果、自転の始まりは翼端失速によってひきおこされることがわかり、翼端近くの前縁に木材を貼って、捩り下げ角を増したところ、自転発生はかなり抑えられた。しかし、まだ充分ではなく、テストを繰り返すうちに、著しい機首上げ姿勢のとき、方向安定が不足すると自転を誘発することも判明したため、垂直尾翼の前方に背ビレを追加したところ、不意自転の難問はようやく解決した。He70に倣ったスマートな後部胴体は、側面積が不足し、不意自転の遠因になっていたのである。

もうひとつの難問である補助翼の〝とられ〟は、フリーズ型補助翼の断面形、主翼本体との隙間、ヒンジ中心の位置などが相互に作用して生起するのではないかと判断、何種類も異なったものを造ってテストしたが、なかなか満足するものは得られなかった。

結局、最後にはヒンジ中心が、組立治具の狂いによって、設計よりも少し下にズレていることがわかり、これを修正したところ、〝とられ〟は無くなった。

文章で書くと簡単だが、愛知技術陣は、この二つの難問を解決するのに、1年以上も要したのである。

これだけモタついていれば、競・試相手に採用を奪われてしまっても仕方のないところだが、幸い？　というか、三菱は社内事情によって途中棄権していた。

もう一社の中島DB（社内名称）は、自社製「光」一型改発動機（820hp）を搭載した。全金属製低翼単葉機で、前年の九七式艦攻に次いで引込脚を採用した。

その引込脚も凝っていて、収納時は車輪を90度回転させ、水平状態にするという、米国式のメカニズムを採っており、急降下の際は、この主脚を出し、車輪を90度回転した位置に固定し、空気抵抗板（エア・ブレーキ）として代用するというアイディアも目新しかった。

DBの1号機は、愛知機に4ヵ月遅れて昭和13年3月に完成し、テストされたのだが、「金星」を搭載したAM－17の2号機に比べて、速度、上昇力などが劣り、海軍の印象を悪くして、不採用を通告されてしまう。この時点で、AM－17は不意自転と補助翼の〝とられ〟問題に汲々としていたにもかかわらず、である。

こうして、十一試艦爆の競・試は、最後に〝消去法〟のような経過を辿って、愛知のAM－17が残り、昭和14（1939）年12月、九九式艦上爆撃機〔D3A1〕の名称により制式兵器採用された。1号機の完成からちょうど2年後であり、実用化にモタついたという感は否めない。裏を返せば、全金属製単葉急降下爆撃機の設計が、それだけ難しかったということでもあろう。

◆　◆

九九式艦爆を最初に配備されたのは、本来の空母部隊ではなく、折りからの日中戦争に参加していた、陸上基地部隊の第十四航空隊だった。同隊は、制式採用1ヵ月前の14年11月に、実戦テスト用の増加試作機を受領し、翌15年10月以降は、装備定数15機をもって、主に仏印（現・ベトナム）のハノイ飛行場を本拠地にして、雲南省方面に対する攻撃に従事した。

中国大陸方面では、十四空に次いで十二空が、15年夏頃から九九式艦爆を受領し、翌年9月に解隊されるまで、主に中支（大陸中央部）方面で、奥地への進攻、漢口基地周辺の陸戦協力などに従事した。

本来の活動舞台である空母への配備も、15年春頃から本格化し、16年12月8日の太平洋戦争開戦当日、すなわちハワイ・真珠湾攻撃時には、6隻の空母に、計160機程度（補用含む）が搭載されていた。

そして、第一次攻撃隊には「翔鶴」「瑞鶴」の計51機、第二次攻撃隊には「赤城」「加賀」「蒼龍」「飛龍」の計81機が参加し、250kg爆弾により、各飛行場、湾内の艦船群に対して急降下爆撃を行なった。

とくに、飛行場に対する爆撃は効果的で、在地の米陸、海軍機の大半を破壊し、反撃の芽を摘み取ったことが大きかった。

しかし、あるていど予測されていたことだが、対空砲火による損失が参加3機種中最も多く、「加賀」の6機を筆頭に計15機が未帰還となった。全体の損失計29機の半分を占めたことになる。ハワイ作戦は大勝に終わったが、九九式艦爆にとっては、のちの苦しい戦いを暗示するような結果でもあった。

ハワイ作戦から戻った機動部隊は、ゆっくり休む暇もなく、17（1942）年1月にはソロモン方面、2月にはオーストラリア北部、4月にはインド洋方面を転戦して連戦連勝し、日本軍の第一段進攻作戦成功に大きく貢献して、一躍、海軍の〝花形〟的存在になった。

九九式艦爆にとっても、まさにこの時期が栄光のピークで、とくにインド洋海戦で

▲九九式艦爆最初の配備部隊となった陸上基地部隊の第十四航空隊所属機による、大陸南部での活動状況を示すショット。昭和15年９～10月頃の撮影で、当時十四空は仏印（現：ベトナム、カンボジア）のハノイ飛行場を拠点に、大陸奥地の雲南省方面に対する攻撃に従事していた。

▲日・米開戦を３ヵ月後に控えた昭和16年９月、ハワイ・真珠湾に見立てた鹿児島県の桜島（画面左奥）を目標にした訓練のさなかに撮影された、空母「飛龍」搭載の九九式艦爆“BII-214”号機。

九九式艦上爆撃機〔D3A1〕四面図

左側面図

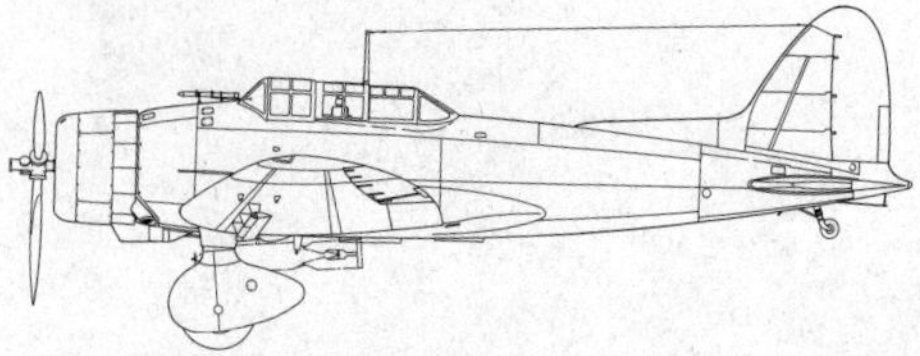

上面図

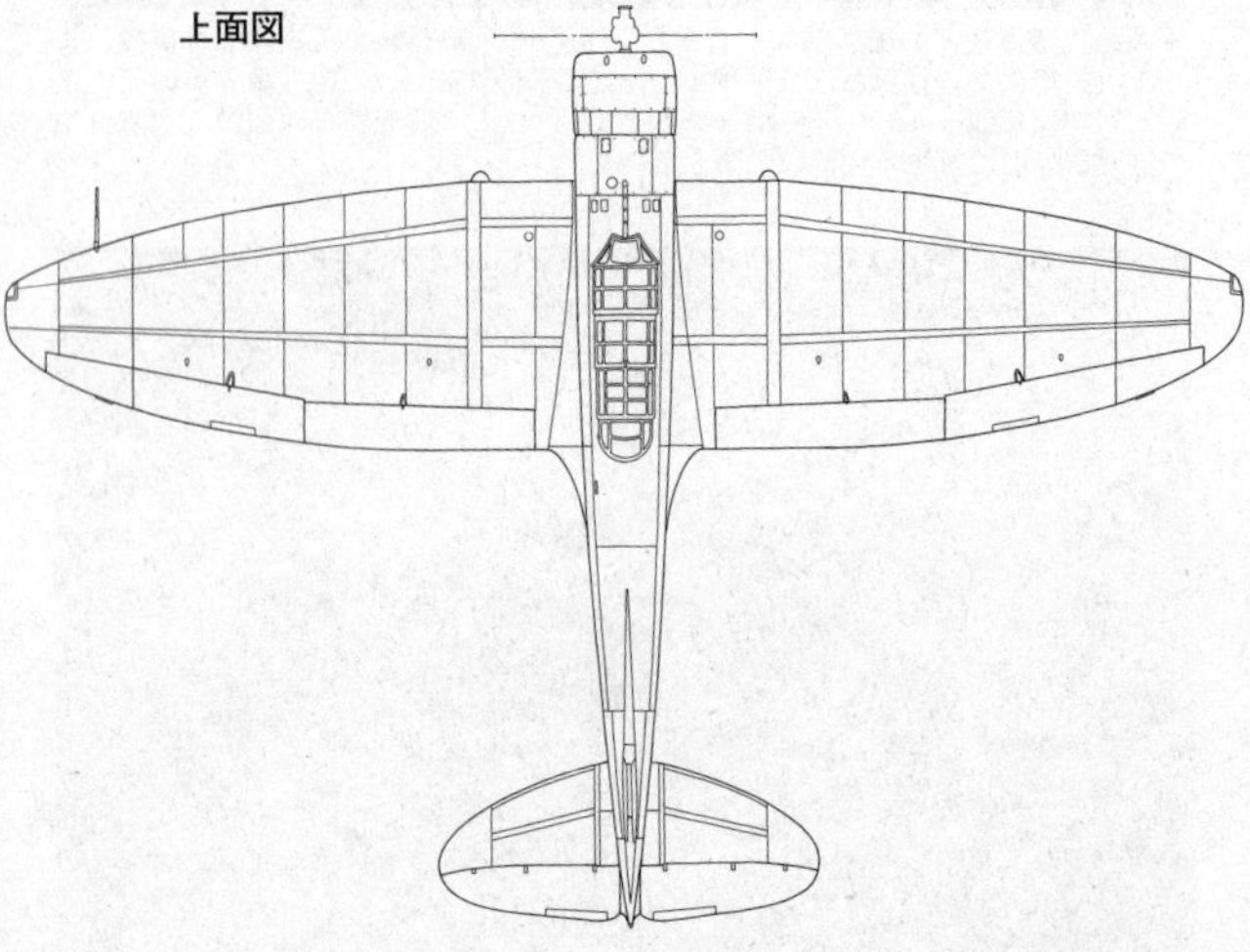

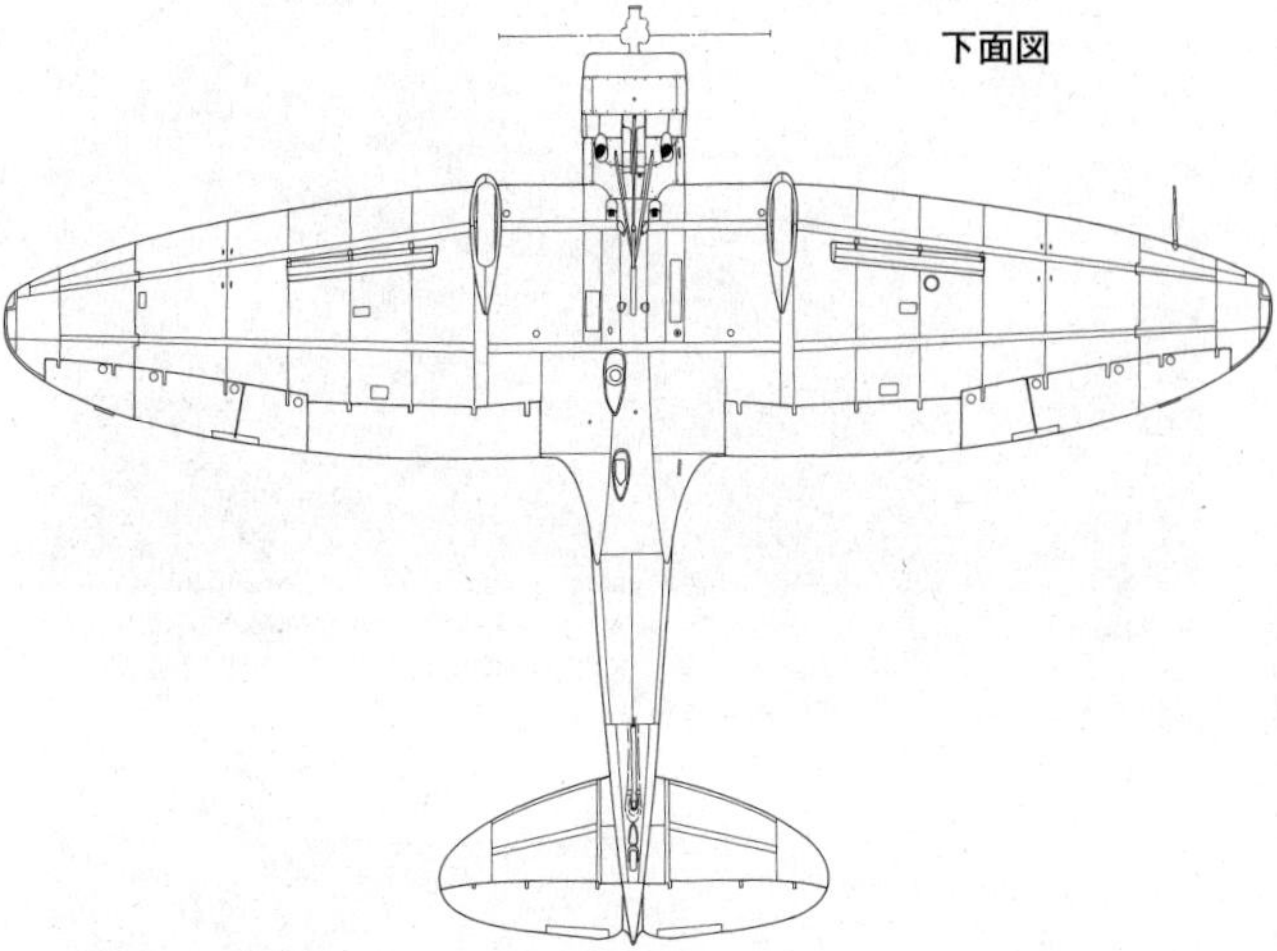
下面図

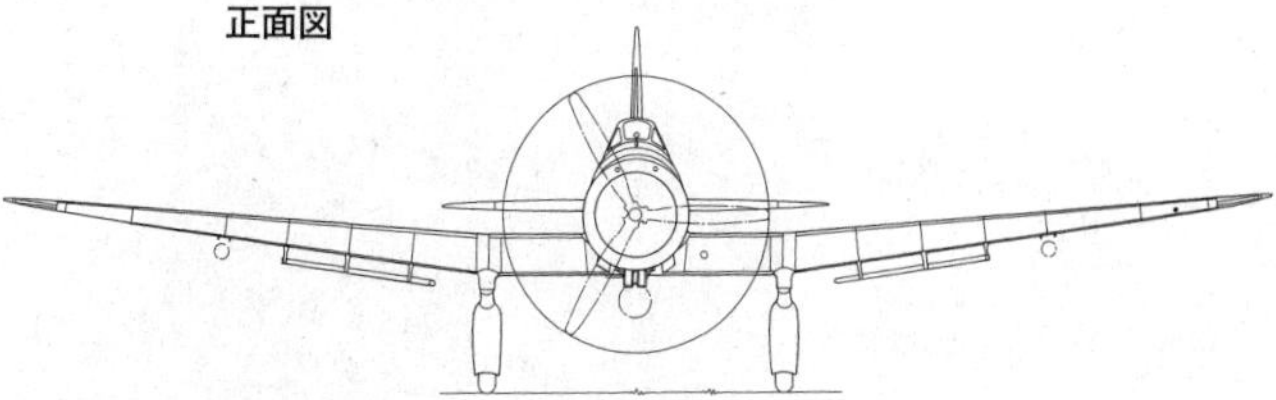
正面図

▲昭和16年12月８日未明（日本時間。現地では７日の朝）、太平洋戦争開戦を告げたハワイ・真珠湾攻撃における、第二次攻撃隊の１機として、空母「赤城」の飛行甲板から発艦した直後の九九式艦爆。

▶これもハワイ・真珠湾攻撃におけるひとコマで、オアフ島上空で急降下爆撃中の九九式艦爆。垂直に近い角度で降下しており、すでに胴体下面の二五番爆弾は投下済みである。90度まで下げた抵抗板（エアブレーキ）が確認できる。

コラム②　日本海軍の急降下爆撃要領（九九式艦爆の例）

太平洋戦争における、日本海軍艦上爆撃機の対水上艦船攻撃要領は、通常、高度３０００ｍで目標まで編隊を組んで飛行。発見したら「突撃隊形つくれ」の命令を出し、小隊（３機）もしくは中隊（９機）ごとに単縦陣（１列の意）となり、指揮官機を先頭に50〜60度の角度で目標めがけて急降下する。

この際、過速に陥らぬよう、両翼下面の抵抗板（エア・ブレーキ）を下げておく。操縦員は、風防正面の照準器で照準点を把握（自機の降下角度、速度や風向、風速、目標が動的であれば、その未来位置なども計算して）し、後席の偵察員は高度の低下を逐一操縦員に伝声管を通じて伝える。高度５００ｍ前後まで降下したとき「テッ」と叫び、操縦員はこの声で爆弾の投下レバーを引き、間髪を入れずに操縦桿を引いて、機体の引き起こしにかかる。

このとき乗員には強烈な重力（Ｇ）がかかり、一瞬、目の前は真っ暗になってしまう。同時に急降下爆撃機にとっては一番危険な瞬間で、超低速にて敵の対空砲火に機体下面を広く晒すため、被弾、撃墜される確率が最も高いのだ。

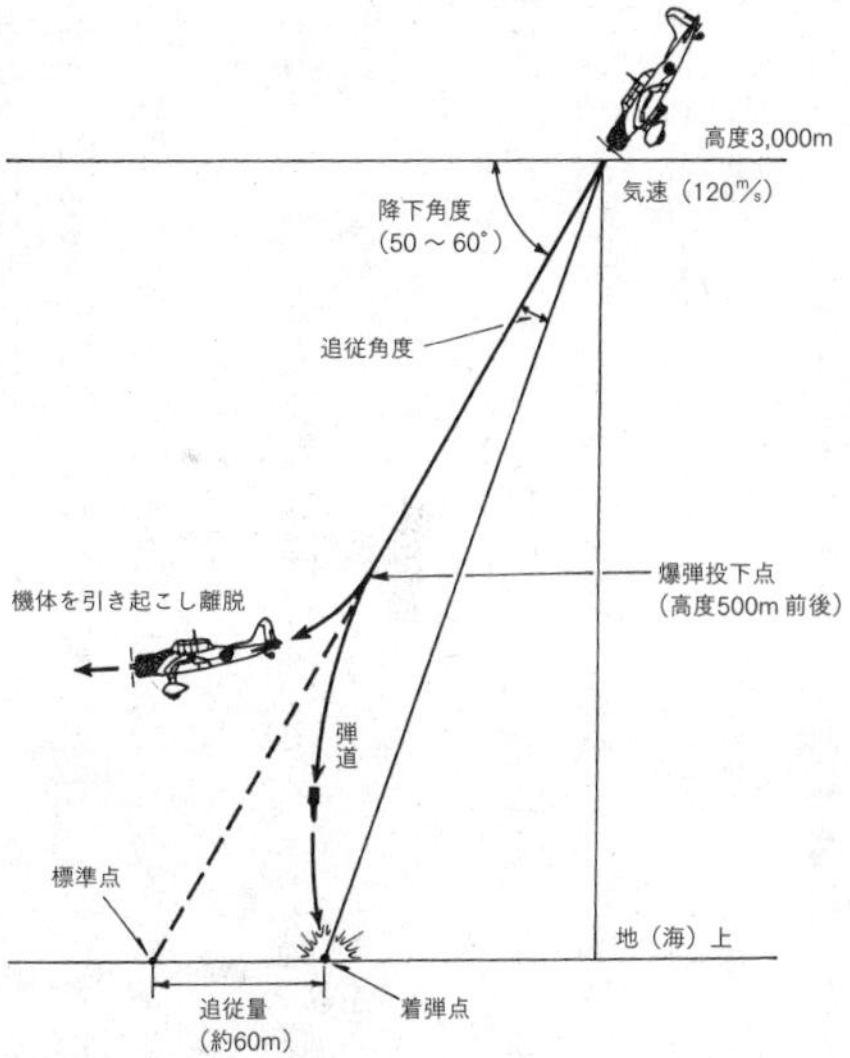

※練習航空隊における訓練では、急降下開始高度は２０００ｍ、降下角60度、爆弾投下高度６００ｍというのが基本だったようだ。しかし実戦部隊では、第五八二航空隊を例にすれば、急降下開始高度は３０００ｍ、降下角50度、爆弾投下高度４５０ｍを基本にしていた。これは、角度が深いと弾着の左、右誤差が大きくなり、投下角度を低くしたのも、照準点と実際の弾着点との追従量を小さくして、命中率を高めるためであった。なお、爆弾投下直前の急降下速度は、２７０kt（５００㎞／ｈ）前後だった。

は、2回の攻撃がそれぞれ88パーセント、82パーセントという驚異的な高い命中率で、イギリス海軍極東艦隊の重巡洋艦2隻、空母1隻を、数分から20分以内に撃沈しており、急降下爆撃の威力を、改めて内外に知らしめた。

しかし、17年5月8日に生起した、日、米の空母同士による初めての戦い、サンゴ海海戦から、九九式艦爆の活躍に陰りが出はじめた。

この戦いには、空母「翔鶴」「瑞鶴」の2隻に搭載された43機が参加したのだが、米空母群の対空砲火は熾烈をきわめ、爆弾は3発が命中したのみで、9機が撃墜された。

1ヵ月後に生起したミッドウェー海戦では、九九式艦爆隊はミッドウェー島の陸上施設を爆撃したのみで、主力空母4隻すべてを失う大敗を喫し、搭載されていた計84機の九九式艦爆も、すべて艦とともに沈んだ。

17年8月24日、ソロモン諸島東方洋上にて、日、米空母は再び相まみえ、第二次ソロモン海戦が生起した。この海戦には「翔鶴」「瑞鶴」の2隻に搭載された54機のうち、第一次攻撃隊として27機が米艦隊の攻撃に向かった。

激しい対空砲火と、グラマンF4Fの迎撃をかいくぐり、九九式艦爆は、空母「エンタープライズ」に3発の命中弾を与え、これを中破せしめたが、撃墜される機も続出、結局、母艦に戻ったのは10機のみ、じつに出撃機の63パーセントを失うという大損害を蒙った。

2ヵ月後に生起した、日、米空母同士3度目の戦い、南太平洋海戦では、「翔鶴」「瑞鶴」「隼鷹」の3隻の空母から、延べ五次、計53機の九九式艦爆が発進、2隻の空母に計8発、戦艦1隻に1発の250kg爆弾を命中させ、うち空母1隻（「ホーネット」）の撃沈（米側による自沈処分）に貢献した。

しかし、対空砲火とグラマンF4Fの迎撃により30機が撃墜され、被弾・不時着水などで失ったものを合わせ、搭載数72機のうちじつに54機、75パーセントもの多くを失った。文字どおり〝壊滅〟に近い損害である。

零戦、九七式艦攻の両機も、それぞれ48パーセント、44パーセントという、決して低からぬ損耗率だったが、九九式艦爆のそれは際立って高い。この事実は、本機が第一線機として通用しない、言い換えれば旧式化したということでもあるが、種々の新しい対空火器と、防空戦闘機によるエア・カバーが充実した米海軍艦隊に対し、日本海軍の航空戦力が、もはや通用しなくなってきたという冷徹な証しでもあった。

本来ならば、せめてこの時期に、九九式艦爆は、後継機と交替して第一線から退くところだったが、後述するように、当の「彗星《すいせい》」は、種々の問題を抱えていて実用化

▲艦橋周囲に“鈴なり”に集まり、大歓声で見送る乗組員を横目に、空母「赤城」の飛行甲板を滑走発艦してゆく九九式艦爆。昭和17年２月19日、オーストラリア北西部のポートダーウィンを攻撃した際のスナップ。ハワイ作戦以来、「赤城」の飛行甲板上で、いく度となく繰り返された光景である。

◀史上初めて日・米空母同士が鉾を交えた、昭和17年５月８日のサンゴ海々戦において、アメリカ海軍機動部隊の上空に到達し、これから急降下爆撃に入らんとする、空母「翔鶴」搭載の九九式艦爆“EI-208”号機。

▼昭和14年10月１日に開隊し、艦攻、艦爆搭乗員の実用機訓練を担当した、大分県の宇佐（うさ）海軍航空隊所属の九九式艦爆二二型。昭和19年の撮影で、翌20年４月からの沖縄攻防戦に際しては、宇佐空も「八幡」の隊名を冠する神風特攻隊を編成し、九九式艦爆は計49機が出撃した。

が遅れており、それも叶わなかった。

そこで、翌18（1943）年1月には、発動機を「金星」五四型（1300hp）に換装し、各部に戦訓を踏まえた改修を施した、九九式艦上爆撃機二二型〔D3A2〕が採用され、量産された。

二二型は、最大速度が47km／h向上して428km／hに、上昇力も、高度3000mまで5分48秒に短縮するなど、相応の性能向上はしていたが、旧式機の印象は拭いようがなかった。

昭和18年中は、日、米空母同士の戦いはなく、九九式艦爆二二型は、陸上基地部隊機とともに、主戦場のソロモン航空戦に投入されたが、損耗率の高さは変わらなかった。

搭乗員の間で、誰いうとなく〝九九式棺桶〟などという自嘲めいた名称が囁かれ出したのもこの頃である。

昭和19（1944）年に入ると、空母、陸上基地双方の艦爆隊に、後継機「彗星」が充足し、九九式艦爆は順次第一線を退いたが、一部にはなお少数が残り、6月のマリアナ沖海戦には、一、二航戦の6隻の空母に計38機が搭載されていた。

さらに、10月の比島（フィリピン）決戦に際しても、陸上基地部隊の第七〇一航空

九九式艦上爆撃機二二型〔D3A2〕四面図

側面図

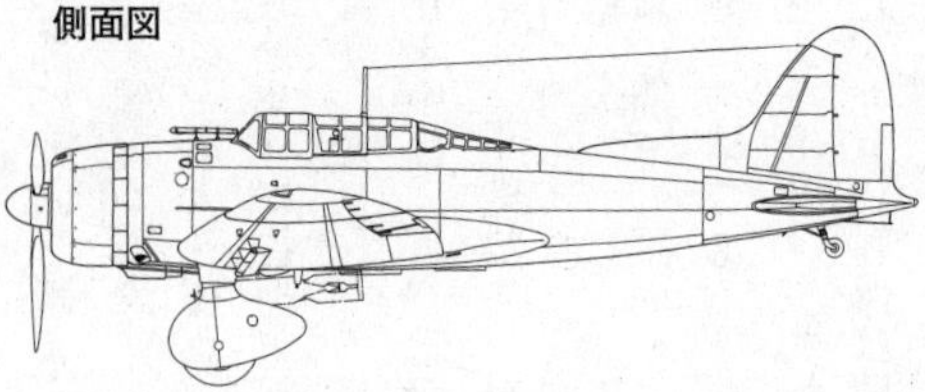

下面図

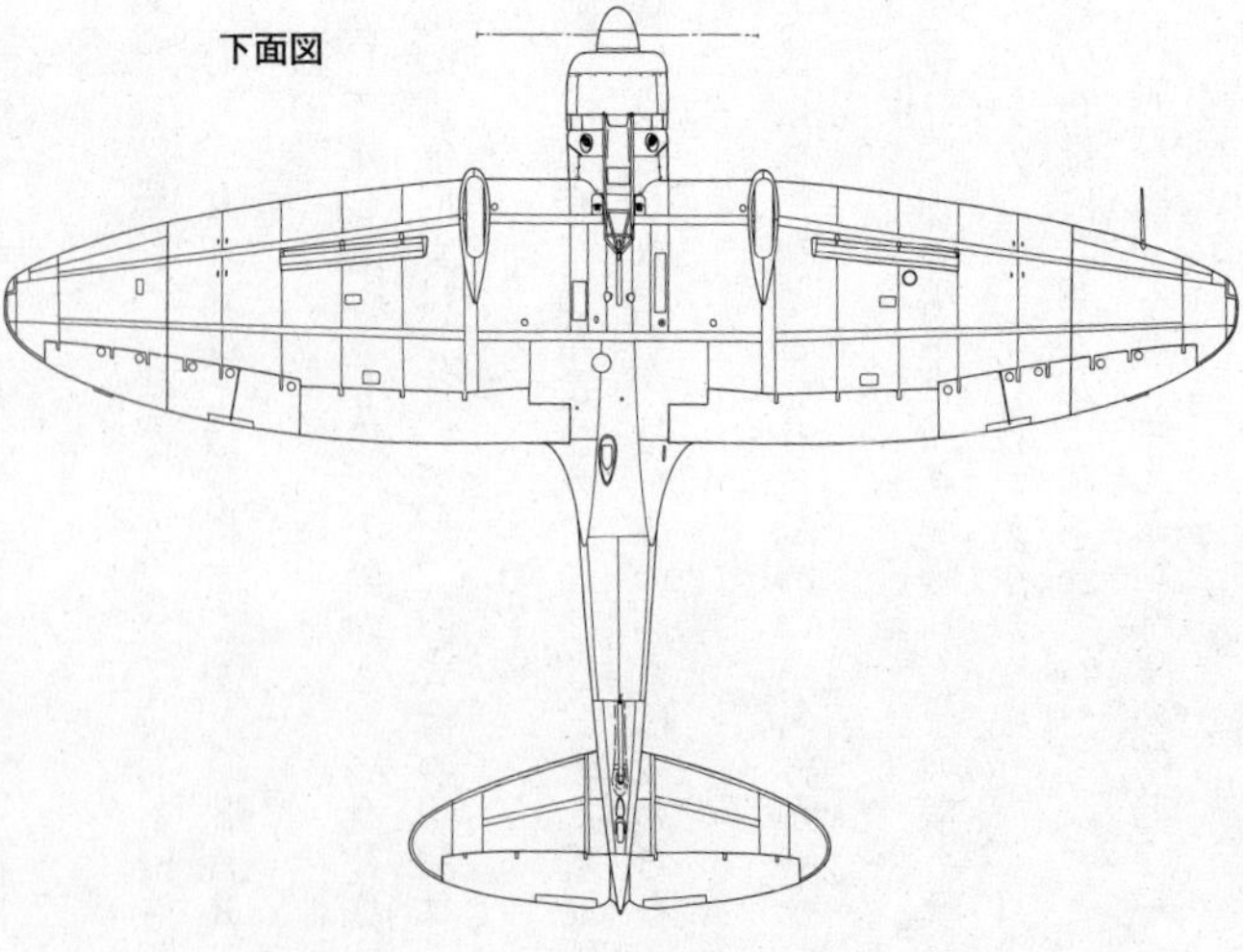

上面図

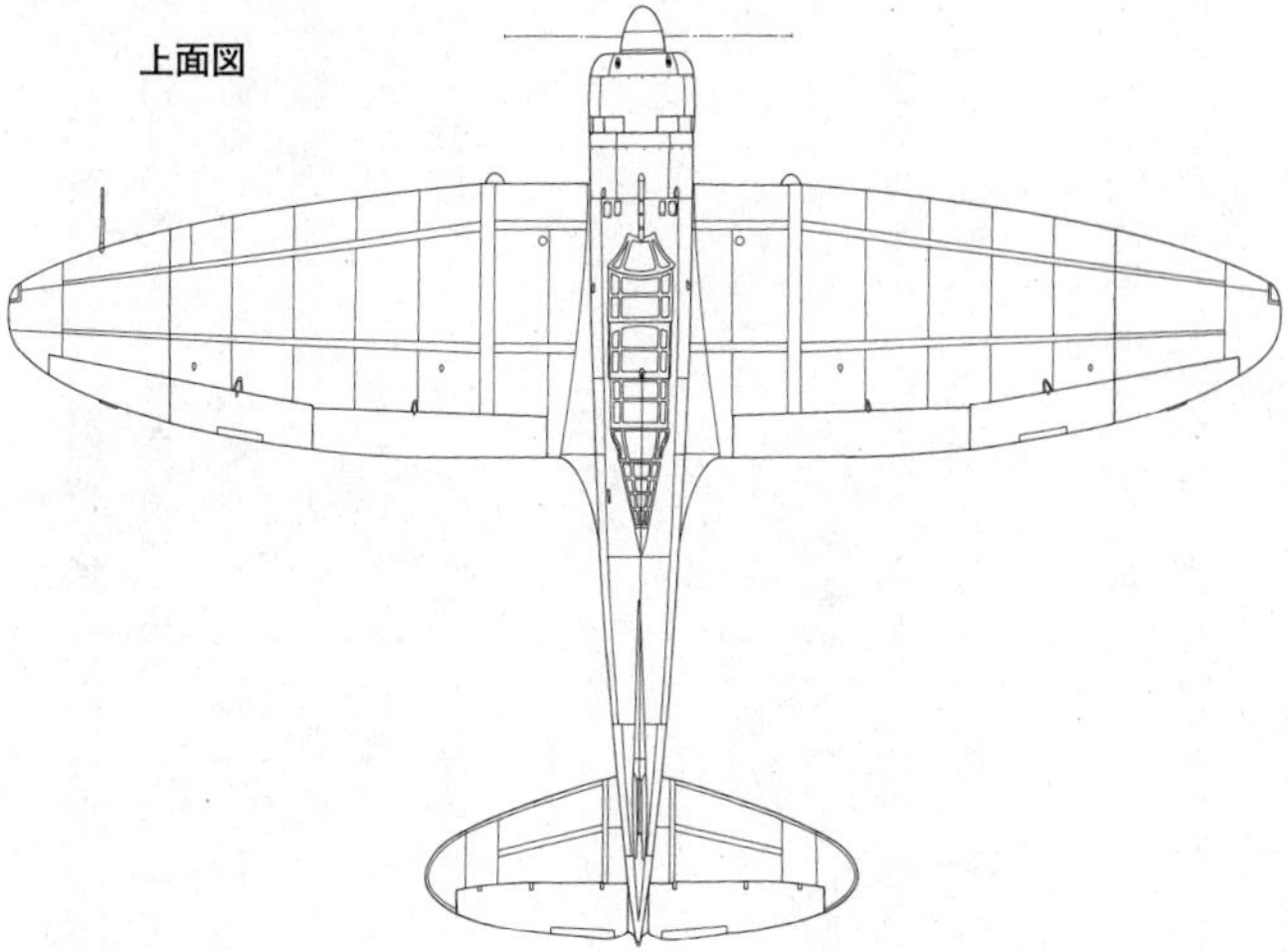

正面図

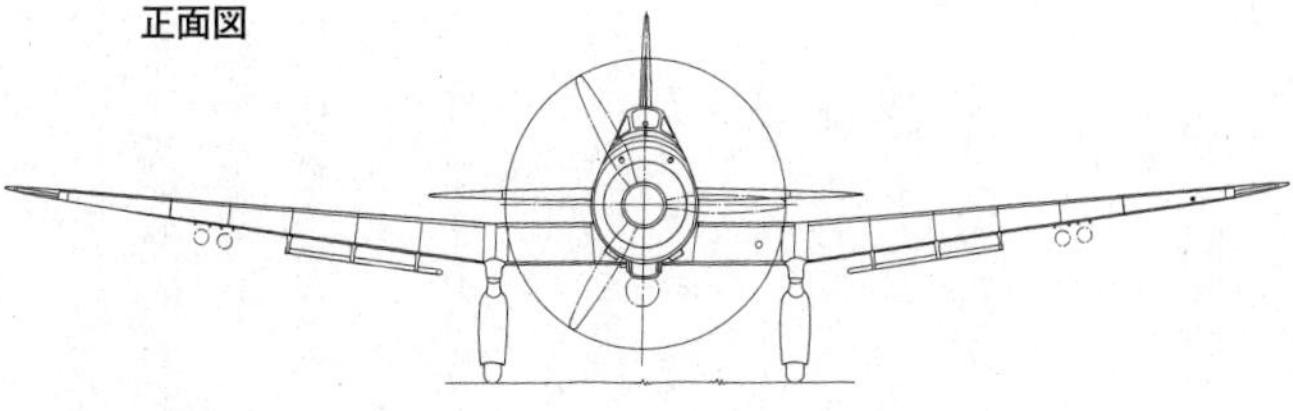

隊所属の約40機が、敵の機動部隊攻撃に出動したものの、悪天候に妨げられるなどして目標を発見できず、戦果なしに終わった。この比島決戦が、九九式艦爆にとって、正規の出撃としては最後となった。以降は、特攻機としての記録が残るのみ。

九九式艦爆の生産数は、最初の一一型（二二型の制式採用後に、旧型のD3A1に命名された型式名称）が17年までに476機、二二型が19年までに816機、その他、昭和飛行機が20年にかけて二二型220機を転換生産しており、合計すると1512機となる。

日本の空母搭載機としては少ない数ではないが、ライバルと目された、米海軍のダグラスSBDドーントレスの、計5936機には大差をつけられており、その格差が、太平洋戦争における実績にも反映し、負のイメージを助長している。

九九式艦爆は、愛知にとって初めての全金属製単葉機であり、その意味では〝労作〟と評価できるが、艦爆の〝本家〟たる米海軍／海兵隊が、周到にインストラクトして育成したSBDに対抗させること自体、無理があったと言っては酷だろうか？

●徒労に帰した木製版九九式艦爆

昭和18年なかば、米海軍潜水艦の活動が活発化し、南方から本土に戦略物資を運ぶ

▲昭和19年10月29日、比島ルソン島のマニラ湾に面したドライブ道路を滑走路代わりにして出撃する、第七〇一海軍航空隊の機材、人員で編成された、神風特別攻撃隊「神武（じんむ）隊」の九九式艦爆二二型。この当時、九九式艦爆は完全に旧式機となっており、事実上特攻機としてしか使いみちが無くなっていた。

▲アルミ合金不足に対処した、全木製機開発の先駆けとなった、仮称九九式練習用爆撃機二二型の試作1号機。昭和20年1月31日、大阪の松下飛行機における完成式典でのスナップ。直線的な外形ラインに一変していることがわかる。

仮称九九式練習用爆撃機二二型〔D3Y1-K〕三面図

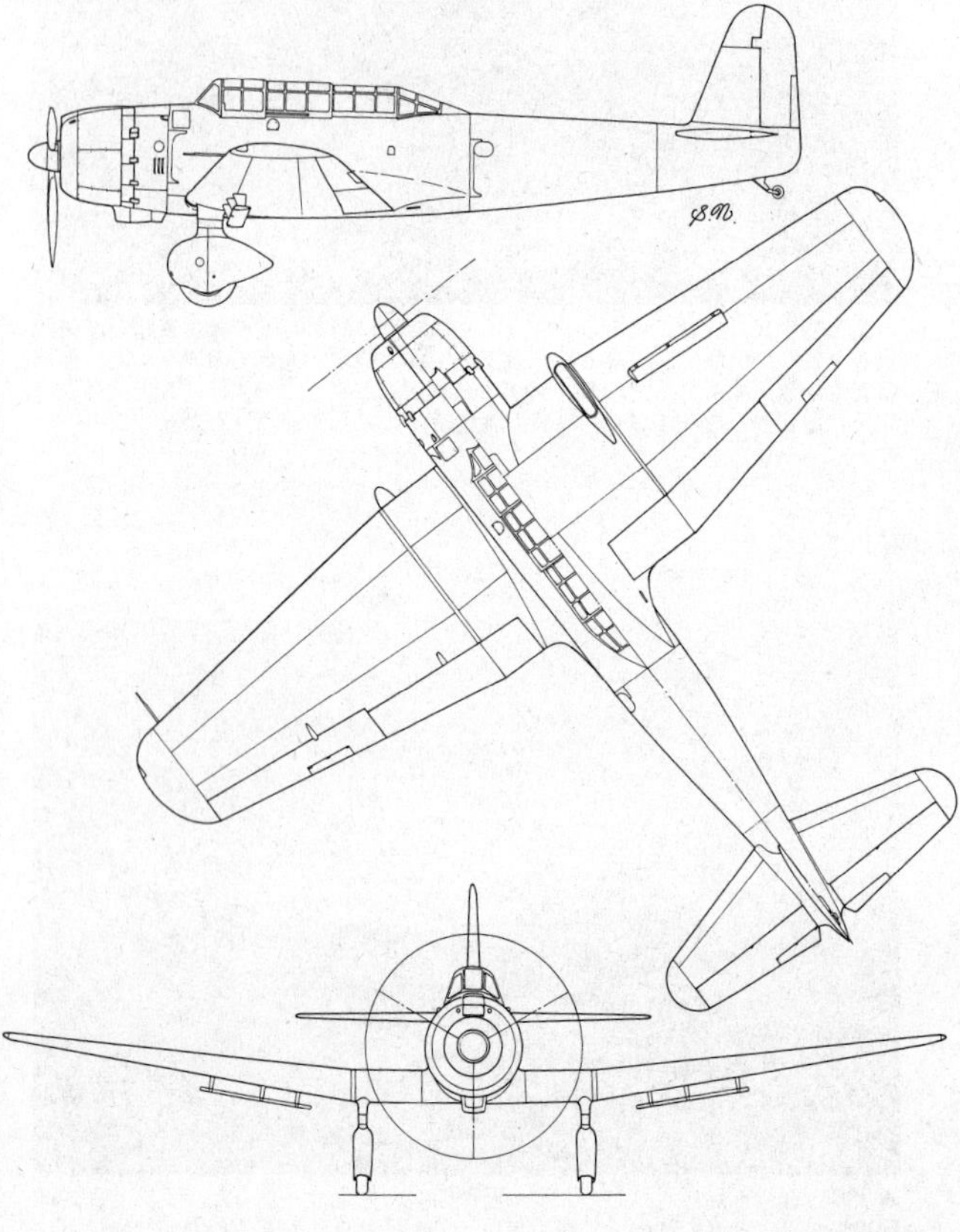

輸送船がつぎつぎと撃沈され、航空機生産に不可欠な、アルミ合金材料の不足が懸念されるようになった。

海軍航空本部は、これに対処するため、木材で代用する方針を打ち出し、全木製機の実現に向けて、まずは、木製構造のノウハウを得るための実験を兼ねて、九九式艦爆の全木製化を、〝身内〟の航空技術廠に命じた。

廠内名称「Y50」と命名された木製版九九式艦爆は、「金星」五四型発動機を搭載し、基本的には二二型をベースにした。ただし、ジュラルミンと木材では強度、加工法などが根本的に異なるため、特徴ある楕円形主、尾翼は、一般的な直線テーパー形に、また、重量配分などの違いもあって、胴体は1m強延長されるなど、外観はかなり変化した。

試作中に、仮称九九式練習用爆撃機二二型〔D3Y1－K〕と命名されたY50の1号機は、製作を請け負った大阪の松下航空機にて、昭和19年7月に完成し、テストされた。

懸念された木製構造には、とくに大きな問題はなかったが、重量は金属製機に比べて400kgも増加し、上昇力と航続力が目立って低下した。ただ、実戦用に使うわけではなく、練習機としてなら、操縦性などにとくに欠陥はないので支障ないと判定され、松下航空機に生産が命じられた。

生産1号機は、昭和20（1945）年1月末に完成したのだが、すでに、この頃には神風特攻が恒常化しつつあり、日本海軍航空隊は、練習部隊に対しても特攻隊の編成を課しつつあったことから、もはや九九式練・爆の存在価値はなくなっていたといえる。したがって、敗戦までに完成した7機も、本来の目的に使われることなく終わり、結果的に、九九式艦爆の木製化は徒労に帰したことになる。

なお、九九式練・爆二二型は、「明星《みようじよう》」の固有名称を附したともいわれるが、昭和20年4月11日付けで海軍航空本部が調製した、「海軍飛行機略符号一覧表」には、そのような記述はなく、前述したごとき名称のままである。

ちなみに、同一覧表には、発動機を「金星」六二型に換装する、仮称九九式練習用爆撃機二三型〔D3Y2－K〕が併記され、実験機〔未〕としてあるところから、試作機は未完成のまま終わったようだ。

●日本海軍最後の艦爆「彗星《すいせい》」

十一試艦爆の試作が始まる前、愛知は、技術提携していたドイツのハインケル社に、尾崎技師らを派遣して、種々の技術情報収集にあたらせたことは前に述べた。

じつは、これと前後して、海軍の航空廠技術者も同社を訪れており、Ｊu87と採用を争った末に敗れた、Ｈｅ１１８急降下爆撃機に強い関心を示し、技術指導をうけたうえで同機のライセンス生産権を取得し、もし、十一試艦爆がモノにならなかった場合は、本機を採用することも考えていた。

しかし、昭和12（１９３７）年に船着した、サンプル用の1機（試作4号機）を、改めて検討してみると、空母上で扱うには大型、大重量に過ぎ、急降下性能も思ったほど良くなく、構造上、国産化に不向きな部分も多々あることなどがわかり、国産化は放棄された。

ただ、液冷ＤＢ６００エンジン（９１０hp）を搭載した、機首まわりの洗練された処理、高速（３９０km／h）は、航空廠技術者に強い感銘を与えた。

このような、Ｈｅ１１８をめぐる経緯が、やがて航空廠独自の新型艦爆開発へと変化し、昭和13年末、十三試艦上爆撃機〔Ｄ４Ｙ１〕の名称により、試作発注されるに至った。

ただし、十三試艦爆は、十一試艦爆の後継機とすることも一応は前提とするが、一方で、現在の航空廠技術者のもつ設計能力を最大限注ぎ、高性能を得るためならば、実用性、生産性は多少犠牲にしてでも、新技術を鋭意採り入れることにしており、い

▲富士山を右に見つつ、タイトな3機編隊で訓練飛行する、横須賀海軍航空隊所属の二式艦偵一一型。艦爆として設計されながら、最初の生産型が艦偵型というのも、彗星の前途多難を暗示していた。

▶写真上の最後尾機“ヨ-21”号機を、別アングルから撮ったショット。二式艦偵は、前部固定風防面を平面ガラスとし、零戦と同じ九八式射爆照準器を備えることにしていたが、生産の途中から、写真のように彗星一一型と同じ、望遠鏡式の二式一号射爆照準器に変更された。

▼左、右主翼下面に加え、胴体内爆弾倉部にも、330ℓ入落下増槽をオプション装備して出撃せんとする、二式艦偵一一型。この状態での航続距離は、おそらく約4,000kmに達したであろう。

ってみれば研究・実験機のようなものだった。

それは、設計主務者に補された山名正夫技師（ハインケル社に派遣された一人）の、〃十三試艦爆は、艦上機なので、大量生産はあり得ない。したがって、構造的にいくぶん難しくても、性能優先に徹して構わない〃という手記に、端的に示されている。

ともかく、平時であれば、十三試艦爆のような機体は、技術向上のためには必要不可欠であり、計画そのものは間違ってはいない。しかし、本機にとって不幸だったのは、海軍が、十一試艦爆の本命後継機たる機

二式艦偵一一型〔D4Y1-C〕

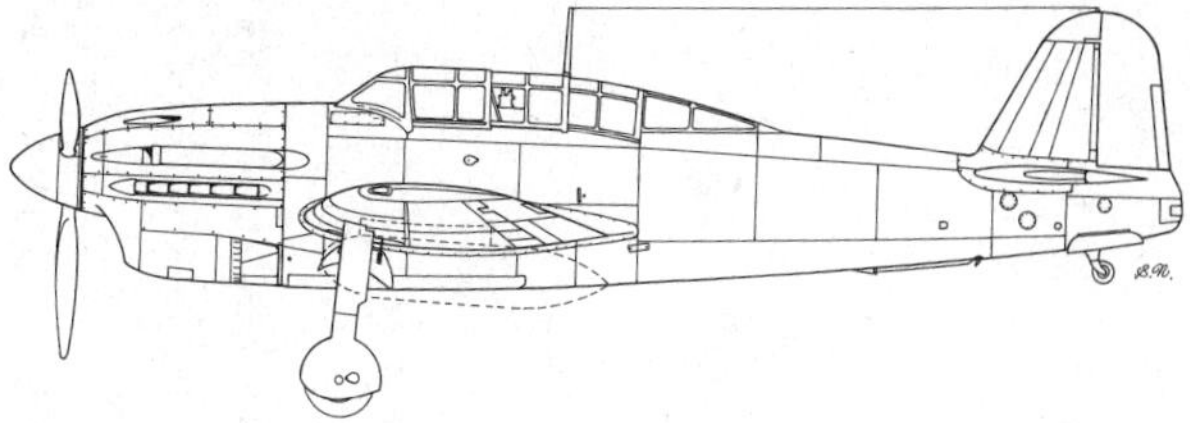

彗星一一型〔D4Y1〕

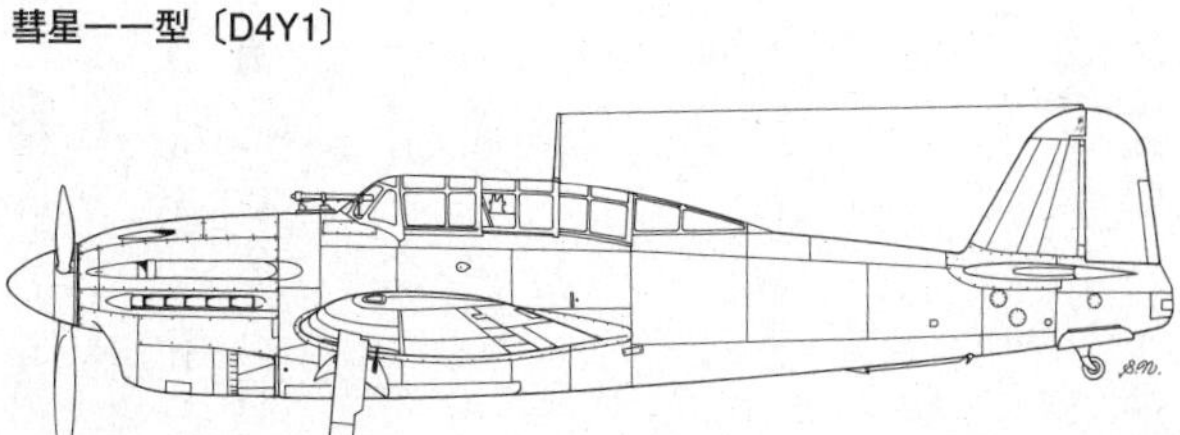

体の試作を怠ったことと、太平洋戦争が始まってしまい、否応なしに実用機として扱われ、且つ、大量生産を余儀なくされたことだった。

それに追い討ちをかけたのが、後述するように、ドイツのDB601Aを国産化した、愛知「熱田《あつた》」液冷発動機の故障・不調頻発だった。要するに、海軍と航空廠の目指していた方針が、ことごとく裏目に出たのである。

結果はさておき、十三試艦爆の設計にあたり、海軍航空本部から示された要求スペックは、最大速度280ノット（518km／h）、巡航速度230ノット（426km／h）、航続力は250kg爆弾懸吊状態で800浬（1481km）以上、過荷重状態にて1200浬（2222km）だった。

最大速度、巡航速度は、当時試作中だった十二試艦戦（のちの零戦）をも凌ぐレベルで、研究・実験機の意味合いが強いとはいえ、本機が相当に〝背のび〟した機体だったことがわかる。

海軍が、このように苛酷ともいえる要求を課したのは、仮想敵である米海軍空母艦上機の行動圏外から発進し、短時間で目標に到達、敵戦闘機の追撃は高速で振り切り、先制攻撃を加えられる艦爆を得たいと構想したからに他ならない。要するに、一方的に攻撃の主導権を握り、敵に反撃の機会を与えないという、言い換えれば、じつに

〝虫のよい〟考えだった。

その高速を得るためと、急降下中の前方視界が良いことを理由に、発動機は、あえてリスクの大きい液冷を選択し、ドイツのダイムラーベンツ社が当時実用化して間もない、DB601A（1100hp）を、愛知にライセンス生産権を取得させ、これを「熱田」の名称で国産化することにした。

この熱田発動機を包む機首まわりの処理は、先のHe118のそれに倣い、胴体は、液冷発動機の長所を生かして、断面をギリギリまで切り詰め、新しい数学的表示法により形状を決定、空気抵抗を、ほぼ、表面摩擦抵抗だけに抑えた。

主翼は、折りたたみ機構による無駄な重量を省くため、全幅は昇降機（エレベーター）に載せたときの、許容限度いっぱいの11・5mにおさめ、そのぶん弦長を広くして面積をかせぎ、揚力不足を補なった。したがって、本機の主翼は、アスペクト比（縦横比）が5・6という、短かく幅広の平面形になった。

フラップは、揚力の大きいファウラー式を採り、しかも幅を広くとって、離着艦時の揚力を確保した。

そして、艤装面の最大の〝見せ場〟が、降着装置、フラップ、空気抵抗板の出し入れ、爆弾倉の開閉などの諸装作を、すべて電気式にしたことだった。

当時、日本機のこうした操作エネルギーは、油圧を利用するのが常識だったが、部品精度が悪いことなどが原因で圧力の不均等、油漏れや故障が多く、信頼性が低かった。それならば、いっそのこと〝オール電化〟で行こうと考えた、航空廠技術者の判断も理解できなくはない。

だが、油圧装置に比べて、電気艤装の技術力が高かったかといえば、さにあらず、当時の日本では、電気艤装はまだ珍しく、欧米レベルに比べると著しく遅れていた。ましてや、これを取り扱う整備員たちにとっては、未知のメカニズムだった。〝研究・実験機〟に等しいとはいえ、万事がこのような考えでつくられた十三試艦爆が、いかに実用機にほど遠い設計思想であったかがわかるだろう。

凝った設計だけに、試作着手から約2年後、当時としては長期といえる作業を経て、試作1号機は昭和15（1940）年11月15日に初飛行した。

テストでは、最大速度298ノット（551・9㎞／h）、航続力2100浬（3889㎞）という、予想以上の高性能を示し、関係者を驚かせた。とにかく、零戦一号型の最大速度を40㎞／h近くも上まわり、欧米の双発爆撃機のそれをも凌ぐ航続力は、たしかに驚異的ではあった。リスクを顧みず、高性能だけを追求した航空技術廠（昭和14年4月1日付けで、旧航空廠を改称）の関係者にとっても、この結果は満足すべきものだった。

だが、海軍が喜んだのも束の間、〝理想主義〟に走ったツケはすぐに現われ、昭和16年中に完成した5機の試作機は、発動機の故障・不調、電気系統の不具合い、燃料、冷却液の漏洩などの問題が頻発して、実用試験さえ満足にこなせない状態がつづいた。

そうこうするうちに、太平洋戦争が勃発してしまい、十三試艦爆は、当初の思惑に反し、実用機として量産することに決まり、愛知時計電機がこれを担当することになった。

しかし、製造図面を渡された愛知は、複雑繊細を極めた構造に音をあげ、とてもそのまま量産に移すことはできぬと陳情、海軍側もそれを了承し、問題箇所は愛知が設計変更してよいことにした。

こんなこともあって、十三試艦爆の実用化はさらに長期を要することになったのだが、試作機の高速と大航続力のみを伝え聞いた現地部隊、とくに空母部隊の本機に対する期待が高く、早急なる配備を強く要求した。

そのため、艦爆としてではなく、ただ高速水平飛行するだけでよい、偵察機として使用するなら差し支えなかろうということで、試作第3、4号機にカメラ装備を施し、第二航空戦隊の空母「蒼龍」に配備した。

そして、この2機は、昭和17年6月5日に生起したミッドウェー海戦に参加し、索敵活動に従事したのだが、「蒼龍」を含む主力空母4隻すべてが、米海軍の艦爆SBDドーントレスの急降下爆撃によって、撃沈されるという悲劇に見舞われ、母艦とともに沈んでしまった。

貴重な試作機を2機失ってしまったことで、実用化のさらなる遅延を悟った海軍は、ミッドウェー海戦から1ヵ月後の17年7月6日、とりあえず艦上偵察機として制式兵器採用、その間に艦爆としての実用化作業を促進することにし、二式艦上偵察機〔D4Y1-C〕の名称を与え、愛知に量産を命じた。

もっとも、生産が本格化したのは翌18年春以降のことで、その頃には二式艦偵と併行して、艦爆型の生産も始まっていた。そして、二式艦偵、艦爆型のいずれもが、まず陸上基地部隊を中心に配備がすすめられた。

二式艦偵を最初に受領したのは、装備定数12機という小世帯の一二一空で、10月に編制され、次いで、ソロモン方面に展開していた一五一空にも配備された。

艦爆型への配備はこれより少し早く、7月1日に千葉県・木更津基地で新編制された、五〇一空が最初に受領（定数36機）、以降8月には五二一空、九月には五〇二空、10月には五〇三空と、装備部隊が増えていった。

▲昭和18年末～19年初めにかけての冬期、千葉県・木更津基地で訓練に励む、第五〇三海軍航空隊の彗星一一型。五〇三空は、彗星を最初に装備した五〇一空につづき、昭和18年10月１日に木更津で編制され、３月10日にトラック島に進出して実戦に参入した。

◀昭和19年５月、ニューギニア島西部のソロン基地に飛来した、五〇三空攻撃一〇七飛行隊所属の彗星一一型“07-305”号機。一〇七飛行隊は、19年３月の改編により五〇三空に配属され、トラック、マリアナ諸島方面を行動した。

▼落下増槽を懸吊して出発する、第五二三海軍航空隊所属の彗星一一型“鷹-3”号機。部隊符号に漢字を使用したのは、第一航空艦隊隷下部隊の特徴。五二三空は、19年２月以降マリアナ諸島方面に進出して戦い、兵力を消耗して、同年７月に解隊されてしまった。

空技廠 艦上爆撃機「彗星」一二型〔D4Y2〕四面図

側面図

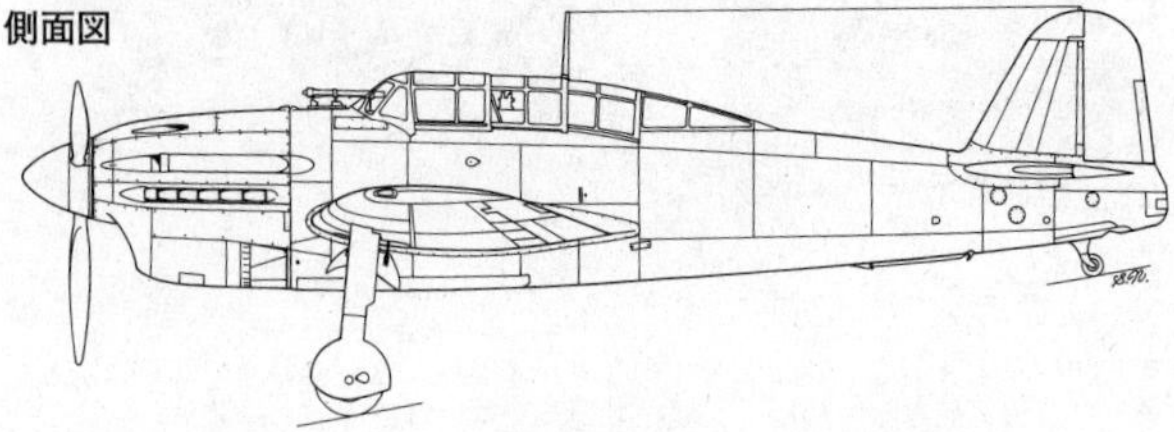

下面図

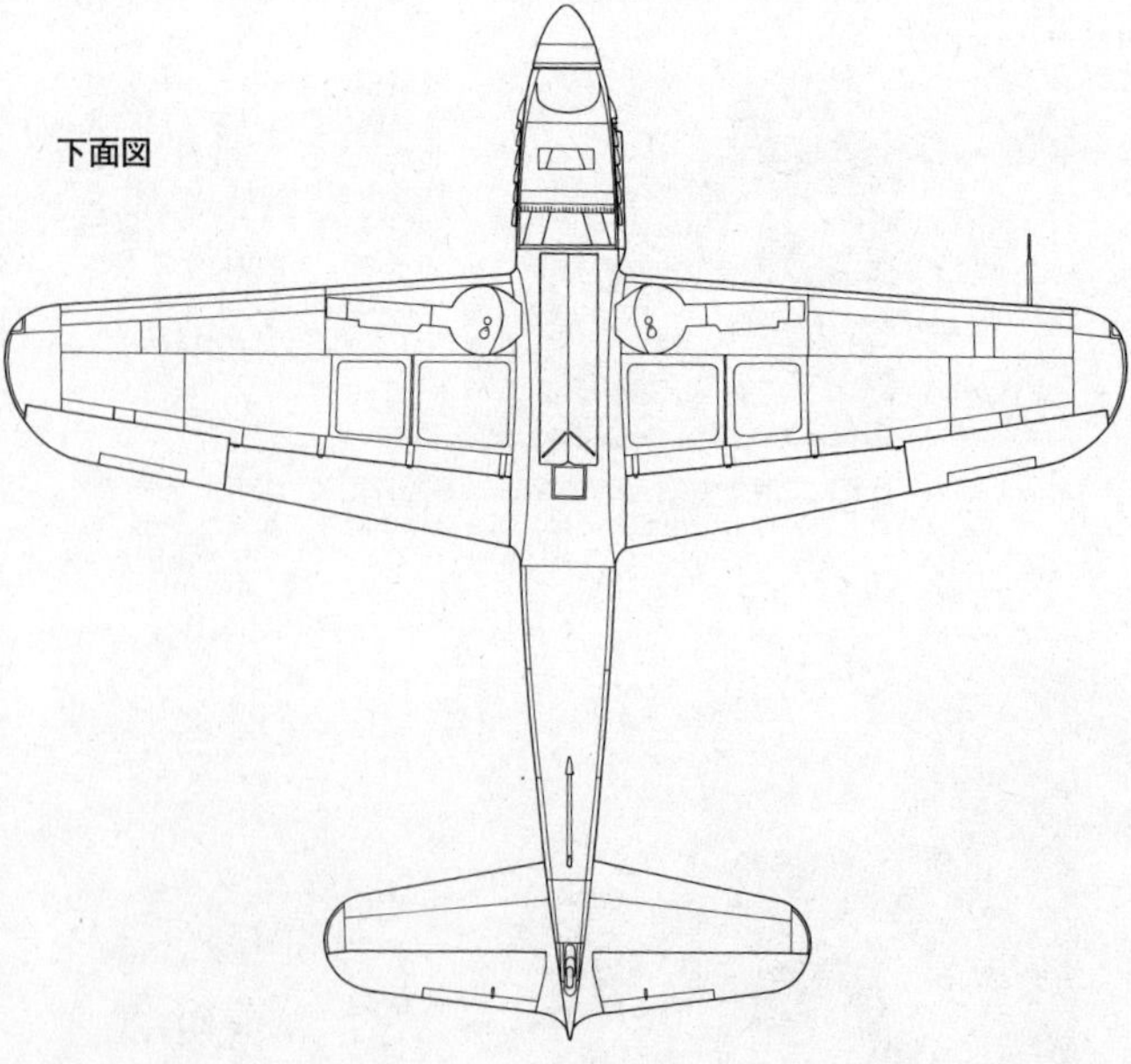

上面図

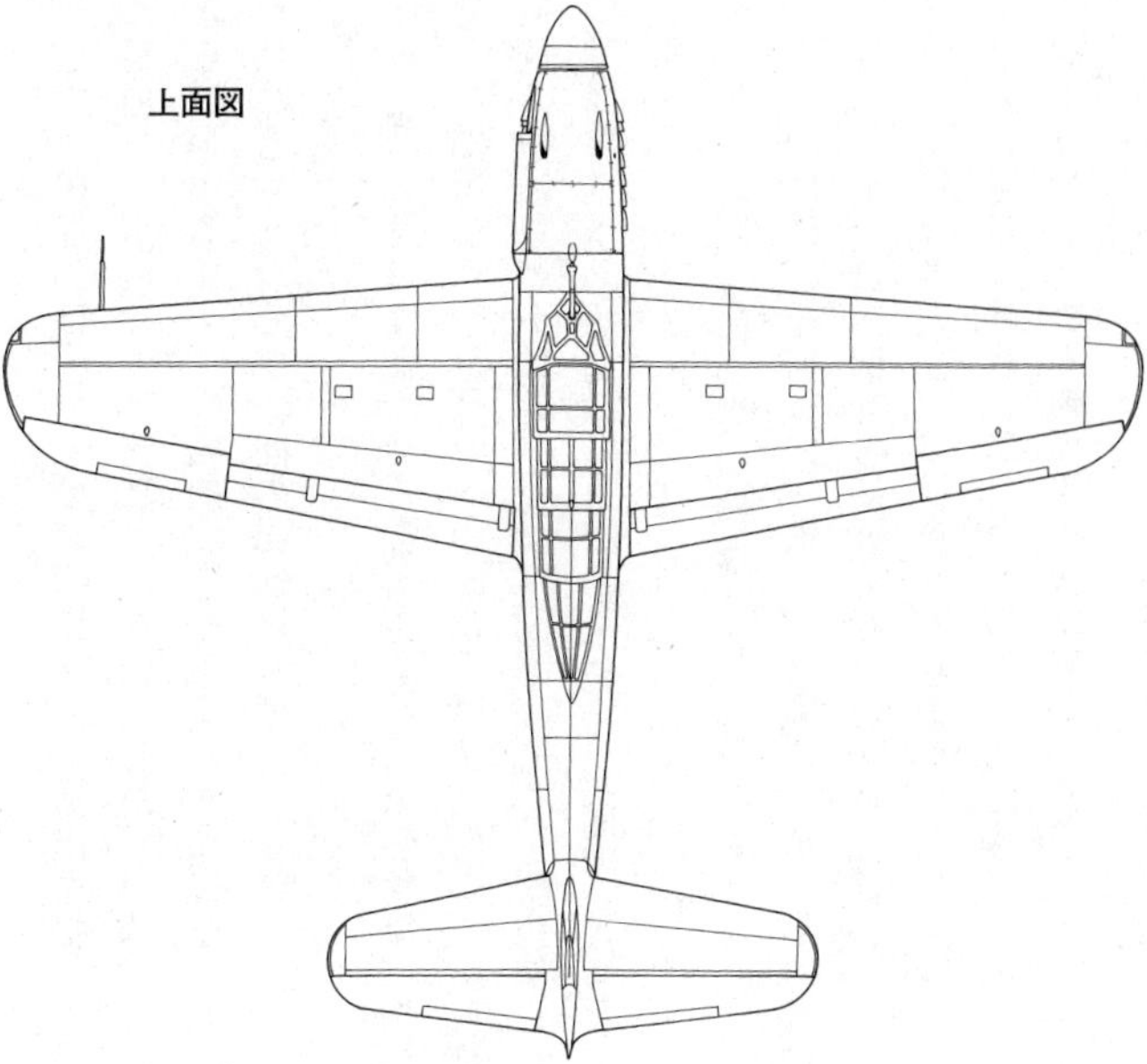

正面図

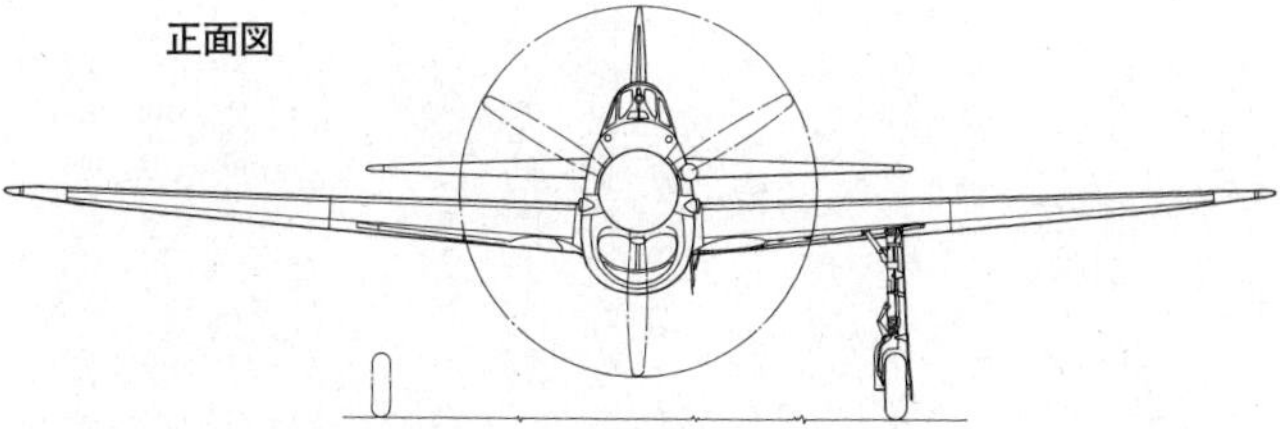

そして、10月20日、ソロモン諸島方面に進出していた、五〇一空の艦爆型が作戦行動に参加し、本機の実戦デビューを果たした。以降、五〇一空は、翌年2月にラバウルから撤退するまで、敵艦船攻撃や索敵などに従事したものの、進出機が14機と少なかったこともあって、一回の出撃に6機以上参加したことはなく、目立った戦果はあげていない。

18年12月、海軍はようやく艦爆型を、艦上爆撃機「彗星」一一型〔D4Y1〕の名称で兵器採用し、空母部隊への配備も開始したが、実施部隊では、発動機の不調、電気系統の複雑さと不具合などで稼働率は低く、新鋭機らしい期待感は膨らまなかった。〝複雑繊細にして実用機に非ず〟という声が聞かれはじめたのも、この頃からである。

昭和19（1944）年6月、日・米の空母部隊同士が、かつてない規模（日本側9隻、搭載機437機、米側15隻、搭載機956機）で相まみえた、マリアナ沖海戦が生起した。

この海戦には、一航戦に70機、二航戦に11機、計81機の彗星が搭載されていたが、警戒レーダーで日本機群の接近を知った米空母群の、グラマンF6F艦戦の待ち伏せにあい、攻撃隊の大半が撃墜されてしまった。彗星隊も例外ではなく、延べ三次の攻撃を含め、翌日に戦闘終了したとき、母艦に残ったのはたったの6機、損耗率はじつに92パーセントという戦慄すべき結果だった。

▲発動機を、離昇出力1,400hpの「熱田」三二型に更新し、性能向上をはかった「彗星」一二型。写真は、空技廠飛行実験部に領収されて実用テストをうけた機体。外観上、一一型とほとんど同じだが、機首上面に小突起ができ、尾脚が固定式となったことで識別できる。

▲正面から見た彗星一二型。横須賀海軍航空隊所属の"ヨ-201"号機で、機首まわり、主脚の正面形などが把握できる得難いショット。後方に「紫電」一一型が写っている。

▼飛行訓練から戻り、鹿児島県の笠ノ原基地をタキシングする、第六五三海軍航空隊所属の彗星一二型"653-292"号機。昭和19年9月の撮影で、六五三空は、このあと最後の母艦航空隊として比島決戦に臨み、壊滅して果てる。

圧倒的な物量差に加え、レーダー、高性能対空防御システムを完備した米海軍艦隊に対しては、もはや、日本海軍航空戦力が、正規の手段で何らかの打撃を与えることは不可能に近かった。彗星の高速と大航続力も、もはや空しい自己満足にすぎなくなっていた。

このマリアナ沖海戦の大敗をうけて、日本海軍も、実施をためらっていた体当り自爆攻撃、すなわち神風特攻も止むなしと考えるようになり、10月の比島決戦で現実となる。

マリアナ沖海戦により、日本海軍艦隊航空隊は事実上壊滅し、彗星も、その活動舞台を陸上に移した。したがって、艦爆として設計されながら、空母から組織的に実戦出撃したのは、マリアナ沖海戦のみということになる。

昭和19年に入ってから、発動機を出力アップした「熱田」三二型（1400hp）に換装した型が生産に入り、同年10月になって、艦上爆撃機「彗星」一二型（D4Y2）の名称で制式兵器採用になったが、すでに、この時点で愛知工場の生産ラインは、後述する空冷発動機搭載の三三型に切り換わっており、生産数は、夜戦型への改造機、防御機銃の変更型、艦偵型などのサブ・タイプを含めても、計320機と少なかった。

●空冷型、そして陸爆への転換

試作機の段階からずっと引きずってきた、液冷「熱田」発動機の不調・故障多発は、低稼働率の元凶であり、出力向上した熱田三二型では、これが一層ひどくなった。海軍と愛知も、ここに至って事態の深刻さを認め、昭和19年に入ると、空冷「金星」六〇型系（1500hp）への換装という〝大手術〟に踏みきった。

液冷「熱田」に合わせ、限界まで絞り込んだ胴体設計は、直径の大きい「金星」と著しい段差を生じ、空力的な効果がほとんど損なわれてしまうことになるが、それをあえて実施せざるを得なかったところに、事態の深刻さが滲み出ている。陸軍の三式戦「飛燕《ひえん》」も、ほどなく同様の措置を採ることになり、日本の液冷発動機政策は、破綻したことになる。

それはともかく、彗星の需要そのものは依然として高いので、空冷化の作業は急ピッチで進められ、19年5月には試作1号機が完成した。

テストでは、予期したとおり、空気抵抗の増加により、最大速度が、熱田三二型搭載のD4Y2に比較して、わずかに低下（574km／h）したが、それでも、一一型に比べれば20km／h以上向上しており、何よりも、実用機にとって死活問題に等しい、発動機の不調・故障から解放され、稼働率が格段に向上したことが収穫だった。

▲発動機を、液冷「熱田」から空冷「金星」へ換装するという、大胆、かつ前例のない“大手術”を経て誕生した、彗星三三型。写真の機は増加試作機と思われ、排気管が露出せず、着艦拘捉鉤も残っているなど、のちの生産機とは細部が異なっている。空技廠の領収機で、全面黄色の試作機塗装。変化した機首まわりのディテールがよくわかる。

▼愛知県の挙母基地で敗戦を迎えた、もと第六〇一海軍航空隊攻撃第三飛行隊所属の彗星三三型“601-46”号機。胴体日の丸直前に、戦果を示すマークが描かれており、かつて米機動部隊への攻撃に参加した歴戦機なのだろう。

海軍は、ただちに愛知に対して、空冷型への生産転換を指示、仮称「彗星」三三型〔D4Y3〕の名称を付与した。本型は、19年中に艦上爆撃機「彗星」三三型の名称で制式兵器採用されたともいわれるが、20年4月11日付けの『海軍飛行機略符号一覧表』では、仮称彗星三三型のままで、現状は実験機扱いとなっている。

同様に、空母への配備がなくなったことから、本型は陸上爆撃機に類別変更されたともいわれるが、前述の一覧表中では、艦上爆撃機の名称のままになっている。いずれにせよ、彗星が本来の艦爆として活動する状況ではなく、マリアナ沖海戦後は、事実上の陸爆になっていたことは事実である。

もっとも、三三型が実施部隊への配備を

「彗星」三三型〔D4Y3〕

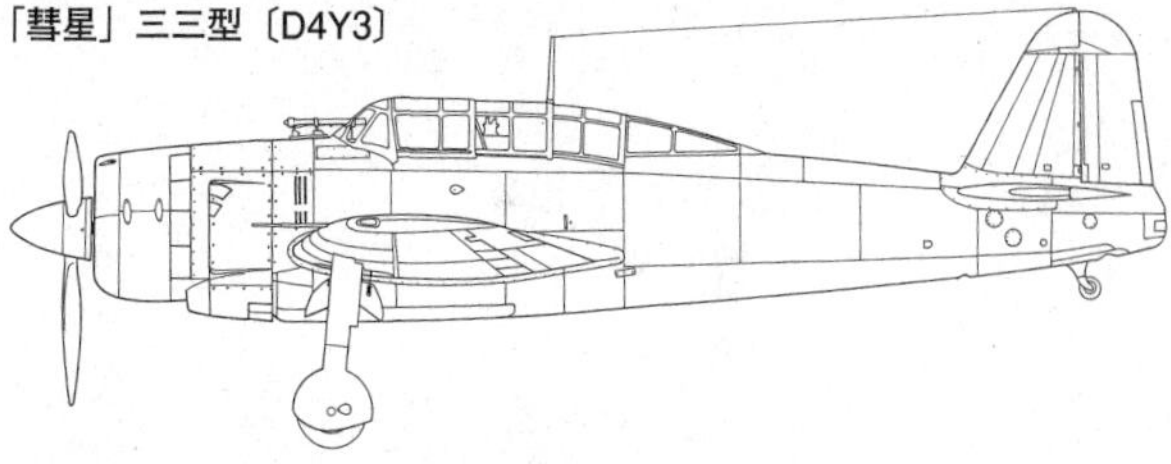

「彗星」四三型〔D4Y4〕特攻専用機

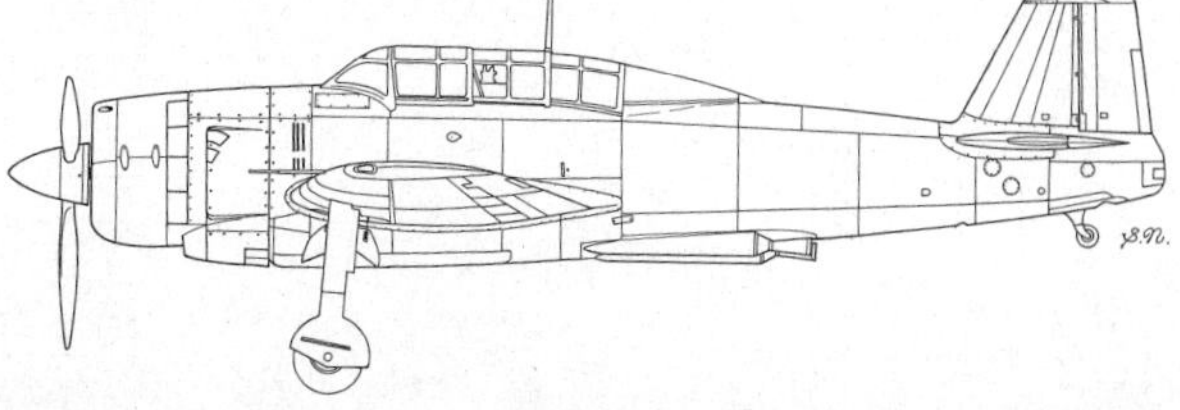

空技廠 艦上爆撃機「彗星」四三型〔D4Y4〕四面図

側面図

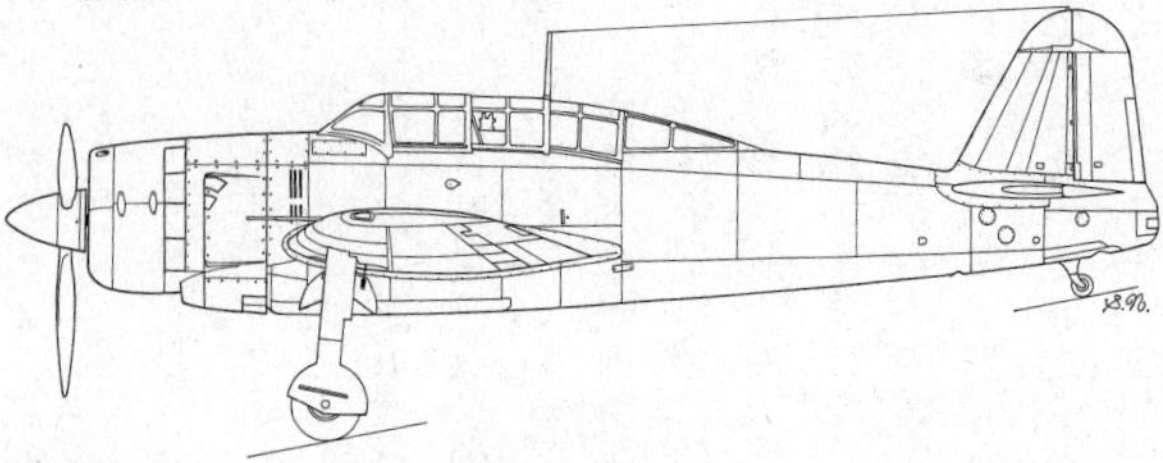

下面図

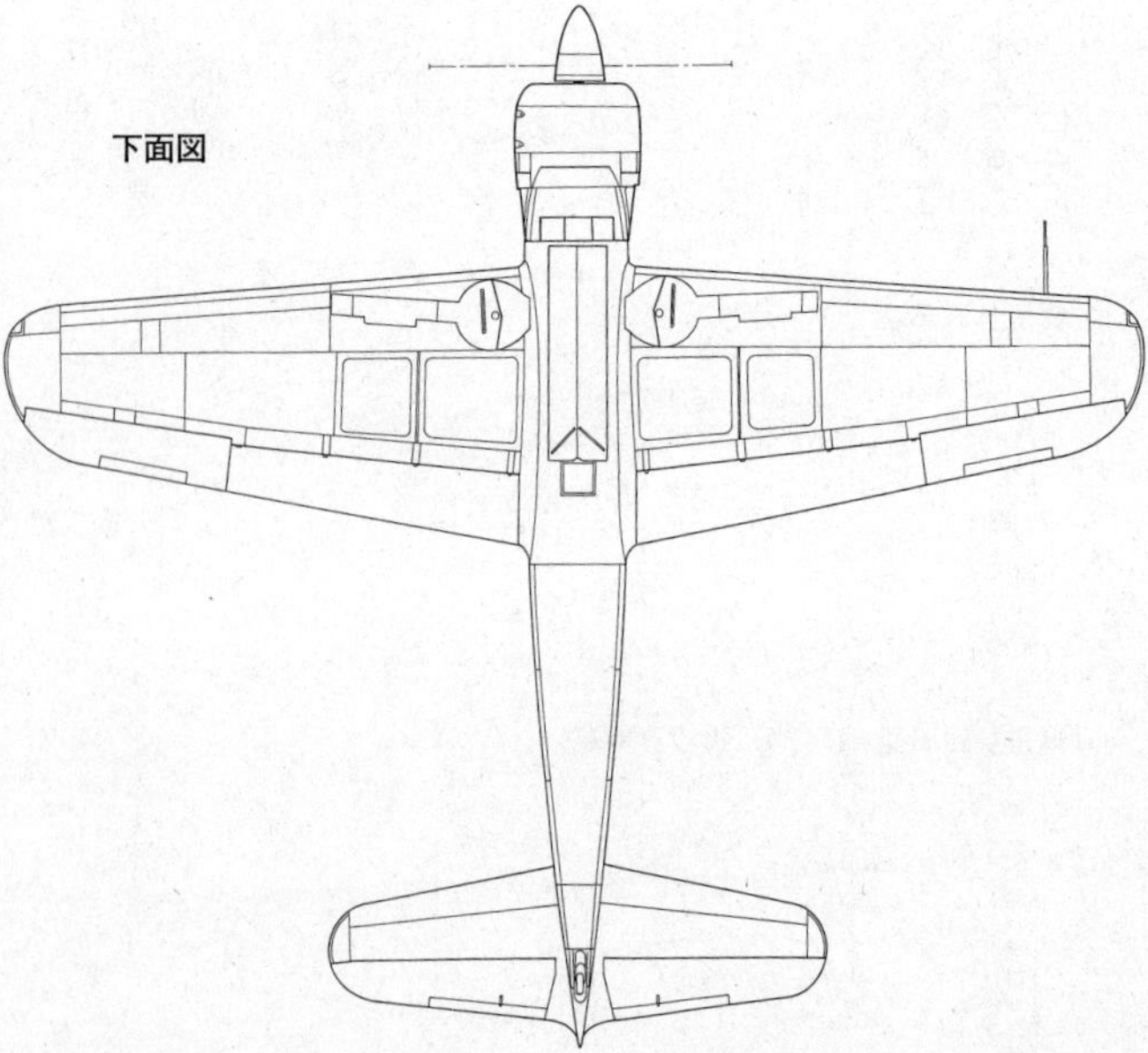

上面図

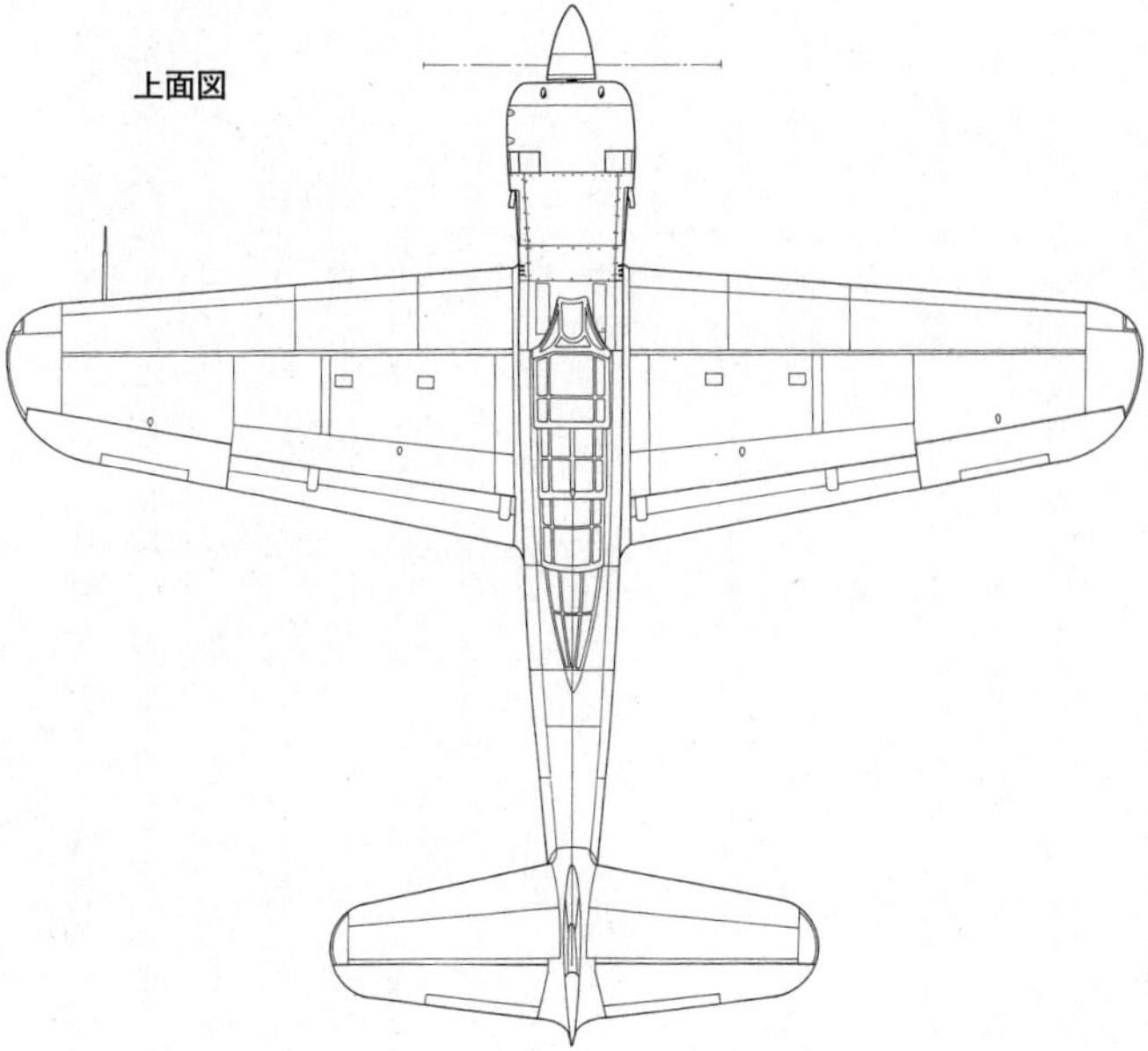

正面図

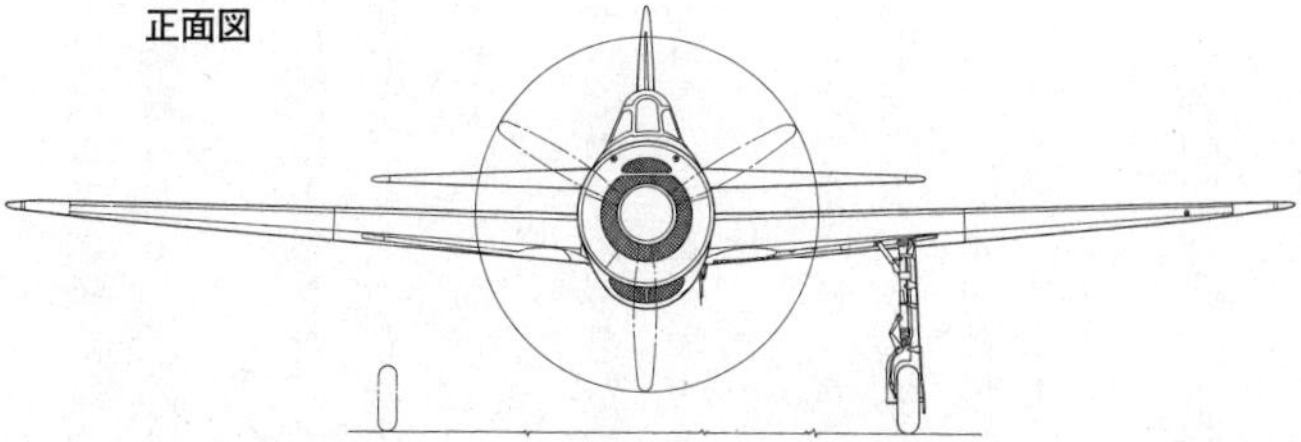

本格化して間もなく、比島決戦が始まり、当初の航空総攻撃を除けば、米艦隊に対する攻撃は、ほとんど神風特攻に集約されたため、本来の急降下爆撃機としての活動は少なかった。

そんな状況下、昭和20年2月21日、硫黄島周辺の米機動部隊を目標に出撃した、六〇一空の彗星三三型11機は、零戦、天山とともに特攻「第二御楯隊」と命名されたのだが、うち1機が急降下爆撃で投下した爆弾が、護衛空母「ビスマーク・シー」に命中、これを撃沈したのが特筆される。

神風特攻が恒常化するに及び、海軍は、彗星三三型を改造して、その専用型を造るよう空技廠、愛知に示唆、昭和20年に入って仮称彗星四三型（D4Y4）の名称で生産が始まった。

四三型は、発動機は同じまま、八〇番（800kg）爆弾を懸吊できるように、爆弾倉を深くし、同扉を撤去、後席の偵察員席を廃して操縦席のみの単座にし、後席後方の風防は金属鈑で密閉した。突入時の加速用に、ロケット・ブースター3本を装備するため、爆弾倉後方の胴体下面に切り欠きを設けたことも目立つ。ただし、このロケット・ブースターは、実際に装着された例がなかったようだ。

その他、操縦席の前、後に5・9㎜厚の防弾板を追加、燃料タンクの防弾化、主脚覆の変更などの改造も加えられた四三型は、全備重量が、三三型に比べて800kg近くも増加して4542kgとなった。当然、飛行性能は低下し、最大速度は一一型とほぼ同じ552km／h、上昇力、実用上昇限度なども目立って低下したが、航続力のみは、正規状態で1654kmと、三三型より少し延伸している。

四三型は、20年3月以降、六〇一空、二五二空などの正規部隊も含めて配備されたが、4月以降の沖縄戦、および本土近海への特攻隊出撃は、すべて五〇番（500kg）爆弾を用いており、三三型との混用がどの程度だったのかは不詳。とにかく、彗星は零戦に次いで特攻機としての出撃数が多く、その主力機だったことは事実である。

昭和20年8月15日、無条件降伏の大詔が下ったのち、九州の第五航空艦隊司令長官宇垣纏《まとめ》中将が、七〇一空・攻撃一〇五飛行隊の彗星四三型11機を率いて、沖縄周辺海上の米艦船群に突入。太平洋戦争最後の航空攻撃となったことが、本機の後半生を象徴している。

敗戦までに、愛知が生産した空冷彗星は、三三型が536機、四三型が296機で、液冷型の980機（一一型、二式艦偵が660機、一二型が320機）、それに広島の海軍第十一航空廠における生産分約430機をあわせると、各型合計2242機に達した。

▲昭和20年３月、千葉県上空を編隊飛行する、第二五二海軍航空隊攻撃第三飛行隊の彗星四三型。加速用ロケット噴進器を取り付けるための、胴体下面の切り欠きが目立つが、この２機は、風防後部が従来どおりガラス窓になっていて、後席にも偵察員が乗っているところから、通常の艦（陸）爆仕様に戻された機体。

▶特攻専用機に指定された彗星四三型を特徴づける、胴体下面のロケット噴進器取り付け部の切り欠き。空気力学面の配慮をしない、無造作な処理であることがよくわかる。

▼敗戦後、戦利品として米国に搬送された、もと六〇一空所属の彗星四三型“601–71”号機。特攻専用型で、風防後部が金属張りになっている。三三型とは異なる、主車輪覆下部形状に注目。

これは、海軍機として零戦、一式陸攻に次ぐ第三位の記録である。生産効率がきわめて低い機体にもかかわらず、これだけ多くを送り出した愛知の努力は、称えるべきかもしれない。

なお、計画では、四三型の発動機を中島「誉《ほまれ》」一二型（1800hp）に換装する、仮称彗星五四型〔D4Y5〕もつくられることになっていたが、実現しなかった。

顧みるに、彗星は当初の計画は悪くなかったのだが、大戦という非常時下で大きく運命が変わり、海軍航空行政失敗の尻拭いも負わされ、いってみれば不運な機体だった。

彗星自体が、戦争末期には陸爆に変化してしまったこともあるが、艦爆の類別で後継機は開発されず、代役は、第二章で解説した、艦攻／艦爆一元化の「流星」がこなすことになった。したがって、彗星が艦爆の名称を冠した最後の機体になる。戦後には、米海軍でも艦雷、艦爆という機種名は廃止され、新たに攻撃機（アタッカー）という類別に統合されており、空母打撃力の象徴とされてきた艦攻、艦爆という名称は、第二次世界大戦終結とともに消滅した。

日本海軍歴代艦上爆撃機 諸元/性能一覧表

項目＼機名	九四式艦爆	九六式艦爆	九九式艦爆 一一型	九九式艦爆 二二型	艦爆『彗星』 一二型	艦爆『彗星』 三三型
乗員数	2	2	2	2	2	2
全幅（m）	11.370	11.400	14.360	14.360	11.500	11.500
全長（m）	9.400	9.300	10.185	10.185	10.220	10.220
全高（m）	3.450	3.410	3.085	3.085	3.630	3.750
主翼面積（m^2）	34.05	34.70	34.97	34.97	23.60	23.60
自重（kg）	1,400	1,775	2,390	2,618	2,550	2,470
搭載量（kg）	1,000	1,025	1,260	1,182	1,200	1,280
全備重量（kg）	2,400	2,800	3,650	3,800	3,750	3,750
翼面荷重（kg/m^2）	70.5	72.1	104	108.6	158.6	158.8
馬力荷重（kg/hp）	5.22	4.16	4.05	4.2	2.92	3.16
燃料容量（ℓ）	——	655	1,000	1,079	1,070	1,080
潤滑油容量（ℓ）	——	——	82	60	70	56
発動機名称/型式	中島『寿』 二型改一 空冷星型 9気筒	中島『光』 一型 空冷星型 9気筒	三菱『金星』 四四型 空冷星型複列 14気筒	三菱『金星』 五四型 空冷星型複列 14気筒	愛知『熱田』 三二型 液冷倒立V型 12気筒	三菱『金星』 六二型 空冷星型複列 14気筒
公称出力（hp）	460	670	1,080	1,200	1,340	1,340
離昇出力（hp）	580	730	1,070	1,300	1,400	1,560
プロペラ型式	金属固定 ピッチ 2翅	金属固定 ピッチ 2翅	住友/ハミル トン恒速 可変ピッチ 3翅	住友/ハミル トン恒速 可変ピッチ 3翅	住友/ハミル トン恒速 可変ピッチ 3翅	住友/ハミル トン恒速 可変ピッチ 3翅
プロペラ直径（m）	2.743	3.00	3.05	3.20	3.20	3.00
最大速度（km/h）	281	309	381	428	580	574
巡航速度（km/h）	——	222	287	296	370	333
着陸速度（km/h）	——	122	122	184	126	144
上昇力（m/分秒）	3,000/9'30"	3,000/7'51"	3,000/6'27"	3,000/5'48"	5,000/7'40"	3,000/4'35"
実用上昇限度（m）	7,000	8,000	8,070	10,500	10,720	9,900
後続時間（hr）、または距離（km）	5.7/1,050	6.0/926	4.97/1,472	9.11/2,529 （過荷）	3.56/1,163 （正規）	4.10/1,518 （正規）
射撃兵装	7.7mm 機銃 ×3	7.7mm 機銃 ×3	7.7mm 機銃 ×3	7.7mm 機銃 ×3	7.7mm 機銃 ×3	7.7mm 機銃 ×2 7.92mm 機銃 ×1
魚雷、爆弾	250kg 爆弾 ×1 30kg 爆弾 ×2	250kg 爆弾 ×1 30kg 爆弾 ×2	250kg 爆弾 ×1 60kg 爆弾 ×2	250kg 爆弾 ×1 60kg 爆弾 ×2	250～500kg 爆弾×1 30kg 爆弾 ×2	250～500kg 爆弾×1 30kg 爆弾 ×2

第二節　歴代艦上爆撃機の機体構造

①九六式艦上爆撃機〔D1A2〕

敗戦という厳しい現実もさることながら、太平洋戦争終結時点において、もはや"骨董品"に近い存在となっていた、戦前の日本海軍歴代複葉機は、取扱説明書の類もあらかた整理処分されていて、残存部数そのものが少なかったため、戦後に米軍が押収した関係資料の中にも、ほとんど含まれていなかったらしい。

そのため、米国国立公文書館などに保存されている、旧日本軍資料のマイクロ・フィルム・コピーにも、複葉機に関するものはほとんど見当らない。

幸い、今回のテーマに含まれる、九六式艦爆のみは、取扱説明書が現存しており、機体の構造、艤装などに関してはほぼ把握できる。複葉機の構造など大したことはない、と思いがちだが、さにあらず、とくに全金属製単葉機と設計年度にそれほど差がない、九五、九六式各複葉機は、艤装面などに関して、初期の全金属製単葉機と比べても、さして遜色はない。

その意味で、九六式艦爆の取・説は、同時代、否、少し前の複葉軍用機の構造、艤装などを知るうえでも貴重な資料といえる。前置きが長くなったが、そのような実情も汲み、本機の構造、艤装を、以下に少し詳しく紹介することにしたい。

まず、九六式艦爆とはどのような機体なのか、取・説の冒頭に記されている〝概説〟を引用してみよう。

〝九六式艦上爆撃機ハ九四式艦上爆撃機ヲ基礎トシテ計画セラレタル空冷「スー

▲取扱説明書の冒頭に付された写真。250瓩（kg）爆弾を懸吊している。

パーチャージャー」（筆者注：過給器の意）付「光」一型発動機装備ノ急降下爆撃機ナリ．其ノ型式ハ二座複葉車輪式ニシテ航空母艦ニ於テ発着収容容易ナル艦上飛行機ナリ．250瓩爆弾1個胴体下ニ吊シ瓦斯加減柄（筆者注：スロットル・レバーの意）ニ

一般要目表

名称	九六式艦上爆撃機		
型式	二座複葉車輪式		
定員	二名		
主要寸度（米）	全幅		11.395米
	全長		9.360米
	全高		3.530米
重量（瓩）	正規全備		2,800瓩
	自重		1,775瓩
	搭載量		1,025瓩
	許容過荷重量		2,900瓩
荷重	翼面荷重　瓩/米²		81瓩/米²
	馬力荷重　瓩/馬力		4.24瓩/馬力
発動機	名称		光一型
	数		1
	馬力（標準高度）	公称	660馬力
		許容最大	800馬力
	回転数	公称	毎分1950回転
		許容最大	毎分2150回転
	吸気圧力（粍）	公称	＋50粍（水銀柱）
		許容最大	＋150粍（水銀柱）
	標準高度（米）		3.500米
	減速比		1
	使用燃料（比重）		0.74
	〃（種類）		87「オクタン」価以上
プロペラ	名称型式		SS-5
	直径（米）		3米
	節（度）		20.5°
	重量（瓩）		69瓩
燃料容量（立）	総容量（括弧内補助タンクヲ含ム）		750立（910立）
	大燃料タンク		565立
	小燃料タンク		145立
	洗滌タンク		40立
	補助タンク		160立
	潤滑油容量（立）		72立（内空所7立）
主	翼幅	上翼	11.395米
		下翼	11.385米
	翼弦		1.600米
	面積（動翼ヲ含ム）		34.5米²

翼	取付角（度）上下		2°
翼	上反角（度）上下		2° 3°
翼	後退角（度）上下		（胴体取付部ニテ）2.5°
翼	翼間隔（米）		1.900米（基準翼前縁ニテ）
翼	喰違（粍）		330粍（胴体取付部ニテ）
翼	縦横比上下		7.5
補助翼	幅（米）上下		3.118米
補助翼	弦長（米）上下		0.385米 0.380米
補助翼	面積（平方米）上下		1.118米²×2 1.108米²×2
補助翼	平衡比上下		0.301/1.118=0.27 0.286/1.108=0.26
補助翼	運動角上下		+25° −20°
尾部	水平尾翼	幅（米）	3.755米
尾部	水平尾翼	弦長（米）	0.656米
尾部	水平尾翼	面積（平方米）	1.940米²
尾部	水平尾翼	迎角調整範囲（度）	+4° −5°
尾部	昇降舵	幅（米）	3.800米
尾部	昇降舵	弦長（米）	0.735米
尾部	昇降舵	面積（修正舵ヲ含ム 平方米）	0.910米²×2
尾部	昇降舵	平衡比	0.154
尾部	昇降舵	運動角（度）	+26° −24°
尾部	垂直尾翼	全幅（米）	1.209米
尾部	垂直尾翼	全高（米）	1.387米
尾部	垂直尾翼	面積（平方米）	1.09米²
尾部	垂直尾翼	取付角（度）	0°
尾部	方向舵	全幅（米）	0.742米
尾部	方向舵	全高（米）	2.150米
尾部	方向舵	面積（修正舵ヲ含ム 平方米）	1.200米²
尾部	方向舵	運動角（度）	左30° 右30°
胴体	長サ（発動機架ヲ含ム）（米）		7.860米
胴体	幅（米）		1.226米
胴体	高サ（米）		1.8915米
降着装置	車輪	直径（米）	0.850米
降着装置	車輪	幅（米）	0.175米
降着装置	車輪	間隔（米）	3.200米
降着装置	尾輪	直径（米）	0.150米
降着装置	尾輪	幅（米）	0.075米
三点静止角（度）			13.5°

装備セル引手ニヨリ急降下中投下セラル．爆弾ヲ携帯シ巡航速力120節ニシテ4・17（5・2）時間、即チ500（624）浬ノ航続力ヲ有ス．但シ（）内ハA・C（筆者注：混合比の意）50％（気化器目盛14・7）使用時ヲ示ス．使用材料ハ主要部ハ鋼、

図①：胴体骨組部

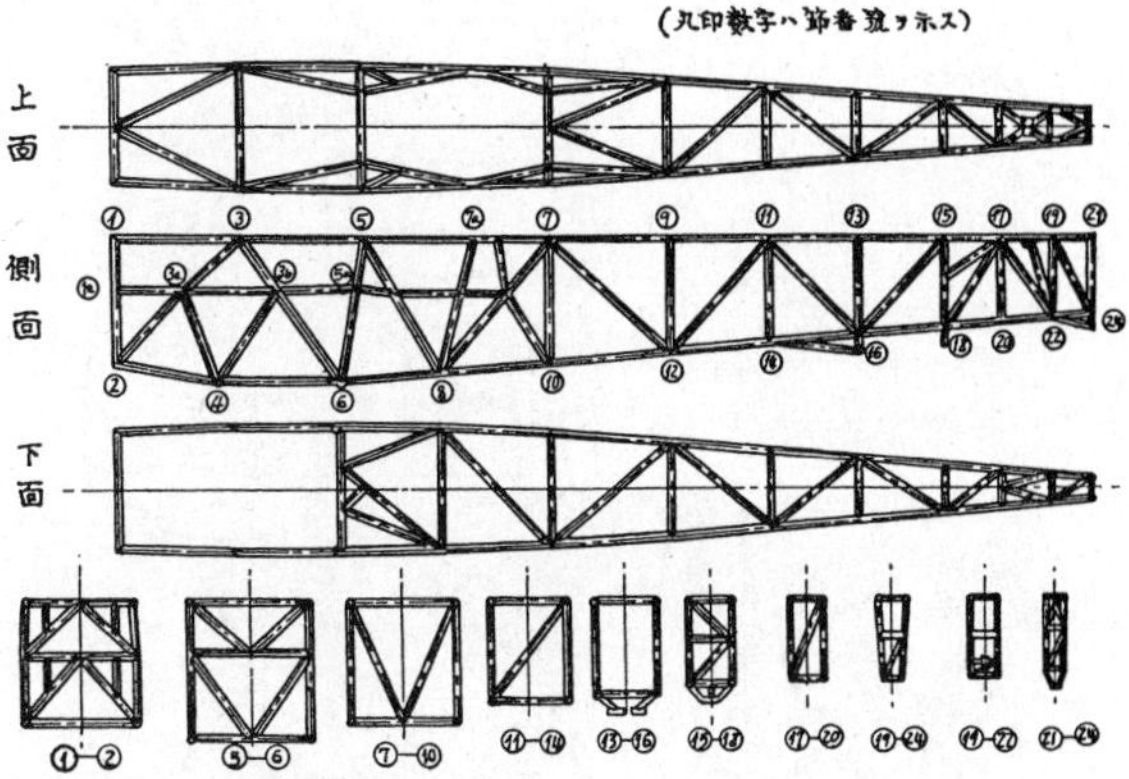

図②：木製外皮部

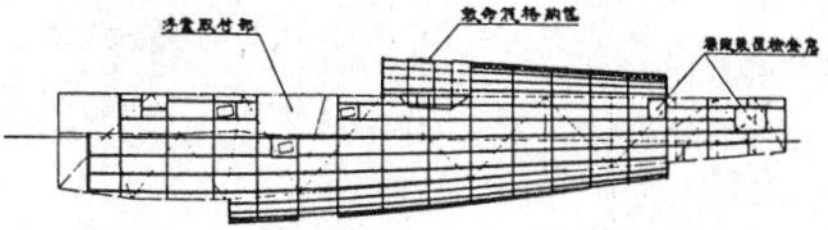

図③：金属および羽布外皮部 ※▩が羽布張り部分

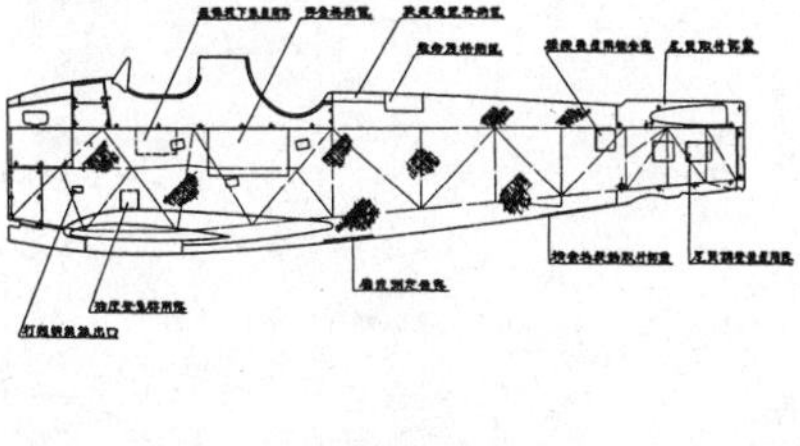

図④：胴体主要部艤装図

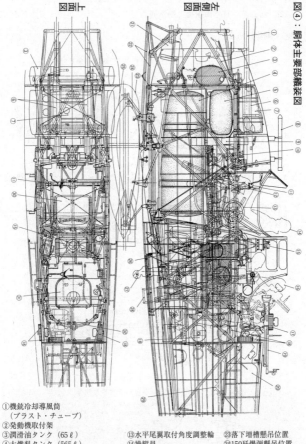

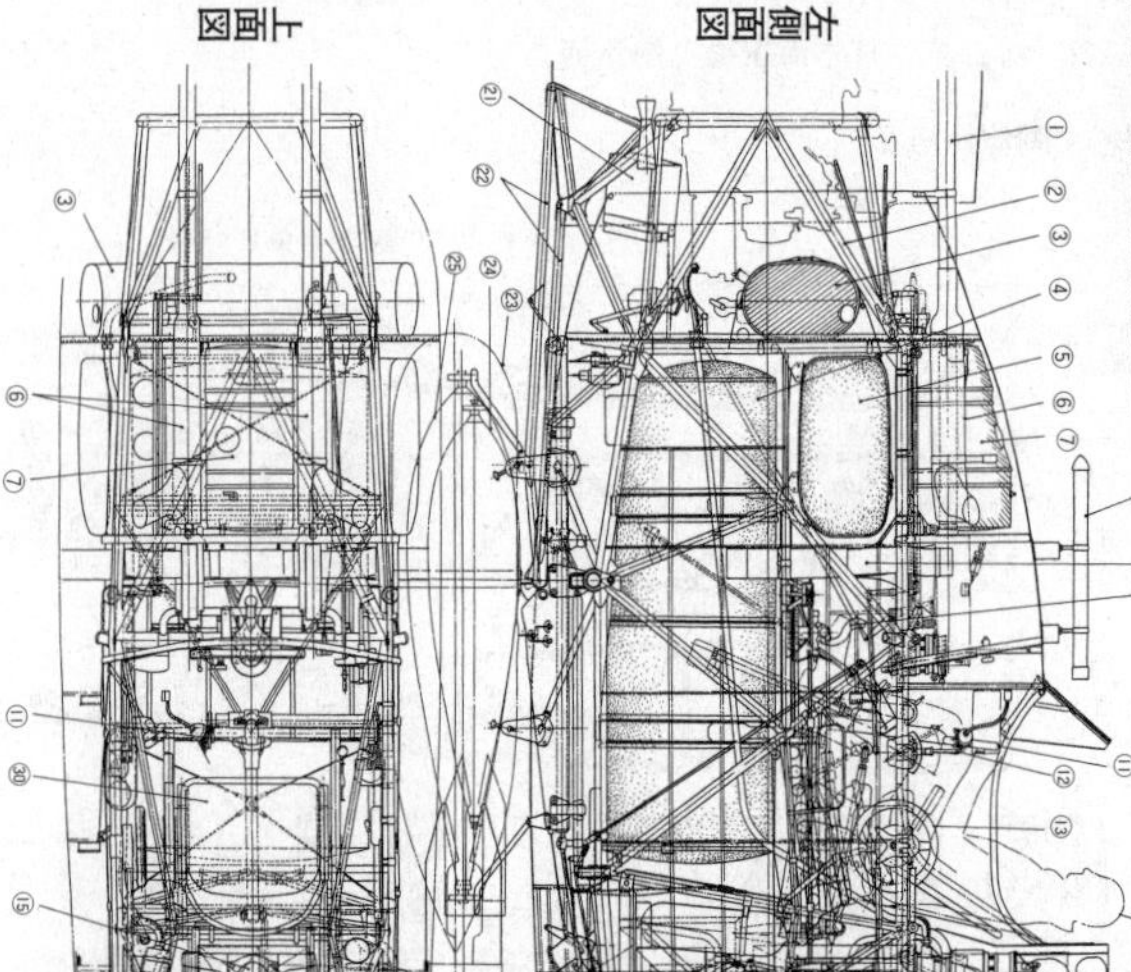

①機銃冷却導風筒
（ブラスト・チューブ）
②発動機取付架
③潤滑油タンク（65ℓ）
④大燃料タンク（565ℓ）
⑤小燃料タンク（145ℓ）
⑥毘式七粍七固定機銃
⑦洗滌油タンク（40ℓ）
⑧オイジー射爆照準器
⑨七粍七機銃弾倉（約400発収容）
⑩足踏（方向舵/ブレーキ・ペダル）
⑪操縦桿
⑫スロットル・レバー
⑬水平尾翼取付角度調整輪
⑭操縦員
⑮航空羅針儀
⑯偵察員兼銃手
⑰弾倉
⑱予備弾倉
⑲留式七粍七旋回機銃
⑳救命筏
㉑潤滑油冷却器
㉒爆弾投下誘導枠
㉓落下増槽懸吊位置
㉔150瓩爆弾懸吊位置
㉕250瓩爆弾懸吊位置
㉖九四式空二号無線電信機
㉗偏流測定器使用位置
㉘乗降用足掛
㉙旋回機銃格納位置
㉚操縦席
㉛偵察/銃手席
㉜旋回銃軌条

二次的部分ハ「ジュラルミン」、外皮ハ羽布張リトス・強度ハ急降下急仰（筆者注・急降下からの急激な引き起こしの意）及空戦ニ対シテ充分ナリ〟

以下、各部分ごとに紹介してゆく。

●**胴体**

当時の複葉機の一般的構造で、図①に示したごとく、クロームモリブデン鋼管を用い、上、下、左、右4本の強化縦通材に、方形、および支持用の斜材をガス熔接で結合した骨組をもつ。緊締用の張線は使用していない。

前後方向に、約40㎝間隔で木製の外皮受けを通し、この上に、それぞれの外皮を張った。図②に木製、図③に金属、および羽布の外皮張り部分を示す。

主要部分の構造、艤装を詳細に示したのが図④で、前述したように、複葉機とはいえ、この時代の機は、相当に緻密な〝造り〟になっていたことがわかる。

●**主翼**

上、下翼、および中央、基準翼の4部分から成る。上、下翼は、〝正〟の喰い違い（スタッガー）330㎜を有する、二張間式《ふたはりま》複葉形態で、上、下翼とも2度30分の後退

図⑤：中央翼骨組図

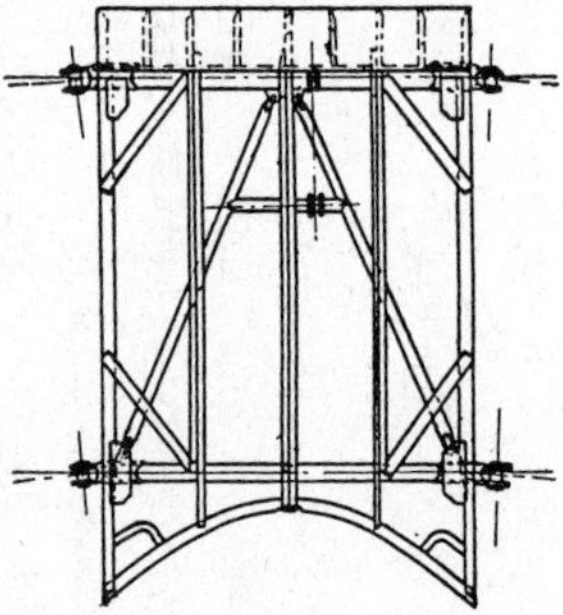

図⑥：基準翼骨組図

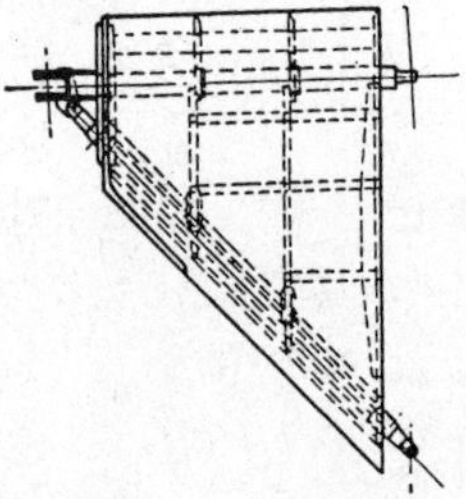

角をもつ。取付角度は上、下翼とも同じ2度だが、上反角は上翼が2度に対し、下翼は3度と少し強めてある。コード（翼弦長）は、上、下翼とも同じ1600㎜。

中央翼とは、上翼の左、右翼を固定する部分のことで、左、右を〝N〟字形、前方を逆〝V〟字形の支柱で胴体と連結してある。骨組みは図⑤に示したとおり、左、右本体と同様だが、より強い負荷に耐えられるよう、張線ではなく鋼管の斜材を組んである。左、右に突き出た4ヵ所の金具（前、後桁部）が、左、右翼取付部分。

上、下翼本体は、図⑨に示した骨組み。図⑦に示した長円形断面の高張力鋼管製前、後桁に、図⑧のような断面の、ジュラルミン製小骨（リブ）を配して骨組みを形成し、上、下二面に翼内抗力張線を通し、捩れ負荷に対し、充分な鋼性力を与えている。外皮は羽布張りだが、前縁部分のみは強度上、厚さ0・5~0・6㎜のジュラルミン鈑を張ってあり、その上に羽布を被せた。なお、下翼の第9番小骨は、30kg小型爆弾懸

図⑦：主翼桁断面図（寸法単位：mm）

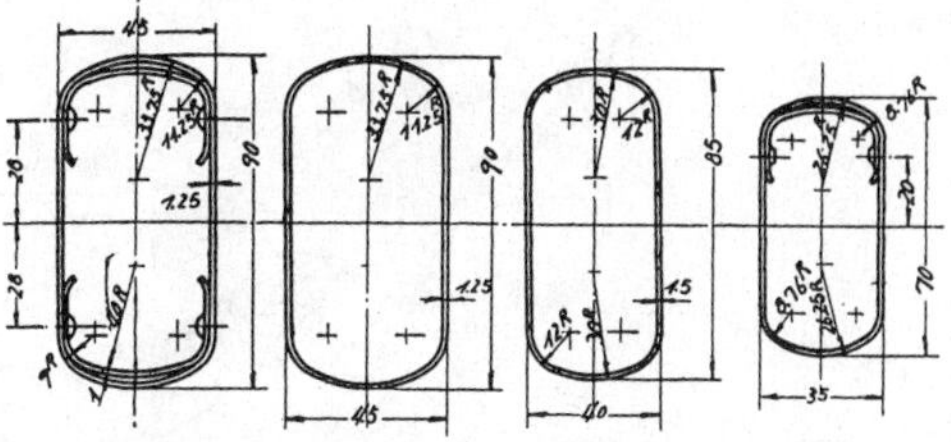

図⑧：標準小骨（リブ）

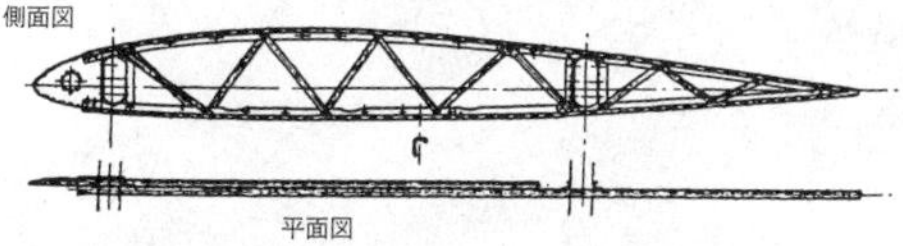

図⑨：主翼骨組図（左翼を示す）

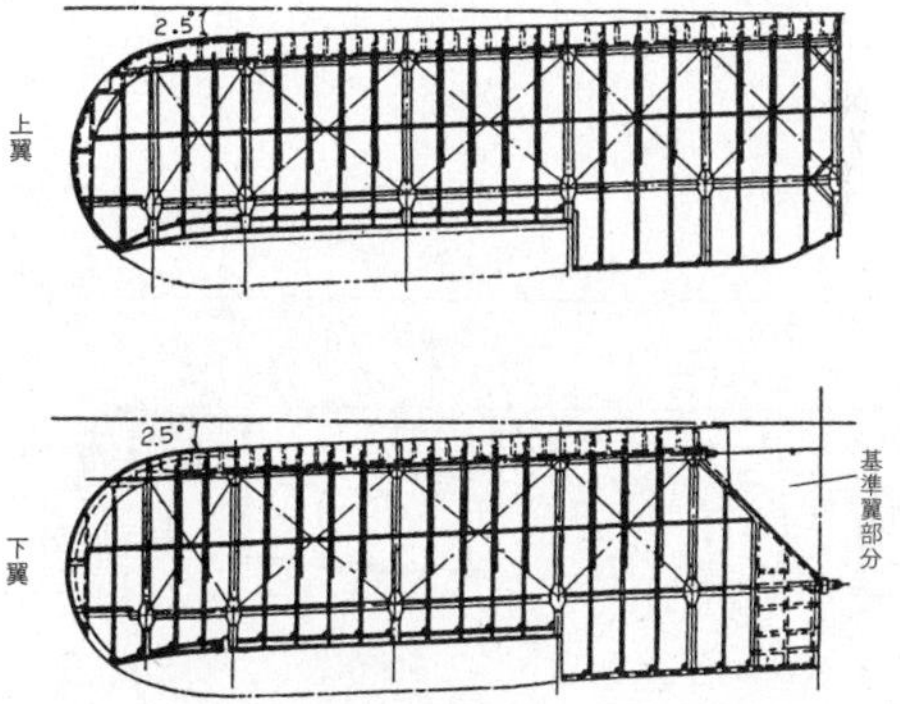

図⑩：下翼各部結合要領

基準翼前桁と胴体の結合部

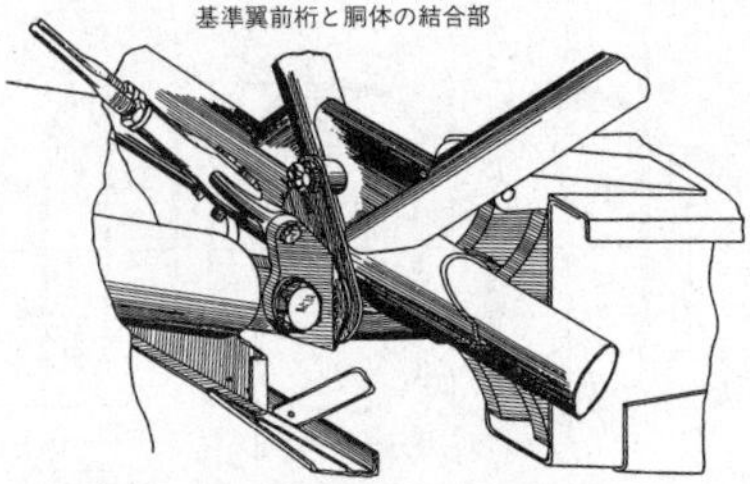

下翼前桁と基準翼の結合部

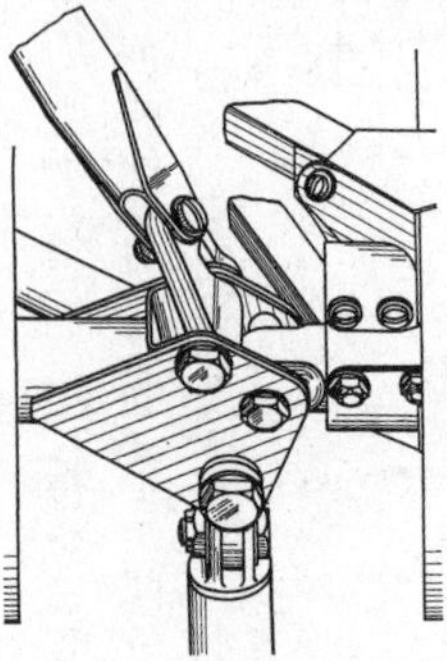

下翼後桁と胴体の結合部

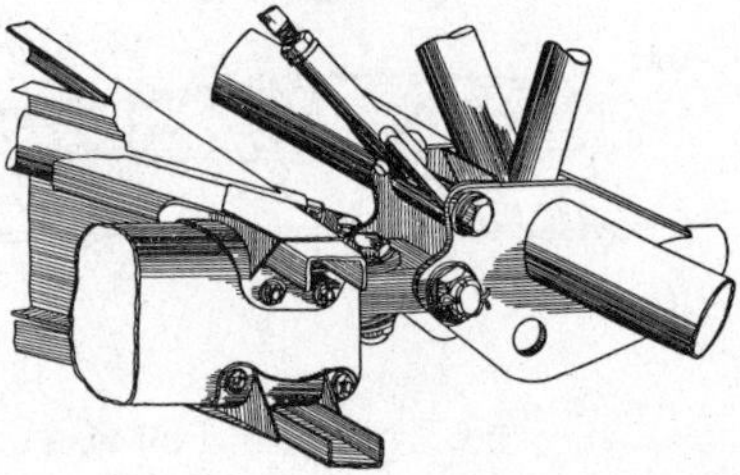

図⑪：補助翼骨組図（寸法単位：mm）

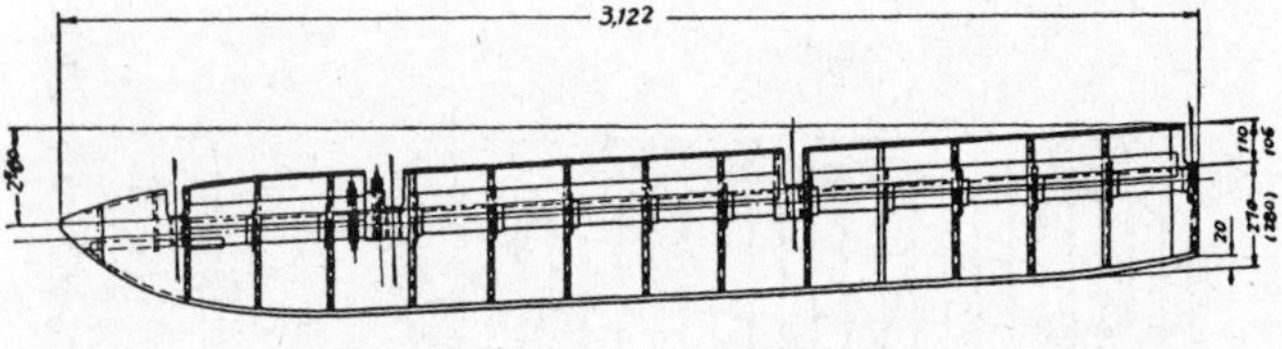

吊具を取り付けるために、強度の高い圧縮小骨になっている。

基準翼は、下翼付根の前部を構成するパーツで、図⑥のごとく三角形をしており、内側2ヵ所の金具部分を胴体に結合する。外側に突き出た1ヵ所の金具は、下翼本体の前桁部に結合するが、後桁は基準翼を介さず、直接胴体に結合した。

この基準翼の上面は、搭乗員の乗降、および整備時の足場ともなる部分なので、外皮は厚さ3㎜のベニア板製。下翼の、それぞれの結合部分を図⑩に示しておく。かなり強固になっていることがわかる。

補助翼は、当時の複葉機に一般的なヒンジ・バランス式で、図⑪に示すごとく、ジュラルミン製管桁に、同製の小骨を配して骨組みを構成し、外皮に羽布を張った。上、下翼に付く。フラップは無い。

九四式艦爆には無かった特徴で目立つのは、上、下翼間支柱、および張線のそれぞれの付け根に、「エレクトロン」と呼ばれた、マグネシウム金属鈑製の気流覆を追加した点。空気抵抗減少には効果があったと思われる。

●尾翼

尾翼の構造は、図⑫に示すごとく、極く普通のジュラルミン製骨組みに羽布を張っ

図⑫：尾翼骨組図

垂直尾翼

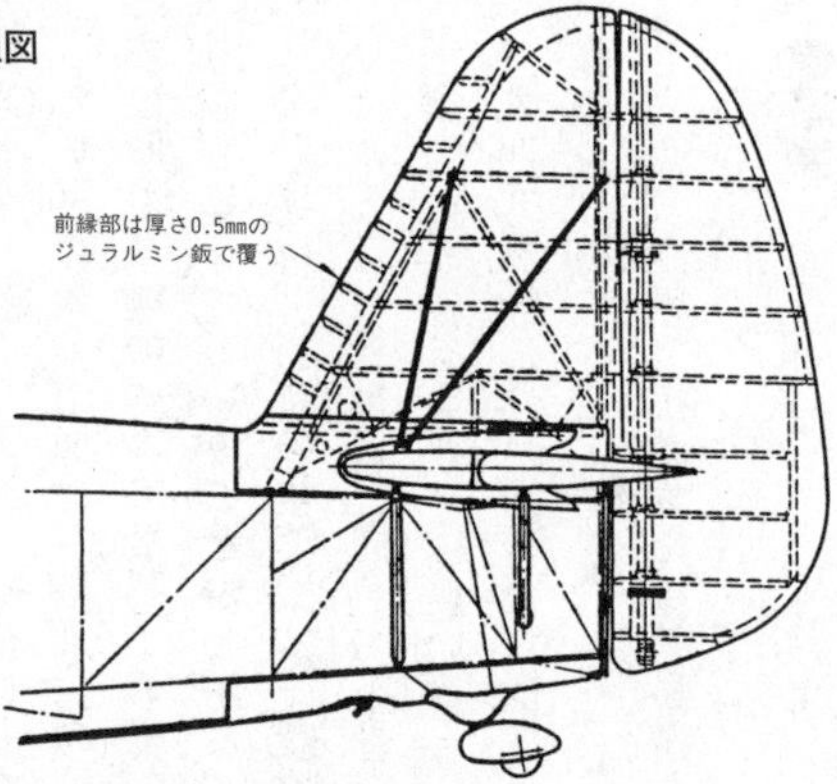

水平尾翼

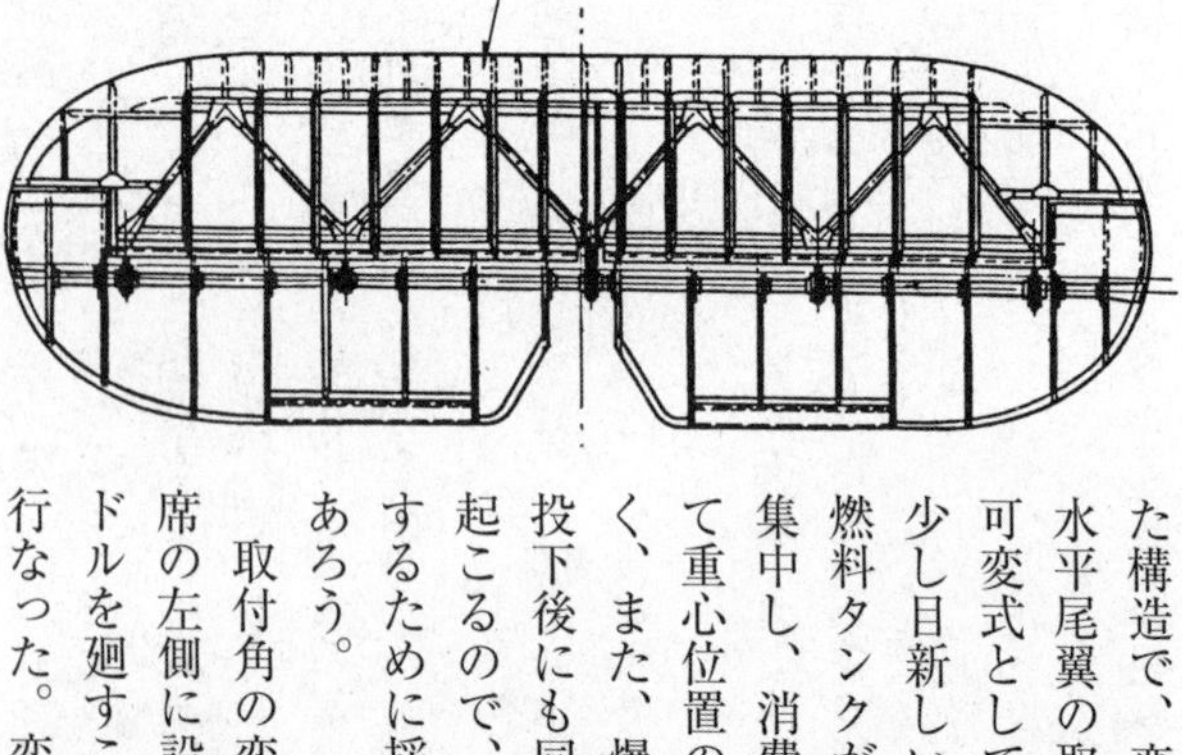
前縁部は厚さ0.5㎜のジュラルミン鈑で覆う

た構造で、変哲もないが、水平尾翼の取付角度を、可変式としていたのが、少し目新しい。これは、燃料タンクが胴体前部に集中し、消費するにつれて重心位置の変動が大きく、また、爆弾懸吊時と投下後にも同様のことが起こるので、それを是正するために採った措置であろう。

取付角の変更は、操縦席の左側に設置したハンドルを廻すことによって行なった。変更範囲は、

図⑬：水平尾翼取付角度変更操作系統図

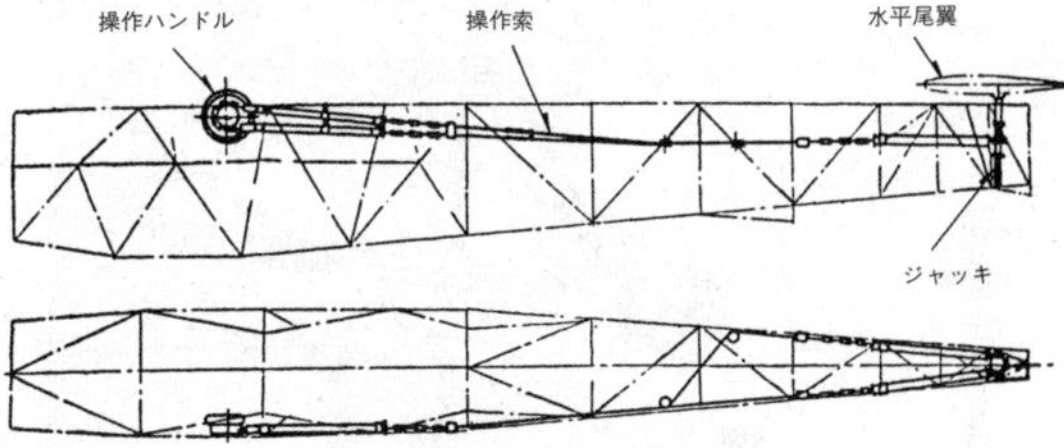

変更装置詳細図

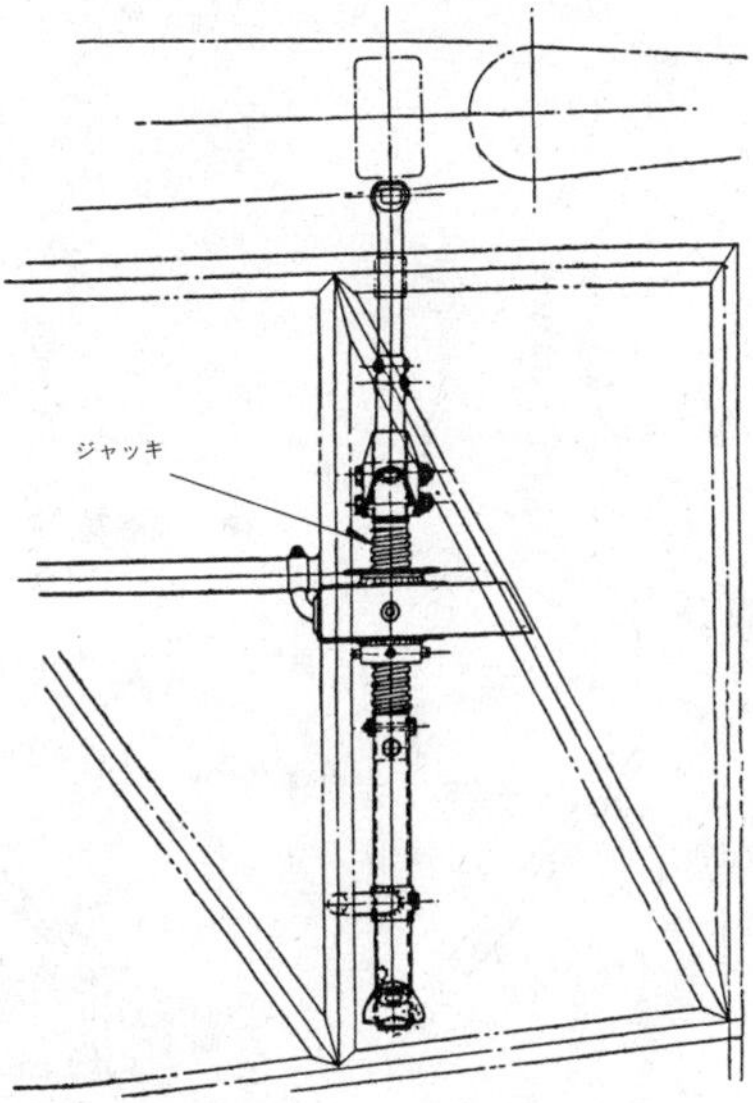

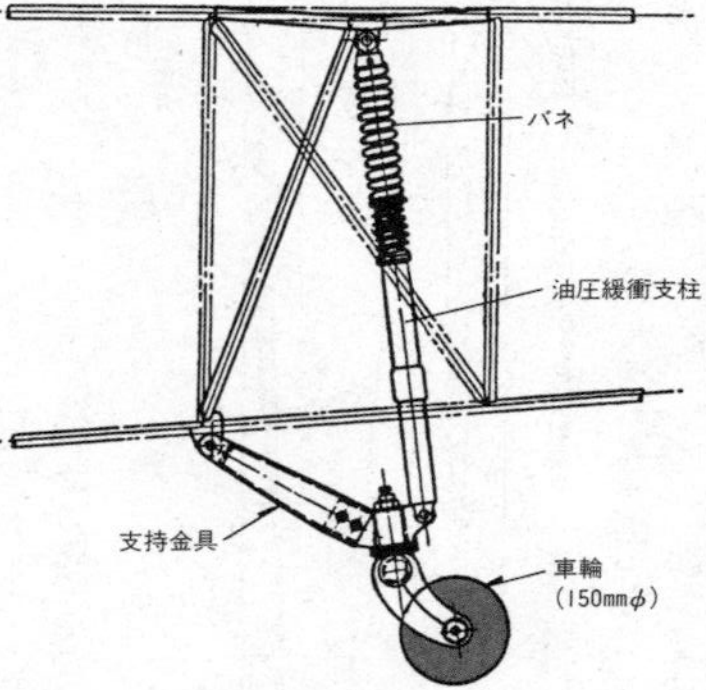

図⑮：尾脚構成

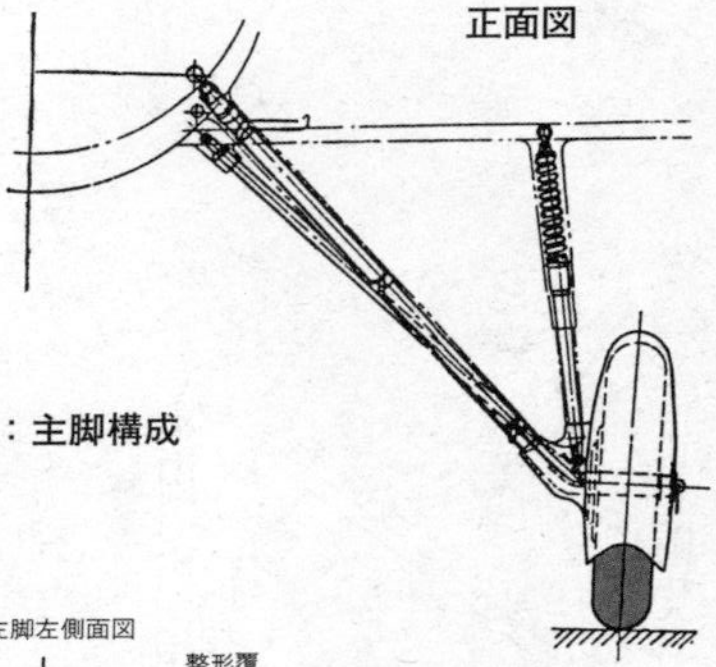

図⑭：主脚構成

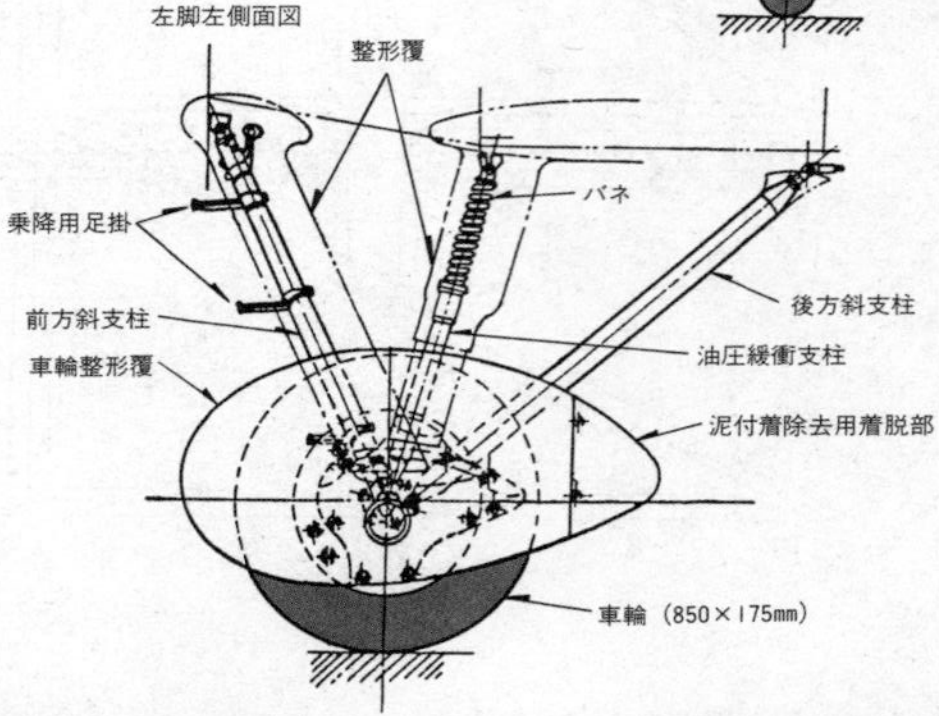

図⑯：着艦拘捉鉤（フック）装備要領

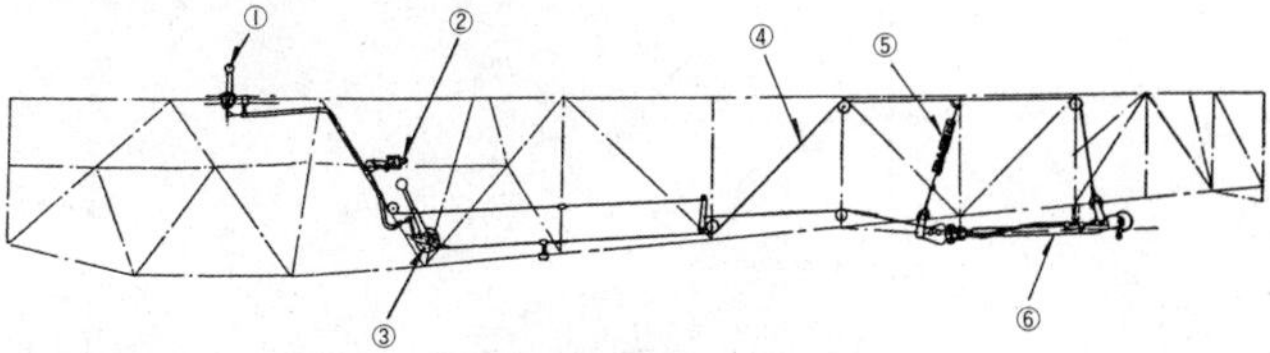

①拘捉鉤垂下レバー　②拘捉鉤引き揚げ操作レバー　③拘捉鉤引き揚げ器
④操作索　⑤バネ　⑥拘捉鉤

+《プラス》4度～−《マイナス》5度の間（図⑬参照）。

●降着装置

固定脚なので複雑な機構はなく、バネと油圧による緩衝支柱と、前、後を支える2本の斜支柱、それに850×175㎜サイズの車輪を付けた構成の主脚は、いたってシンプル。緩衝支柱と前方斜支柱には、空気抵抗を減ずるために、バルサ材の整形覆が被せてあり、車輪にも、エレクトロン鈑製の流線形覆が付く（図⑭）。

ブレーキ・パイプは、前方斜支柱に沿って伸び、ホイール・ハブに導かれる。

尾脚は、やはりバネと油圧による緩衝支柱と、胴体下面に接続する支持金具のシンプルな構成で、直径150㎜のソリッド・ゴム製車輪が付く（図⑮）。

艦上機に不可欠な着艦拘捉鉤（フック）の装備要領は、図⑯に示したとおり。

図⑱：偵察員席計器板配置

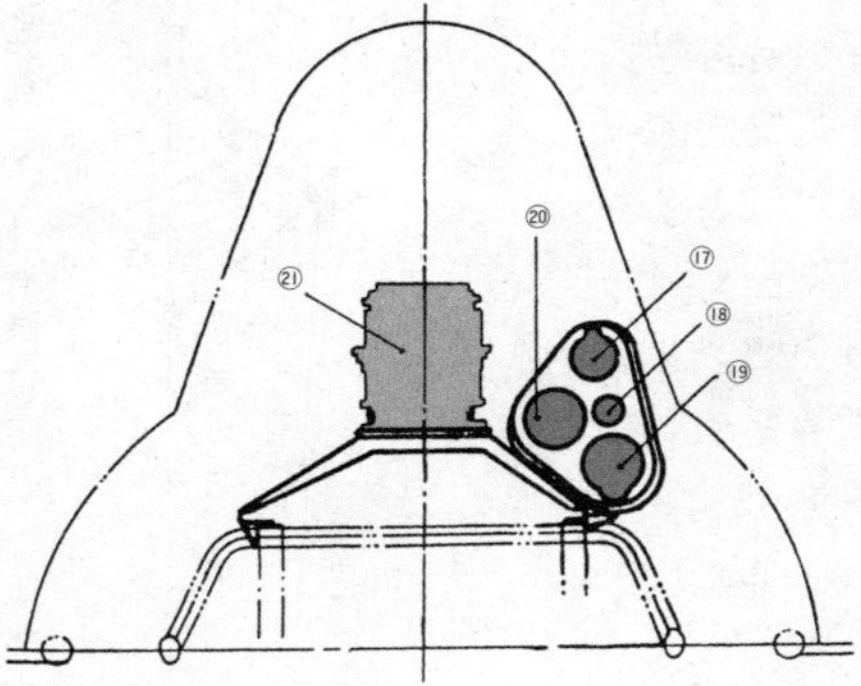

図⑰：操縦員席計器板配置

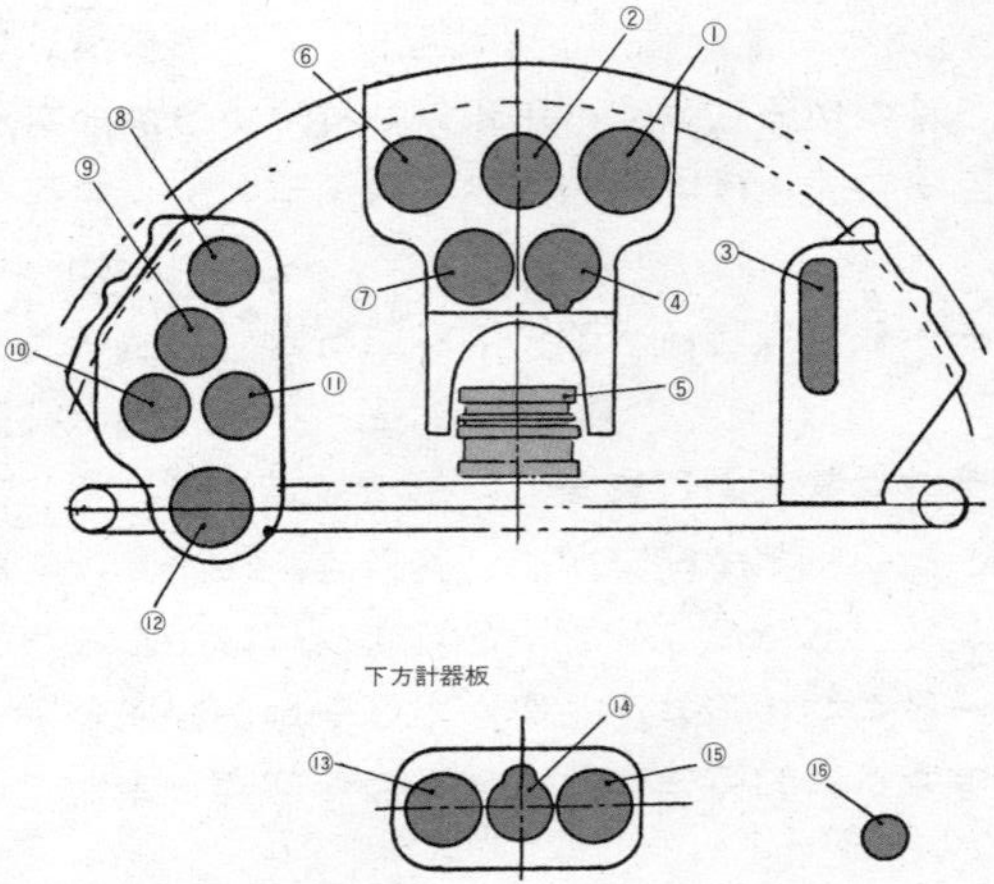

①水平儀　②旋回計　③前後傾斜計　④高度計　⑤羅針儀二型改　⑥回転計　⑦速度計　⑧電路接断器
⑨燃料圧力計　⑩真空計　⑪潤滑油温度計　⑫吸入圧力（ブースト）計　⑬燃料計　⑭航空時計　⑮燃料計
⑯シリンダー温度計　⑰航空時計　⑱電灯　⑲高度計　⑳速度計　㉑一型羅針儀

図⑲：操縦員席および操縦桿詳細図

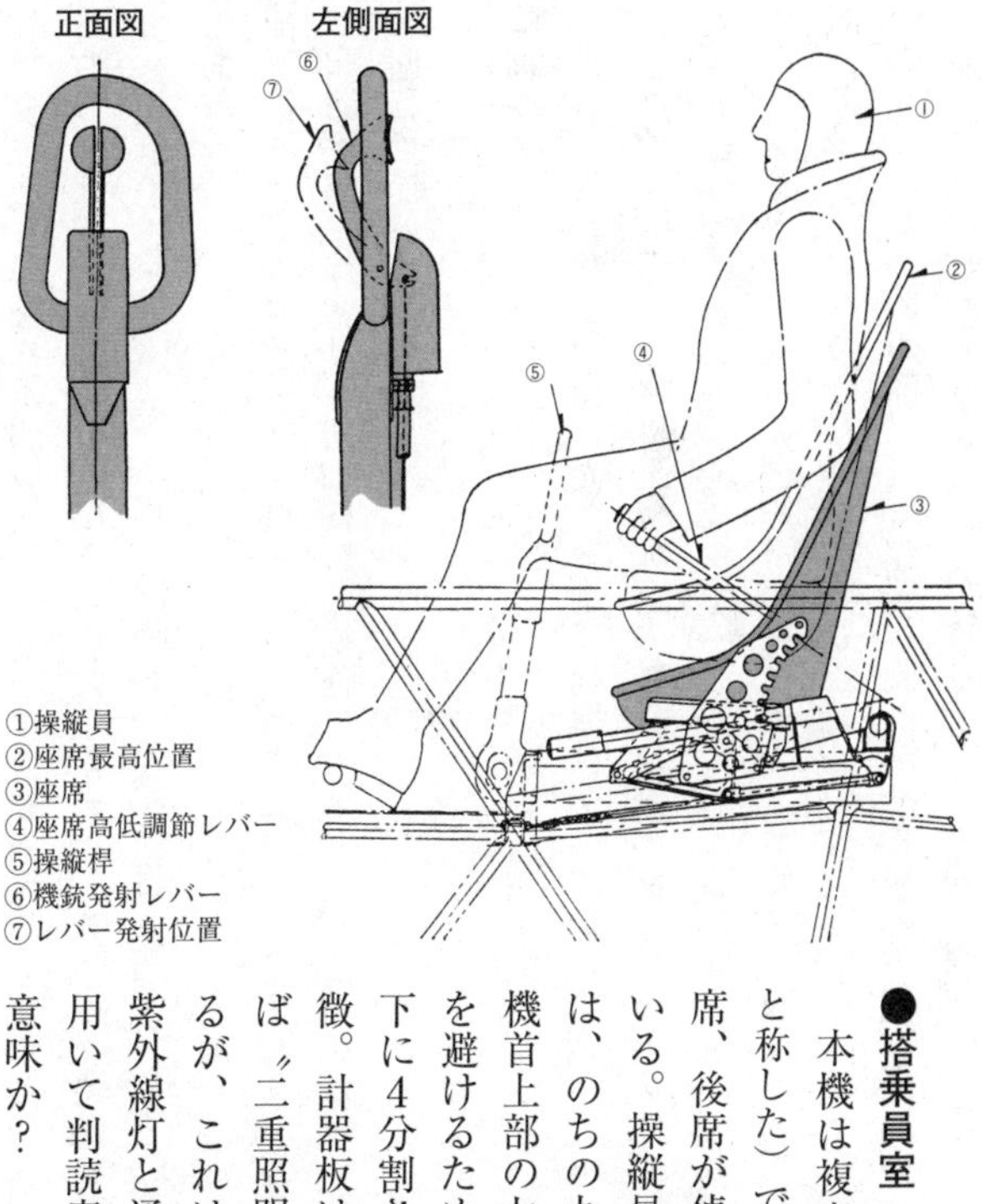

●搭乗員室

本機は複座（海軍では二座と称した）で、前席が操縦員席、後席が偵察員席となっている。操縦員席の正面計器板は、のちの九九式艦爆と同様、機首上部の七粍七機銃の銃尾を避けるため、中央、左、右、下に4分割されているのが特徴。計器板は、取・説によれば〝二重照明式〟となっているが、これは、夜間飛行時に、紫外線灯と通常照明の2種を用いて判読容易にするという意味か？

前、後席とも、むろん開放式で、前方に遮風板と称した〝風除け〟があるのみ。冬期間の飛行は、高度3000mくらいに上がれば、氷点下になるのは必至で、電熱飛行服を着用するとはいえ、〝吹きっ晒し〟の座席は、搭乗員にとっては、さぞこたえたであろう。

前、後席ともジュラルミン製の似たような造りで、前席は上、下方向に13cmの範囲内で調節可能、後席は、防御機銃の操作に対処して、29cmの範囲内で高、低調整ができ、回転可能になっている。

●動力装備

本機が搭載した、中島「光《ひかり》」一型発動機に関しては、別項の九七式艦攻のところで記述したので、重複を避け、機体への装備状況の図示にとどめる。

九四式艦爆が搭載した、中島「寿」二型改一と同じ単列9気筒なのに、「光」を包むカウリングが、九四式艦爆のそれとまったく異なるのは、空力的な洗練を意図し、いわゆる〝NACAカウリング〟としたため。

このカウリングの周囲に、気化器、潤滑油冷却用の空気取入口が突出していないのは、図㉑に示したごとく、「光」の各シリンダー間の隙間を利用し、ここに空気取入

図㉑：シリンダー冷却用導風板、
および各空気取入口配置（正面よりみる）

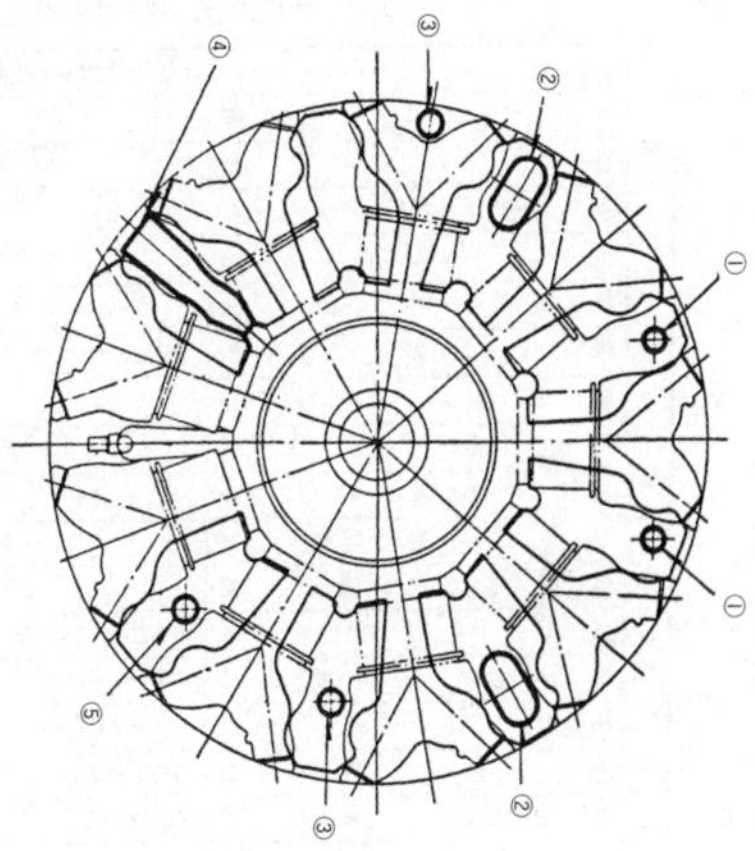

①七粍七機銃発射口
②気化器空気取入口
③発電機冷却用空気取入口
④潤滑油冷却用空気取入口
⑤旋回計用ベンチュリー管

図⑳：発動機覆組立図

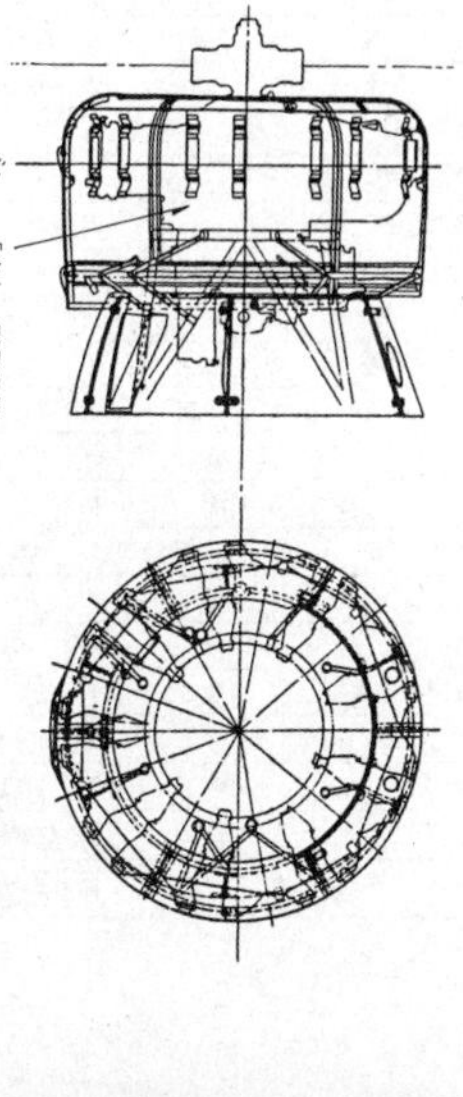

「光」一型発動機要目表

構	型式	九氣筩星型空氣冷却式
	筩徑	160 粍
	衝程	180 粍
	全衝程容積	32.6 立
	壓縮比	6.0 : 1
	翼車增速比	9.03 倍
	螺旋器	直結牽引式右回轉
	發動機外周直徑	1.375 米
	發動機本體重量	465 瓩
造	油其ノ他	4.3 瓩
	氣筩冷卻板	9.7 瓩
	慣性起動裝置一型	10.5 瓩
附	氣化器	中島三聯式 72 丙型
	磁石發電機	YEW－9 BF 2
	發火栓	ヨコカワ RT 3　代用品テルコ RT 2
屬	起動裝置	慣性起動裝置一型
	燃料喞筒	四翼偏心式
品	眞空喞筒	裝備シ得
	充電用發電機	裝備シ得
	公稱回轉數	毎分　1950 回轉
性	最大回轉數	毎分　2150 回轉
	公稱吸氣壓力	＋ 50 粍(水銀柱)
	最大吸氣壓力	＋150 粍(水銀柱)
	地上公稱馬力	600 馬力
	地上最太馬力	730 馬力
能	標準高度	3500 米
	同公稱馬力	660 馬力
	同最大馬力	800 馬力
	使用燃料	87「オクタン」價以上
其	使用滑油	「カストル」油
	潤滑油壓力	標準 5.5 kg/cm^2. 最低 3 kg/cm^2
	燃料壓力	0.1 ～ 0.15 kg/cm^2
	發火時期	上部思案點前 22°
ノ	吸入弁開	上部思案點前　7°
	吸入弁閉	下部思案點後 52°
	排出弁開	下部思案點前 66°
他	排出弁閉	上部思案點後 33°
	弁間隙	吸入排出點 = 0.2 粍 但シ弁調整點檢ノ際ハ 2.0 粍トス

口を設置しているから。機首上部に装備した七粍七機銃の発射口も同様である。

九七式一号艦攻が搭載した「光」三型には、金属製3翅可変ピッチ・プロペラが組み合わされたが、九六式艦爆は固定ピッチの金属製2翅だった。一世代古い印象は否めない。

燃料、潤滑油関係の装備要領は、図㉒に示したとおり。複葉羽布張り構造ということもあるが、本機は主翼内にはタンク類を持たず、燃料は胴体前部内に大、小2つのタンクに分けて収容した。2つで計710ℓの容量だから、当時の艦上機としても充分な量といえる。ちなみに、零戦二一型の燃料容量も、落下増槽なしの場合、518ℓにすぎない。

爆弾を懸吊しないときは、同懸吊具を利用し、図のように容量160ℓの補助タンク（落下増槽）を装備できる。

これだけ容量の大きなタンクが胴体前部にあるのだから、燃料満タン時と、あるていど消費したときでは、重心位置もかなり変化する。そのために、前述したような、水平尾翼取付角度変更装置が必要だった。

なお、これらのタンクはジュラルミン製だが、むろん、防弾は考慮されていなかった。

●兵装艤装

爆弾投下後、敵戦闘機に襲われたとき、艦爆は空中戦もあるていどこなせる能力を

図㉒：燃料、潤滑油タンク/配管系統図

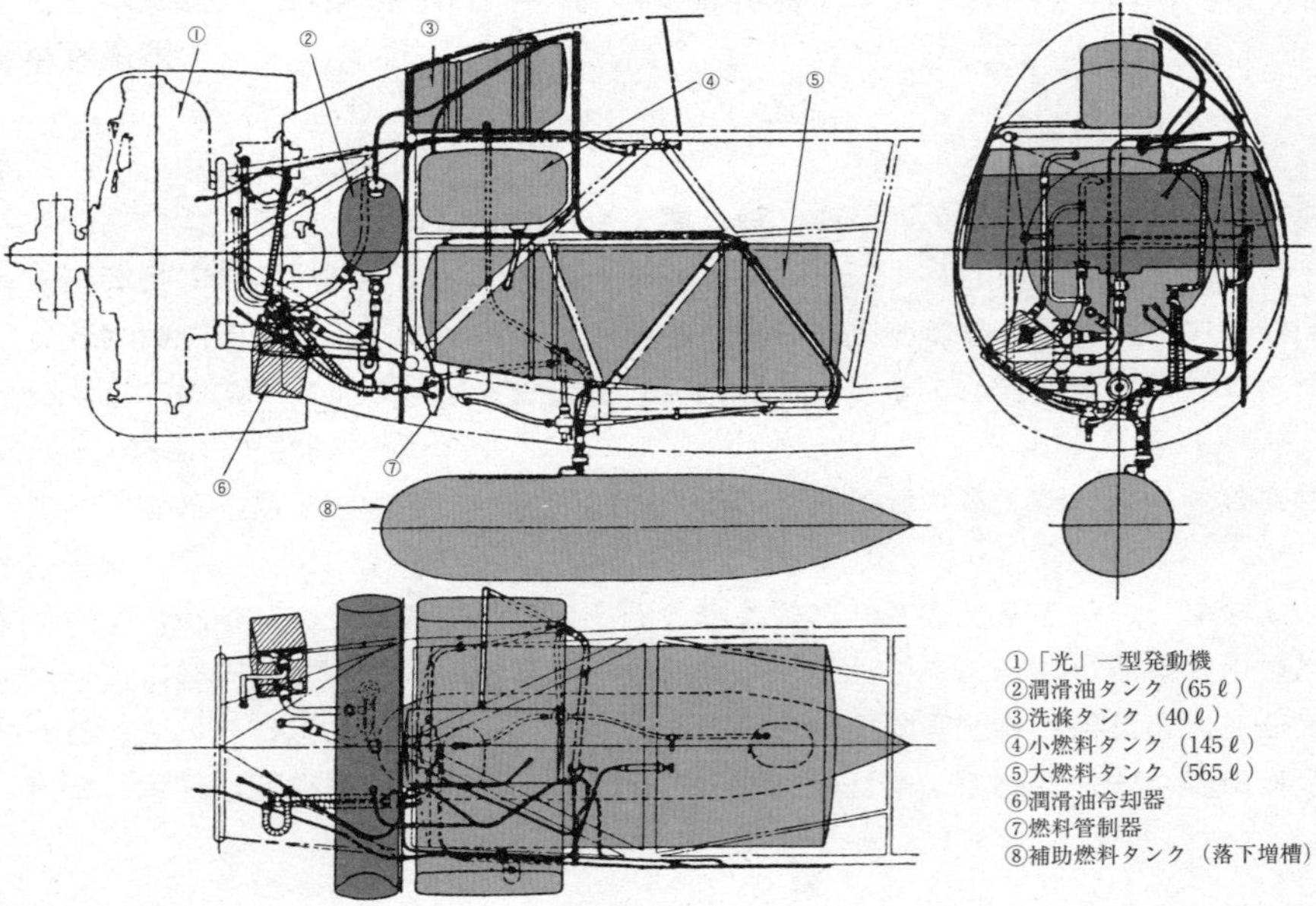

①「光」一型発動機
②潤滑油タンク（65ℓ）
③洗滌タンク（40ℓ）
④小燃料タンク（145ℓ）
⑤大燃料タンク（565ℓ）
⑥潤滑油冷却器
⑦燃料管制器
⑧補助燃料タンク（落下増槽）（160ℓ）

図㉓：毘式七粍七機銃装備要領

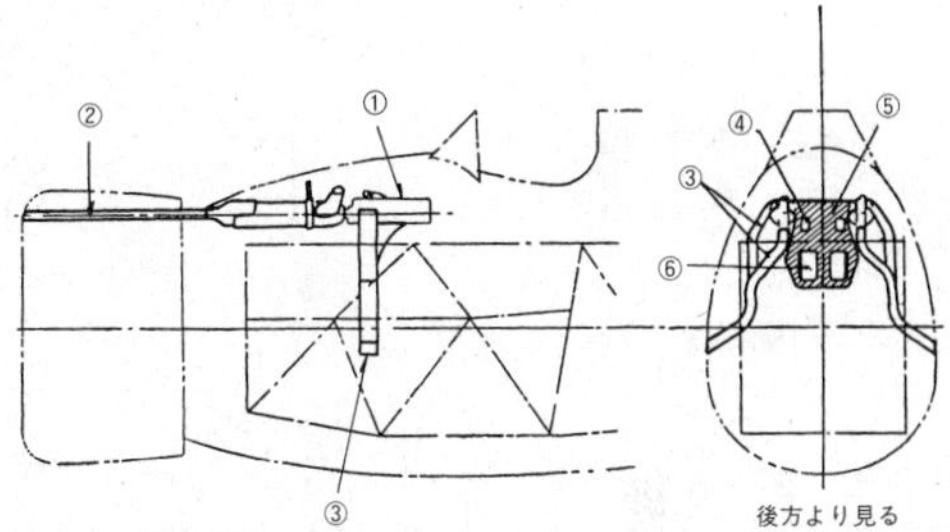

①毘式七粍七機銃　②導風筒（ブラスト・チューブ）　③打殻放出筒
④点検窓　⑤弾倉　⑥残弾確認窓

図㉔：「シーシー」同調装置装備図

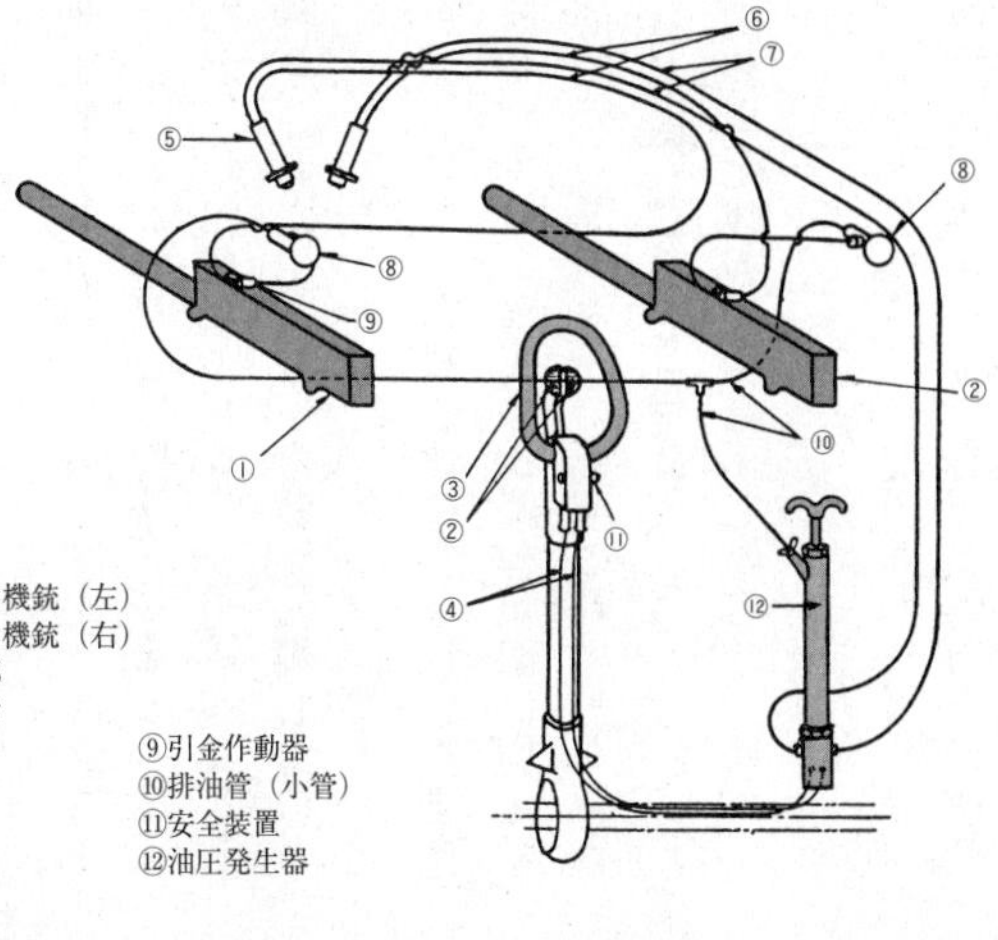

①毘式七粍七機銃（左）
②毘式七粍七機銃（右）
③操縦桿頂部
④ボーデン索
⑤原動機　⑨引金作動器
⑥油管（大）　⑩排油管（小管）
⑦油管（小）　⑪安全装置
⑧排気油弁　⑫油圧発生器

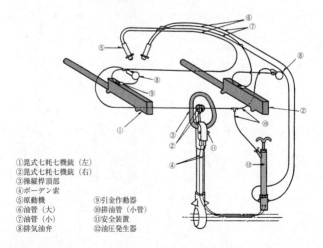

図㉕：「オイジー」射爆照準器取付要領

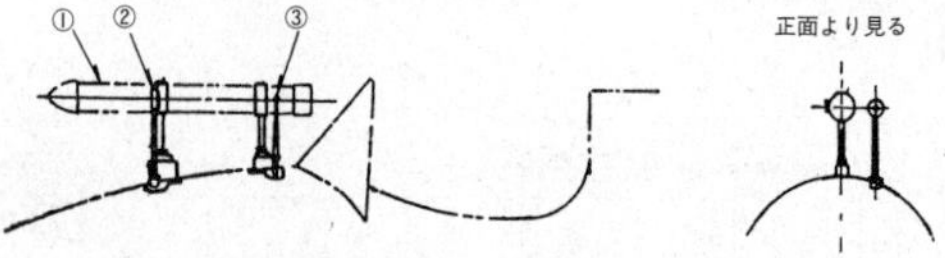

①「オイジー」射爆照準器　②照門　③照星

要求されていた。そのための射撃兵装として装備したのが、機首上部の七粍七機銃である。この装備は、九四式から最後の「彗星」まで一貫して同じだった。

九六式艦爆が装備した七粍七機銃は、イギリスのビッカースE型銃を国産化したもので、当時は、その頭文字をとって、〝昆《び》式〟と呼称していたが、昭和12（1937）年に九七式七粍七固定機銃の名称を付与された。そう、零戦が装備したのと同型である。

各銃の後下方に「エレクトロン」鈑製の弾倉を有し、約400発を携行できた。発射レバーは、前掲の操縦桿頂部に備えてあった。プロペラ回転圏内から発射するので、これに当たらぬよう、「シーシー」と称した同調装置を備えている。射撃兵装、および同調装置全体の要領を示したのが、図㉓、㉔である。

射撃時に用いる照準器は、もちろん、光像式ではなく、図㉕に示したごとく、望遠鏡式の〝オイジー〟を、風防前方に取り

図㉖：胴体下面250、または150kg爆弾懸吊、および投下要領図

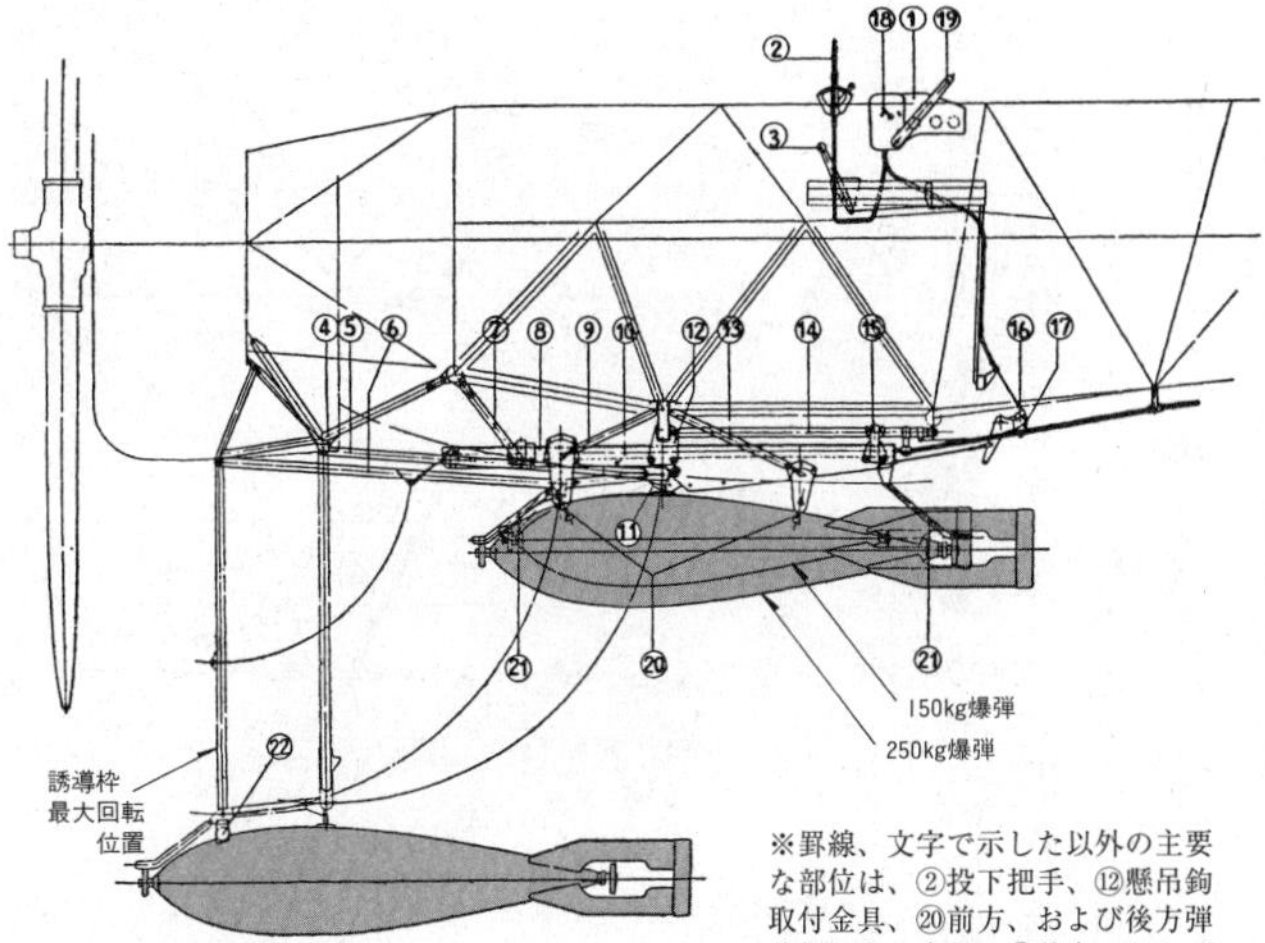

※罫線、文字で示した以外の主要な部位は、②投下把手、⑫懸吊鉤取付金具、⑳前方、および後方弾体振れ止め金具、㉑前方、および後方風車抑え

誘導枠詳細図

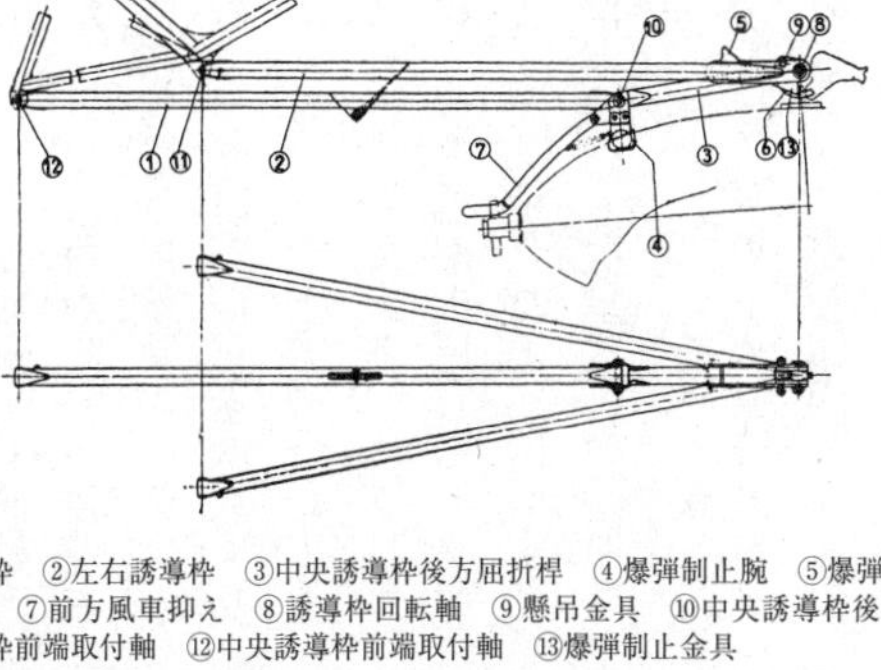

①中央誘導枠　②左右誘導枠　③中央誘導枠後方屈折桿　④爆弾制止腕　⑤爆弾懸吊止金
⑥懸吊金具　⑦前方風車抑え　⑧誘導枠回転軸　⑨懸吊金具　⑩中央誘導枠後方回転軸
⑪左右誘導枠前端取付軸　⑫中央誘導枠前端取付軸　⑬爆弾制止金具

図㉗：30kg爆弾懸吊、および投下系統図

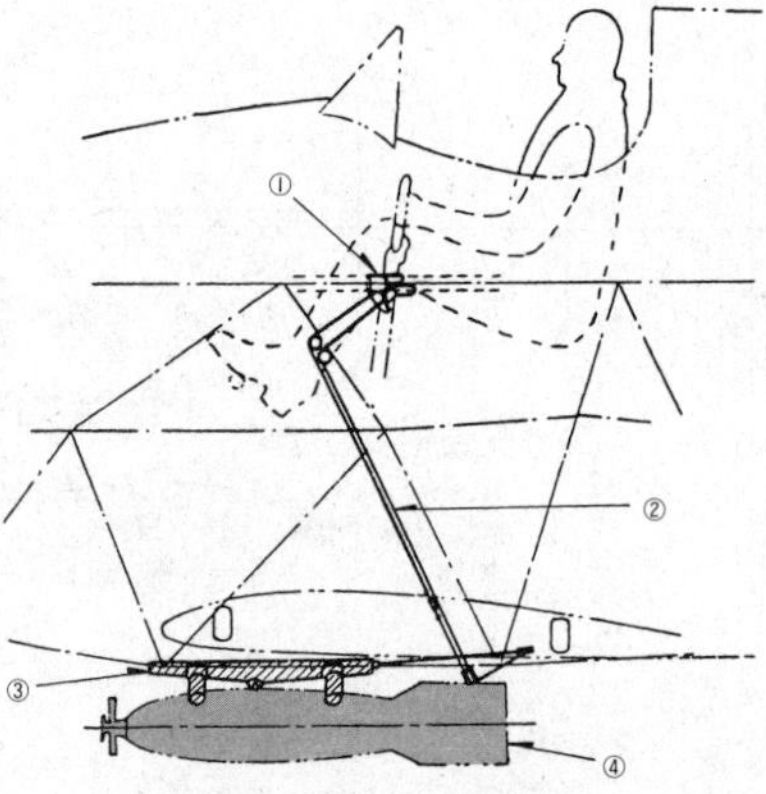

①トグル　②ボーデン索
③戦闘機用改一小型爆弾懸吊器　④30kg爆弾

付けた。ただし、このオイジー照準器が、単に旧式だから使ったというものでもない。九九式艦爆も同型式を使ったことでもわかる。

これは、急降下爆撃時の照準にも使うためで、その際は、光像式よりも望遠鏡式のほうが下方視野が広くて適していたからである。

オイジー照準器が損傷したときなどに備え、図に示したように、すぐ左側には、照門／照星式の簡易照準器が併設してある。

後席（偵察員席）に装備した、防御用の旋回機銃は、イギリスのルイス機銃の国産化品である、留《る》式七粍七旋回機銃。半円状の軌道上に設置され、一定範囲内の任意の方向に射撃できる。座席は、前述したように回転、移動可能である。この座席の周囲に、予備弾倉（ドラム式）３個を備えつけておけた。銃の取付要領については、P.

272の図④を参照されたい。

本機の兵装艤装のうち、最重要ともいうべき爆撃装備は、胴体下面に250、もしくは150kg爆弾1発懸吊用の懸吊器、左、右下翼下面に30kg爆弾各1発懸吊用の

図㉘：無線電信機器装備要領図

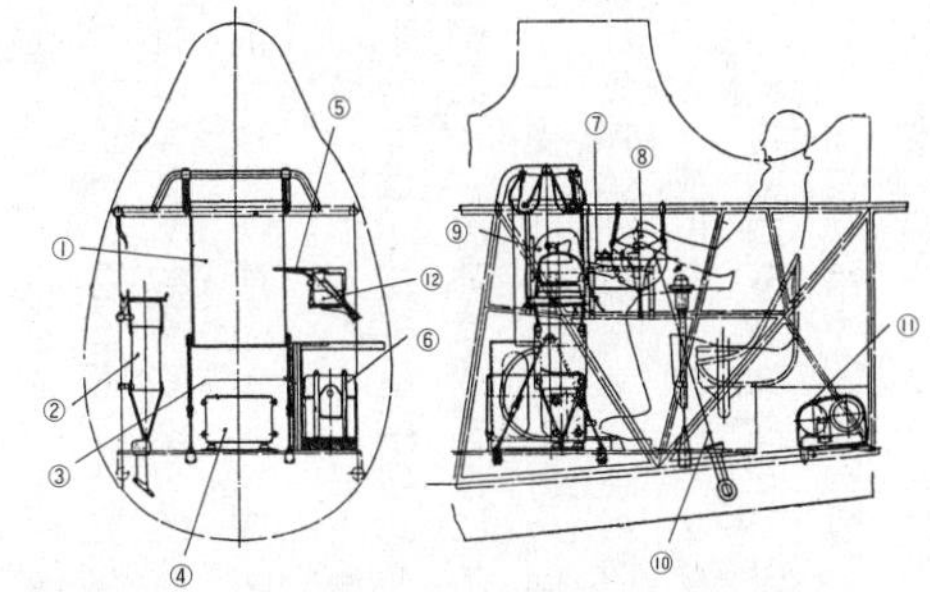

①九六式空二号無線電信機　②短波測波器　③黒板格納筐
④長波線輪　⑤電鍵台　⑥二次電池　⑦電鍵　⑧絡車
⑨オルジス信号灯　⑩垂下空中線　⑪変圧器　⑫長波測波器

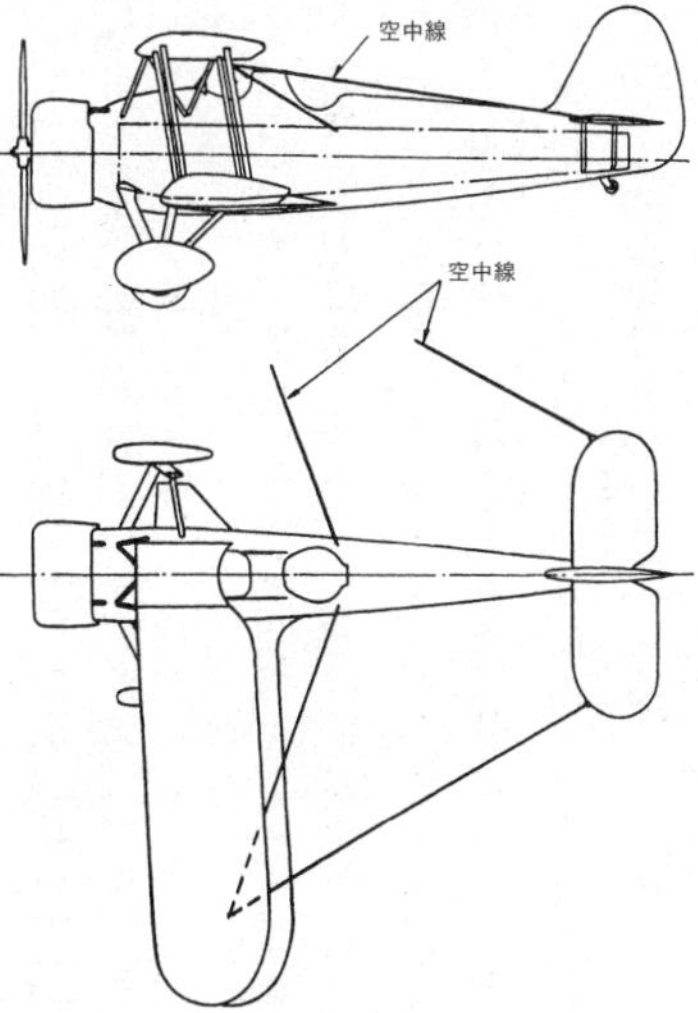

図㉙：無線機用アンテナ空中線展張要領

「戦闘機用改二」と称した小型爆弾懸吊器より成る。

胴体下面への250、または150kg爆弾懸吊要領は、図㉖に示したとおりで、弾体上面のフックを誘導枠（図中⑤、⑥）、および懸吊器の鉤（図中⑪）に引っ掛けて吊し、前、後4ヵ所を金具（図中⑳）でおさえ、離陸（艦）、および飛行中の〝ブレ〟を防止した。

投下の際は、操縦員席のレバーを引くことにより、誘導枠を引っ掛けていた懸吊器の鉤が開き、爆弾は誘導枠に吊り下げたまま、下方に離れる。そして、誘導枠が前方取付軸を支点に約41度下方に回転したところで、吊金具（詳細図中⑥）が枠内に引き込まれ、弾体は制止金（詳細図中⑬）のみで支えられ、そのまま下降、最大回転位置までくると制止金を外れ、プロペラ回転圏外から投下されるという仕組みである。

爆弾が誘導枠を離れると、引戻し索により、誘導枠は元の位置に戻る。

下翼下面に懸吊する30kg爆弾は、図㉗のごとく、投下器からボーデン索が伸び、操縦員席左側の投下用トグルに連結しており、これを手前に引けば、吊鉤が開き投下されるようになっていた。

●無線機装備

通信用無線機は、複座（二座）機なので九六式空二号無線電信機を搭載した。当時の日本機の無線機は、電話機能の感度が悪く、とくに単発戦闘機用の九六式空一号などはほとんど役に立たず、零戦などは取り外してしまった機も多かった。

幸い、複座用の九六式空二号は、出力がやや大きいこともあって、いくらかはマシといえたが、日中戦争期には、状況的にも無線機を活用したとは言い難い。

それはともかく、本機の無線電信機は、図㉘に示したごとく、後席前方の中央に送受信機、長波線輪を取り付け、左側に短波測波器、右側に長波測波器、電鍵台、二次電池などをそれぞれ配してあった。

これら、無線機器用のアンテナ空中線は、図㉙のように展張した。

②九九式艦上爆撃機〔D3A〕

本機の機体構造に関しては、最初の生産型D3A1、および二二型〔D3A2〕の取扱説明書が現存しており、ほぼ全容を知ることができる。ただし、発動機、プロペラ、機銃など、別途取扱説明書を参照するべき部分は除いてである。

前項の九六式艦爆もそうだが、この取・説は、総ページ数250を超える〝大冊〟であり、すべての構造、装備品を説明するだけの紙数は本書にはない。したがって、本項も、一般読者にとって興味のありそうな部分を、筆者なりの判断でセレクトし、掲載した。

筆者所有の取・説は、マイクロ・フィルムに収めてあったものを、PPCにてプリント化したので、一部図版の文字等が判読しにくい部分もあると思われるが、事情をお察しのうえ、御了承を賜りたい。完全に判読できず、また図版も不鮮明なものについては、筆者が加筆、もしくはトレースし、文字を手書き、もしくはPCで打ち直しておいた。

D3A1とD3A2では、発動機のほか、主、尾翼、風防、誘導枠などが異なるが、相違部分はなるべく併載しておいたが、図版のほとんどは、D3A1の取・説に依ったことをお断りしておきたい。

▼工場で組み立て中の、D3A1の機体骨組み。

構造解説に先立ち、D3A1の取・説に記載されている、一般構造の説明を引用しておく。

〝本機ハ全金属製ニシテ一般ニ45瓩「ヂュラルミン」ヲ主材トシ、外面ハ総テ枕頭鋲

一般要目表

名称			九九式艦上爆撃機
型式			低翼単葉機
定員			二名
主要寸度（米）	全幅（米）	展張時（米）	14.360
		折畳時（米）	10.932（上方折畳時） 11.480（下方折畳時）
	全長（米）		10.185
	全高（米）	展張時（米）	3.085
		折畳時（米）	3.348（上方折畳時） 3.085（下方折畳時）
重量（瓩）	正規全備（瓩）		3650
	自重（瓩）		2390（上方折畳） 2380（下方折畳）
	搭載量（瓩）		1260（上方折畳） 1270（下方折畳）
	許容過荷重量（瓩）		
荷重	翼面荷重 瓩/米²		104
	馬力荷重 瓩/馬力		4.05
発動機	名称		金星四四型
	数		1
	馬力	地上公称	900
		離昇最大	1000
	回転数	公称	2400
		離昇最大	2500
	給入圧力	公称	＋70
		離昇	＋150
	公称高度		2800
	減速比		0.7
	使用燃料（比重）		0.73
	使用燃料（種類）		航空九二揮発油
プロペラ	名称型式		三翅牽引恒速 （S-30）
	直径（米）		3.050
	重量（瓩）		152
	「ピッチ」（低一高）		19°～39°
燃料容量（立）	総容量		1000
	胴体中央「タンク」		216
	翼内（右舷）「タンク」		392
	翼内（左舷）「タンク」		392
潤滑油容量（立）			82（内空所8立）
主	翼幅	全幅（米）	14.360
		基準翼（米）	3.480
		外翼（米）	3.620（上方折畳） 3.920（下方折畳）
		外翼折畳翼（米）	1.855（上方折畳） 1.555（下方折畳）
	翼弦（付根ニテ）		2.970

翼		面積（動翼ヲ含ム）（平方米）	34.97
翼		取付角（度）	0°
翼		上反角（外翼部ノミ）（度）	6°～30′
翼		後退角（度）	7°～30′
翼		縦横比	5.9
フラップ／補助翼		幅（米）	2600
フラップ／補助翼		弦長（米）（最大）	0.612
フラップ／補助翼		面積（平方米）	1.45×2
フラップ／補助翼		運動角（度）	40°
フラップ／補助翼		幅（米）	2990
フラップ／補助翼		弦長（米）	0.582
フラップ／補助翼		面積（平方米）	2.92
フラップ／補助翼		平衡比	26%
フラップ／補助翼		運動角（度）	上22°～30′ 下17°～0′
尾部	水平尾翼	幅（米）	4.400
尾部	水平尾翼	弦長（最大）（米）	140
尾部	水平尾翼	面積（平方米）	1.608×2
尾部	水平尾翼	取付角（度）	−1°～30′
尾部	昇降舵	幅（米）	4.400
尾部	昇降舵	弦長（米）	0.594
尾部	昇降舵	面積（修正舵共）	1.03×2
尾部	昇降舵	平衡比	19.9%
尾部	昇降舵	運動角（度）	上30° 下25°
尾部	垂直尾翼	全幅（米）	1.140
尾部	垂直尾翼	全高（米）	1.688
尾部	垂直尾翼	面積（平方米）	1.175
尾部	垂直尾翼	取付角（度）	0°
尾部	方向舵	全幅（最大）（米）	0.686
尾部	方向舵	全高（米）	1.668
尾部	方向舵	面積（修正舵共）	0.8925
尾部	方向舵	平衡比	5%
尾部	方向舵	運動角（度）	左右35°
胴体		長サ（動機架ヲ含ム）（米）	8.924
胴体		幅（米）	1.137
胴体		高サ（米）	1.705
降着装置	車輪	直径（米）	0.900
降着装置	車輪	幅（米）	0.200
降着装置	車輪	間隔（米）	3.354
降着装置	尾輪	直径（米）	0.200
降着装置	尾輪	幅（米）	0.070
降着装置		三点静止角（度）	11°～42′

ヲ採用ス。塗料ハ構造内部ニ透明塗料（淡青色）ヲ用ヒ、外面ハ塗料ヲ施サズ磨キクルノミナリ（筆者注：昭和16年に入って全面を灰色に塗ることにした）。45瓩「ヂュラルミン」ニハSDCH、SDCHA、SDCH（O）、SDCR、SDHヲ使用ス。而

図①：胴体骨組み図

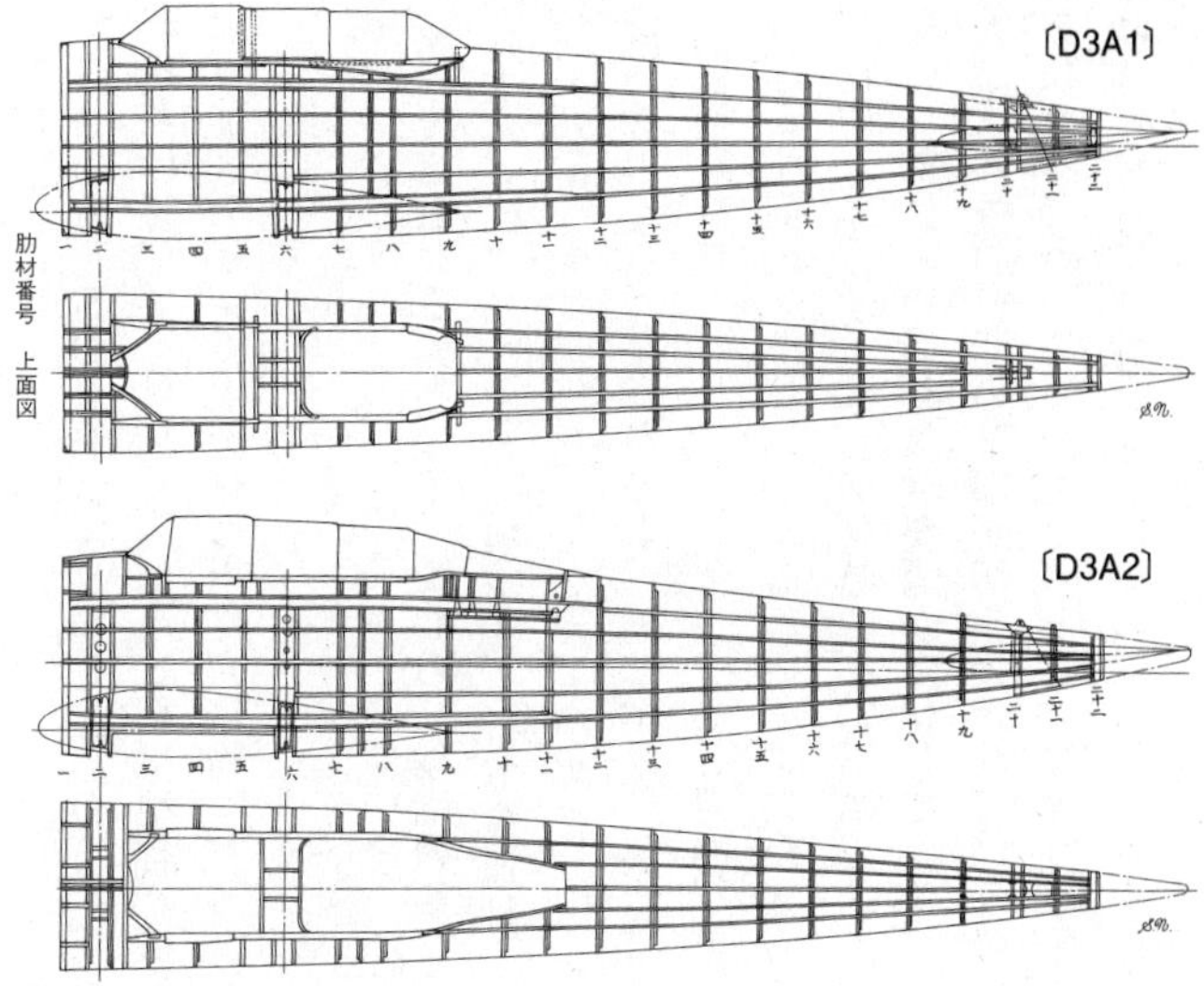

図②：胴体主要部（肋材）断面図

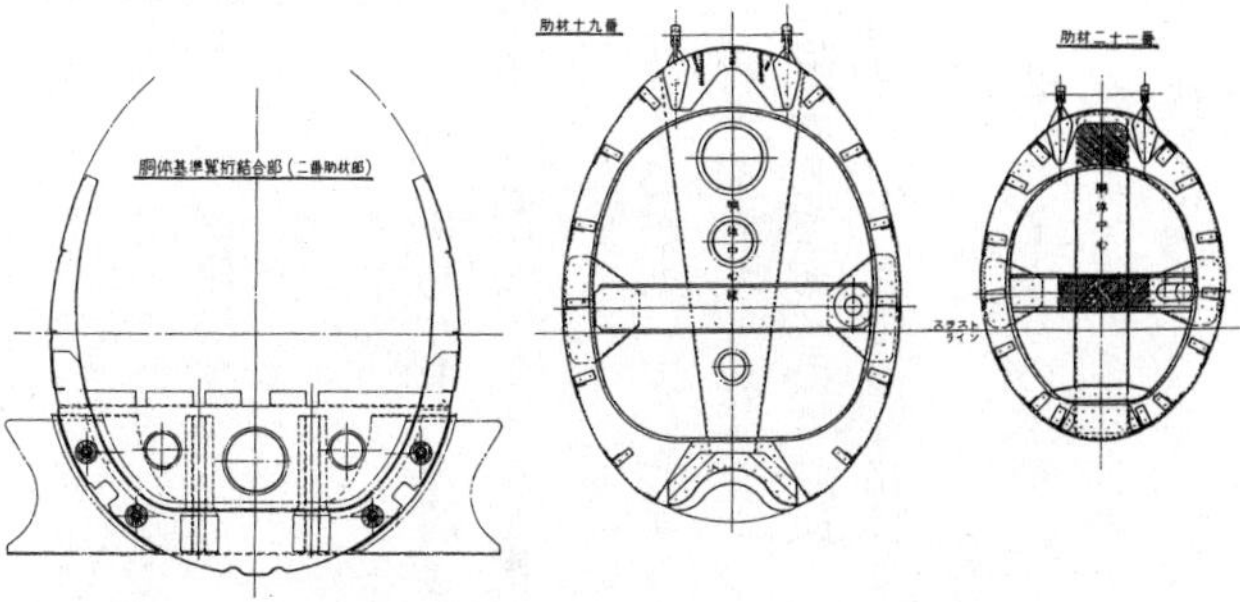

シテSDCH、SDCHA、SDCH（O）ハ本機構成材ノ大部分ニシテ「プロフィル」折曲げ材、並ニ外板覆等ニ用ヒ押出型材、機械仕上部品ニハSDHヲ用フ。SDCRハ加工セザル桁上部材ニ用フ。鋳物ニハ多ク「エレクトロン」ヲ使用ス〟

●胴体

防火壁を兼ねる先端の第一番から、後端の第二十二番まで、密度を高く配した肋材（フレーム）に、これまた間隔を狭くして縦通材（ストリンガー）を配して骨組みを構成している。

縦通材のうち、左、右の上、下２本は、第十二番肋材の部分までが太い、いわゆる強化縦通材（ロンジロン）にしてあり、前述の密度の高い肋材とあわせ、急降下から引き起こす際に、機体にかかる高い荷重に耐えられるように考慮してあった。骨組みは、図①に示すように、Ｄ３Ａ１、Ｄ３Ａ２ともほとんど同じだが、風防の変化にともない、乗員室の切り欠き要領が変化している。

第二、六番肋材間の下部が切り欠かれているのは、ここに２１６ℓ入りの燃料タンクを収めるため。このタンクの下方に爆弾懸吊架が取り付けられる。第五番肋材の上方は、転覆時に乗員を守るための保護柱（ロール・バー）が、造り付けになっている。

●主翼

全金属製の2本桁片持式で、胴体と一体造りの基準翼と、左、右外翼のパーツより成る。空母の昇降機（エレベーター）上での寸度制限により、D3A1の生産第46号機までは、外翼端約1・55mを下方内側に、47号機以降は上方内側に、それぞれ折りたたみ可能としてある。

基準翼は、幅約3・4mあり、上反角はなく水平で、8本の小骨に間隔の密な縦通材を通した骨組み。前、後桁間は燃料タンクの収納スペースで、外翼とは、前、後桁にニッケルクロムモリブデン鋼製の金具を取り付け、計4本の同材質テーパー・ボルトにより結合される。

なお、外翼との結合金具のうち、前桁に付くほうは、主脚を固定するための金具としても兼用する。

外翼は、図③に示すごとく、折りたたみ部分も含め、25本の小骨に、やはり間隔を狭くして縦通材を密に通し、急降下からの引き起こし時にかかる、高い荷重に対し、充分耐えられる強度を確保している。D3A2では、翼端折りたたみラインが小骨1区画分内側に移り、後述する補助翼骨組、平衡重錘などに小変更が加えられている

図③：主翼骨組図〔D3A1〕（寸法単位：mm）

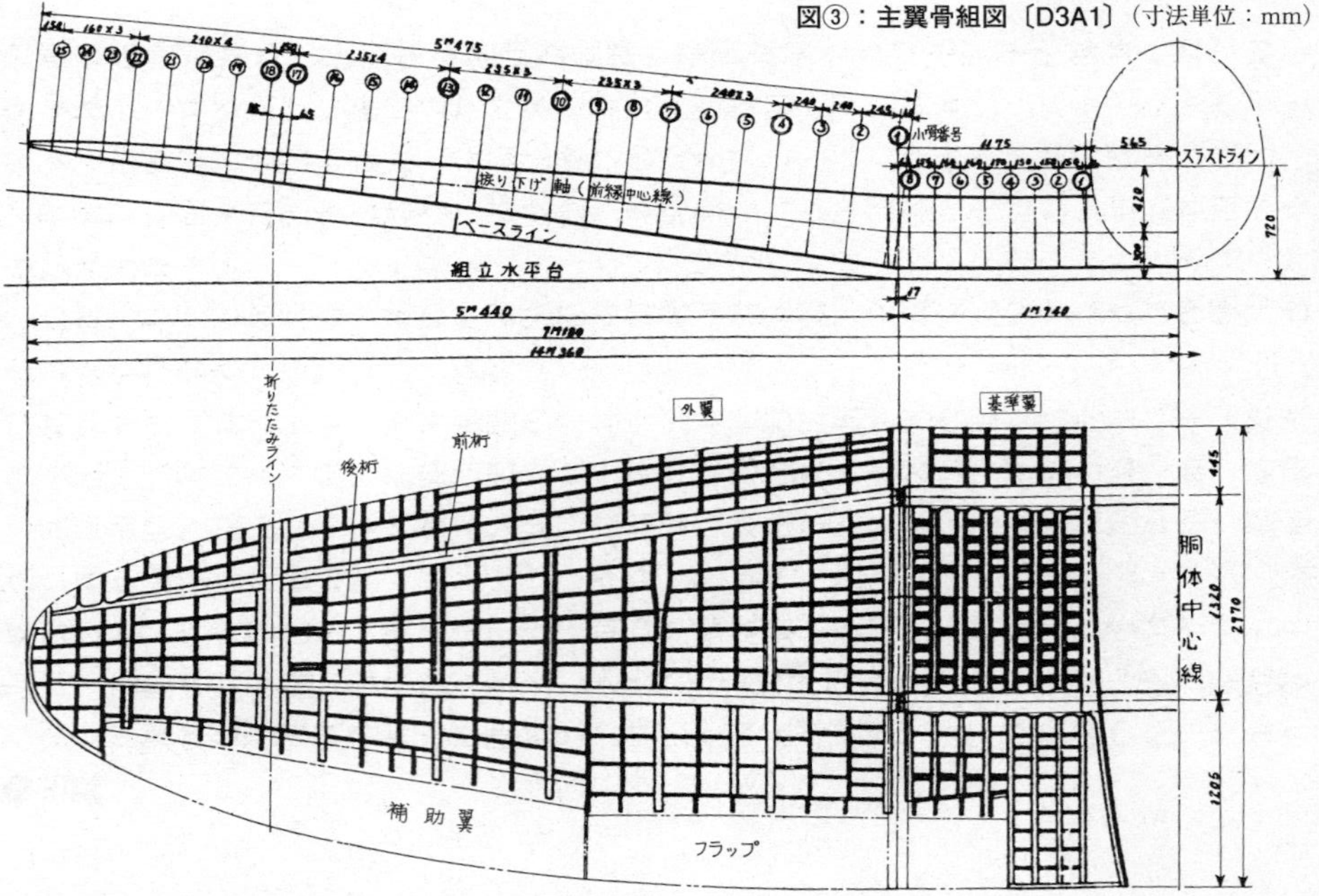

図④：主翼骨組図〔D3A2〕

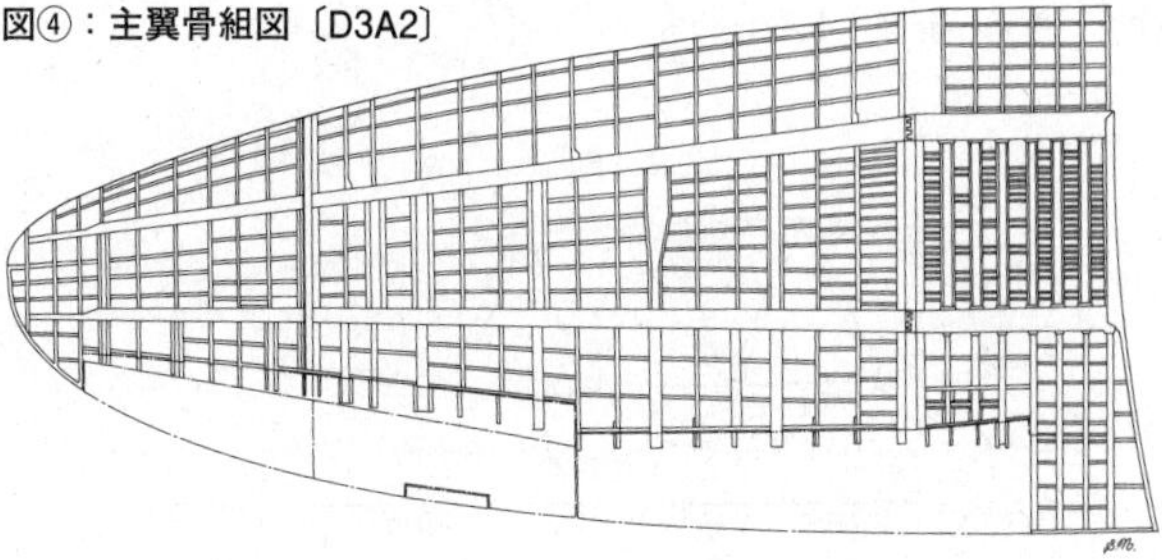

（図④、図⑧）。

図③の正面図に付した小骨番号のうち、2重丸で囲んだところの小骨は、とくに強度を高くした箱型小骨で、第④、⑦、⑩番には、翼下面に抵抗板（エア・ブレーキ）が付くため、下面側はやや突出しており、抵抗板の回転軸受けを形成している。

九九式艦爆に限らず、海上に不時着水する危険もある艦上機は、その時の備えとして、一定の時間浮いていられるように、浮泛《ふはん》装置を持っていた。

本機のそれは、基準翼の外側後方に浮き袋を収納したほか、外翼の第②～⑯番小骨間の前桁より前方部分が水密構造になっている。また、第⑨番小骨部も、安全を期して中間水密隔壁を設けた。

翼端折りたたみ部は、前、後桁下側取付栓を回転軸として、翼内に備え付けのハンドルを廻し、固定ピンを外したのち、手動により折りたたむ（図⑥参照）。折りたたみ角

図⑤：主翼小骨図（寸法単位：mm）

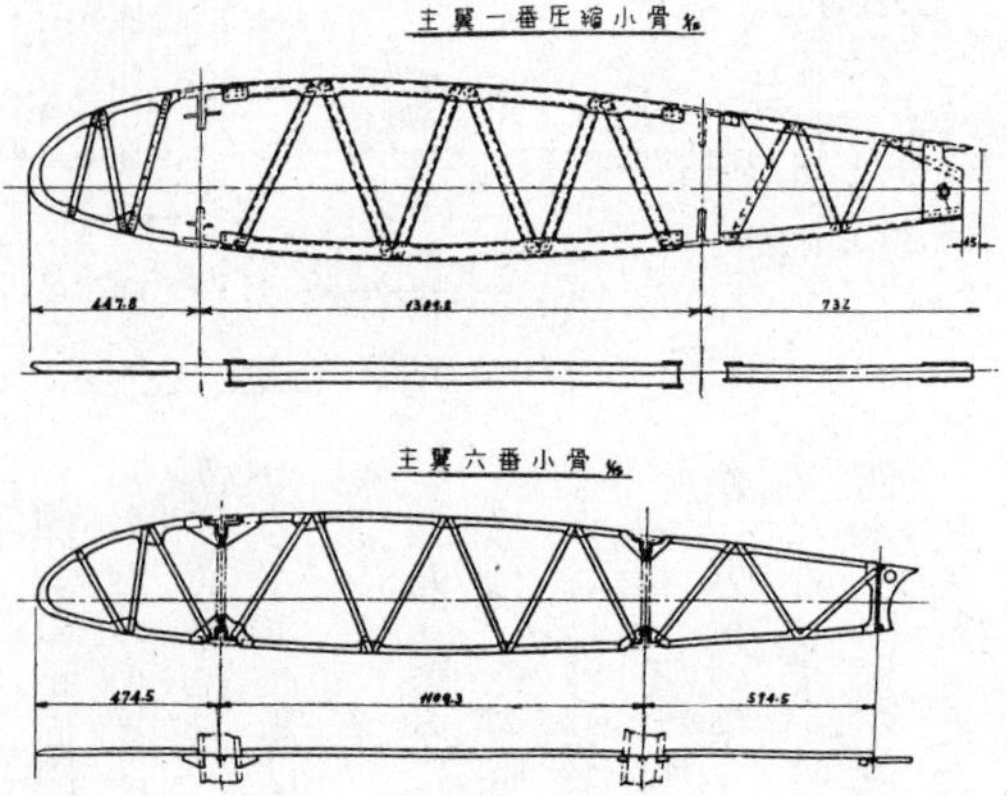

図⑥：主翼折りたたみ装置（応差歯車付止装置）（寸法単位：mm）
※断面部を側面より見る

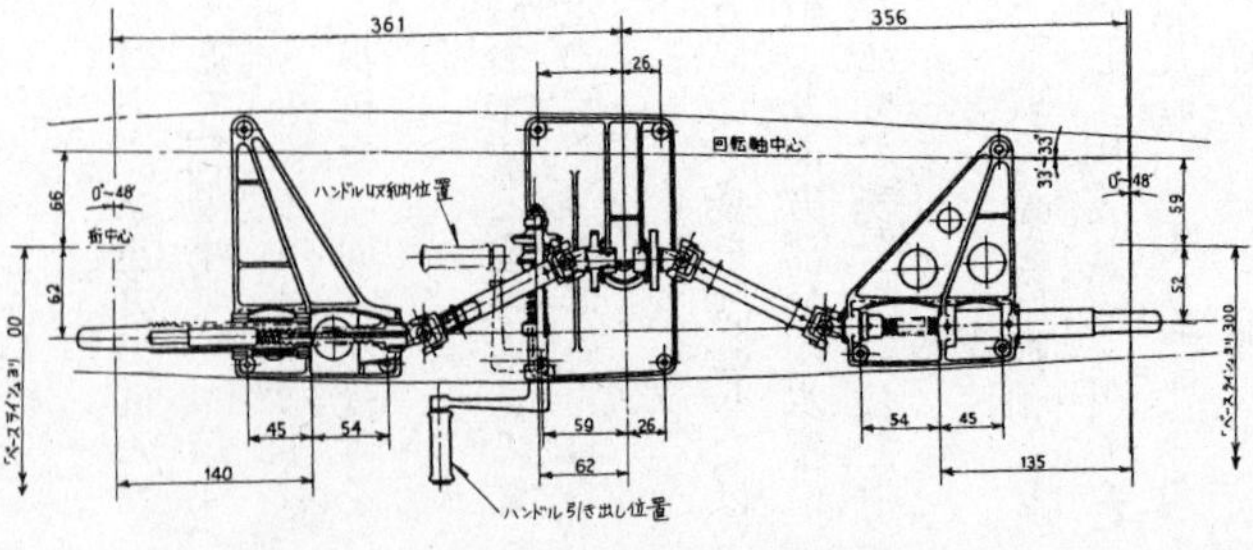

図⑦：補助翼骨組図（寸法単位：mm）
〔D3A1〕

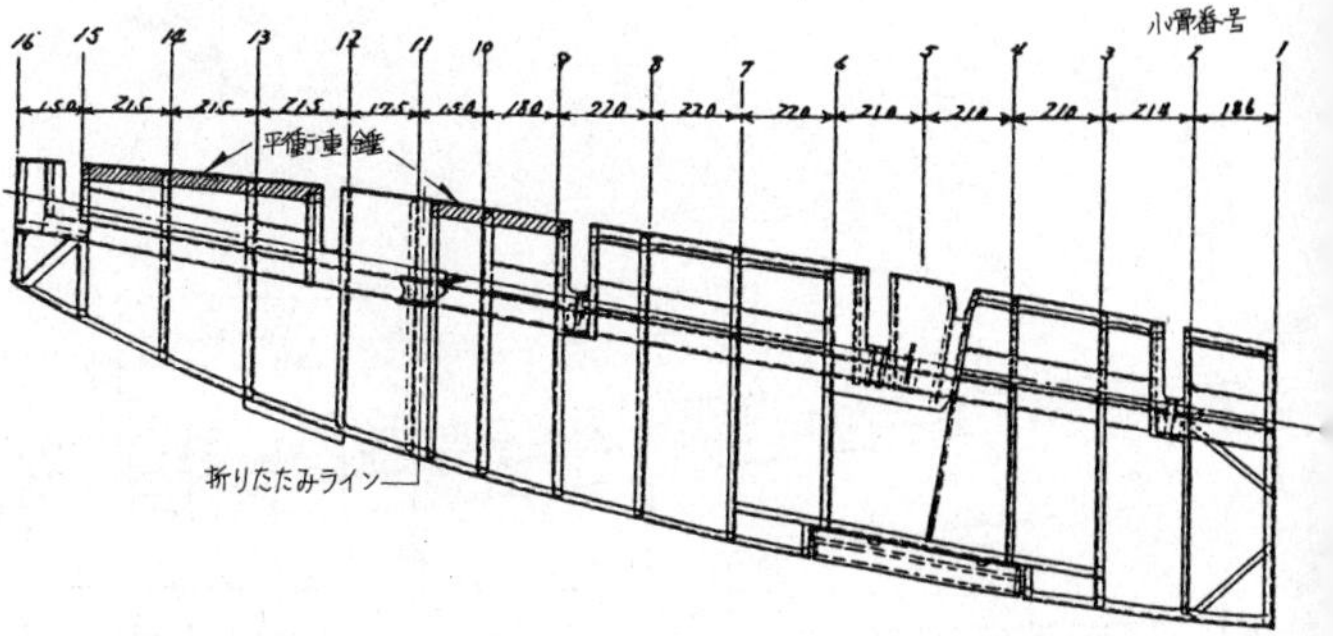

図⑧：補助翼骨組図〔D3A2〕

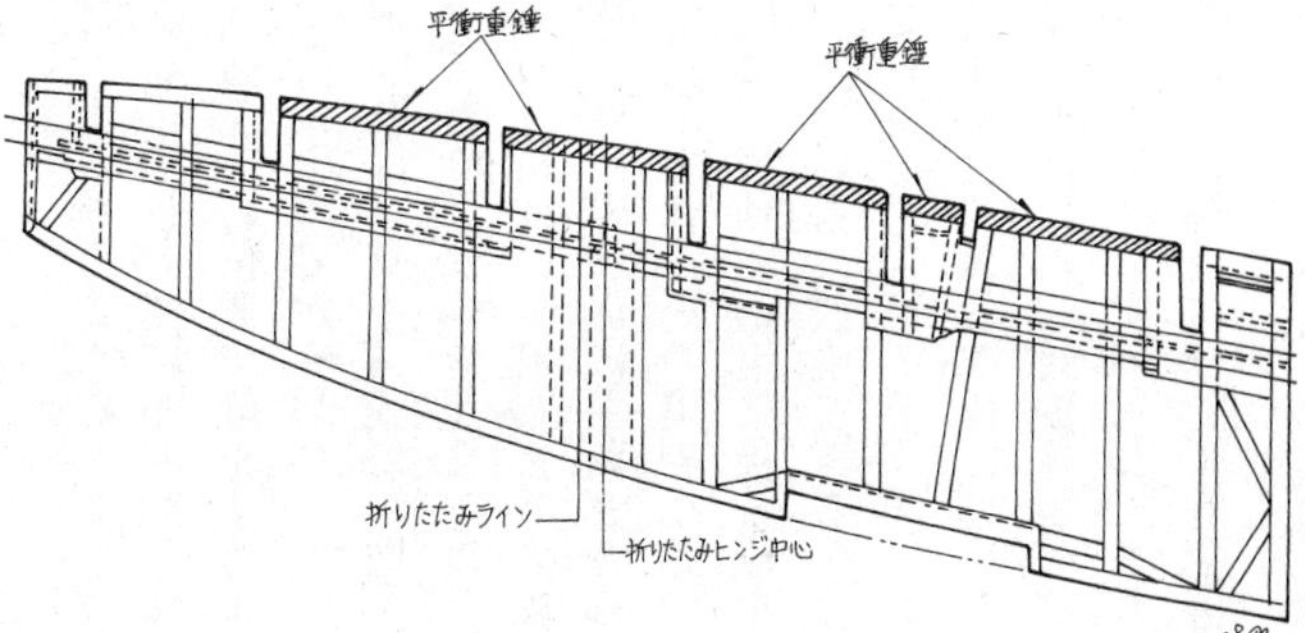

図⑨：フラップ骨組図〔D3A1〕（寸法単位：mm）

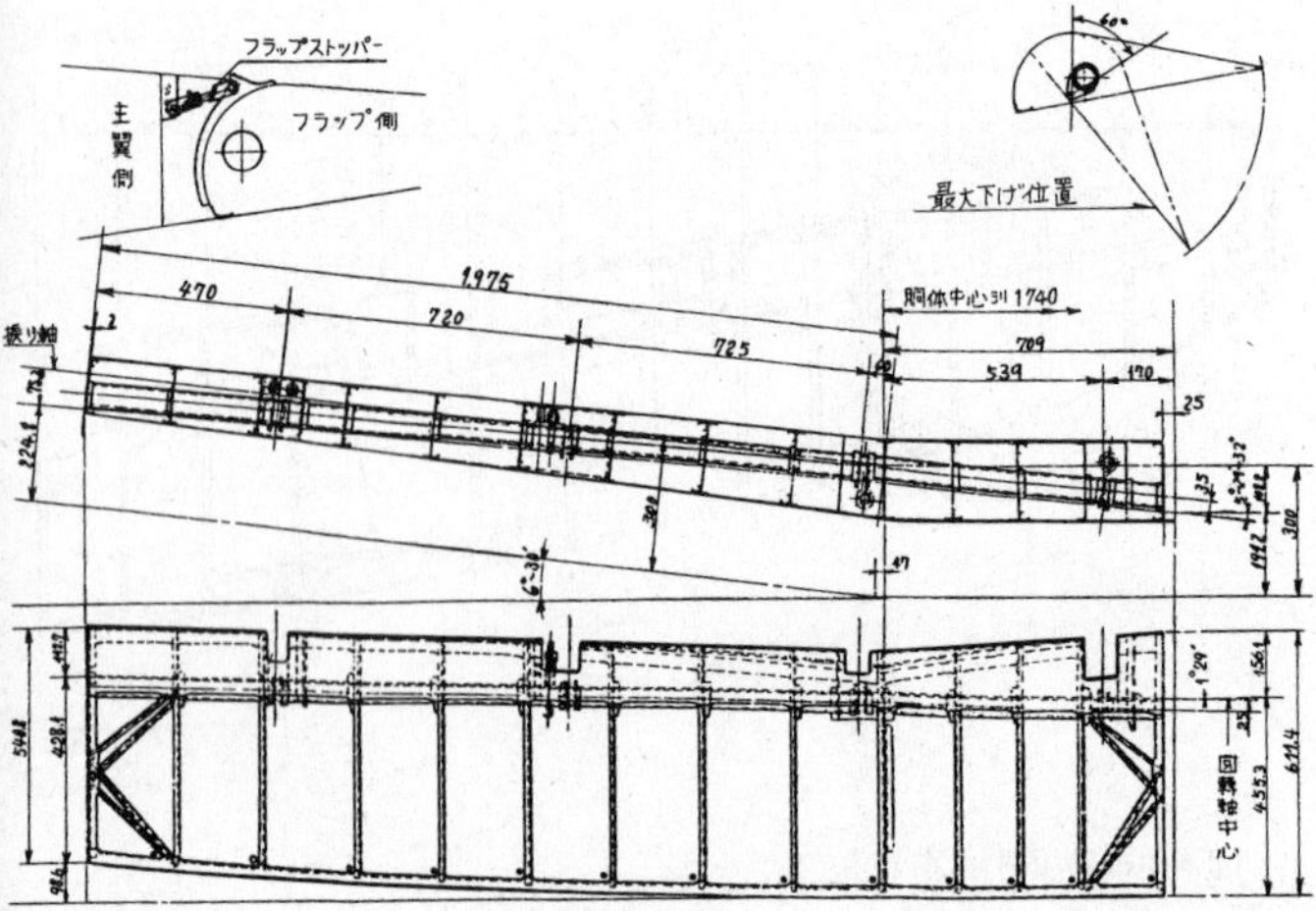

度は、上方折りたたみの場合で、垂直線に対し内側に26度30分傾いた状態。この位置で静止するように、支柱を当てがう。

補助翼はフリーズ式で、図⑦に示すごとく、ジュラルミン製管桁、小骨の骨組みに、羽布張り外皮の構造。外側の一部は主翼とともに折りたたまれ、その境界小骨の後縁には、振動防止用に接続栓を設け、簡単容易に嵌脱できるようにしてあった。

第9～11、および12～15小骨間の前縁内部には、鋳鉄片製の平衡重錘（オモリ）が固定してあり、操作の際に軽快に動くよう配慮さ

図⑩：抵抗板骨組図、および主翼取付部詳細図〔D3A1〕（寸法単位：mm）

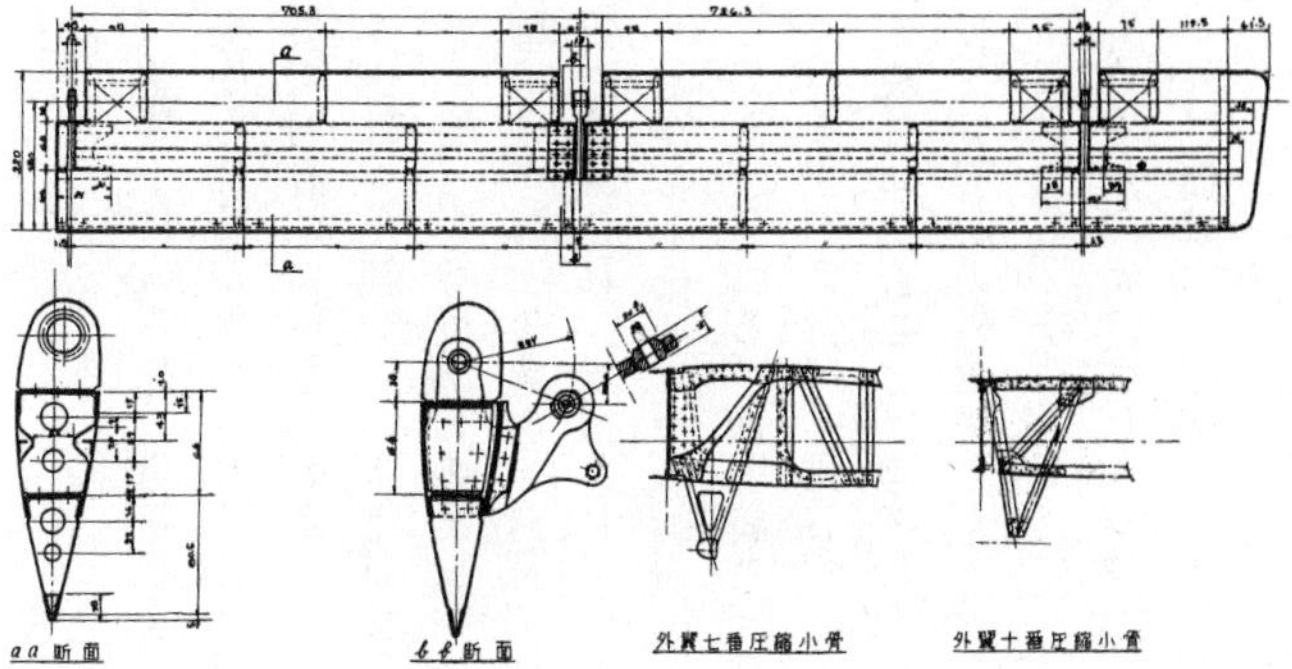

図⑪：抵抗板引き戻し装置〔D3A1〕

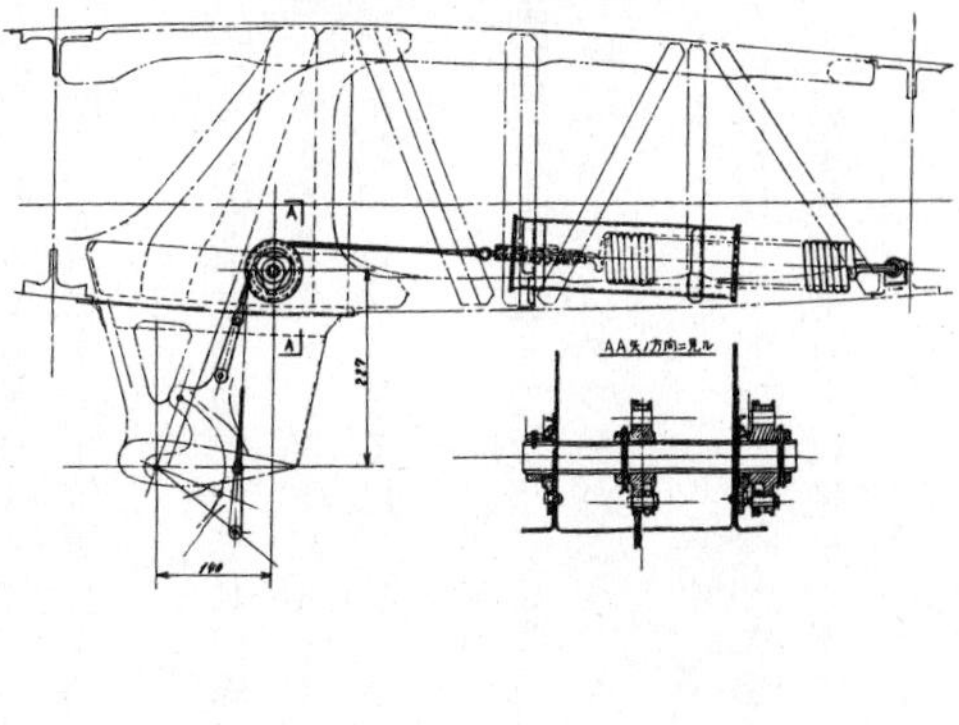

れている。

なお、急降下に入る際、抵抗板を下げるのと連動し、補助翼が風圧でバタつかぬように、操作挺部分が緊締される仕掛けが施されていた。抵抗板が水平位置に戻ると、緊締装置も自動的に解除される。

フラップは、単純な「開き下げ」（スプリット）式で、構造は補助翼のそれに順ずる。水平な基準翼と、6度30分の上反角がついた外翼にまたがるため、図⑨に示したごとく、前縁は基準翼と外翼の結合部で屈折している。なお、D3A2では、フラップが内側に43㎝延長され、増積されている。

操作エネルギーは油圧で、胴体内に設けた作動筒（アクチュエーター）により、最大40度まで下げられる。補助翼と同様に、急降下時に風圧でバタつかぬよう、中央部にストッパーを備え付けてある。

愛知の設計陣が苦心して考案した、急降下時の抵抗板は、図⑩ような骨組みをもつ、ジュラルミン製応力外皮構造だった。断面形は、主翼本体のそれとは逆に、下面側のカンバー（反り）が大きい。

3ヵ所で支基に固定され、フラップと共用の油圧装置の切換弁を操作し、主翼内に設置した作動筒により、90度下方に回転して風圧に正対する。正しく90度にセットされたときは、操縦員席計器板の指示灯の赤ランプが点灯し、操縦員が確認できる。

抵抗板を元の位置に戻す際は、油圧切換弁の把柄（レバー）を、0度の指針位置に廻せば、風圧と、図⑪に示した引き戻しバネの作用で、作動筒内の油がタンクに復帰して油圧が抜け、水平状態に戻るようになっていた。完全に戻ると、前述の指示灯に青ランプが点灯した。

●尾翼

尾翼は、ハインケルの影響が色濃く出た外観で、垂直、水平尾翼ともに、楕円形を多用してまとめてある。垂直、水平安定板とも、I型断面の2本桁に小骨と縦通材を配した骨組みに、金属外皮を張った構造。

方向舵、昇降舵は、ジュラルミン製管桁に小骨を配した骨組みに、羽布張り外皮の構造で、いずれも、後縁に修正舵（バランス・タブ）を設け、方向舵は上部前端、昇降舵は前縁中央ヒンジ溝の左、右に、それぞれ鉛、および鋳鉄片の平衡重錘を内包し、操舵時の釣合いを保っていた（図⑫、⑬）。

試作機の段階では付いていなかったが、不意自転の悪癖を解決するために、垂直安定板前方の胴体背面に背ビレが追加された。

図⑫：垂直尾翼骨組図〔D3A1〕
（寸法単位：mm）

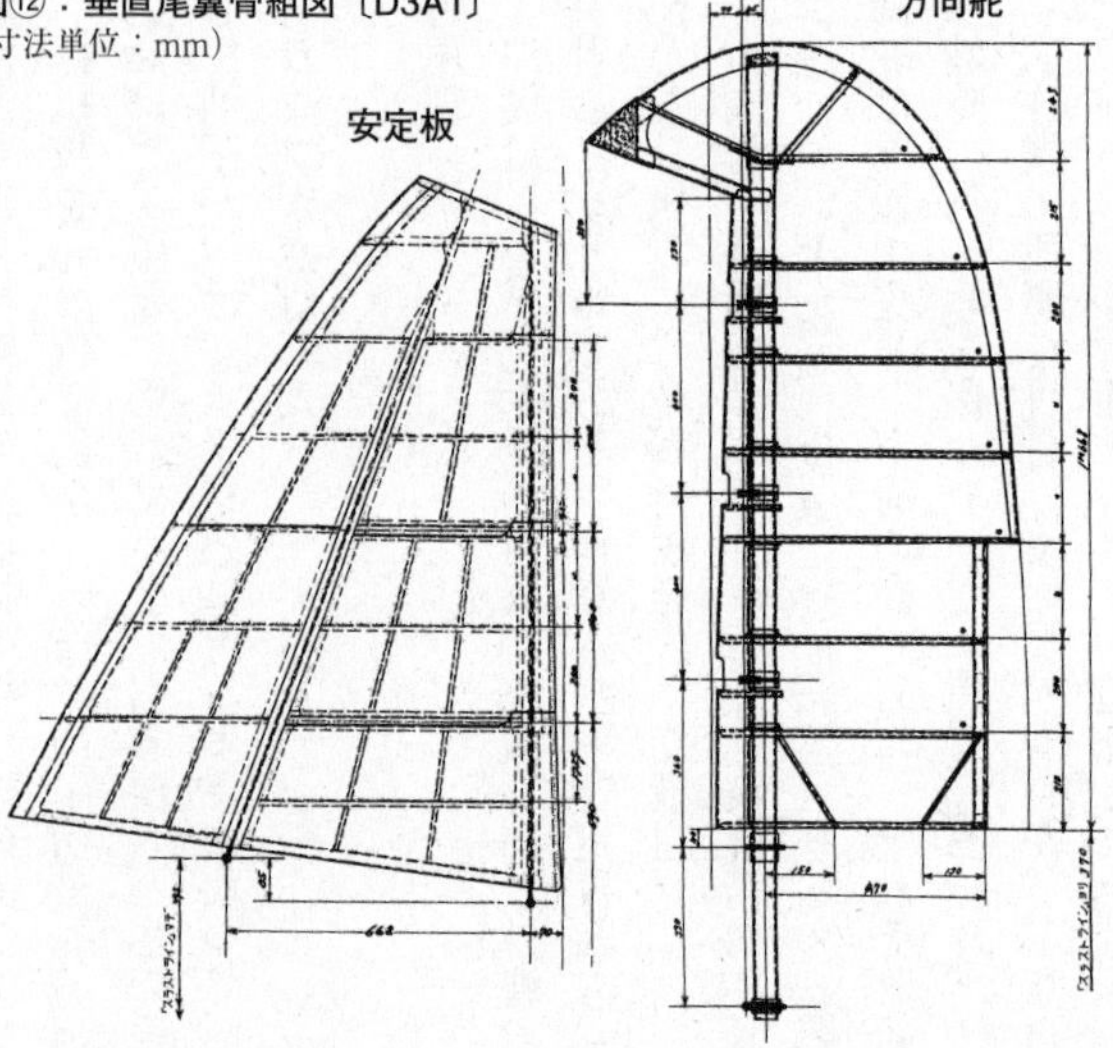

なお、D3A2では、図⑭に示すごとく、水平尾翼が少し増積されており、全幅は、D3A1の4・4mに対し、4・9mとなり、昇降舵外端の整形も変化した。背ビレも40㎜高さが増している。

●降着装置

引込式が普及しつつあった状況下で、諸条件を加味したうえで、あえて固定式を採った。主脚は、油と空気による緩衝機構をもつ1本脚柱、ジュラルミン鋳造製の車輪取付金物（フォーク）、900×200㎜サイズの車輪、エレクトロン（マグネシウム合金）製覆

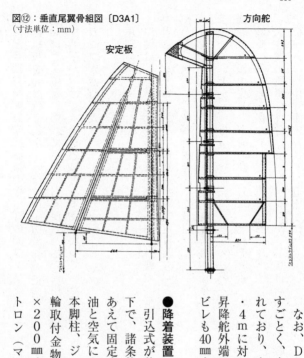

図⑬：水平尾翼骨組図〔D3A1〕
（寸法単位：mm）

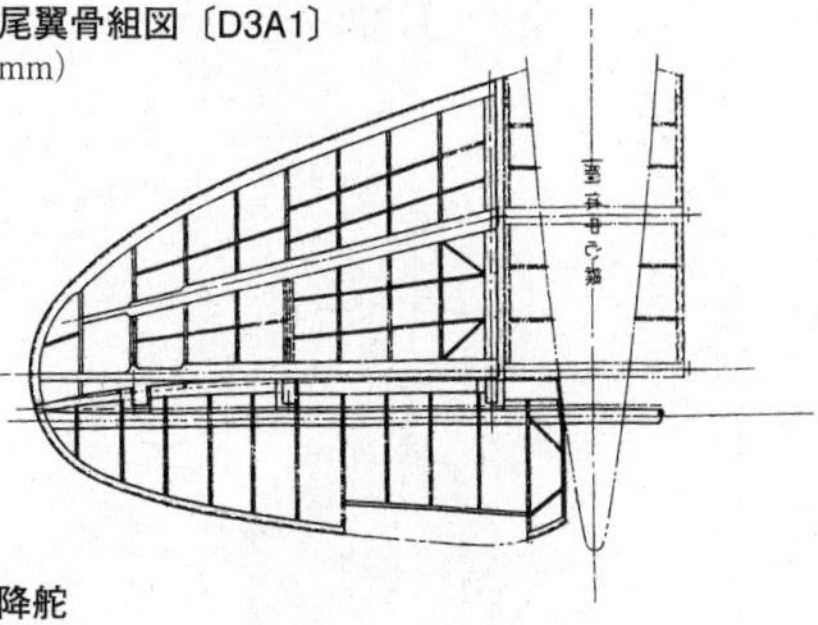

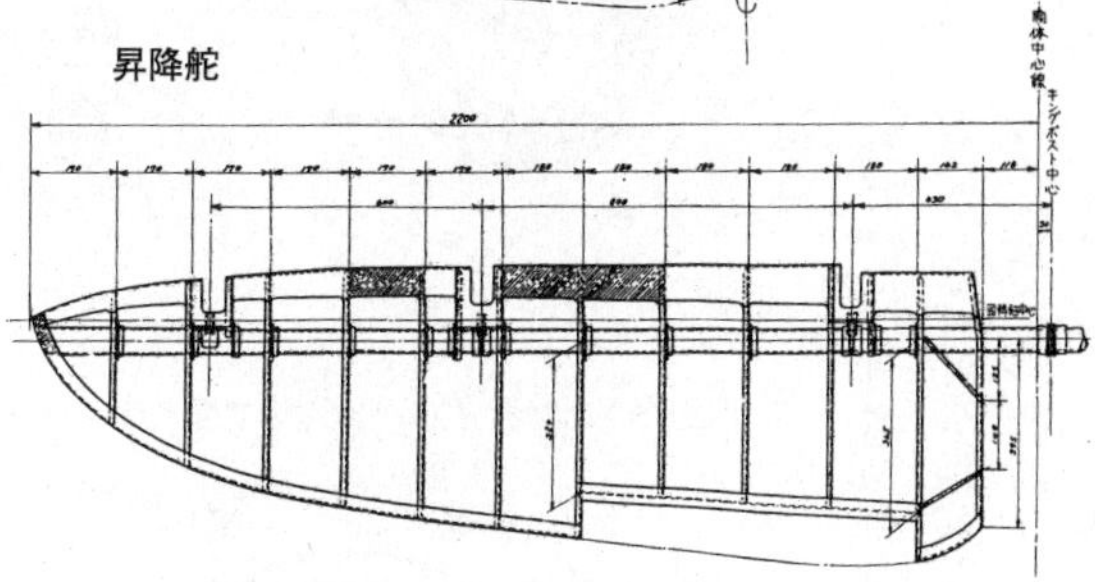

図⑭：D3A2の水平尾翼骨組

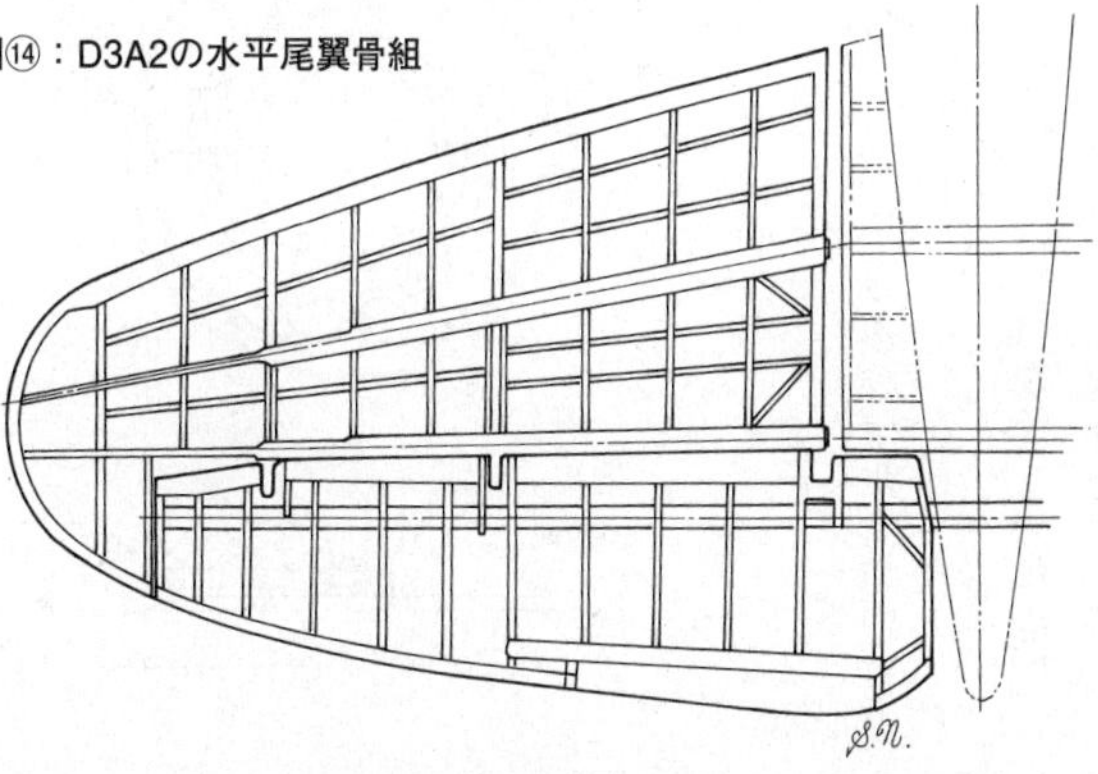

図⑮：主脚構成〔D3A1〕

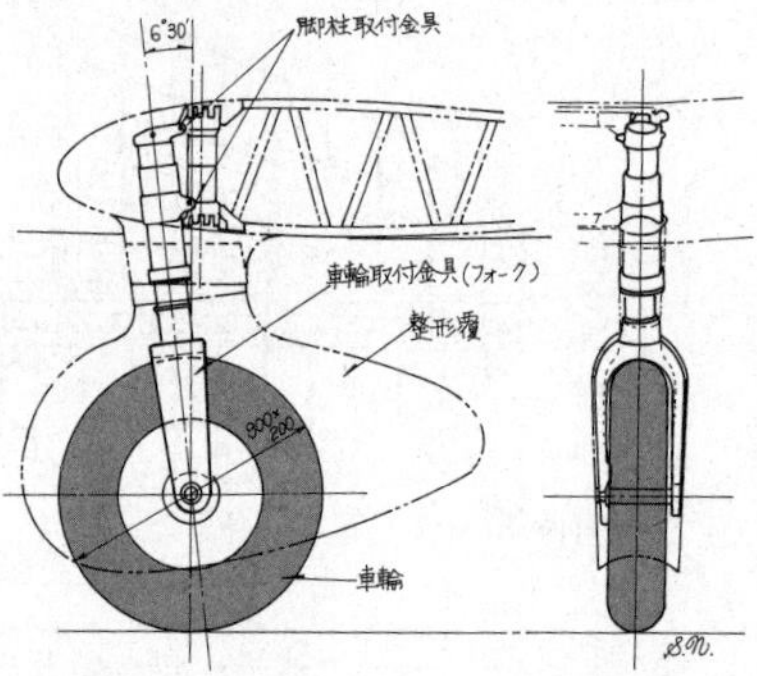

図⑯：制動器（ブレーキ）組立図〔D3A1〕

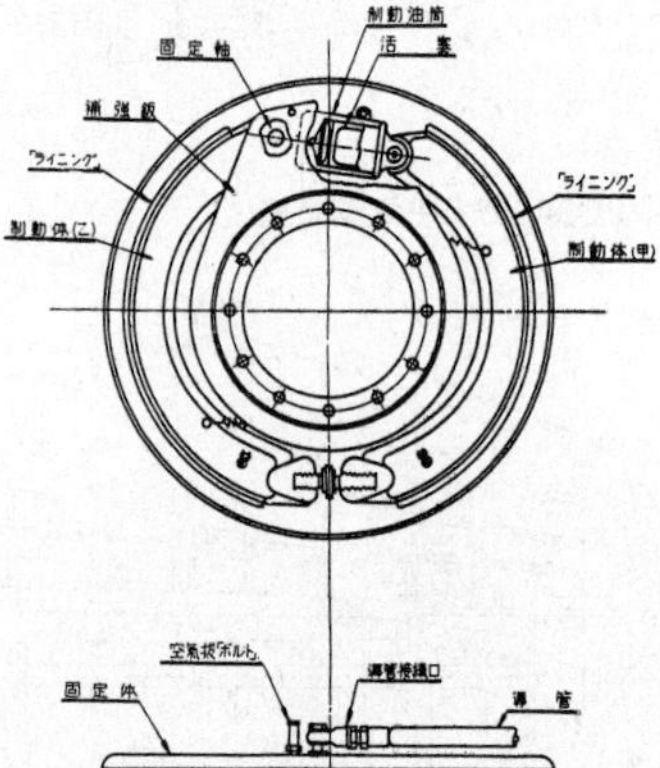

から成る（図⑮）。

脚注は、基準翼外側の前桁に設けた、外翼結合金具に、上、下2本のボルトで取り付けられる。角度は垂直ではなく、6度30分前傾して固定された。

緩衝部分には、捩れ防止対策として、一般的なトルク・アームではなく、外筒周囲に挿入された24本のボルトと、下部脚柱に刻まれた、8条の溝が噛み合う方式が採られている。ただし、D3A2では、車輪取付金具が鋼製溶接組みに変更されたのと、一般的なトルク・アームの捩れ止め方式に変更されている。

制動器（ブレーキ）は、図⑯に示したごとく、岡本工業（株）製のNB-107型が用いられ、操縦員席の方向舵／制動器ペダルを踏むことにより、そのペダル下方に備えた制動油圧ポンプの働きにより、ブレーキ・パイプを通して油圧が送られ、甲、乙2枚の制動体を動かし、車輪の回転を制動する仕組み。

なお、車輪のタイヤ空気圧は、艦上機なので4kg／cm²と高く、いわゆる〝高圧タイヤ〟と呼ばれたタイプ。

図⑰：尾脚構成〔D3A1〕（寸法単位：mm）

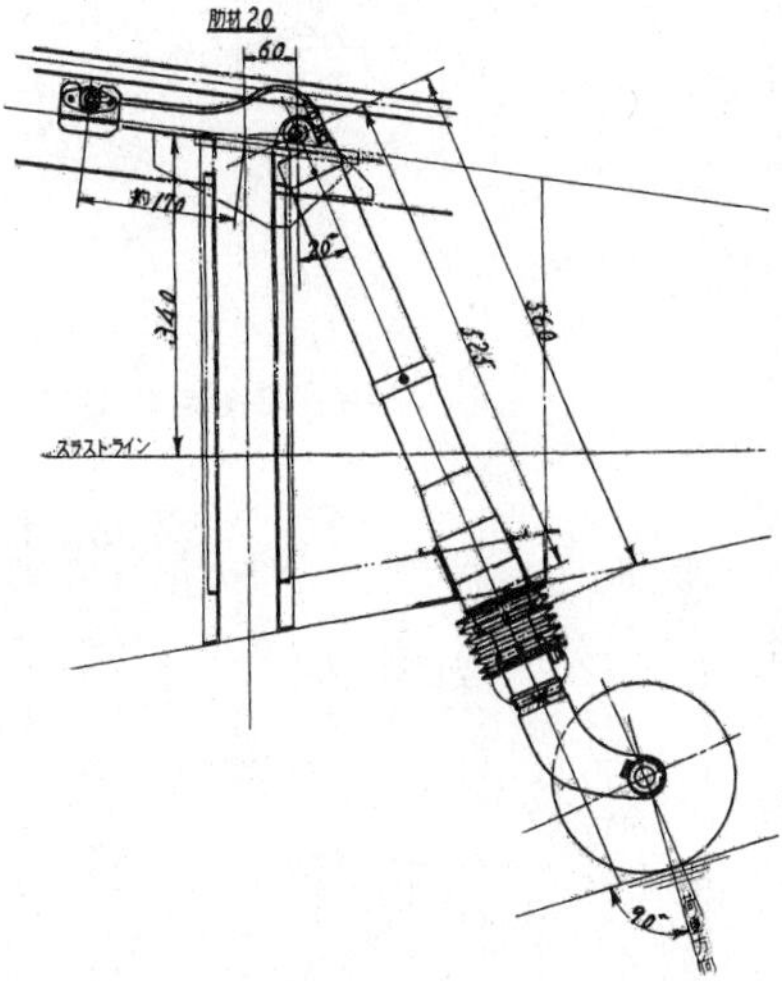

尾脚も、空気と油を利用する緩衝機構をもつ、シンプルな1本脚柱に、特殊回転金具を介して取付けた、200×70㎜サイズのソリッド・ゴム製車輪から成る（図⑰）。

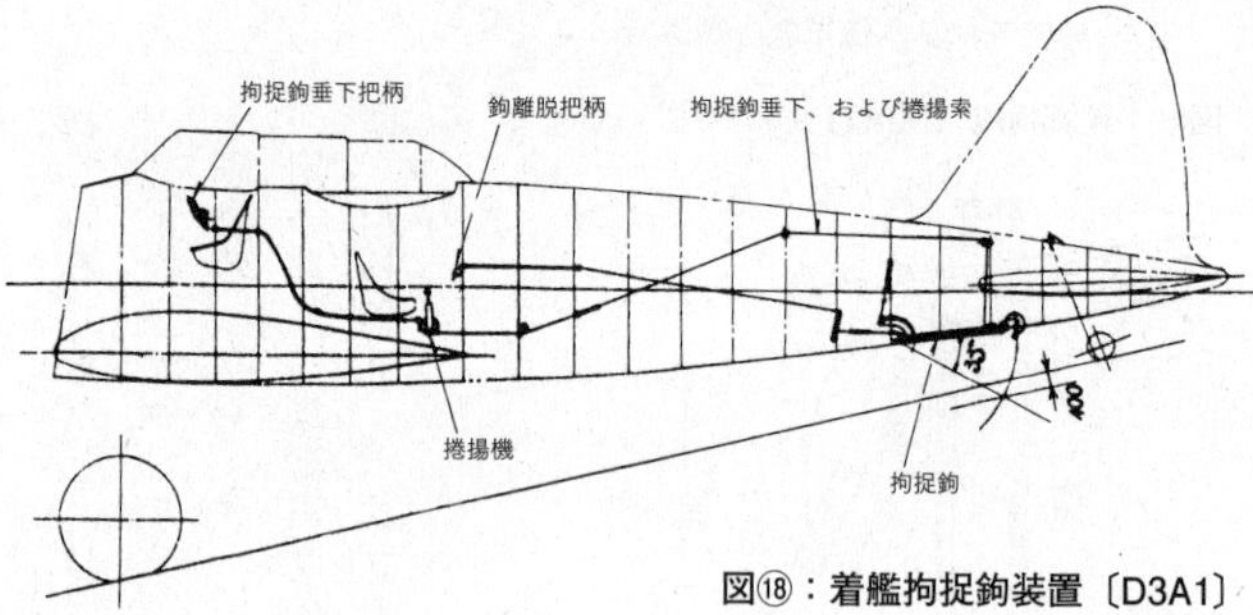

図⑱：着艦拘捉鉤装置〔D3A1〕

主脚は岡本工業製だったが、尾脚は萱場製作所製。D3A2の尾脚も基本構成は同じだが、オレオ注気口配置などが変化した。

空母に着艦するとき、艦上機に不可欠な装備が「拘捉装置」すなわち着艦フックである。本機のそれは、図⑱に示したとおりで、拘捉鉤（フック）は、胴体第十七番肋材の下面に取り付けられ、垂下するときは、操縦員席のレバーを引く。鉤は最大35度の角度まで下がり、空母の飛行甲板に張られた「横索《よこさく》」を引っ掛けて、機体を制止する。

制止したら、偵察員が、座席右側にある拘捉鉤操作用トグルを引き、横索から拘捉鉤を外す、そして、右側床上に設けた捲揚装置のレバーを前後に動かし、「ドラム」を廻して拘捉鉤を元の静止位置に戻す。

●動力装備

本機が搭載した、三菱「金星《きんせい》」発動機は、日本における空冷星型複列発動機の基礎を確立したと言っても過言ではない成功作で、その安定した出力、高い稼働率は絶対の信頼を得ていた。

最初の生産型D3A1が搭載したのは、当初、「金星」四型、のちに「金星」四〇型系と呼ばれたうちの、四四型である（図⑲）。

昇離出力は1000hpで、使用燃料は92オクタンの航空九二揮発油（ガソリンの意）。他の四一、四二、四三、四五型と大きな違いはないが、七粍七機銃をプロペラ回転圏内

図⑲：「金星」四四型発動機

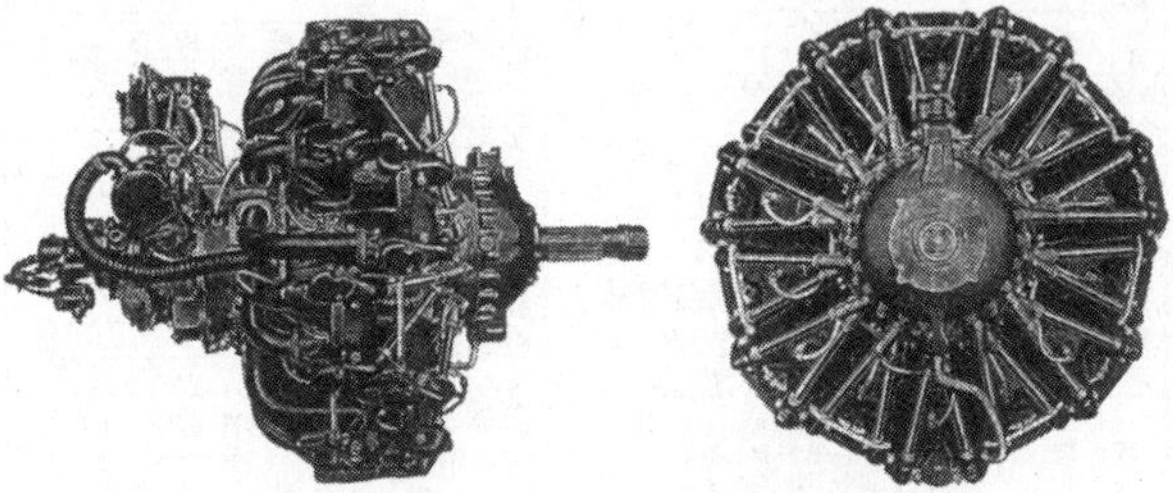

図⑳：「金星」五四型発動機

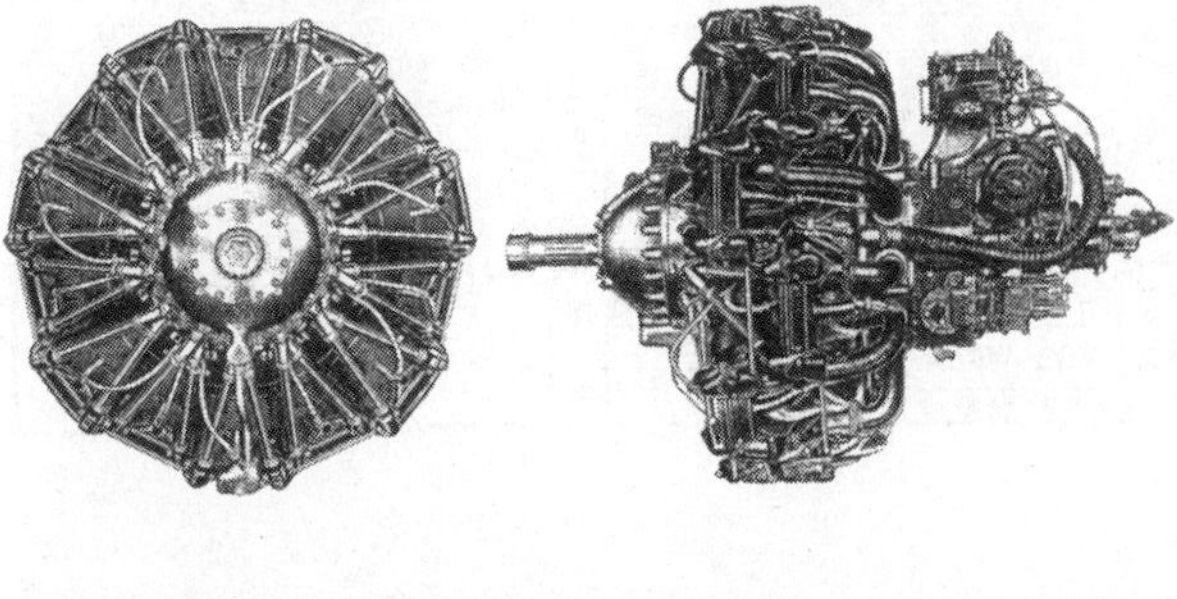

「金星」四四型発動機詳細諸元表

發動機名稱	金星發動機四四型	要目表番號	
		發布年月日	年 月 日

發動機型式		複列星型空冷式
「シリンダー」	「シリンダー」數	14
	「シリンダー」內徑	140粍
	行程	150粍
	行程容積 單「シリンダー」	2.31立
	行程容積 總「シリンダー」	32.34立
	水衣內水量	立
壓縮比		6.6
重量	乾燥狀態(下記ノ附屬品ヲ含マズ)	545瓩
	「プロペラボス」	瓩
	起動器	瓩
	充電用發電機	瓩
	眞空喞筒、其他	瓩
回轉方向	曲肱軸	右(「プロペラ」反對側ヨリ見テ)
	「プロペラ」	右(「プロペラ」反對側ヨリ見テ)
減速裝置	型式	遊星正齒車
	減速比	0.7
發動機主要寸法	全長	1.646米
	全幅又ハ直徑	1.218米
	全高	1.218米
瓣調整	給入瓣	開始20度前 | 閉止65度後
	排出瓣	開始75度前 | 閉止30度後
點火時期		上死點前22度
爆發順序		R1-F2-R3-F4-R5-F6-R7-F1-R2-F3-R4-F5-R6-F7
磁石發電機	型式個數	空冷式14BF2-L 2個
	回轉比及方向	7/8左(磁石發電機ノ傳動接手ニ向)
	點火前進角	固定式 度
點火栓型式個數		アイチRT1又ハRT2.28個
充電用發電機型式個數		二型 1個
回轉計接手	個數	1個
	曲肱軸トノ回轉比	0.5
機銃發射聯動裝置	型式	95式同調發射聯動裝置
	聯動歪輪個數	2個
	曲肱軸トノ回轉比	0.7
起動器	型式個數	電動慣性起動器一型1個
	嚙合子ノ回轉方向	左(始動機ノ嚙合接手ニ向テ)
「プロペラ」軸型式		

公稱馬力×公稱回轉數 1080×2500
公稱高度 2000米

性能	種別	常用最大	公稱	離昇
	給入壓力水銀柱	+60粍	+150粍	+250粍
	回轉數 「クランク」軸(毎分)	2350	2500	最大2550 最小1850
	回轉數 「プロペラ」軸(毎分)	1645	1750	最大1785 最小1295
	地上出力(馬力)	870	1000	1100
	於公稱高度 出力(馬力)	950	1080	
	於公稱高度 立馬力	(26.9)	(33.3)	(34.1)
	於公稱高度 馬力當リ重量	(0.633瓩)	0.509瓩	(0.500瓩)
	於公稱高度 平均有効壓力	(103瓩/糎²)	120瓩/糎²	120瓩/糎²
	於公稱高度 力率	(378瓩米)	400瓩米	(441瓩米)

過給器	增速比	1:8.5
	翼車直徑	245粍
	型式並傳動方式	遠心式齒車式
燃料	標準燃料	航空92揮發油
	比重	0.723
	於公稱出力消費量	毎時毎馬力 280瓦
	於巡航速力消費量	毎時毎馬力 210瓦
	於公稱出力燃料壓力	0.15~0.2瓩/平方糎
潤滑油	標準潤滑油	鑛油
	比重	0.89
	於公稱出力消費量	毎時毎馬力 15瓦
	於公稱出力注油壓力	6.5瓩/平方糎
氣化器型式個數		中島三聯式75円型 1個
燃料喞筒型式個數		四翼偏心式 1個
油喞筒	型式	三重齒車式
	個數	注油1個 | 排油2個
	吐出量 於毎分曲肱軸2400回轉	注油50立 | 排油70 28.4立
水喞筒	型式及個數	個
	吐出量 於毎分 回轉	立
眞空喞筒	型式及個數	一型 1個
	回轉比及方向	(眞空喞筒ノ取付面ニ向テ)
備考		

図㉑：発動機取付架〔D3A1〕

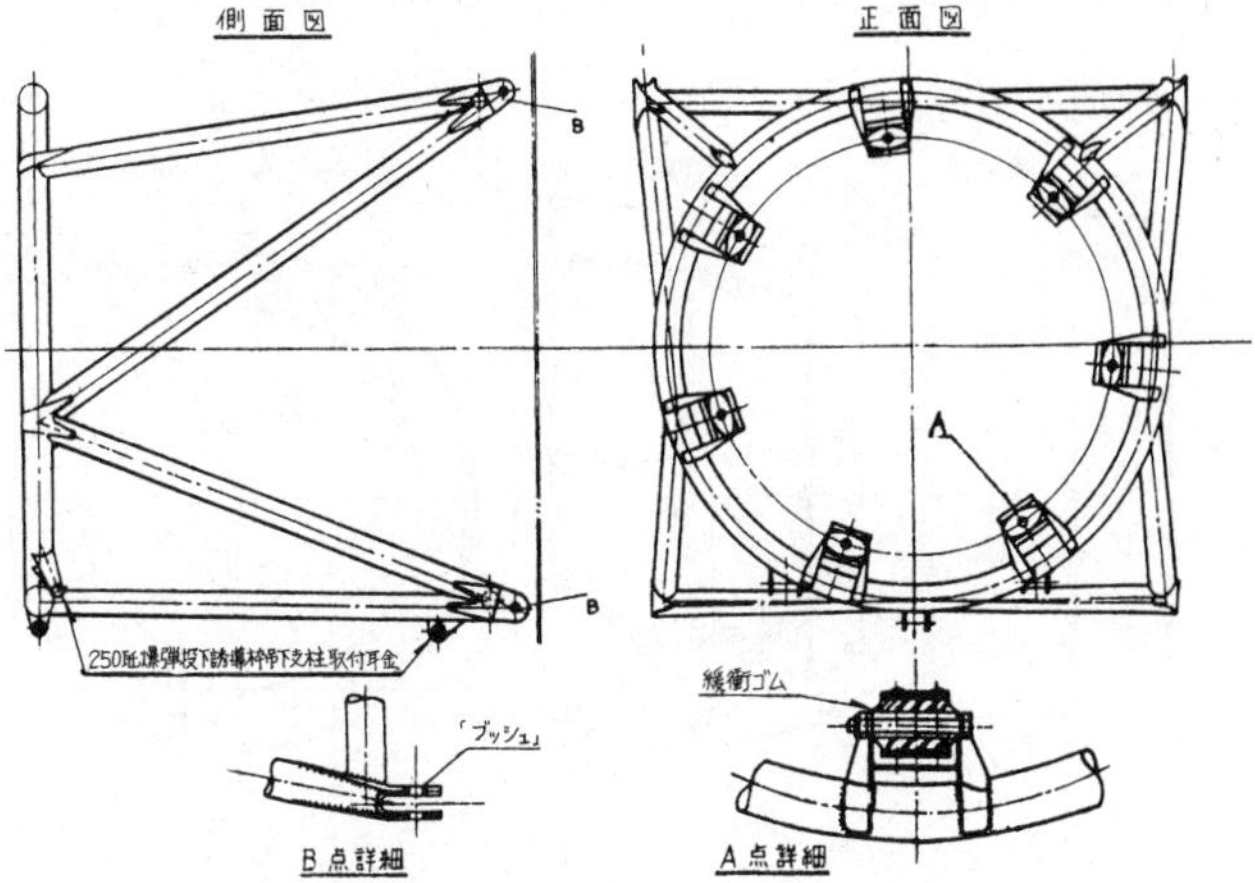

図㉒：排気管組立図〔D3A1〕

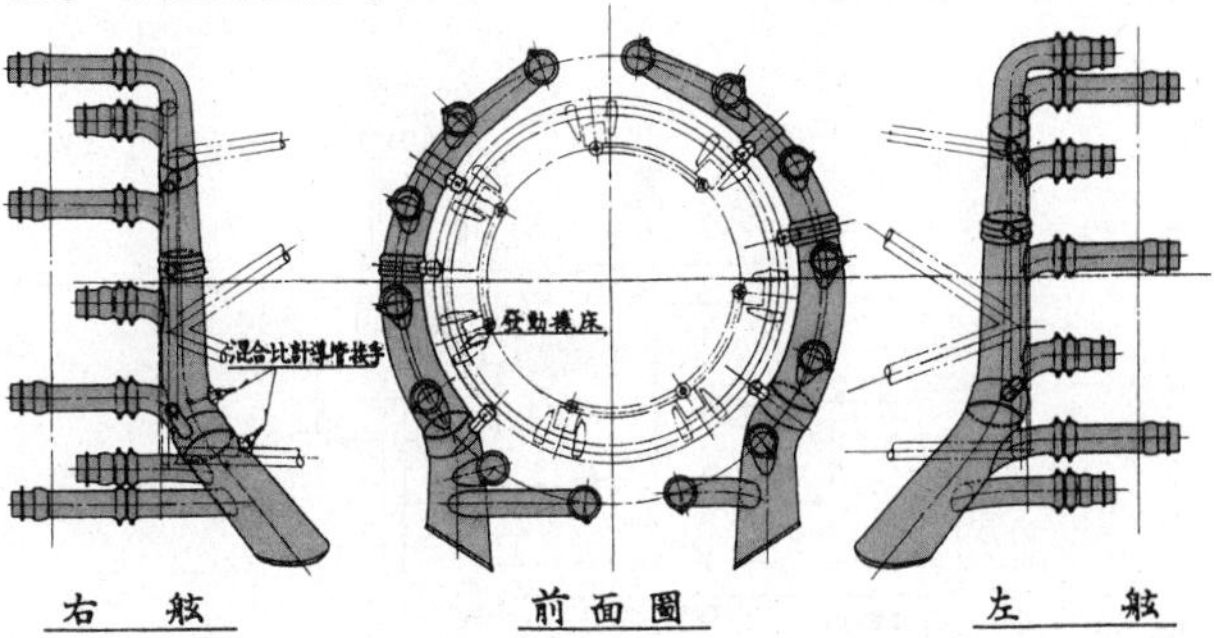

図㉓：発動機覆構成図〔D3A1〕

㊟：図中の環形覆はカウリング、房部覆は補器類カバーの意

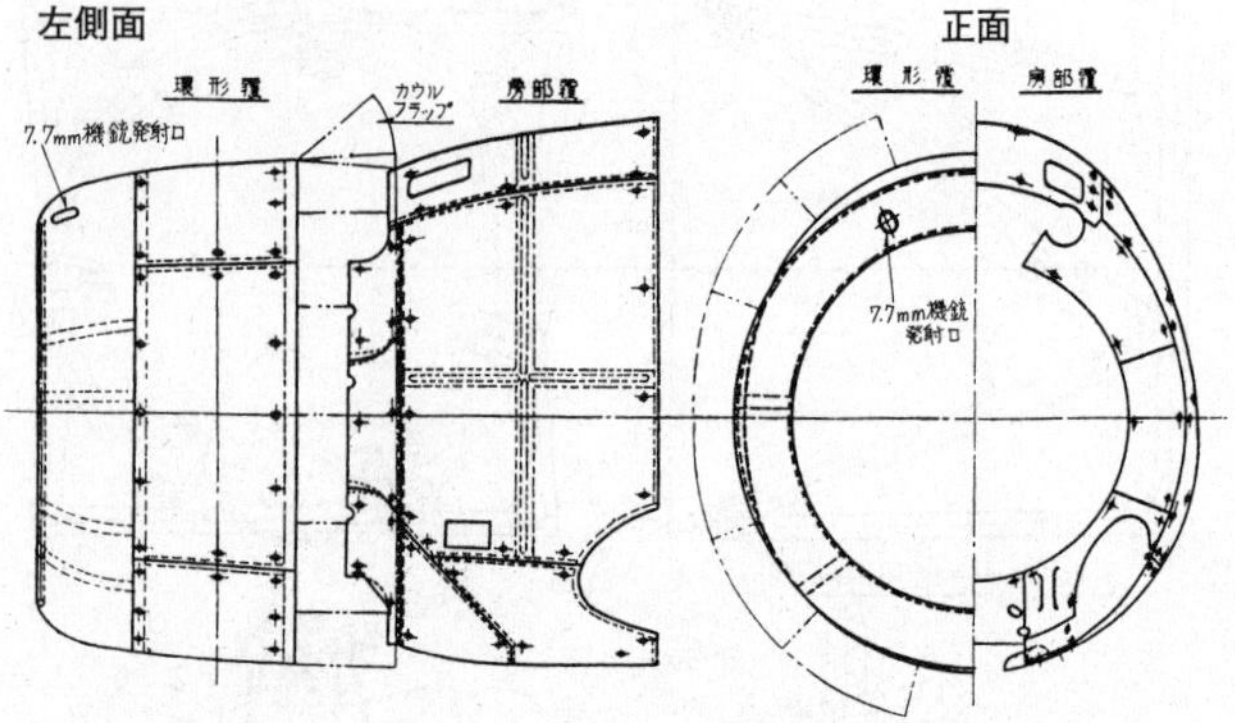

図㉔：燃料系統図〔D3A1〕

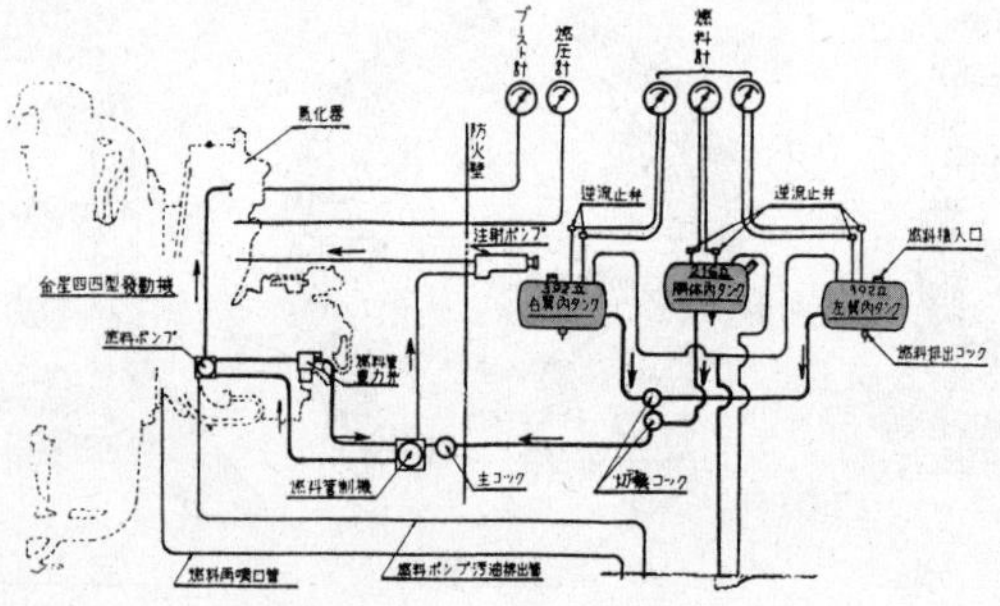

図㉕：潤滑油系統図〔D3A1〕

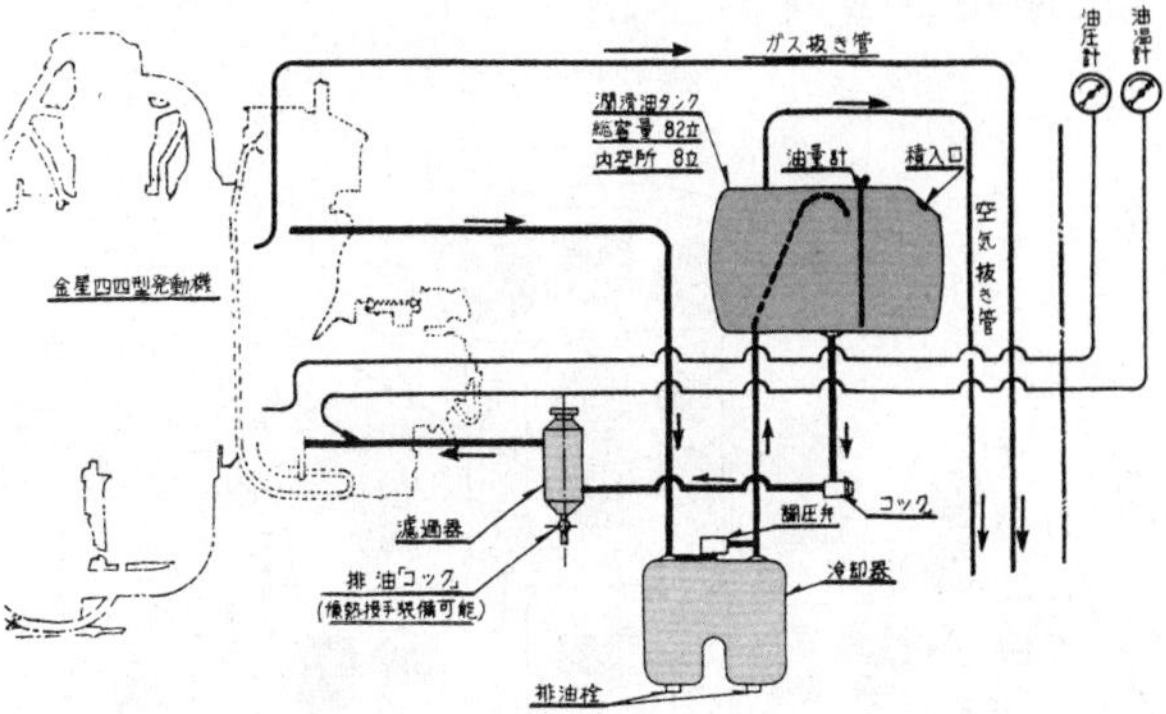

図㉖：風防組立

①前方固定部
②操縦員席滑動部
③中央固定部
④偵察員席滑動部
⑤後端回転部

〔D3A1〕

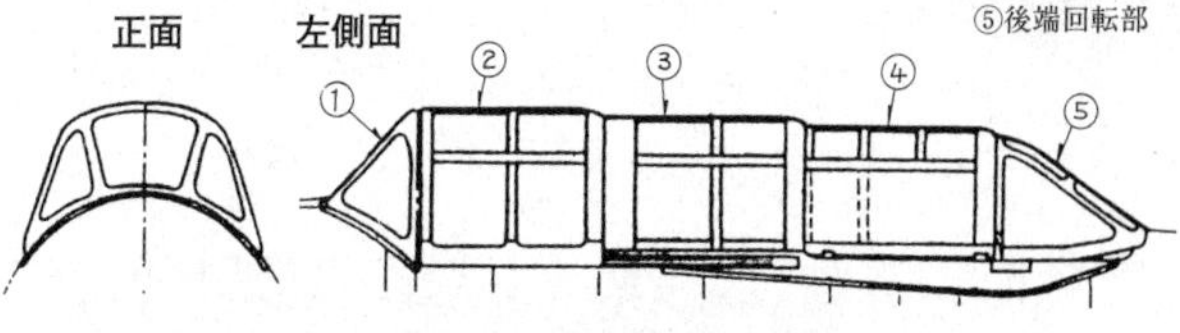

〔D3A2〕

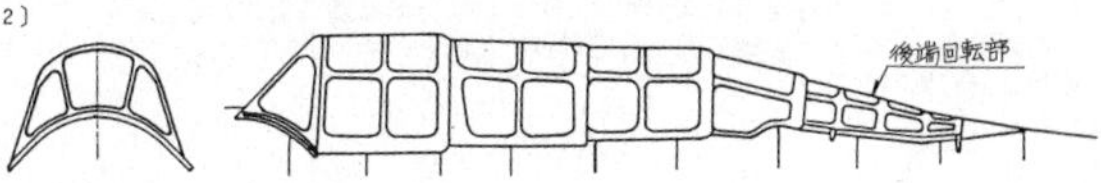

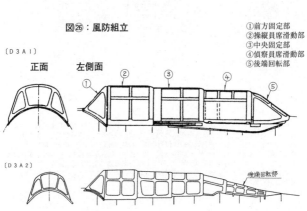

図㉗：操縦員席計器板配置〔D3A1〕

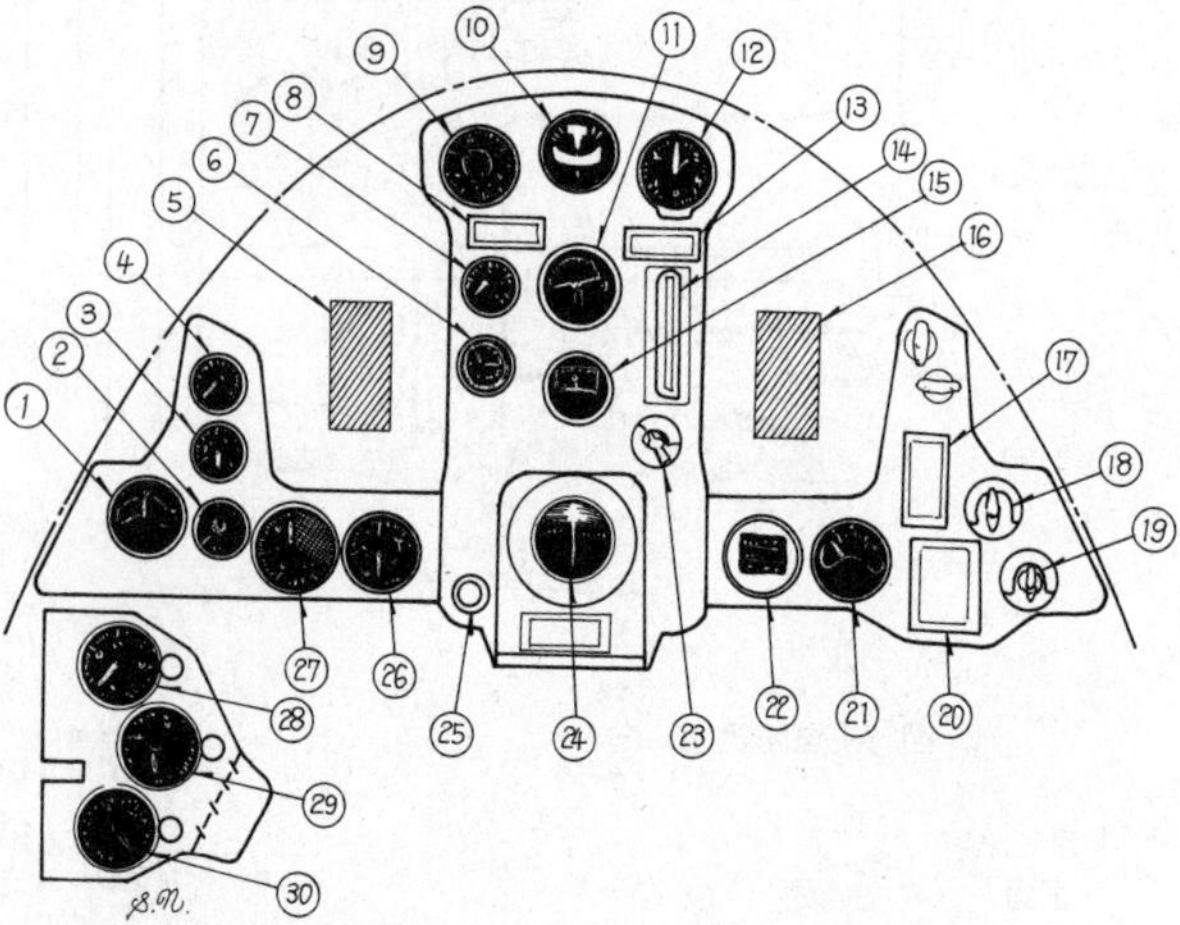

①帰投方位指示器　②電路接断器　③油温計　④油圧計一型　⑤左側七粍七機銃　⑥航空時計　⑦真空計　⑧左側機銃残弾指示器　⑨一号速度計三型　⑩旋回計二型　⑪人工水平儀　⑫精密高度計二型　⑬右側機銃残弾指示器　⑭前後傾斜計二型　⑮定針儀　⑯右側七粍七機銃　⑰抵抗板角度指示灯　⑱消化弁　⑲浮泛弁　⑳起動配電盤　㉑シリンダー温度計　㉒混合比計　㉓真空ポンプ切換コック　㉔航空羅針儀二型改　㉕注射ポンプ　㉖二号回転計三型　㉗吸入圧力計二型　㉘燃料計（左翼タンク）　㉙燃料計（胴体内タンク）　㉚燃料計（右翼内タンク）

図㉘：操縦員席計器板配置〔D3A2〕

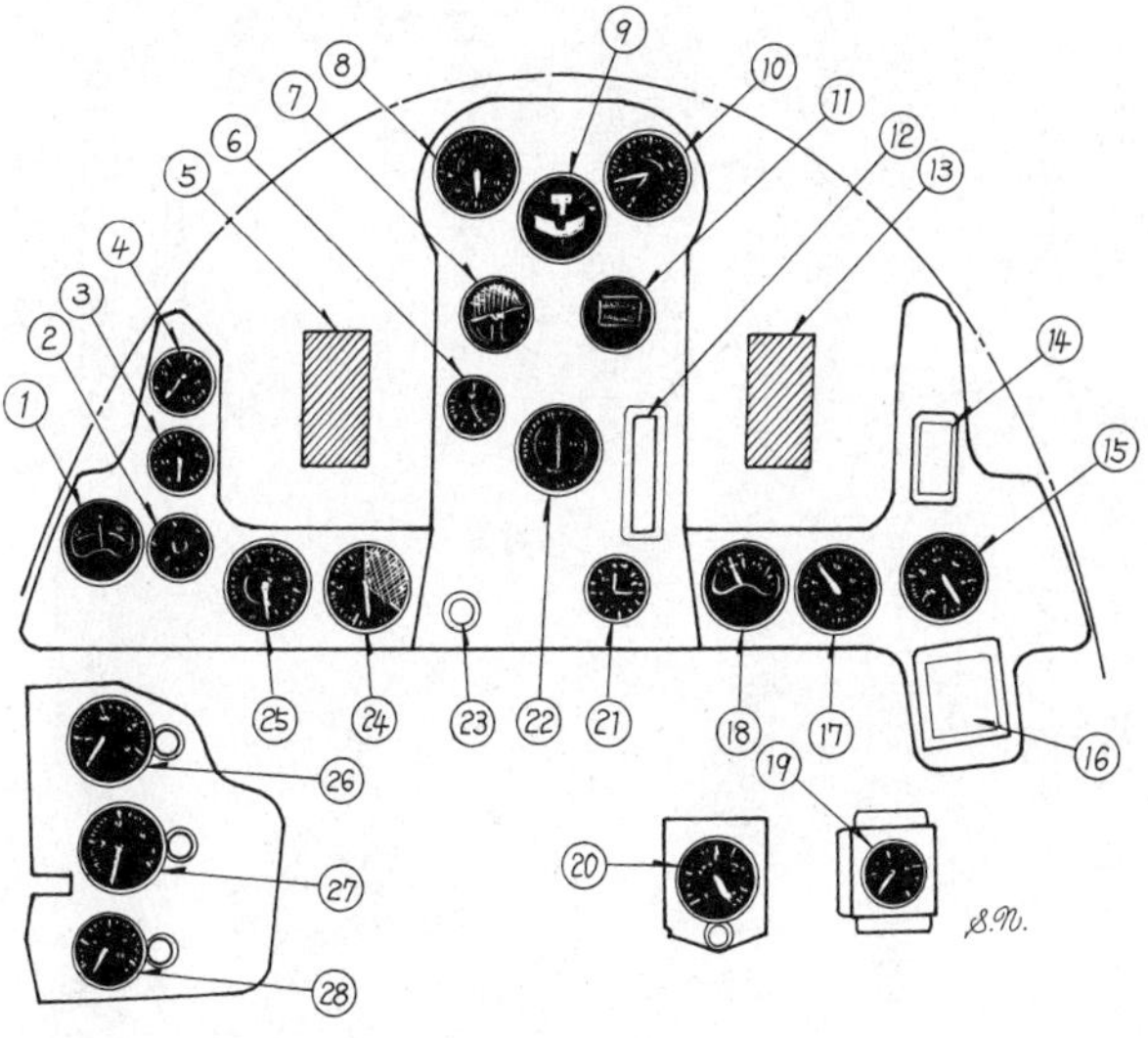

①帰投方位指示器　②電路接断器　③一号油温度計一型　④二号耐寒油圧計一型　⑤左側七粍七機銃　⑥真空計　⑦人工水平儀二型　⑧速度計二型　⑨旋回計二型　⑩精密高度計　⑪定針儀　⑫前後傾斜計二型　⑬右側七粍七機銃　⑭抵抗板角度指示器　⑮一号給気温度計一型　⑯起動配電盤　⑰一号排気温度計一型　⑱一号シリンダー温度計一型　⑲油圧計　⑳高オクタン燃料計　㉑航空時計　㉒零式羅針儀　㉓注射ポンプ　㉔一号給入圧力計三型　㉕電圧回転速度計一型　㉖燃料計（左翼内タンク）　㉗燃料計（胴体内タンク）　㉘燃料計（右翼内タンク）

から発射するので、プロペラに当たらぬようにするための、同調装置用ポンプをもち、気化器に中島製三聯式75丙型を用いたことが相違点。

Ｄ３Ａ２では、離昇出力を１３００hpに向上させた「金星」五〇型系の五四型（図⑳）に更新されたが、本体は四〇型系と同じまま、過給器を二速式に改め、減速比を０・７００から０・６３３に変更し、回転数を、２５００から２６００に増したことで、所要の出力アップを果たした。

Ｄ３Ａ２は、発動機が変わったのにともない、プロペラが、Ｄ３Ａ１の「Ｓ－30」直径３・05ｍから、「３Ｅ４０３９」直径３・20ｍに変更されている。

発動機は、図㉑に示した、クロムモリブデン鋼製の架を介して、機体に固定される。架に固定するボルトは7本。なお、架の下枠には、図に示すごとく、二五番（２５０

図㉙：操縦席

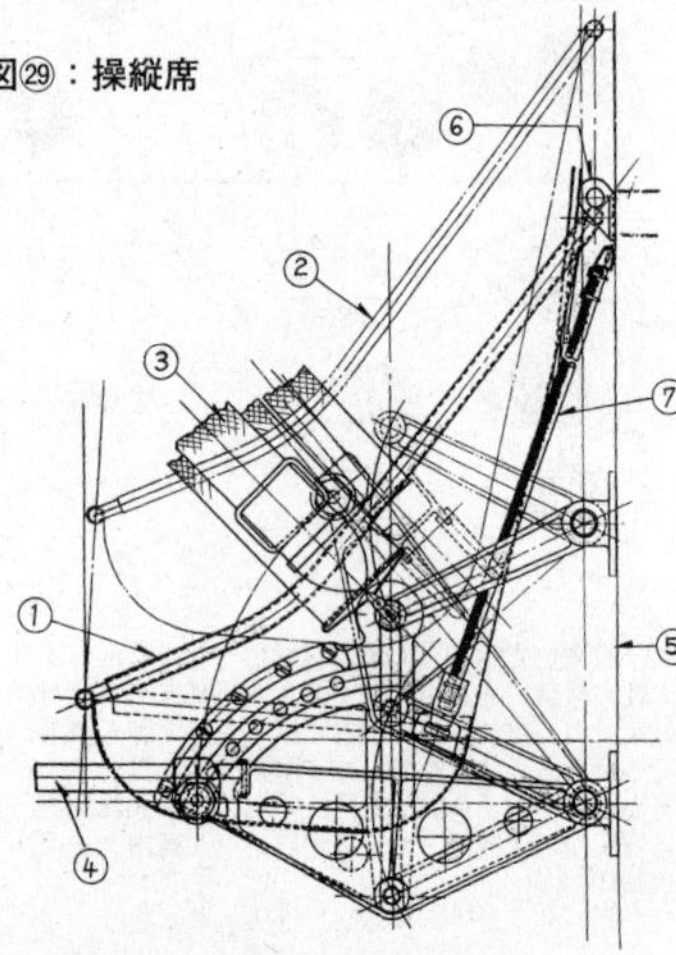

①座席　②座席最高位置　③安全帯（座席ベルト）
④座席位置調節用操作挺　⑤後方取付隔壁
⑥落下傘自動曳索茄子環　⑦座席支持用ゴム紐

kg）爆弾投下用の誘導枠を取り付ける耳金が併設されている。

Ｄ３Ａ１、Ｄ３Ａ２とも、発動機の排気管は、各シリンダーからの排気ガスを、図㉒に示したごとく左、右の集合排気管に導く方式だった。ただし、昭和飛行機にて転換生産されたＤ３Ａ２は、集合排気管を廃し、各シリンダーからの排気管を個別に機外に導く、いわゆる推力式単排気管に変更していた。

発動機、および後方の補器類を覆うカバーは、Ｄ３Ａ１を例にすれば、図㉓のような構成になっており、整備時に着脱するパネル部は、ネジ止めにしてある。Ｄ３Ａ２では、全体形が、より空気力学的に洗練され、丸味が強くなった。

燃料系統は、図㉔に示したごとくで、胴体内に１個（容量２１６ℓ）、左、右基準翼内に各１個（各３９２ℓ）、計３個の燃料タンク（合計１０００ℓ）と、操縦員席の各計器、コック、管制器、弁、ポンプなどを結んで配管が施され、発動機の気化器へと導かれている。使用燃料は、オクタン価92の航空九二揮発油である。

潤滑油系統は、図㉕に示したとおり。防火壁を兼ねる、胴体第一番肋材の前面に、容量82ℓ（ただし、空所８ℓを確保するので、実容量は74ℓ）のジュラルミン製のタンクを設置し、操縦員席の計器、濾過器《ろか》（フィルター）、コック、冷却器を介し、発動機へと導かれている。

図㉕の冷却器は、断面形で表わしているが、下面中央の凹みをいぶかしく思うかもしれない。これは、第一節に掲載した、D3A1の下面図をみれば納得できよう。冷却器の前方に、爆弾投下時の誘導枠の中央枠取付支基があり、それが、冷却器を横断するので、溝をつくって通したのである。

もっとも、D3A2になると誘導枠の組み方が変わり、枠は冷却器の両側を通るようになったので、凹みはなくなった。

●搭乗員室艤装

操縦員と偵察員が搭乗する前、後席は、図㉖に示した風防で覆われる。D3A1の場合は、前方固定部、操縦員席滑動部、中央固定部、偵察員席滑動部、後端回転開閉部から成り、前方固定部と偵察員席の側面が強度の高い安全ガラス、ほかはプレキシガラスの窓を嵌め込んである。

操縦員席滑動部は後方に、偵察員席滑動部は前方に、それぞれ軌条により滑動して開き、後端回転部は、左側にある把柄（レバー）を水平にすると風防が回転して開き、そのあと偵察員席滑動部といっしょに前方へ滑動し、防御機銃の射界を確保できた。

D3A2では、視界向上のため、風防の高さが3㎝増し、後端部の開閉要領が横方向に廻る方式に変更されており、射撃時の射界が広くなるなどの改良が加えられていた。

操縦員席の正面計器板配置は、図㉗、㉘に示したとおり、機首上部の七粍七機銃の銃尾をクリアするために、中央と左、右に3分割されている。左下の燃料計3個は、床下近くに分離して配置された。

この計器板は、D3A1の6号機までは「エレクトロン」鈑製だったが、7号機以降は通常のジュラルミン製に変更された。左下の燃料計器板を除き、全て特殊防振ゴム座を介して胴体構造材に固定され、振動による狂いを防止している。

D3A2では、図㉘に示したごとく、計器類の配置が少し変更され、D3A1にはなかった高圧油計、高オクタン燃料計が別途追加されている。なお、偵察員席の右前方にも、羅針儀、時計、帰投方位指示器、高度計、速度計の各計器を収めた計器板が設置してあった。

座席は、図㉙、㉚に示したごとく、操縦、偵察員席とも、ほぼ同じ造りのジュラルミン鈑製。座ったときにクッション替わりになる、九七式落下傘二型の着用を前提にしており、やや深く造ってある。

離着艦時の前方視界を確保するため、操縦員席は、上、下方向に17㎝移動が可能で、

図㉚：無線電信機器装備要領〔D3A1〕

正面図

（前方に向けて見る）

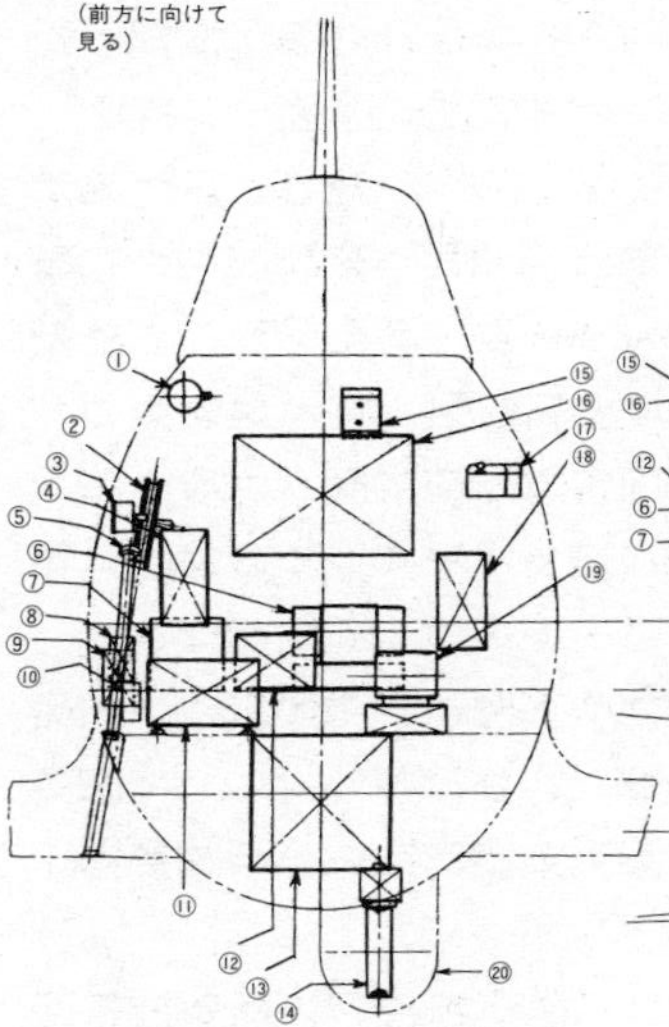

側面図

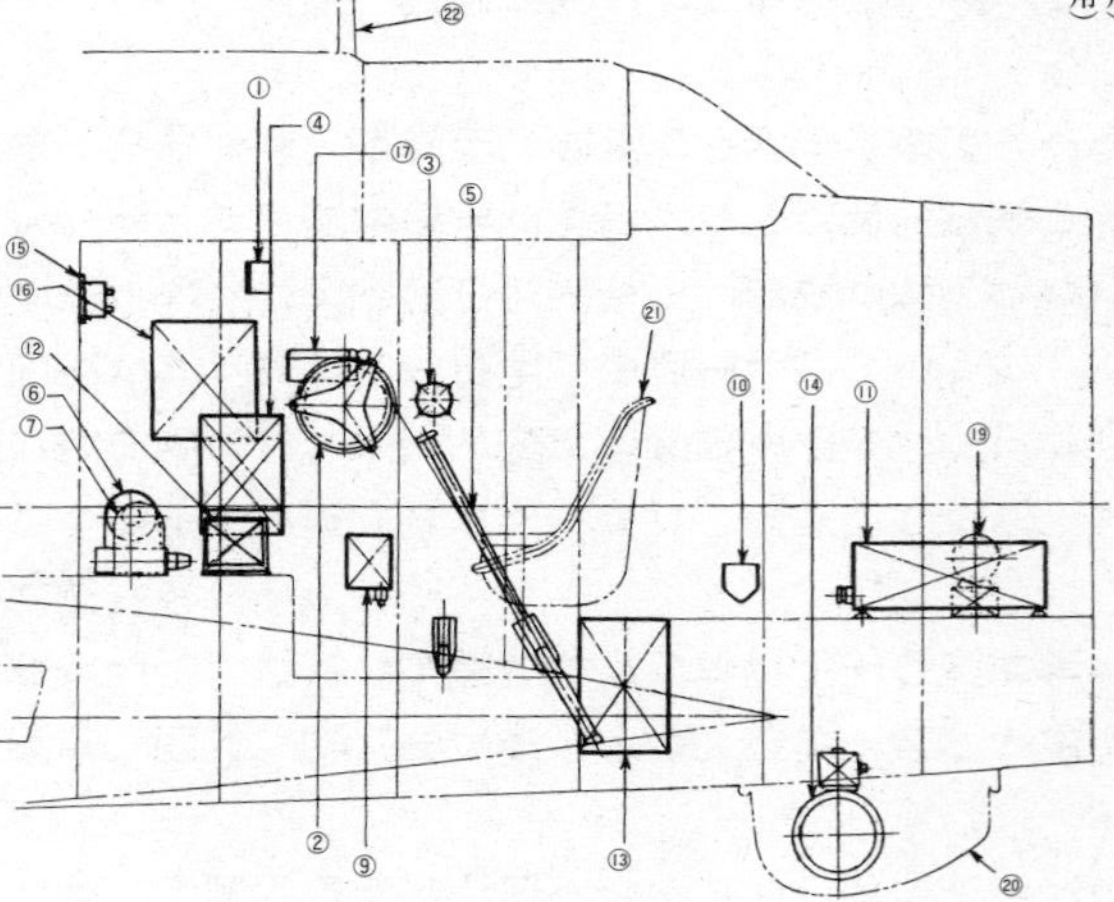

①空中線転換器
②絡車
③帰投装置枠型空中線回転器
④側波器
⑤垂下空中線絶縁管
⑥発電動機（送信用）
⑦発電動機（受信用）
⑧電源接続筐
⑨帰投装置管制器
⑩帰投装置接続筐
⑪帰投装置受信機
⑫長波延長線輪
⑬二次電池
⑭帰投装置枠型空中線
⑮平衡蓄電池
⑯電信機
⑰電鍵
⑱測波器
⑲帰投装置直流変圧器
⑳枠型空中線覆
㉑偵察／無線／銃手席
㉒空中線支柱

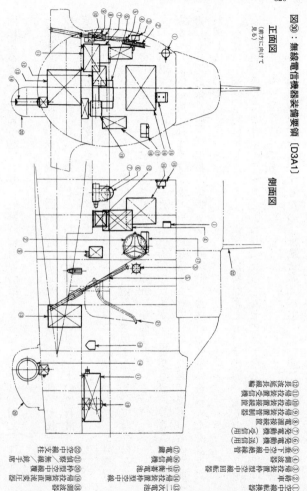

図㉛：的針測定儀他装備要領〔D3A1〕

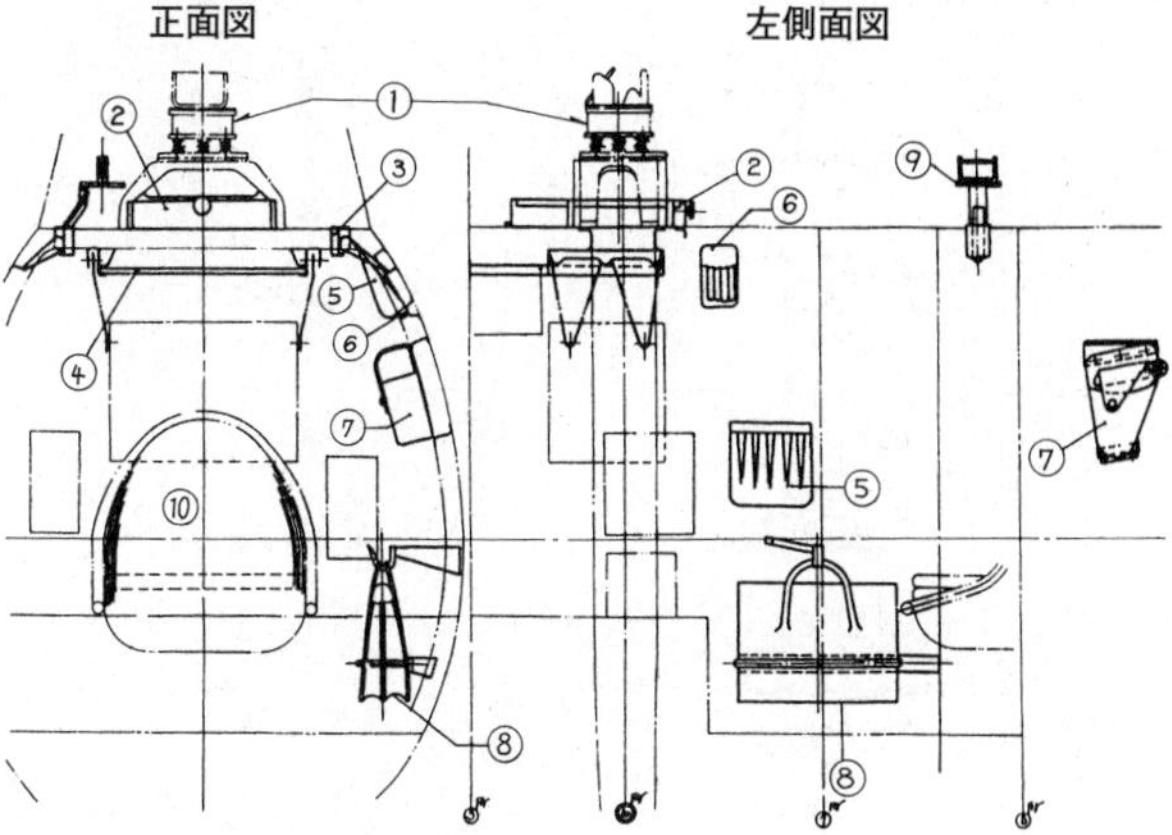

①航空羅針儀　②雑具格納抽斗　③的針測定儀支基　④航空図盤
⑤雑嚢　⑥鉛筆挿し　⑦信号拳銃格納袋　⑧偵察用具嚢
⑨的針測定儀　⑩偵察員席

座席の左側にある操作桿（レバー）の頂部を外側に捩ると止栓が外れ、任意の位置で戻せば、固定できるようになっていた。

座席の取付支基を兼ねる後方隔壁には、落下傘自動曳索を引っ掛けるための、茄子環（ナスの形をした環）が設けてある。

偵察員席は、機銃射撃時には後方向きになるよう回転式になっており、さらに、後掲の図㊳に示したごとく、回転台座に固定された〝U〟字形の支持管ごと、後方約45度までリクライニングするようになっており、射撃範囲を広めてある。

図㉜：水平爆撃用照準器装備要領〔D3A1〕
※取付支基は偏流測定器と兼用

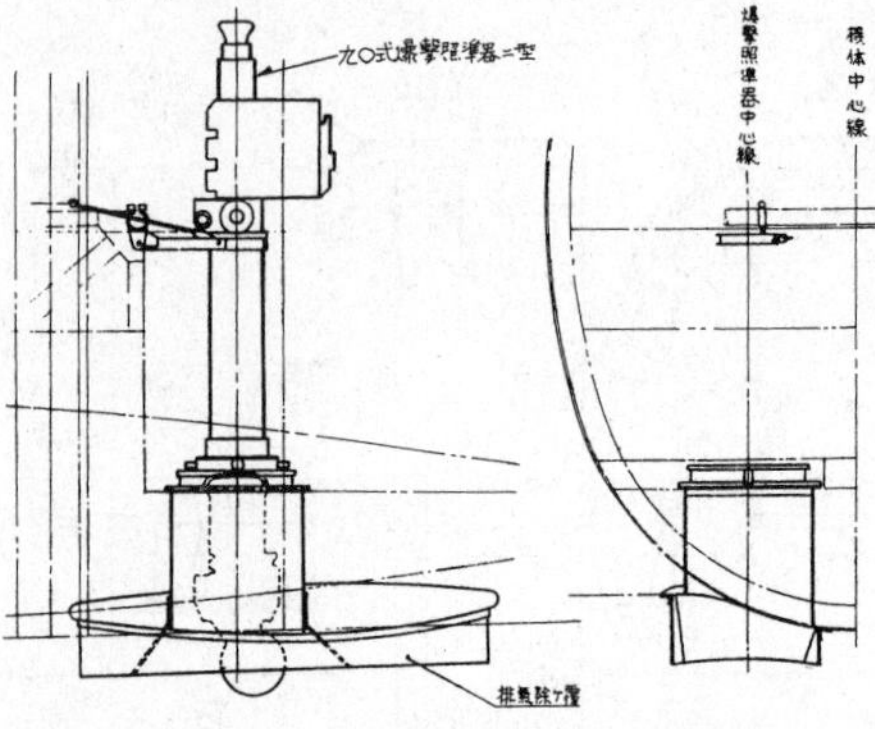

図㉝：偏流測定器装備要領〔D3A1〕

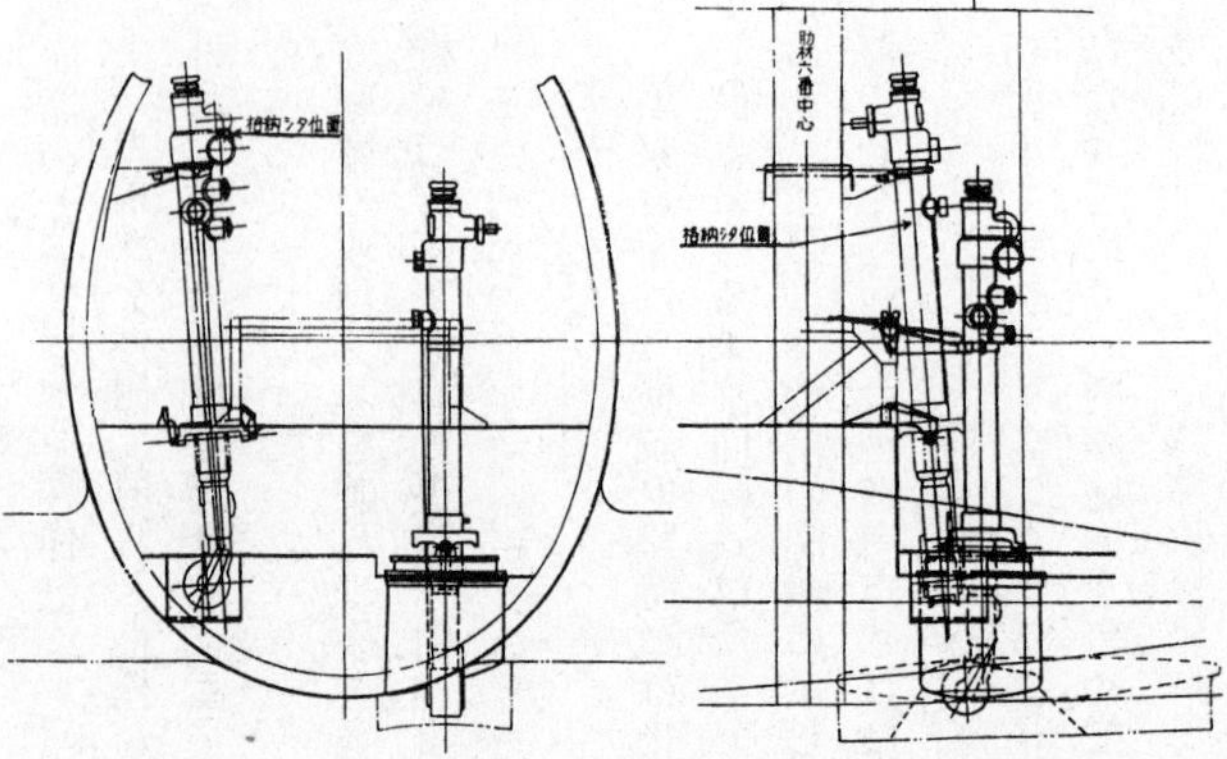

なお、急降下中の偵察員は、体勢を支えるため、前方の無線機下部に設けた足場に両足を置き、座席左、右壁に設けた手掛を掴んで踏んばった。

無線機をはじめとする、偵察員席周囲の、その他諸装備品に関しては、個別の説明は省略し、図版のみ（図㉛〜㉞）を掲載するにとどめる。それらの中で、図㉜に示した水平爆撃用の照準器装備が奇異に感じられるが、状況により水平爆撃も行なう計画だったのだろう。もっとも、実戦で水平爆撃したという、当事者の回想録は目にしたことがないが……。

図㉞：救命筏、および火工兵器他装備要領〔D3A1〕

側面図　　　　正面図

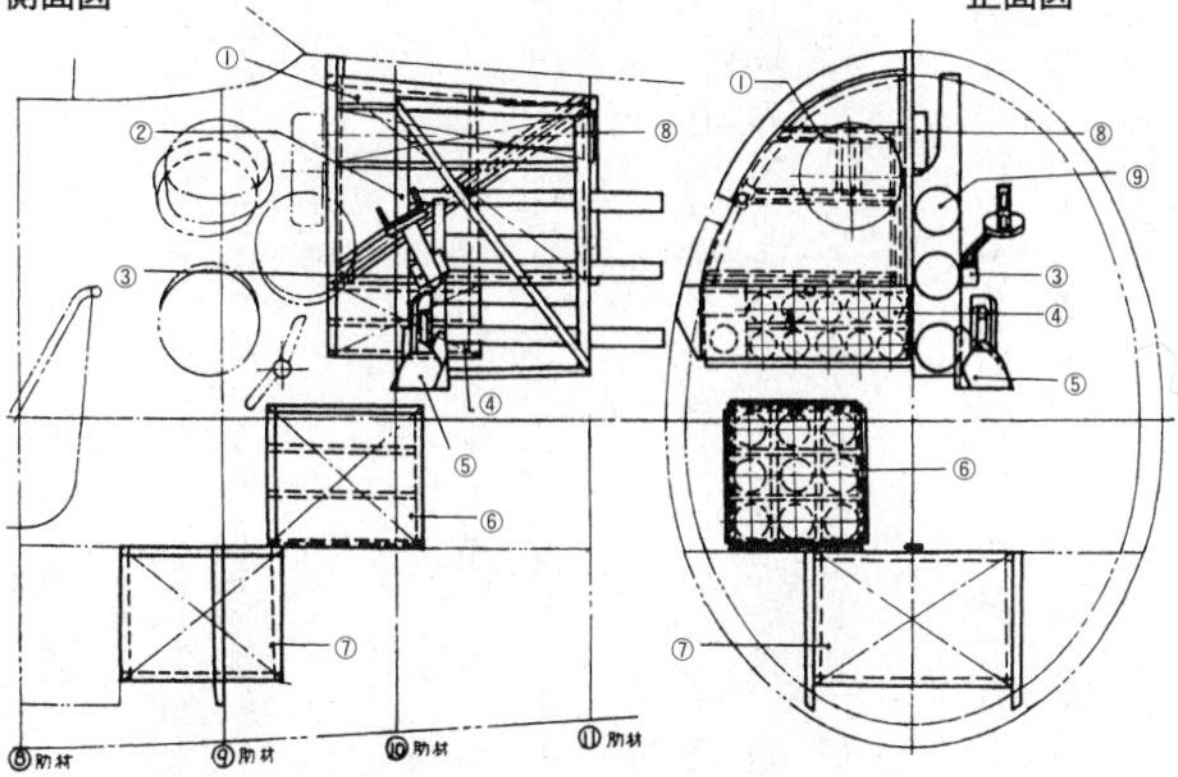

①救命筏　④九〇式吊光弾一型　⑦雑具格納筐
②酸素瓶格納筐　⑤小型携帯電気信号灯　⑧信号弾改三
③的針測定器格納支基　⑥九四式航法目標灯　⑨3.5ℓ酸素瓶

●兵装

艦爆は、爆弾投下後に敵戦闘機と遭遇した場合は、あるていど空中戦も行なえる能力を求められていたので、機首上部に固定射撃兵装を備えた。九九式艦爆も、九四式艦爆以来変わらぬ、七粍七機銃2挺を装備した。機銃は、イギリスのビッカースE型７・７㎜の国産化品である。

取扱説明書中では、「毘《び》式七粍七固定機銃二型」の名称で記されている（〝毘《び》〟はビッカースのビの意）が、昭和12（１９３７）年にすでに制式化されており、本来は、九七式七粍七固定機銃と記すのが正しい。零戦のそれと同じである。

機銃の装備要領は図㉟、弾倉、および打殻放出筒の設置要領は図㊱にそれぞれ示す。機銃は、発動機取付架、および胴体第一番肋材の2ヵ所の金具で固定され、発動機環形覆（カウリング）前端の発射口までは、冷却導風筒（ブラスト・チューブ）が通っている。

弾倉は、防火壁を兼ねる胴体第一番肋材のすぐ後ろに設置され、片銃５００発あて、計１０００発を収容した。弾丸の装填などを確認できるよう、後壁にはセルロイド製の窓が左、右各2個ずつ設けられ、操縦員席から視認できるようになっている。

図㉟：毘式七粍七固定機銃装備要領〔D3A1〕

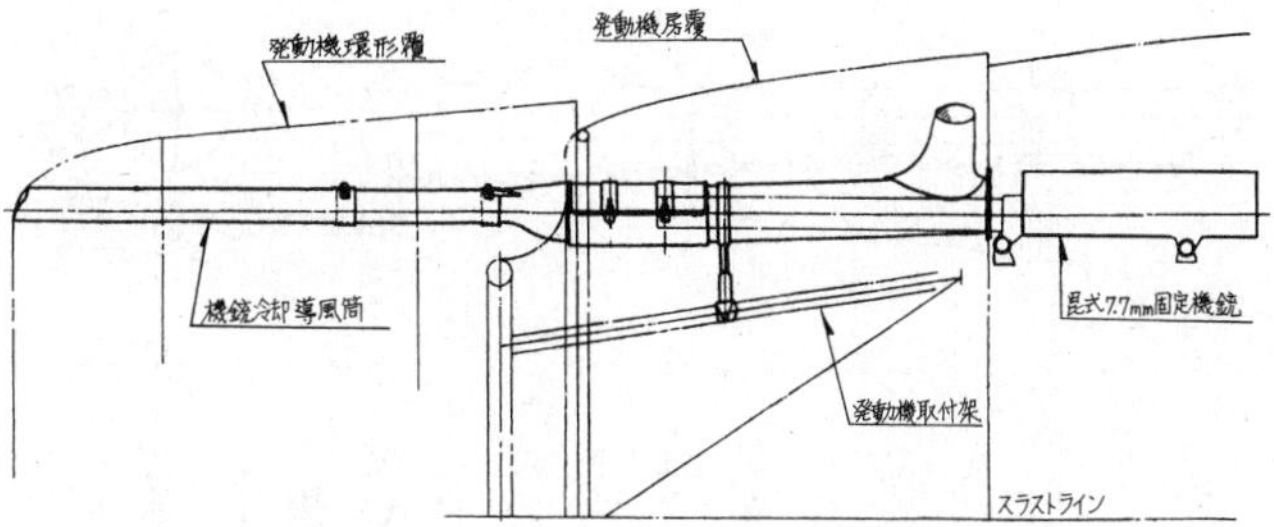

図㊱：毘式七粍七固定機銃銃架、および弾倉、打殼放出口〔D3A1〕

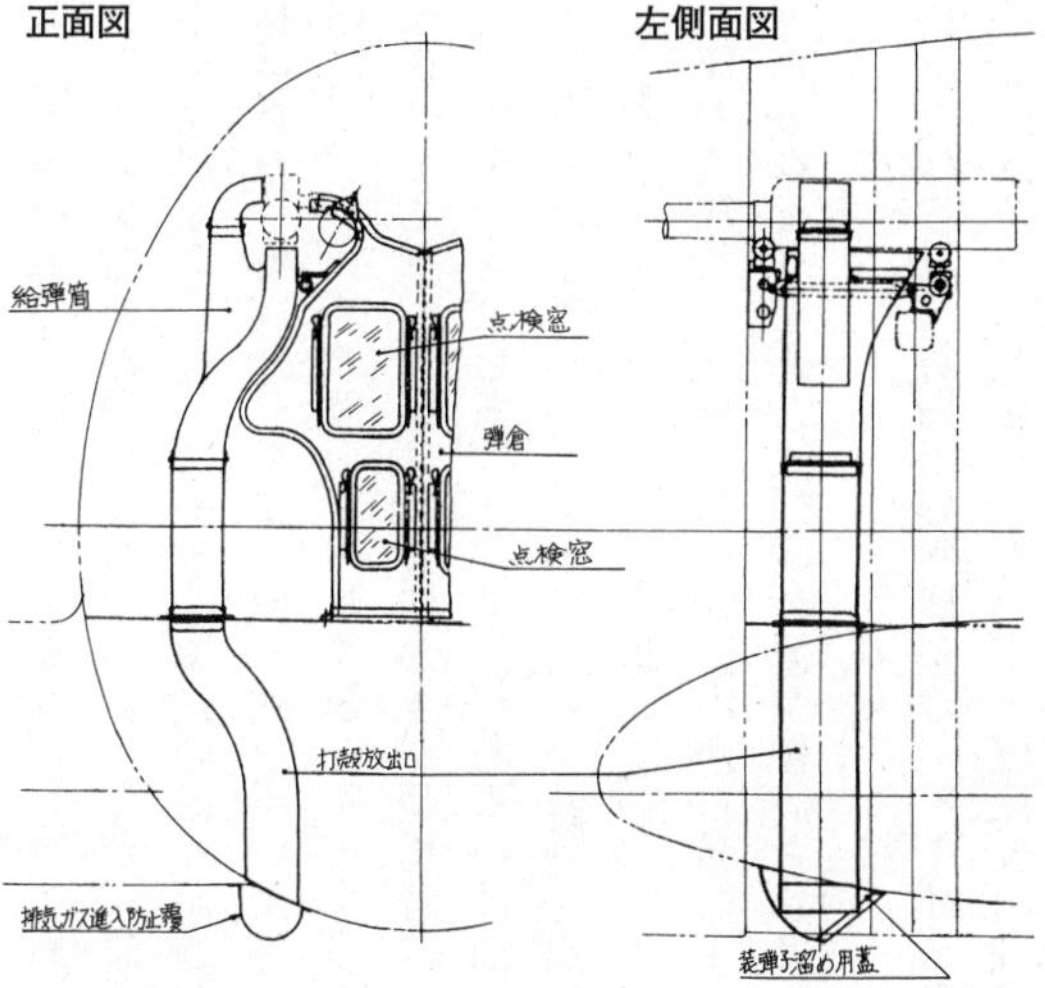

図㊲：九五式射爆照準器、および環状照準器取付要領〔D3A1〕

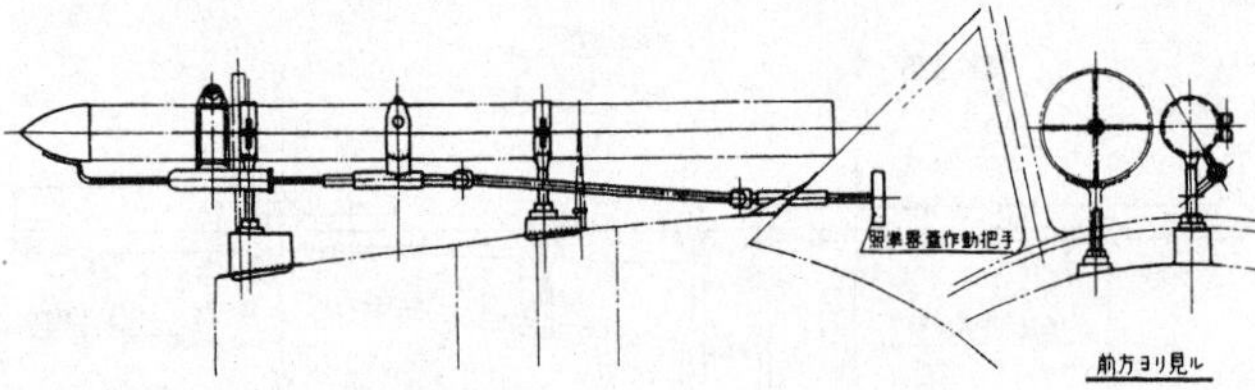

射撃時の照準は、前部固定風防前方の機首上面に備えた、望遠鏡式の九五式射爆照準器（図㊲）で行なう。当時、風防内に設置する光像式射撃照準器が普及しつつあったが、急降下爆撃時の照準も兼用するには、この望遠鏡式のほうが適していた。後継機「彗星」も、三三型まで同様式を用いた。

照準器の先端には、レンズの破損、汚れなどを防止するためのキャップが被せてあり、通常は閉じておき、使用時のみ、下側を通る開閉索でキャップをあける。損傷、あるいは油汚れなどによって照準不可能になったときに備え、右側（操縦員席から見て）に予備の照門、照星が設置してある。

なお、この七粍七機銃は、プロペラ回転圏内から発射するため、それに当たらぬよう、九九式同調装置が併設されている。

偵察員席に装備される後方防御用旋回機銃は、イギリスのルイス7・7㎜旋回機銃を国産化したもので、取扱説明書中では「留《る》式七・七粍旋回機銃」の名称を用いている。制式名称は「九二式七粍七旋回機銃」と称し、昭和7（1932）年に兵器採用された旧式銃である。

D3A1を例にした装備要領は、図㊳に示したとおりで、座席と一体になった〝U〟字形の支持管に、旋回軌条を取り付け、その金具に固定した。偵察員の足掛けにペダルがあり、これを踏むことで座席ごと上、下方向に、任意の俯仰角（最大45度まで）をとれた。予備弾倉は、図㊴に示したごとく、胴体第九番肋材部の左右に計4個備えられる。

D3A2では、機銃は同じだが、支持架の構成がかなり変化し、予備弾倉は5個になった。

九九式艦爆の爆撃装備は、基本的に九六式艦爆と同じで、胴体下面に二五番（250kg）爆弾1発、左、右外翼下面に三番（30kg）、または六番（60kg）各1発を懸吊した。ただ、D3A2では、発動機出力がアップしたため、左、右外翼下面の三番、または六番は、各2発ずつに増加した。

胴体下面の二五番（取・説中では、250瓩と表記している）爆弾懸吊、および投下要領は、図㊵、㊶に示したとおり、基本的には九六式艦爆と同じである。

爆弾投下操作は、すべて操縦員が行なうが、その手順は、まず座席の右前下方床面

図㊳：偵察員席、および
旋回機銃装備要領〔D3A1〕

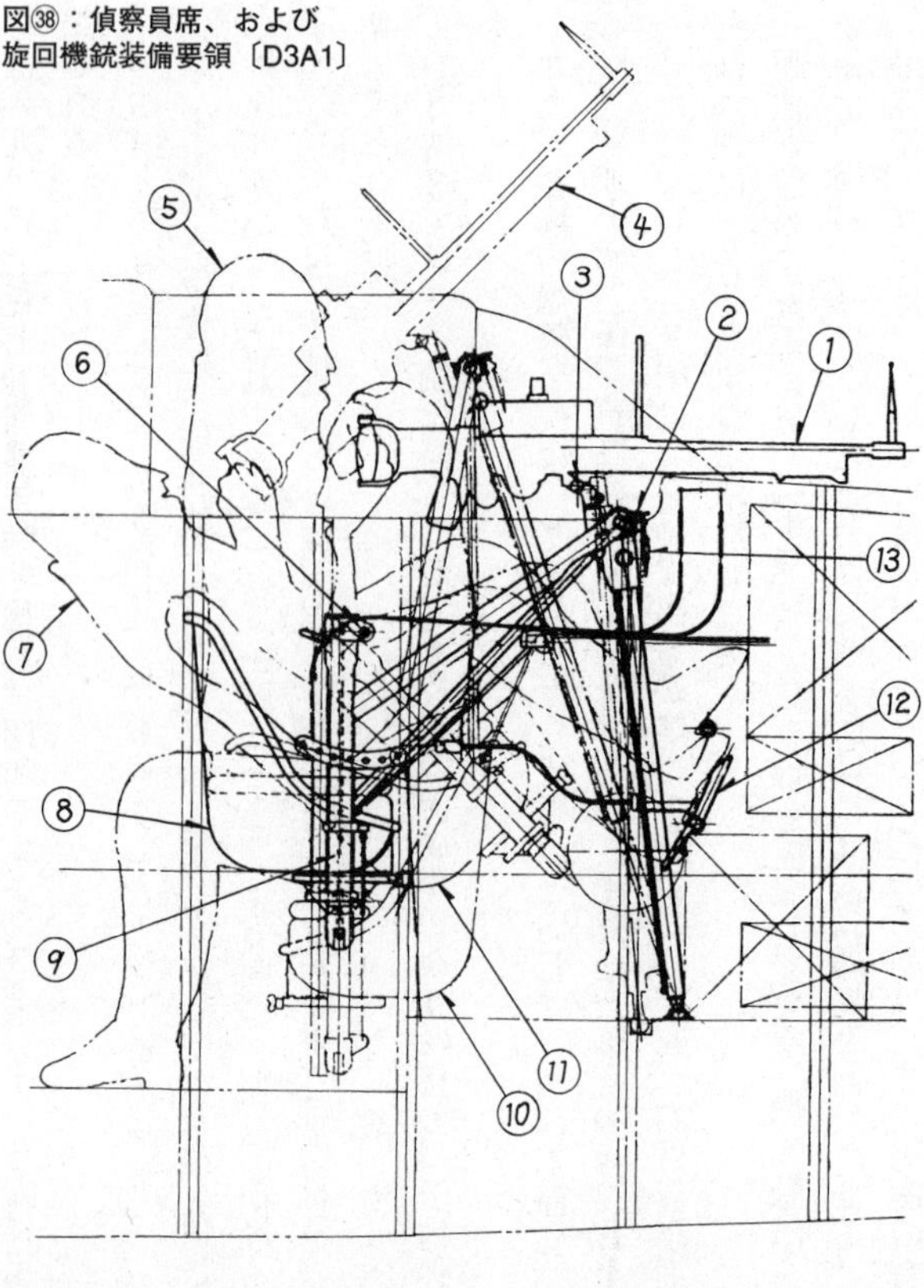

①留式七粍七旋回機銃　②機銃旋回軌条　③機銃取付金具
④機銃最大仰角位置　⑤通常の射撃姿勢　⑥銃架支軸
⑦最大仰角射撃姿勢　⑧通常射撃時の座席位置　⑨座席支持桿
⑩通常飛行時の座席位置　⑪最大仰角射撃時の座席位置
⑫座席俯仰ペダル　⑬機銃旋回固定把柄

図㊴：旋回機銃用予備弾倉装備要領〔D3A1〕

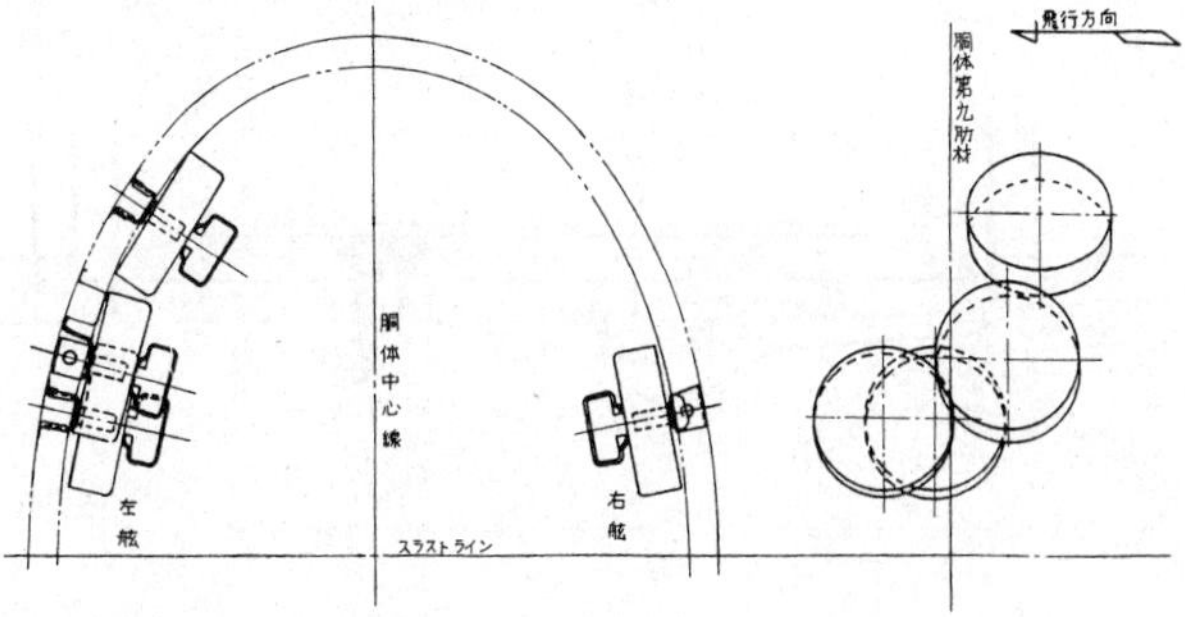

図㊵：胴体下面二五番（250kg）爆弾懸吊要領〔D3A1〕

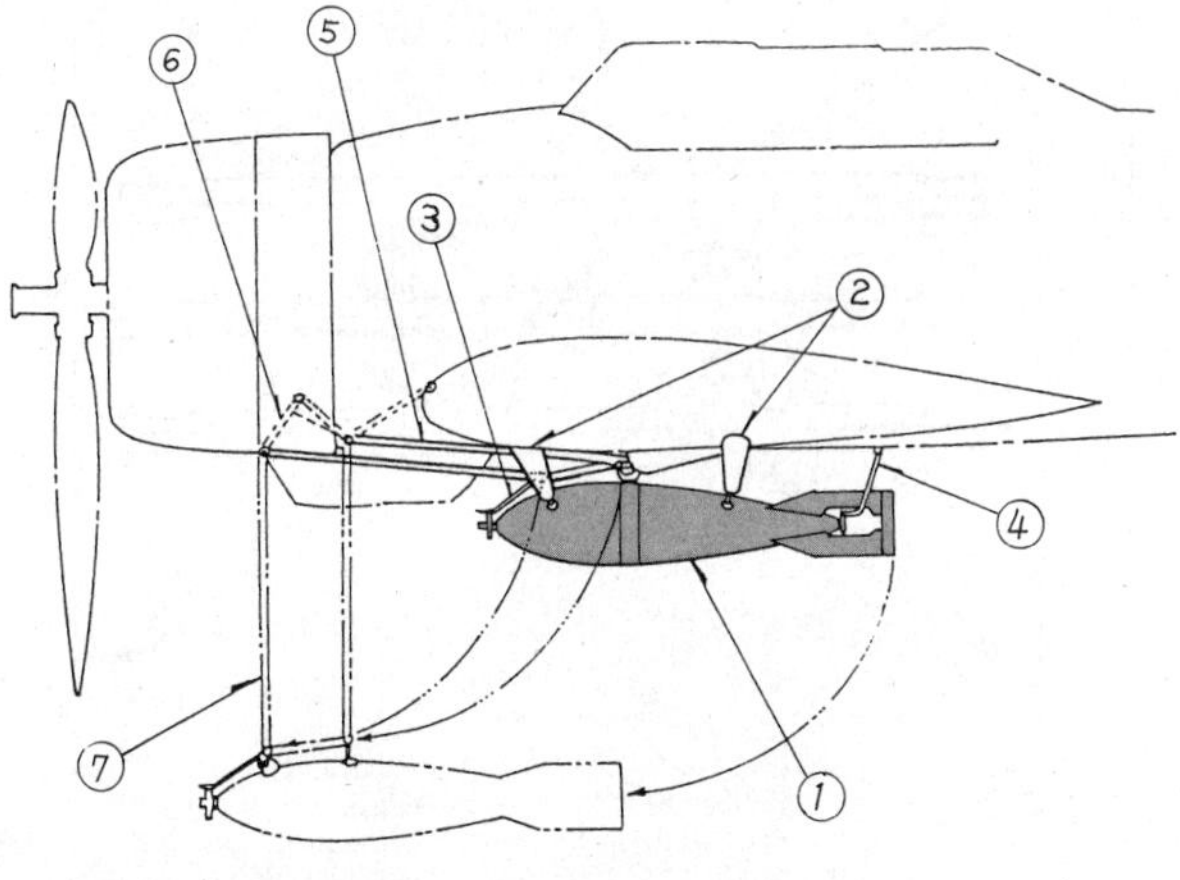

①二五番爆弾　②弾体制止腕　③前方風車抑え　④後方風車抑え
⑤投下誘導枠　⑥誘導枠吊下支柱　⑦誘導枠最大垂下位置

図㊶：二五番（250kg）爆弾懸吊具詳細図〔D3A1〕

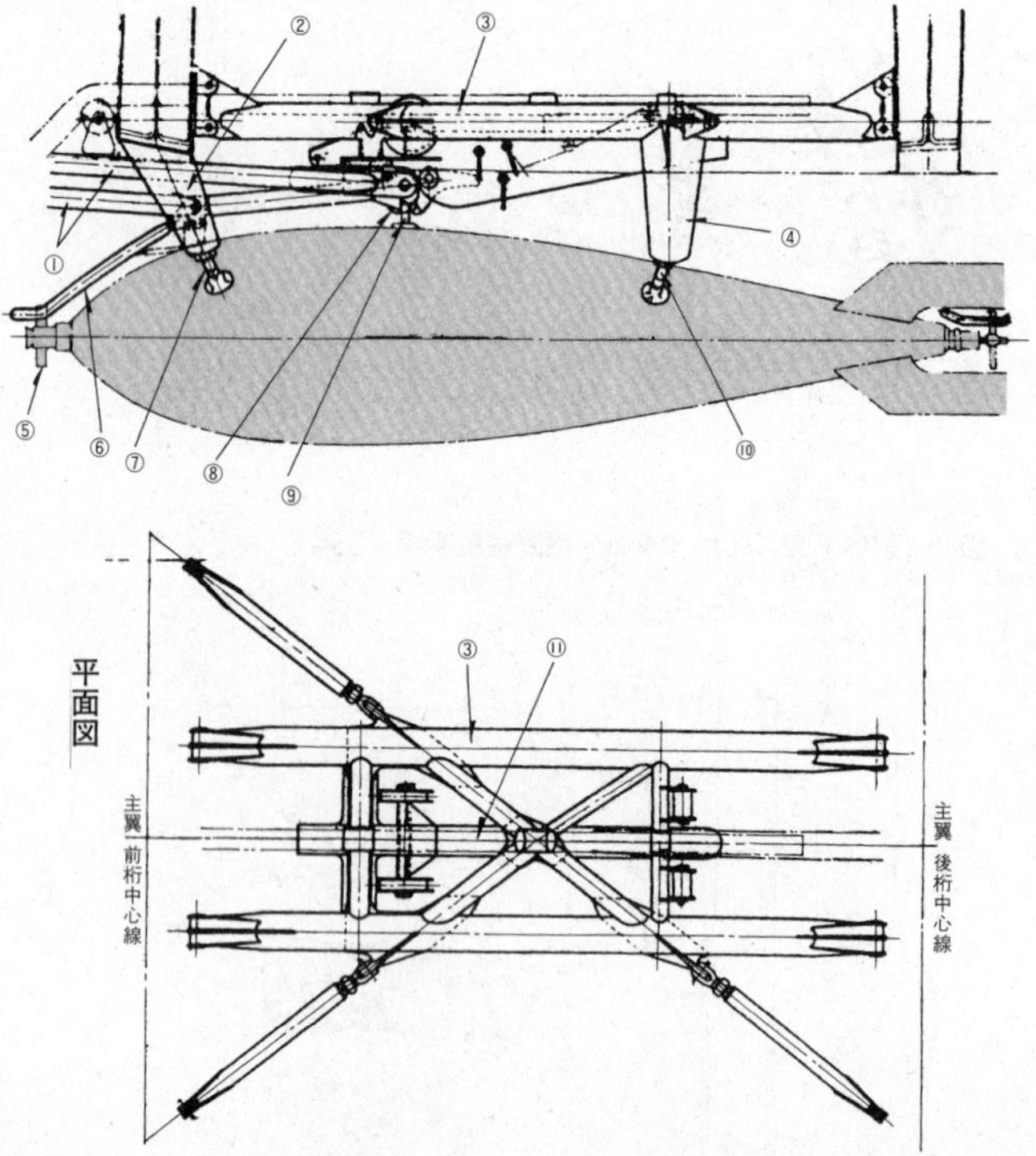

①誘導枠
②前方弾体制止腕
③懸吊金具支持枠組
④後方弾体制止腕
⑤風車
⑥風車抑え管
⑦前方弾体制止螺桿
⑧爆弾懸吊鉤
⑨弾体懸吊金具
⑩後方弾体制止螺桿
⑪懸吊鉤支持枠

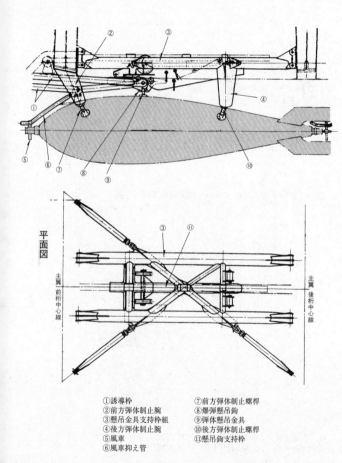

図㊷：誘導枠の相違

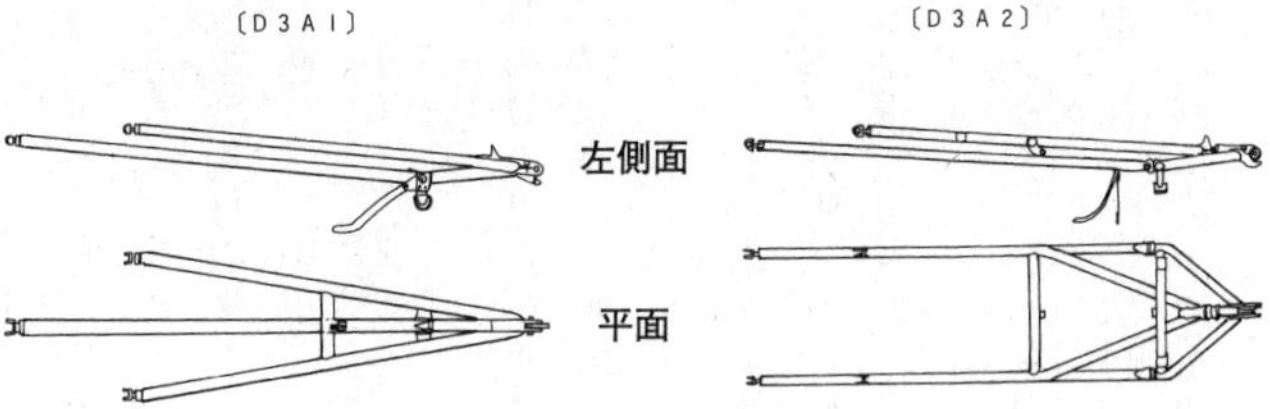

図㊸：主翼下面三番（30kg)、六番（60kg）爆弾懸吊要領〔D3A1〕

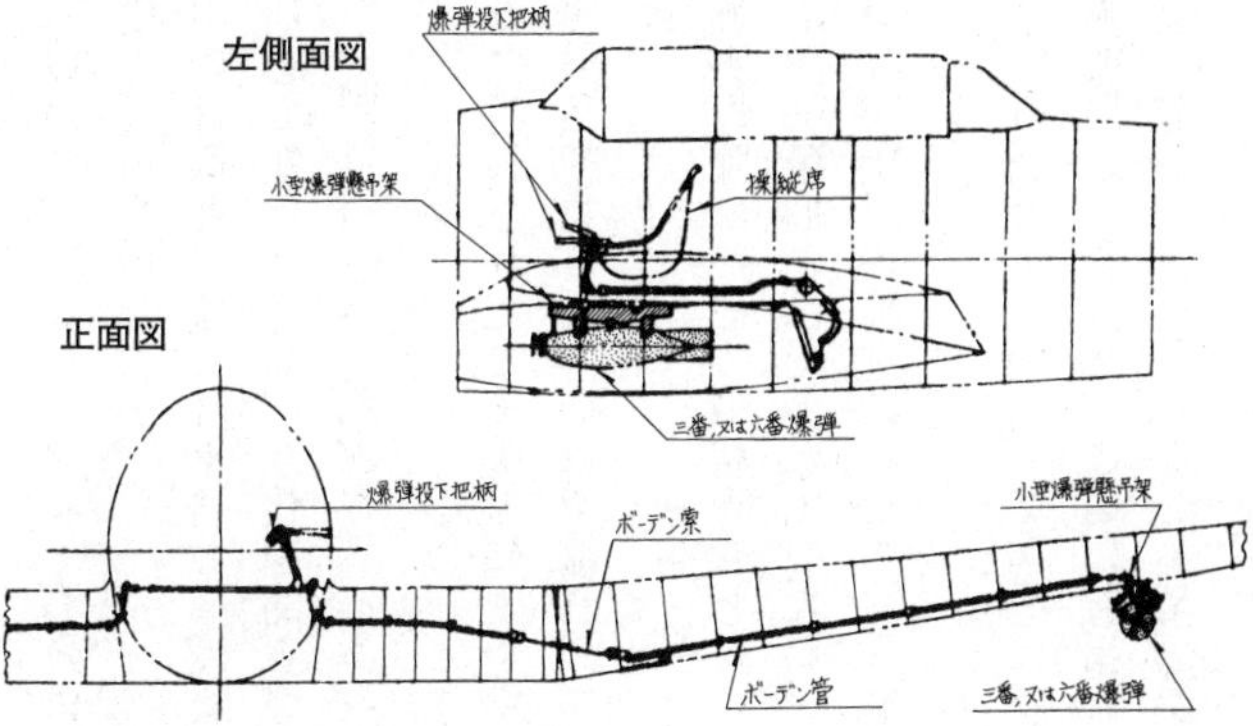

にある把手（レバー）を引いて、懸吊器の安全装置を解除する。つぎに、右壁の自動解放器の把手を右に90度まわして、同解放器の安全装置を解除する。

これで投下準備は完了し、操縦員は、急降下中に目標と自機の降下角、速度などを計算して照準点を見い出し、偵察員が伝声管を通じて知らせる高度変化を聞きつつ、投下高度（500m前後）を知らせる〝テッ〟の合図と同時に、操縦桿にある投下把手を引く。

懸吊金具のロックが解除された爆弾は、誘導枠に懸吊されたまま重力によって自然に落下し、誘導枠が機軸に対してほぼ垂直位置まで回転すると、それを離れ、プロペラ回転圏外から落下してゆく。

なお、図㊵、㊶の取・説図に示されている二五番爆弾は、その形状からして、いわゆる〝茄子《なす》型〟と呼ばれた戦前の標準型で、太平洋戦争期には使われていない。太平洋戦争期の海軍使用爆弾については、別項の艦攻「天山」の構造のところに記載しておいた。

外翼下面の三番、または六番爆弾の懸吊要領は、D3A1を例にして図㊸に示す。爆弾は、前、後二つの取付金具を介して小型爆弾懸吊架を設置し、ここに懸吊した。操縦員席の左側に投下把手があり、これを引けば、ボーデン索を介して懸吊鉤が解除され、投下できた。

③艦上爆撃機「彗星《すいせい》」〔D4Y〕

既述のように、研究・実験機の性格が色濃かった彗星は、機体設計面において、新しい試みが多く採り入れられており、その面に関しては、興味深い対象ではある。

本機の機体取扱説明書等については、二式艦偵の不完全なものが残っているのみだが、幸い、昭和55（1980）年に、南太平洋のヤップ島から回収した残骸をもとに、約7ヵ月を要して復元した彗星一一型が、東京・九段の靖国神社「遊就館」に保存・展示されており、実物を間近に見られるので、少なくとも外観部分の把握には事足りる。

したがって、本項では、構造図版は主要な部分のみにとどめ、細部ディテールに関しては、復元機の写真で代用することとした。

巻頭カラーページに主要カットを掲載したので、あわせて

▶昭和19年11月25日、米空母「エセックス」目がけて突入する寸前の、神風特別攻撃隊・吉野隊の彗星三三型。対空砲火に被弾し、火焔と煙を噴き出しながらの、壮烈極まるシーン。過速に陥らぬよう、いっぱいに下げた抵抗板がはっきりわかる。

二式艦偵一般要目表

フラップ		幅（米）	3.006（片舷）
フラップ		弦長（米）	0.628〜0.447
フラップ		面積（米^2）	1583×2
フラップ		運動角（度）	下35
補助翼		幅（米）	1,800（片舷）
補助翼		弦長（米）	0.440〜0.300
補助翼		面積（米^2）	0.75×2
補助翼		修正舵面積（米^2）	0.09（片舷）
補助翼		運動角（度）	上28 下18
補助フラップ		幅（米）	2.664（片舷）
補助フラップ		弦長（米）	0.270〜0.180
補助フラップ		面積（米^2）	0.575×2
補助フラップ		運動角（度）	上31 下70
尾部	水平安定板	幅（米）	5.000
尾部	水平安定板	弦長（中央）（米）	1.486
尾部	水平安定板	面積（米^2）	3.55
尾部	水平安定板	取付角（度）	1°15′
尾部	昇降舵	幅（米）	2,230（片舷）
尾部	昇降舵	弦長（中央）（米）	0.446
尾部	昇降舵	面積(修正舷ヲ含ム)(米^2)	1.388
尾部	昇降舵	修正舵面積（米^2）	0.08×2
尾部	昇降舵	運動角（度）	上40 下25
尾部	垂直安定板	弦長（中央）（米）	1.722
尾部	垂直安定板	全高（米）	1.610
尾部	垂直安定板	面積（米^2）	1.006
尾部	垂直安定板	取付角（度）	0
尾部	方向舵	全幅（米）	0.634
尾部	方向舵	全高（米）	1.305
尾部	方向舵	面積(修正舵ヲ含ム)(米^2)	0.882
尾部	方向舵	修正舵面積（米^2）	0.0412
尾部	方向舵	運動角（度）	左31 右31
胴体		長サ（米）	10.220
胴体		幅（米）	1.068
胴体		高サ（米）	1.830
降着装置	車輪	直径（米）	0.600
降着装置	車輪	幅（米）	0.175
降着装置	車輪	間隔（米）	4.630
降着装置	尾輪	直径（米）	0.200
降着装置	尾輪	幅（米）	0.075
三点静止角（度）			10°21′

名称			二式艦上偵察機	
型式			中翼単葉機	
定員			二名	
主要寸度（米）		全幅	11.500	
主要寸度（米）		全長	10.220	
主要寸度（米）		全高	3.175	
重量（瓩）		正規全備	3685	
重量（瓩）		自重	2480	
重量（瓩）		搭載量	1205	
荷重		許容過荷重量		
荷重		翼面荷重 瓩/米^2	156	
荷重		馬力荷重 瓩/馬力	3.82	
発動機		名称	「アツタ」二一型	
発動機		数	1	
発動機	馬力	公称	96.5	
発動機	馬力	許容最大	1200	
発動機	回転数	公称	2400	
発動機	回転数	許容最大	2500	
発動機	吸気圧力（粍）	公称	+150	
発動機	吸気圧力（粍）	許容最大	+325	
発動機		標準高度（米）	4450	
発動機		減速比	1/1.55	
発動機	使用燃料	（比重）	0.723/15℃	
発動機	使用燃料	（種類）	航空九一揮発油	
プロペラ		名称型式	KL-18	KL-18A KL-22
プロペラ		直径（米）	3.2	
プロペラ		節（度）	23〜53	25〜50 25〜50 組立高ピッチ50
プロペラ		重量（瓩）	151	
燃料容量（立）		総容量	1040	
燃料容量（立）		胴体中央槽	260	
燃料容量（立）		翼内槽	780	
潤滑油容量（立）			73 {油65 空8	
冷却水容量（立）			10	
主翼		翼幅	11.500	
主翼		翼弦（中央）（米）	2.790	
主翼		面積（動翼ヲ含ム）（米^2）	23.6	
主翼		取付角（度）	1	
主翼		上反角（度）	3.5	
主翼		後退角（度）	32%ヲ直線トス	
主翼		縦横比	5.6	

参照いただきたい。

ちなみに、昭和18年9月、横須賀海軍航空隊が編纂した「二式艦偵取扱参考書」の冒頭には、機体概説として以下のごとく記されている。

〝本機ハ昭和十三年度試作ニ依ル全金属製二座単葉機ニシテ「アツタ」発動機二一型恒速プロペラ等ヲ装備シ落下増設燃料漕ヲ増備シ得ル高性能艦上並ニ陸上偵察機ナリ。本機ハ更ニ空気抵抗板並ニ爆弾艙及、爆弾放出装置ヲ有シ急降下爆撃実施容易ナリ〟

●胴体

液冷「アツタ」発動機の利点を生かし、断面を最小面積に抑えた、当時の機体としては、たしかに最も空力的に優れた形状と言ってよい。

骨組みは、図①に示したごとく、防火壁、および発動機取付架固定壁を兼ねる第①番肋材から、第⑯番肋材までの18本のフレームに、密度を高くした縦通材（ストリンガー）を配してある。

①番肋材の下部は、冷却器導風部整形のため、前方にせり出しており、そのせり出し部上面の後方は、中翼位置に結合する、左、右一体造りの主翼を通すために切り欠いてある。この主翼結合部の下方が、爆弾倉スペースになる。

ちょっと変わっているのは、図①の第⑩〜⑯番肋材間にみられる、筋違《すじか》い状の補強材。複葉機の鋼管熔接骨組みに相通じるが、これは、急降下からの引き起こし時にかかる大荷重に耐える強度を、確保するために採った措置であろう。

前後に長い搭乗員室風防も含め、外形ラインは、従来までの、バッテンで表わす「ラインズ式」ではなく、「代数式」と称した計算法で決めたが、これによって、厳密、かつスムースな表面整形が可能となり、風洞実験では、ほとんど表面摩擦抵抗だけに近い、後年のジェット機なみの、低い表面抵抗値を実現したという。

●主、尾翼

主翼は、高速を狙う見地から、全幅11・5m、面積23・6㎡という、九九式艦爆の14・36m、34・97㎡の約2／3にすぎない、思い切ったコンパクトなサイズにした(図②)。断面形にも工夫を凝らし、空気抵抗減少と、失速特性の向上をはかり、付根近くは前縁半径の小さい、最大厚位置40パーセントの層流翼型、翼端近くでは前縁半径の大きい、最大厚位置20パーセントの翼型とした。

この翼断面形の変化を直線に結び、外鈑の絞り作業を不要にしたので、一般的な前縁中心線の振り下げはつけていない。

図①：二式艦偵/彗星一一型胴体骨組図（寸法単位：mm）

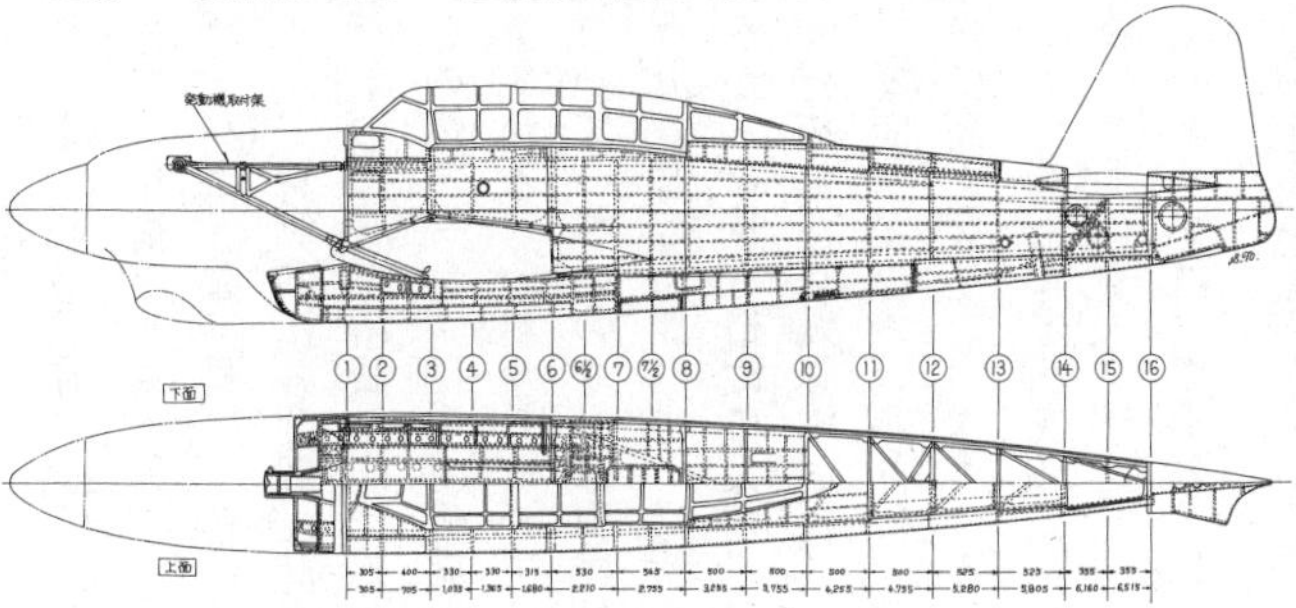

図②：二式艦偵/彗星一一型主翼骨組図（寸法単位：mm）

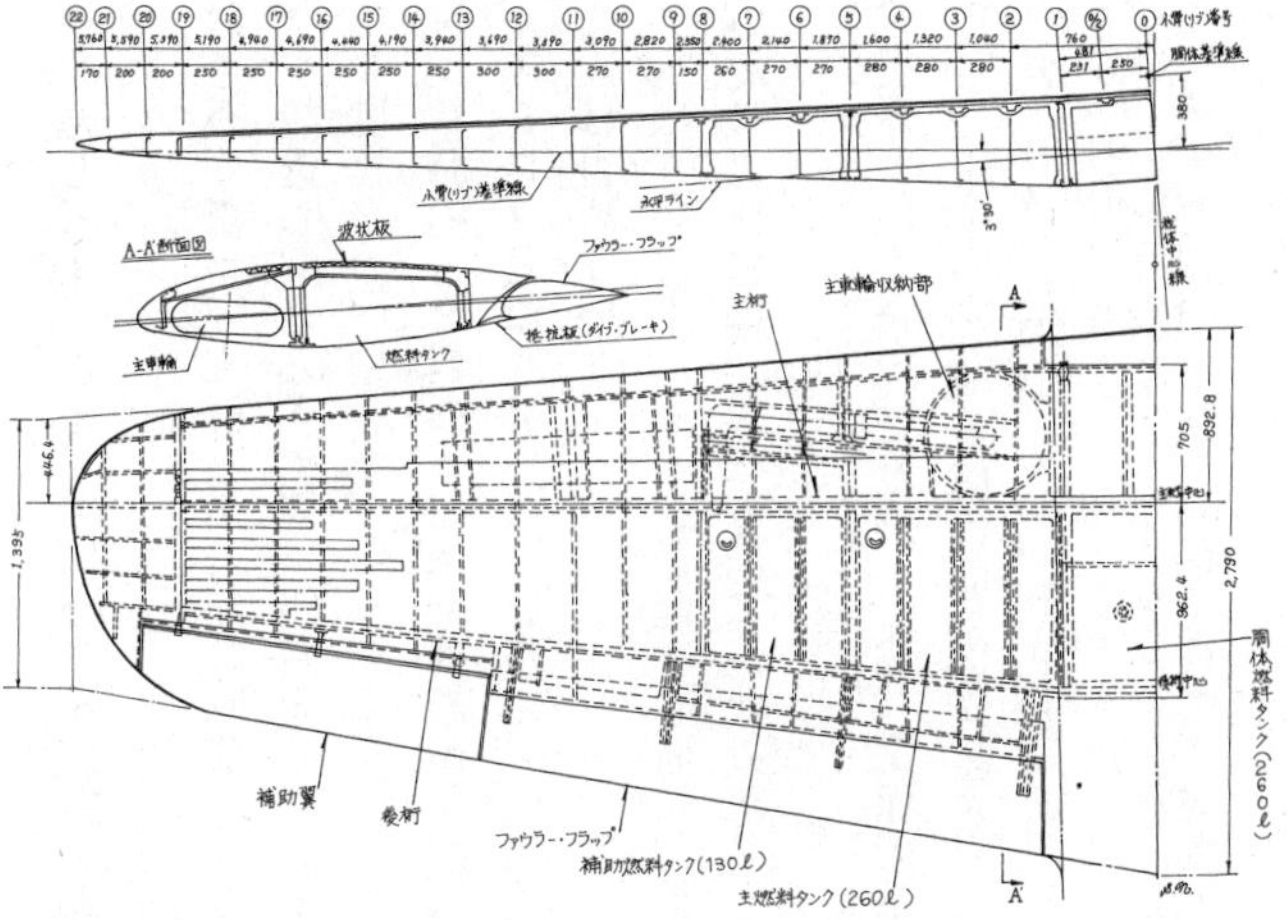

主桁は1本で、前、後に各1本の補助桁を通し、①〜㉑番までの小骨を組み合わせて骨組みを構成した。

コンパクトな主翼に、必要量の燃料をおさめるため、主桁と後桁間の胴体部分に1個、左、右翼内に各2個、計5個のタンクを設置し、九九式艦爆に匹敵する、計1070ℓの燃料を積載可能にした。

この燃料タンクは、容量確保のため、左、右翼内各2個の下面は、外殻が翼下面外鈑を兼ねる、いわゆるセミ・インテグラル・タンクとなっている。むろん、防漏式にはなっていないので、被弾に対して脆弱な面は否めない。

九九式艦爆に比べて、はるかに高速の彗星は、急降下からの引き起こし時に、機体にかかる荷重も格段に大きく、主翼上面外鈑の裏側には、翼幅方向に波状鈑が貼ってあり、それに対処していた。

主翼面積が小さいわりに、重量は九九式艦爆よりも重い彗星は、当然、翼面荷重が相当に高くなり（一一型で154.6kg／㎡）、空母上での離着艦性能が悪化する。

それを少しでも抑えるために採用したのが、左、右翼幅の60パーセントに達する大きなファウラー・フラップ。

このタイプは、ガイド・レールに沿って、後下方に滑りながら開くので、主翼面積が増加するのが長所。彗星は、このフラップに工夫を凝らし、下げたときに生じる、主翼本体後縁との隙間に、補助フラップと称した小さな整流板を設け、フラップ下げと連動して上方に引き上げ、翼下面側の空気流を、その隙間からフラップ上面側にスムースに導き、フラップの効きをさらに高めるようにした（図③）。

設計の途中で、この補助フラップは、急降下時の抵抗板（エア・ブレーキ）としても使えるように変更された。左、右それぞれ3枚ずつあり、操縦桿頂部のボタン操作で上げ、下げできた。

この抵抗板は評価が高く、空技廠設計の次作「銀河」をはじめ、愛知の「流星」「晴嵐」と、急降下爆撃可能機のすべてに受け継がれた。

図③：フラップと抵抗板の関係図

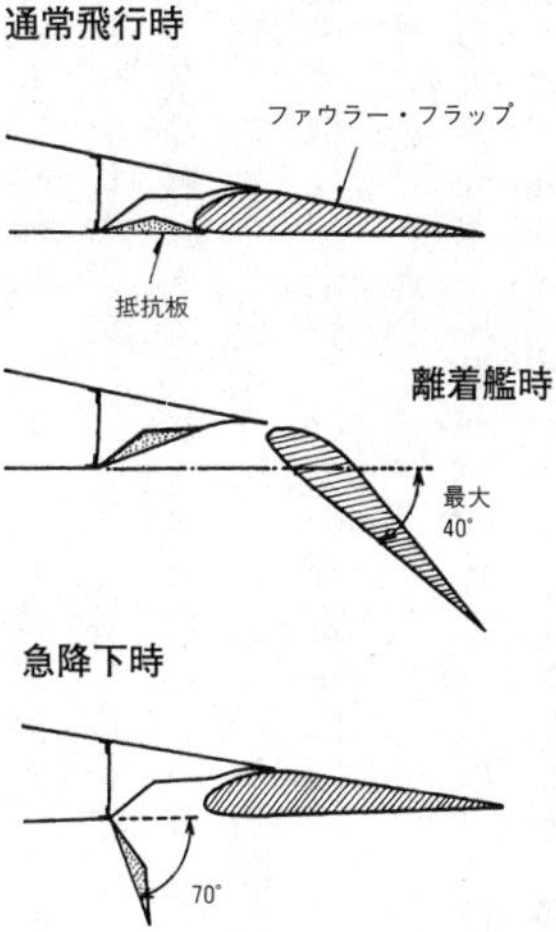

大きなフラップに幅をとられてしまったため、補助翼は不釣合なほどに小さくなったが、設計陣は工夫を凝らし、一般的なフリーズ型ではなく、プレーン型を採り、断面を厚くして、主翼線図よりも少し突出する

ようにし、後縁の修正舵の効きめを高め、良好な効きを確保した。

尾翼で目につくのは、水平尾翼の面積が、主翼のそれに対比してきわめて大きいこと。主翼全幅14・36mの九九式艦爆が4・4m（D3A1）だから、主翼全幅11・5mの彗星の水平尾翼幅5mが目立つのも当然だ。これは九九式艦爆に比べてはるかに高速の本機に、飛行中の充分な安定感、さらには急降下に入る際の、昇降舵の効きを確保するための措置であろう。

この大きな水平尾翼が、胴体上方に取り付けられ、その下方の側面積を広くとってあるのは、九九式艦爆がさんざん苦労した、大迎え角（機首上げ）姿勢時の不意自転の悪癖を防ぐための措置。これは充分な効果を発揮し、垂直風洞実験においても、危険な水平錐揉み（フラット・スピン）を誘発しなかったと言われる。

●降着装置

本機の主脚は、胴体内爆弾倉を有するために、必然的に中翼配置となった主翼の影響で、通常の低翼配置機に比べて長くなっている。したがって、トレッド（左、右車輪間隔）は広く、4・63mもあり、離着陸（艦）時の安定度という点に関しては、申し分なかった。日本軍用機、とりわけ、神経質なほどに機体軽量化を追求した戦闘機からみれば、余分な重量増加を招く長い主脚は忌み嫌われたが、彗星の場合は、そんなことを言ってられなかった。

主脚柱は、一般的な油と空気利用の緩衝機構（オレオ）をもつ、シンプルな1本脚柱で、とり立てて目新しい設計ではない（図④）。ただし、出し入れエネルギーに一般的な油圧ではなく、電動モーターを使った点が、他の海軍機と異なったところ。

電動モーターは、胴体内部に1個備えられ、左、右主脚の回転軸と歯車、ロッドでつながっており、その回転によって主脚を揚降した。揚、降に要する時間は、それぞれ約15秒とされた。

収納時に、車輪の下半分を覆う三日月

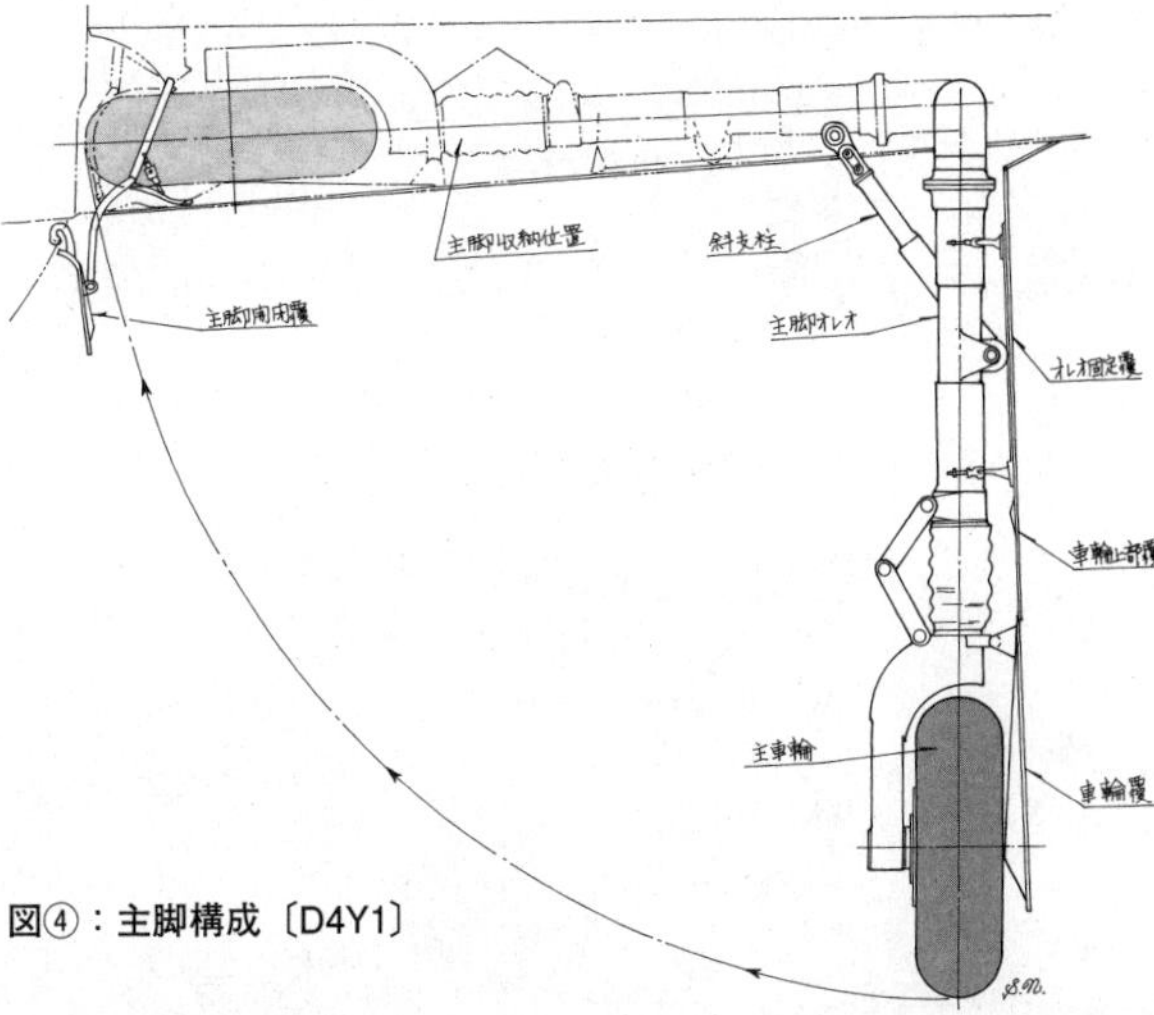

図④：主脚構成〔D4Y1〕

形のカバーは、独自の作動機構はもたず、図④に示したごとく、収納時は、タイヤがアームを引っ掛けて閉じ、脚下げのときは、バネの力で元の位置に復す。

尾脚の構成は図⑤に示す。これも脚自体の設計は、零戦などと同じく、ごく一般的なもので目新しさはない。主脚と連動する歯車、ロッドによる出し入れ機構をもつが、D4Y1の途中から固定式となり、出し入れ機構は廃止された。車輪のタイヤは、艦上機なので当然、ソリッド・ゴム製。

着艦拘捉鉤（フック）の装備要領については、九九式艦爆などと基本的に同じであり、説明は割愛させていただく。ただ、二式艦偵も含めて、陸上基地部隊に

図⑤：尾脚構成〔D4Y1〕

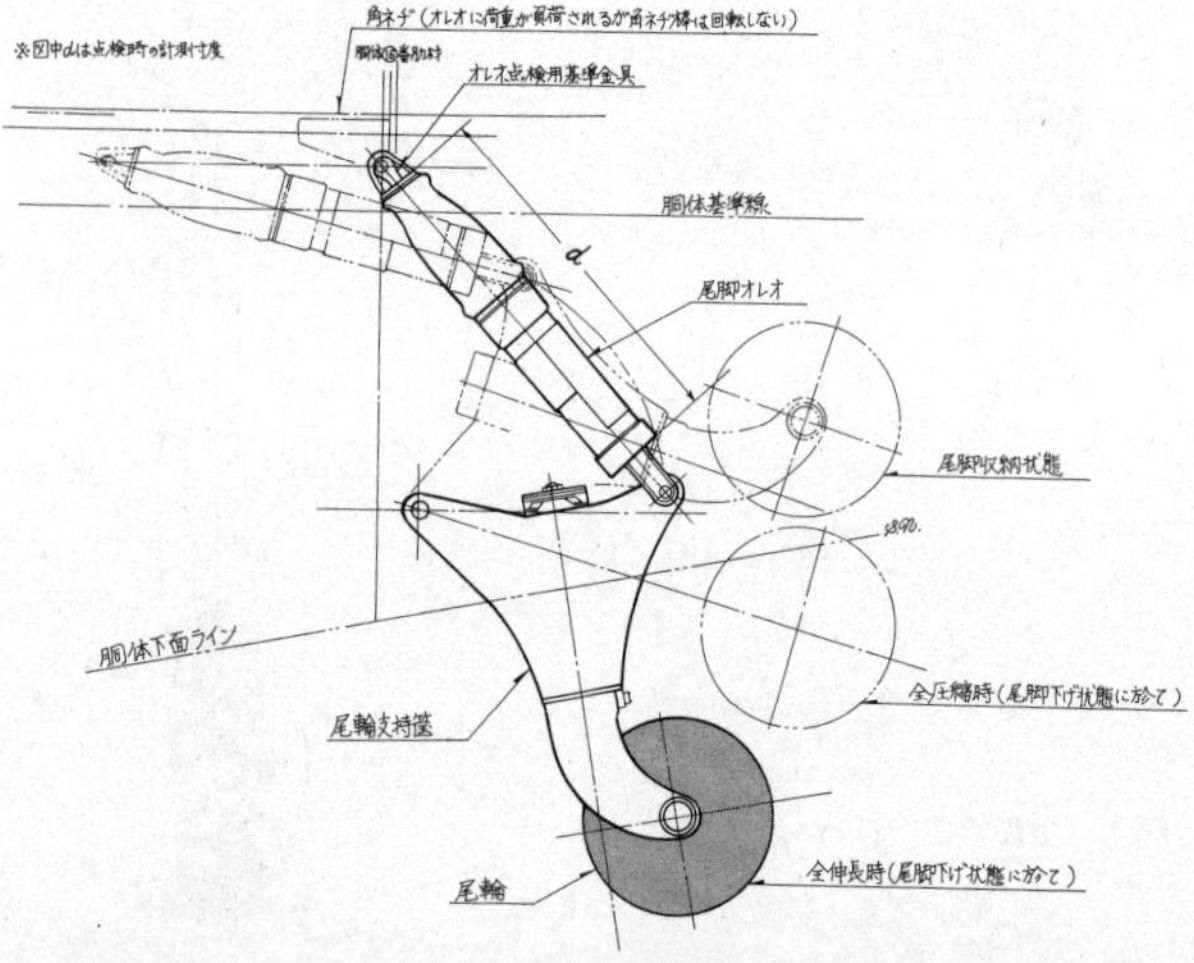

配備された機体のほとんどが、不要の拘捉鉤は撤去し、その跡は整形カバーで塞いだ。

●動力装備

結果的に、彗星の実用機としての価値を低めてしまった、液冷「熱田《あつた》」発動機は、陸軍の三式戦闘機「飛燕《ひえん》」が搭載した、川崎「ハ四〇」と同じ、ドイツはダイムラーベンツ社のＤＢ６０１Ａを国産化したものだった。

事の是非はさておき、ＤＢ６０１Ａそのものの設計、性能は、１０００hp級液冷エンジンとしては、非常に優れており、ドイツ空軍、とくにＢｆ１０９、Ｂｆ１１０を擁する戦闘機隊の、大戦前半の優勢は、本エンジンをなくしてあり得なかった。

ただ、日本陸、海軍の誤ちは、この優秀な液冷

図⑥：「熱田」二一型発動機内部構造図

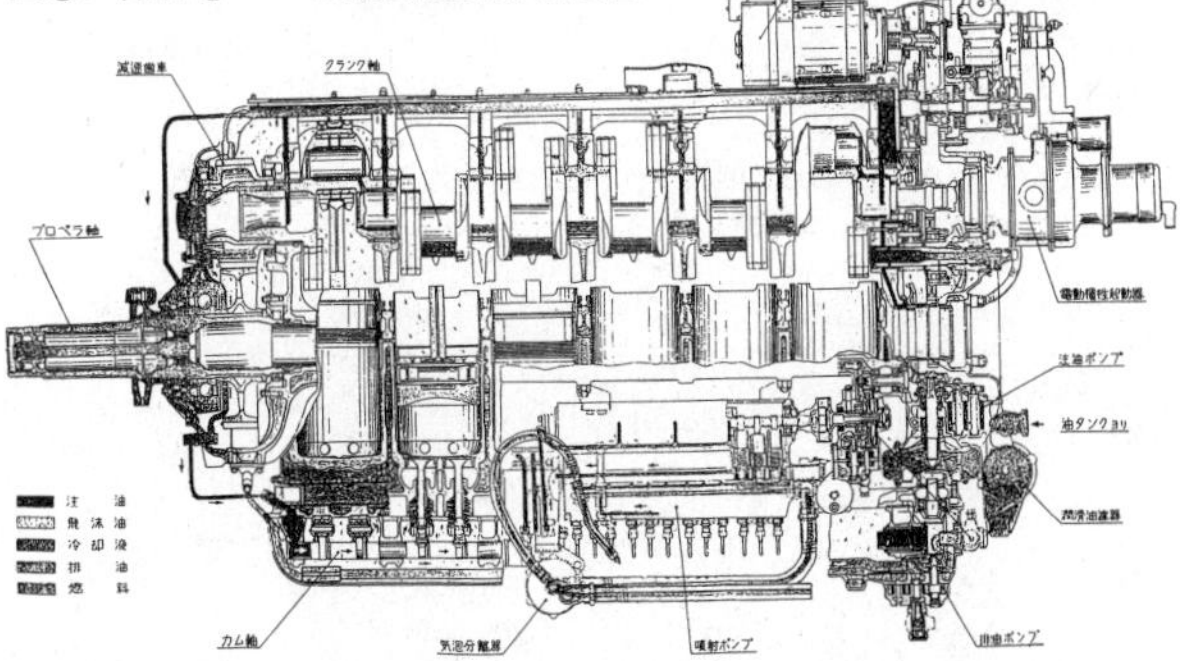

「熱田」二一型発動機〔AE1A〕要目概要

（1）型　　式　12シリンダ60度Ａ型高温高圧

（2）クランク軸回転方向　後方より見て左廻り

（3）プロペラ回転方向　後方より見て右廻り

（4）減速装置型式

　型　　式　平歯車式

　減 速 比　0.6428

（5）過 給 器

　型　　式　液体接手付歯車伝導一段遠心式

　増 速 比　第一圧7.3、等二圧10.0

　翼車直径　260粍

　回 転 数　17500〜24000自動変速（於公称回転数）

（6）公称高度

　第一圧　1500米

　第二圧　4500米

（7）燃　　料

　標準燃料　航空九一揮発油

　比　　重　0.723

　消 費 量

標準	出　力	常用最大	第一圧公称	第二圧公称	離昇
	立/時	260	310	290	450
	瓦/時/馬力	235	240	255	270
	出　力		7/10公称	6/10公称	4/10公称
	瓦/時/馬力		235	240	280

（8）潤 滑 油

標準潤滑油　航空一二〇鉱油

　比　重　0.89

　消費量　於公称運転5.3立/時、5瓦/時/馬力
　　　　　於常用最大運転3.6立/時、4瓦/時/馬力

　循環量　於公称運転55立/分

（9）冷 却 液

　標準冷却液　清水

　比　　重　1

　循 環 量　於公称運転750立/分

（10）点火順序　R（1）（5）（3）（6）（2）（4）
　　　　　　　　L　2　4　1　5　3　6

　註　（　）内は主接合棒位置とす。

※（11）点火角度　上思点前　38度

※（12）弁開閉角度（於冷態）　給入始　上思点前　25度
　　　　給入終　下思点後　70度
　　　　排出始　下思点前　53度
　　　　排出終　上思点後　24度

※（13）燃料噴射始角度　給入行程　上思点後　30度

註 ※印角度はＲ１番シリンダにて計測するものとす。

（14）油ポンプ

　型　　式　歯車式

　個　　数　注油　1個、排油　2個
　　　　　　液体接手用　1個

　回 転 比　注油　0.912、排油　1.333
　　　　　　液体接手用　1.0

（15）水ポンプ

　型　　式　高圧遠心式

　個　　数　1個

　回 転 比　1.333

（16）燃料噴射ポンプ

　型　　式　12ＬＡ10/10一型左

　個　　数　1個

　回 転 比　0.5

　プランジャ数×直径×行程　12×10×10

（17）混合比管制器

　型　　式　一一型

　個　　数　1個

（18）気泡分離器

　型　　式　一一型

　個　　数　1個

（19）噴 射 弁

　型　　式　ＯＨ４Ａ一型

　個　　数　12個

（20）温度感受器

　型　　式　一一型　個教　1個

図⑦：液(流)体接手、および同ポンプ間の油、空気管系統図

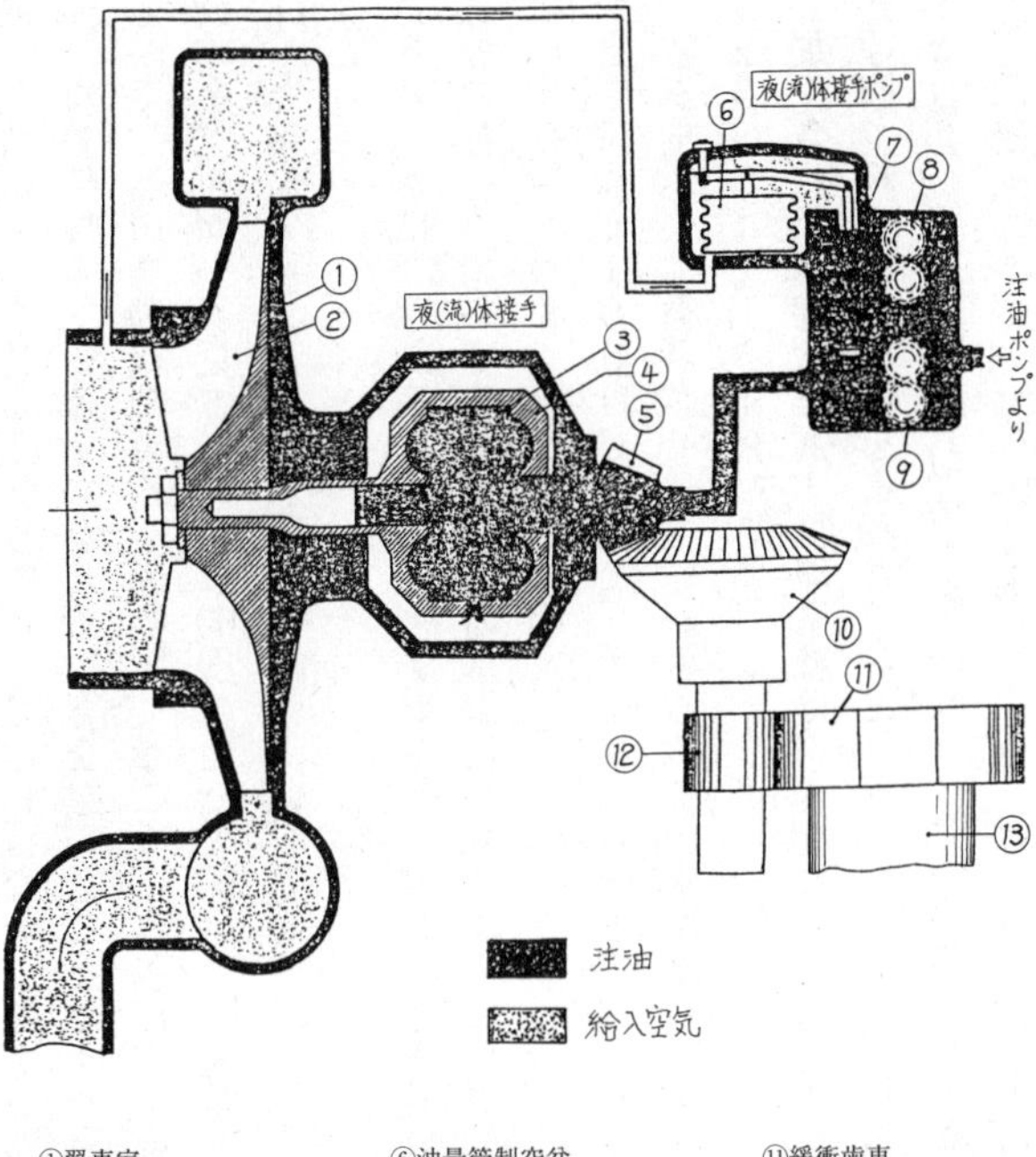

①翼車室
②過給器翼車
③内側接手翼車
④液(流)体接手室
⑤接手軸
⑥油量管制空盆
⑦油量加減弁
⑧第二歯車ポンプ
⑨第一歯車ポンプ
⑩過給器伝導中間歯車
⑪緩衝歯車
⑫過給器伝導中間軸
⑬クランク軸

エンジンと同一品質のものを造る工業技術が、日本にはないことを見落とし、末端の整備員に、充分な整備技術と知識をもたせる教育を怠ったことだった。

それはともかく、熱田発動機の概略を説明しておこう。本基は、1列6本のシリンダー2列計12本を、正面から見て左、右に60度の角度で配置し、通常とは逆に、シリンダー列を下、クランク軸を上にした、いわゆる〝倒立V型〟(〝A型〟とも言う)である(図⑥、⑧)。

原型のDB601Aは、冷却液として、エチレン・グリコールを使っていたが、熱田は、最前線での補給事情を考えて、普通の水を使用するように変更した。したがって、正しくは〝水冷〟と称すべきかもしれぬ。

普通の水だと、沸点が100度Cなので、オーバーヒートを起こしやすくなる。そこで熱田は、水を加圧して循環させる、いわゆる〝加圧水冷却法〟を採って対処し、沸点を最大125度Cまで引き上げている。

もっとも、加圧された冷却水を通す循環系統は、水漏れを生じ易くなり、実施部隊では、これが原因で稼働率の低下を増長させるという、マイナス面を生じている。

DB601Aは、過給器の回転数切り替えを、一般的な歯車による〝クラッチ方式〟ではなく、潤滑油の多少で無段階変則する、フルカン(流体接手《りゅうたいつぎて》)方式を採って

図⑧：「熱田」二一型発動機の歯車構成図

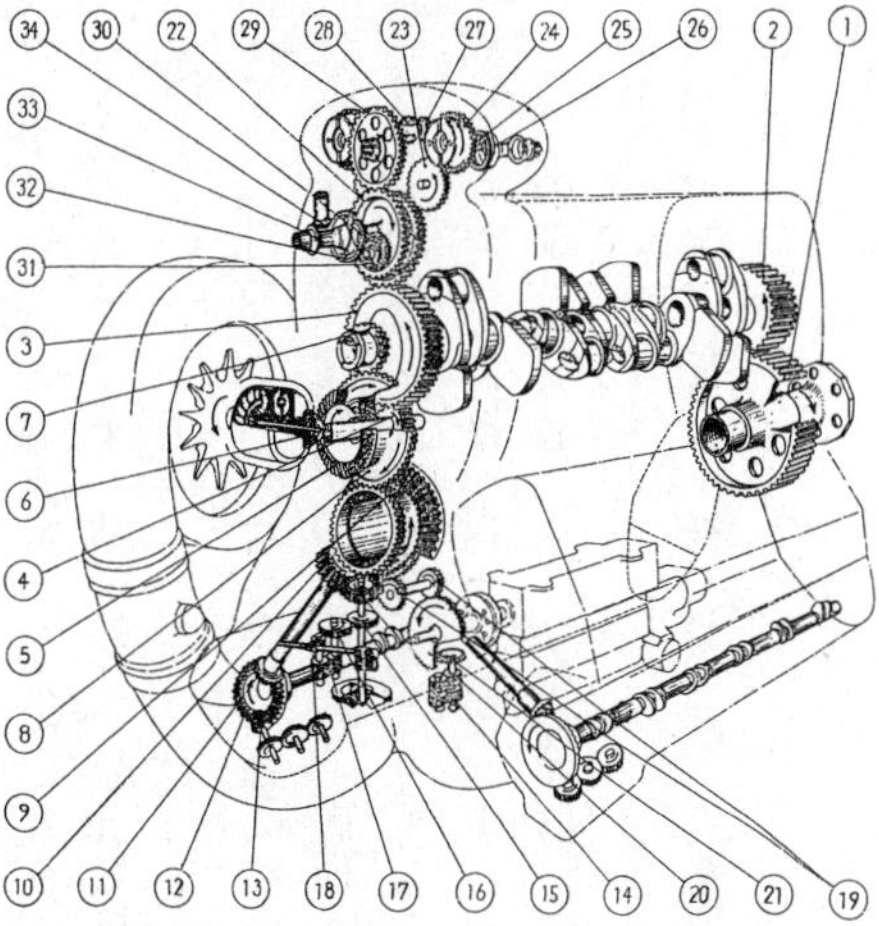

符号	歯車名称	回転比
1	減速大歯車	0.64
2	減速小歯車	
3	緩衝歯車	1.00
4	過給器伝動中間歯車（小）	
5	過給器伝動中間歯車（大）	
6	液体接手歯車	10.40
7	補機送歯車	
8	中間歯車	
9	三重歯車	
10	「カム」伝動軸上部歯車	
11	「カム」伝動軸下部歯車	
12	「カム」歯車	0.50
13	排油「ポンプ」送歯車	1.33
14	水「ポンプ」歯車	1.33
15	注油「ポンプ」送歯車	
16	注油「ポンプ」受歯車	0.91
17	燃料「ポンプ」送歯車	

符号	歯車名称	回転比
18	燃料「ポンプ」受歯車	1.00
19	噴射「ポンプ」中間二重歯車	
20	噴射「ポンプ」受歯車	0.50
21	液体接手「ポンプ」歯車	1.00
22	補機中間三重歯車	
23	磁石発電機中間歯車	
24	磁石発電機歯車	1.50
25	真空「ポンプ」送歯車	
26	真空「ポンプ」送歯車	0.75
27	機銃伝動装置送歯車	
28	機銃伝動装置受歯車	0.64
29	充電用発電機歯車	1.21
30	回転速度計送歯車	
31	回転速度計中間三重歯車	
32	回転速度計受歯車	0.50
33	調速器送歯車	
34	調速器受歯車	1.00

いたのも大きな特徴。

この方式は、発動機の回転力の一部を利用する歯車クラッチ方式に比べて、パワー・ロスが少ないという利点はあったが、反面、潤滑油の使用量が多く、その分、冷却器能力も高めねばならず、結果的に、空気抵抗増加につながるというデメリットもあった（図⑦）。

熱田に組み合わされたプロペラは、他の陸海軍機と同じく、アメリカのハミルトン系を住友金属工業（株）が国産化した、直径３・２ｍの金属製３翅恒速可変ピッチ・プロペラで、制式名称は「ＫＬ－18」と称した。

一般に、プロペラ直径が過小に過ぎ、少なからぬ性能ロスを生じていた日本軍用機だが、彗星の３・２ｍも、やはり発動機出力からするとやや小さい。少なくとも３・５ｍはほしいところだろう。

最初の生産型、彗星一一型、および二式艦偵一一型（Ｄ４Ｙ１、Ｄ４Ｙ１－Ｃ）が搭載したのは、「熱田」二一型（１２００hp）だが、つぎの彗星一二型では、「熱田」三二型に更新された。

本型は二一型と本体は同じだが、圧縮比が６・８から７・１に高められ、離昇出力が２００hpアップして１４００hpになった。減速比も０・６４２８から０・５９３０

図⑪：「彗星」一一型の操縦員席計器板配置

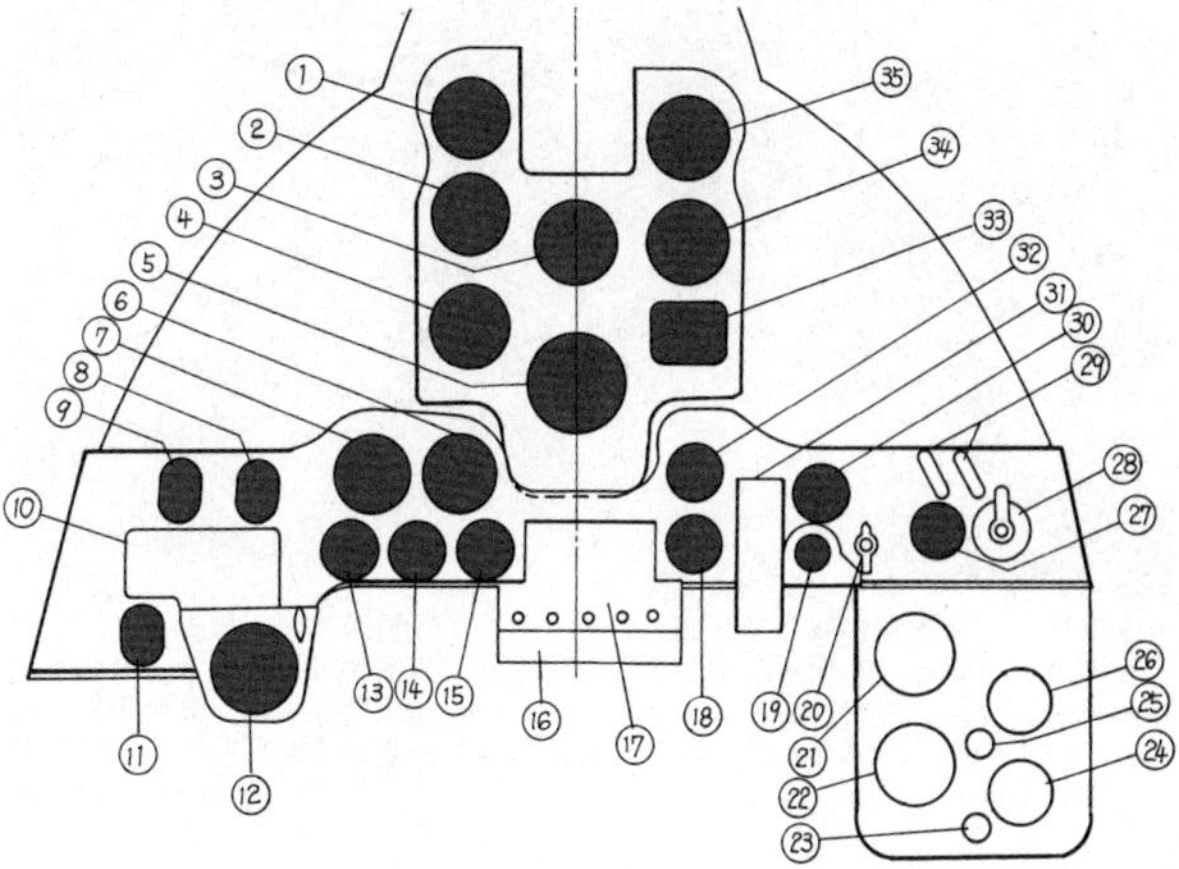

①速度計三型
②高度計二型
③旋回計一型、または二型
④昇降計一型
⑤羅針儀一型
⑥回転計一型改
⑦給入圧力計一号三型
⑧急降下抵抗板角度指示計
⑨フラップ角度指示計
⑩電気操作各種スイッチ盤
⑪精密時計
⑫兵装選択スイッチ
⑬潤滑油温度計一号五型
⑭潤滑油圧力計一号一型
⑮発電動機スイッチ
⑯安全、および各種照明スイッチ盤
⑰ブースター、始動スイッチ盤
⑱排気温度計一型
⑲発動機始動燃料ポンプ・スイッチ
⑳カウルフラップ操作ハンドル
㉑燃料計
㉒燃料計
㉓燃料タンク選択スイッチ
㉔燃料タンク選択バルブ（右翼）
㉕燃料タンク選択スイッチ
㉖燃料タンク選択バルブ（左翼）
㉗冷却液温度計二型
㉘バキューム系統選択バルブ
㉙消火器操作ハンドル
㉚ADI圧力計四型
㉛前後傾斜計二型
㉜シリンダー温度計一型
㉝降着装置位置表示灯
㉞水平儀一型
㉟羅針儀（零式）

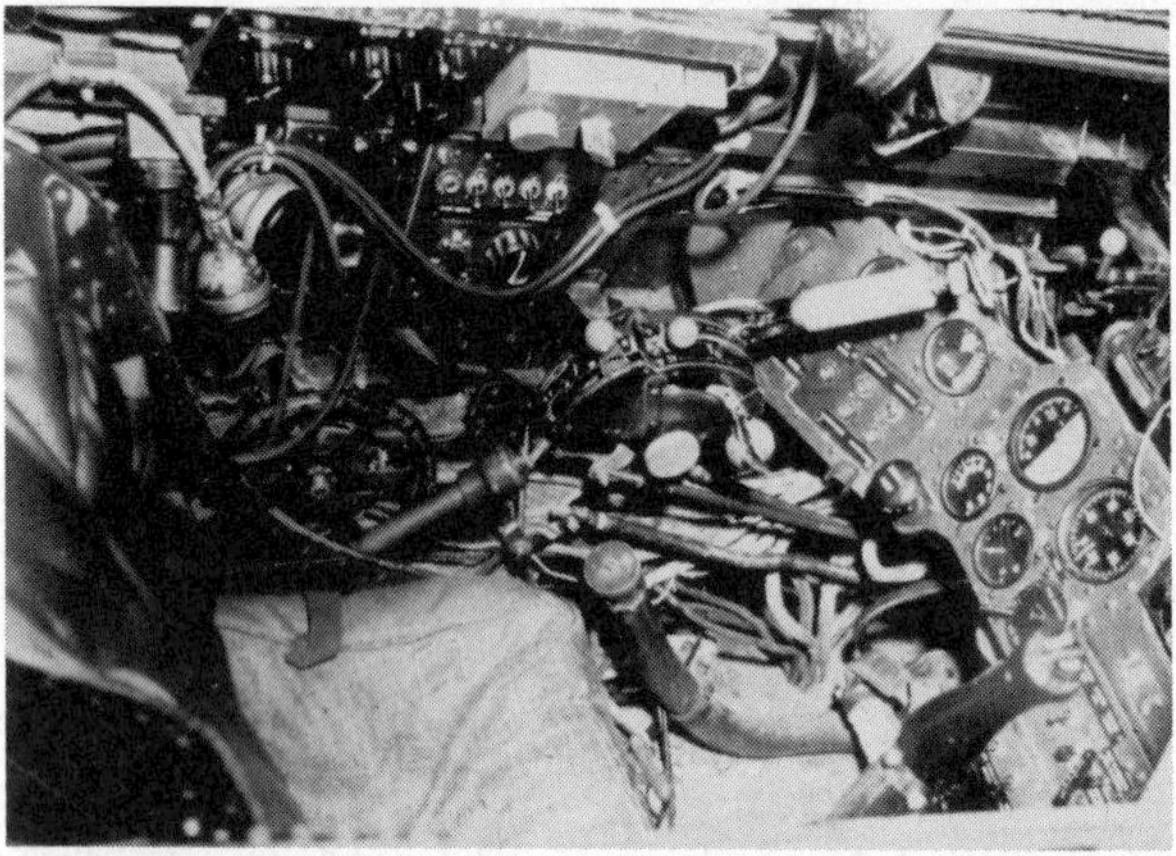

▲▼敗戦後、米軍が接収して調査・テストした、彗星四三型の操縦員席。上写真は左側、下写真は右側を示す。正面計器板も、下部が写っており、主要な配置は把握できる。ただし、スロットル・レバー、無線機操作筐、計器類の一部は、テストのために米軍規格のものに換えられている。それにしても、雑然とした印象が強い。

に変化している。

ただ、出力アップしたのはよいが、その影響で各部への負担が増し、故障、不調の度合いも高まり、ついには〝首無し機〟を溢れさせることになり、空冷「金星」への換装という事態を招く。

彗星三三、四三型が搭載した空冷「金星」六〇型系については、すでに九九式艦爆の項で四〇、五〇型系を説明しているので、割愛させていただく。

●爆撃兵装

彗星の爆撃装備に関し、九九式艦爆までと大きく変化したのは、メインの胴体下面懸吊爆弾を、機外懸吊ではなく、爆弾倉内懸吊にしたこと、さらには、五〇番（500kg）爆弾まで懸吊可能になったという点であろう。

爆弾の懸吊要領そのものについては、従来までと基本的に同じであるが、誘導枠の構成、同回転範囲など、九九式艦爆までに比べて、少し変化している。他の胴体内部装備品も含めた配置図、および誘導枠の詳細を、図⑨、⑩に示す。

爆弾投下の手順は、まず操縦員席右前方床に設置された、投下安全装置のレバーを手前に引いて、投下索をロックしている自動解放器を〝開〟にする。このとき、爆弾倉扉の作動機構も連動していて、扉が自動的に開く。

この状況で、操縦員席左側のスロットル・レバーに併設された投下レバーを内側に倒せば、自動解放器と爆弾懸吊鉤を結んでいる、もう1本の投下索が引っ張られて鉤の噛み合いが解かれ、爆弾は自身の重みで落下する。

誘導枠が22度くらいまで回転すると、爆弾の吊環を引っ掛けていたフックを、押し出し金具が自動的に外し、爆弾は誘導枠を離れて落下してゆく。

ちなみに、胴体内爆弾倉は、弾種によっては、扉を外さないと収容できない場合もあり、その時は、安全装置と連動する、扉開閉機構とのコネクションを調整する必要があった。

特攻専用型ともいえる四三型では、八〇番（８００kg）の大型爆弾も懸吊可能にはなったが、むろん正規の降下爆撃は不可能であり、たんに固定して懸吊するだけだった。爆弾倉自体も切り欠き部が拡大され、当然、扉は付けられなかった。

左、右主翼下面には、落下増槽懸吊部の外側に、九九式艦爆までと同じく、専用の小型爆弾懸吊架を取り付けたうえで、三番（30kg）、または六番（60kg）爆弾を懸吊できたが、三三型では、二五番（２５０kg）各1発も懸吊可能になっている。もっとも、主翼下面に爆弾を懸吊する機会は、実戦ではほとんどなかったようだ。

図⑨：二式艦上偵察機一二型/「彗星」一二型 胴体内部各種装備品配置図

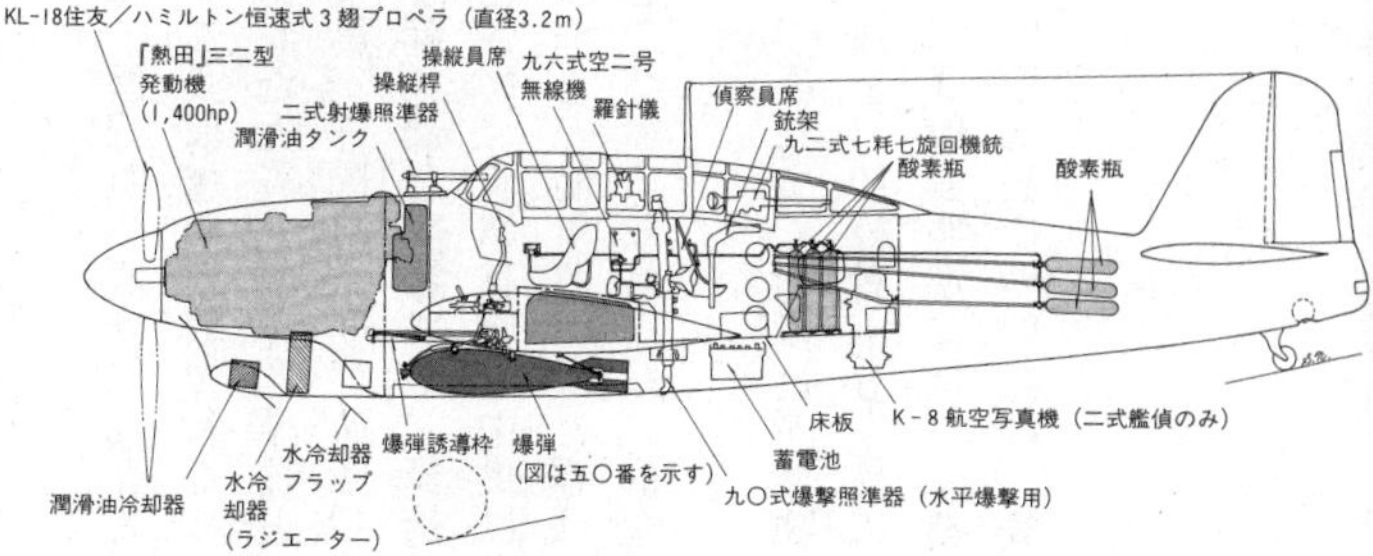

図⑩：爆弾誘導枠詳細図

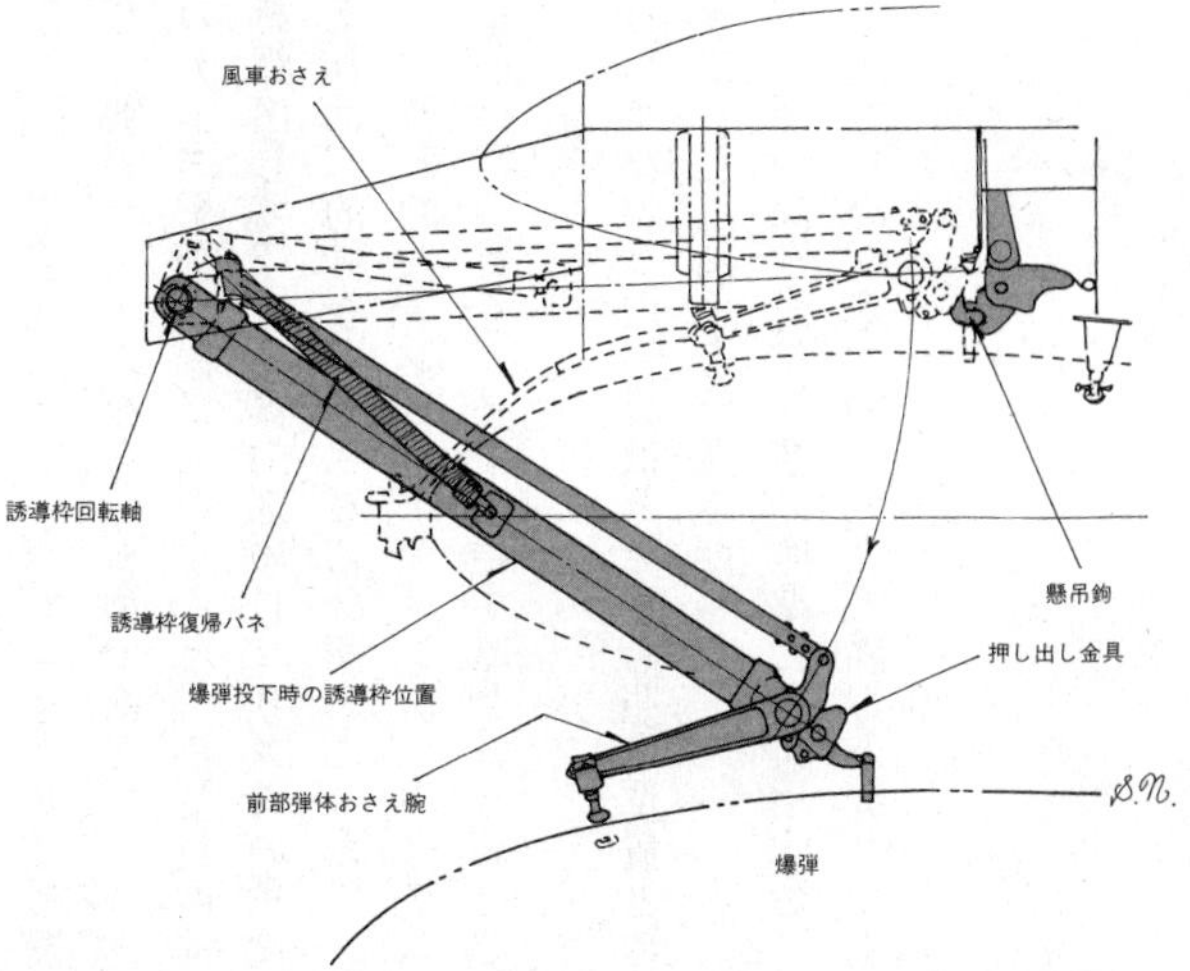

急降下爆撃照準器は、九九式艦爆までと同じく、風防正面前方に備えた筒状の望遠鏡式、二式射爆照準器で行なった。ただし、同じ望遠鏡式とはいっても、九九式艦爆が装備した九五式射爆照準器とは、まったく別のシステムをもつ新型である。

偵察員が自機の高度、速度、姿勢などのデータを管制器に入力すると、操縦員席前方に設置された計算器が、最適な修正量を算出して、照準器内部のDプリズムの角度を変化させ、照準目盛の中央に目標を捉えれば、的確な照準になる仕組みだった。

いわゆる〝満星照準〟と呼ばれた方式で、原始的なコンピューティング・システムとも言えたが、もちろん、精度面では完全とは言い難く、必ず命中するというわけでもなかった。

ただ、それまで操縦員の経験と勘に頼るしかなかった、目標と見越し照準位置との距離把握を、初級者でも容易にできるようにした点は大きな進歩だった。

この二式射爆照準器は、もちろん、機首上部の固定射撃兵装の照準にも兼用する。なお、射撃兵装については、装備機銃の型式も含め、基本的に九九式艦爆と同じである。

単行本　平成十八年六月「空母機動部隊の打撃力」改題　光人社刊

NF文庫

空母搭載機の打撃力

二〇二四年三月十九日　第一刷発行

著　者　野原　茂

発行者　赤堀正卓

発行所　株式会社　潮書房光人新社

〒100-8077　東京都千代田区大手町一-七-二

電話／〇三-六二八一-九八九一(代)

印刷・製本　中央精版印刷株式会社

定価はカバーに表示してあります

乱丁・落丁のものはお取りかえ

致します。本文は中性紙を使用

ISBN978-4-7698-3349-9　C0195

http://www.kojinsha.co.jp

NF文庫

刊行のことば

第二次世界大戦の戦火が熄《や》んで五〇年――その間、小社は夥しい数の戦争の記録を渉猟し、発掘し、常に公正なる立場を貫いて書誌とし、大方の絶讃を博して今日に及ぶが、その源は、散華された世代への熱き思い入れであり、同時に、その記録を誌して平和の礎とし、後世に伝えんとするにある。

小社の出版物は、戦記、伝記、文学、エッセイ、写真集、その他、すでに一、〇〇〇点を越え、加えて戦後五〇年になんなんとするを契機として、「光人社NF（ノンフィクション）文庫」を創刊して、読者諸賢の熱烈要望におこたえする次第である。人生のバイブルとして、心弱きときの活性の糧《かて》として、散華の世代からの感動の肉声に、あなたもぜひ、耳を傾けて下さい。